无师自通 51 单片机

李　俊　编著

北京航空航天大学出版社

内容简介

本书由浅入深，循序渐进，带领大家进入51单片机世界。书中给出了51单片机经典的模块，如LED、数码管、1602液晶和常用外围芯片等。还特别增加了时下流行的模块，如彩屏液晶、nRF24L01无线通信芯片、超声波、收音机等。每个模块按照原理、学习难点、电路图、程序代码等分别进行介绍，使读者活学活用。本书有与之配套的单片机实验板，这样理论结合实践进行学习，可以事半功倍。本书共享书中所有实例的完整代码，且注释详尽，便于自学，读者可在北京航空航天大学出版社网站的“下载专区”免费下载。

本书可作为高等院校电子相关专业的8051单片机教材，也可作为课程设计、毕业设计、电子竞赛等的参考用书，还可作为电子工程技术人员的参考用书。

图书在版编目(CIP)数据

无师自通51单片机 / 李俊编著. -- 北京 : 北京航空航天大学出版社，2014.3

ISBN 978-7-5124-1491-4

Ⅰ. ①无… Ⅱ. ①李… Ⅲ. ①单片微型计算机—基本知识 Ⅳ. ①TP368.1

中国版本图书馆CIP数据核字(2014)第033684号

无师自通51单片机

李 俊 编著

责任编辑 刘 星

*

北京航空航天大学出版社出版发行

北京市海淀区学院路37号(邮编100191) http://www.buaapress.com.cn

发行部电话:(010)82317024 传真:(010)82328026

读者信箱:emsbook@gmail.com 邮购电话:(010)82316936

涿州市新华印刷有限公司印装 各地书店经销

*

开本:710×1 000 1/16 印张:27 字数:575千字

2014年3月第1版 2014年3月第1次印刷 印数:3 000册

ISBN 978-7-5124-1491-4 定价:59.00元

前 言

作者一直从事于51单片机培训的相关工作，这几年积累了大量的51单片机培训经验，对于初学者怎么能快速和更好地学会单片机有自己的一些理解。作者大学期间初学单片机时，想找一本关于51单片机的学习教程。学校图书馆大概有20本和单片机有关的书籍都去借阅过，看完后得出的结论是：适合初学者学习的书籍非常少，这些书中要么理论讲得太多；要么实验讲得太少或太简单；要么直接是单片机的工程应用，初学者不易看懂；要么单片机编程还是汇编语言，不适合实际开发需求。本书知识体系完善，实例丰富，由易到难，希望能给单片机学习者提供帮助。

一、本书特点

① 由易到难。没有一开始就讲解51单片机的内部模块，而是先对LED、数码管等简单的外围器件进行介绍，这样可以提高读者的学习兴趣。

② 所介绍的51单片机知识体系完善，而且书中所介绍的外围器件十分丰富，可以让读者学习到更多的单片机知识，对51单片机理解得更透彻。

③ 介绍外围器件时，特别给初学者增加了时下流行器件，如彩屏液晶、2.4 GHz无线通信芯片nRF24L01、超声波测距、TEA5767收音机芯片、ISD4004语言芯片等，这样可以让读者学到更多实用的知识，这些知识更接近于实际工作需求。

④ 程序代码编程风格良好，并且代码都有详细的文字注释，可以让读者更容易、更快速地学习51单片机程序编程。

二、本书内容安排

① 基础部分：首先介绍了LED、数码管、点阵和矩阵键盘等常用外围器件。这些外围器件利用单片机的I/O口就可以控制，操作简单，可以增强读者的学习兴趣。

② 51单片机内部模块部分：这些模块包括定时器、中断、串行口、看门狗等，都是经常要用到的，也是非常实用的。

定时器2在其他书籍介绍都很少，本书中详细介绍了定时器2，并给出了使用定时器2定时的代码。

③ 常用外围芯片部分：包括1602液晶、12864液晶、存储芯片AT24C02、温度传感器DS18B20、时钟芯片DS1302、ADC/DAC芯片PCF8591。本书对这些器件分别

进行了讲解并给出了详细的程序代码，这样读者学习起来还是很轻松的。

④ 电机部分：直流电机、步进电机和舵机。讲述了它们的内部结构和原理，并且详细地介绍了要如何才能驱动电机转动，也给了详细的程序代码。

⑤ 无线通信和声音模块部分：红外编码和解码、2.4 GHz 无线通信芯片 nRF24L01、超声波测距、蜂鸣器、ISD4004 语音芯片和 TEA5767 收音机模块等。

⑥ 彩屏液晶部分：彩屏液晶在电子产品中的应用越来越广。首先介绍彩屏液晶的种类和参数等，接着介绍彩屏液晶由哪些部分组成，然后详解彩屏液晶的显示原理和彩屏液晶的驱动芯片，最后介绍如何实现触摸功能。目的是让读者学了本章后能掌握控制彩屏液晶的基本方法。彩屏液晶的控制其实不难。学会点亮液晶的一个点是彩屏液晶应用的基础。点亮液晶的一个点只需要给液晶驱动芯片写入对应的地址和颜色数据。其他的显示图片、汉字和字符等操作都是利用函数对彩屏液晶的点进行操作。

另外，本书共享书中所有实例的完整代码，且注释详尽，便于自学，读者可在北京航空航天大学出版社网站的“下载专区”免费下载。若读者对本书配套的开发板有兴趣，可通过淘宝店(东流电子：http://dlmcu.taobao.com)与作者联系。

三、致　谢

感谢李兴泉、黄英、李刚、王淑群、陈星秀、邱峰、龙怡、杨传义、夏露、于世森、杨媛、王诚滔、黄亮、王建、李瑞峰、伍平、周刚、李珍、高志斌、赵云峰、黎方连、余方能等，在本书的资料整理及校对过程中所付出的辛勤劳动。

限于编者的水平和经验，加之时间比较仓促，疏漏或者错误之处在所难免，敬请读者批评指正。有兴趣的朋友可发送邮件到：ct-315@163.com，与作者交流；也可发送邮件到：bhcbslx@sina.com，与本书策划编辑进行交流。

作　者

2014 年 01 月

目　录

第1章

带你认识51单片机

1.1 单片机的传奇三十年

(1) 什么是单片机

单片机是一种集成电路芯片，采用超大规模技术把具有数据处理能力(如算术运算、逻辑运算、数据传送、中断处理)的微处理器(CPU)，随机存取数据存储器(RAM)，只读程序存储器(ROM)，输入/输出接口(I/O 口)，可能还包括定时/计数器、串行通信口、显示驱动电路(LCD 或 LED 驱动电路)、脉宽调制电路(PWM)和 A/D 转换器等电路集成到单块芯片上，构成一个完整的计算机系统。这些电路能在软件的控制下准确、迅速、高效地完成程序设计者事先规定的任务。

单片机控制系统能够取代以前利用复杂电子线路或数字电路构成的控制系统，可以利用软件控制来实现，并能够实现智能化。现在单片机控制范畴无所不在，例如通信产品、家用电器、智能仪器仪表、过程控制和专用控制装置等，单片机的应用领域越来越广泛。

(2) 单片机的发展史

单片机又称单片微控制器，它不是完成某一个逻辑功能的芯片，而是把一个计算机系统集成到一个芯片上。它体积小、质量轻、价格便宜，为学习、应用和开发提供了便利条件。单片机诞生于 20 世纪 70 年代末，经历了 SCM、MCU、SOC 三大阶段。

① SCM(单片微型计算机)阶段，主要是寻求最佳的单片形态嵌入式系统的最佳体系结构。“创新模式”获得成功，奠定了 SCM 与通用计算机完全不同的发展道路。

② MCU(微控制器)阶段，主要的技术发展方向是：不断扩展、满足嵌入式应用中，对象系统所要求的各种外围电路与接口电路，突显其对象的智能化控制能力。它所涉及的领域都与对象系统相关，因此，发展 MCU 的重任不可避免地落在电气、电子技术厂家肩上。

③ SoC(片上系统)阶段，单片机是嵌入式系统的独立发展之路。向 MCU 阶段发展的重要推动力，就是寻求应用系统在芯片上的最大化解决，因此，单片专用机的

发展自然形成了 SoC 化趋势。使用 SoC 技术设计系统的核心思想，就是要把整个应用电子系统全部集成在一个芯片中。随着微电子技术、IC 设计、EDA 工具的发展，基于 SoC 的单片机应用系统设计会有较大的发展。因此，对单片机的理解可以从单片微型计算机、单片微控制器延伸到单片应用系统，甚至单片机厂商还可以根据用户的要求量身定做，制造出具有自己特色的单片机芯片。

(3) 单片机的应用领域

单片机广泛应用于仪器仪表、家用电器、医用设备、航空航天、专用设备的智能化管理及过程控制等领域，大致可分如下几个范畴。

① 智能仪表。

单片机广泛地用于各种仪器仪表，使仪器仪表智能化，并可以提高测量的自动化程度和精度，简化仪器仪表的硬件结构，提高其性能价格比。

② 机电一体化。

机电一体化是机械工业发展的方向。机电一体化产品是指集成机械技术、微电子技术、计算机技术于一体，具有智能化特征的机电产品，例如微机控制的车床、钻床等。单片机作为产品中的控制器，能充分发挥它的体积小、可靠性高、功能强等优点，可大大提高机器的自动化、智能化程度。

③ 实时控制。

单片机广泛地用于各种实时控制系统中。例如，在工业测控、航空航天、尖端武器、机器人等各种实时控制系统中，都可以用单片机作为控制器。单片机的实时数据处理能力和控制功能，可使系统保持在最佳工作状态，提高系统的工作效率和产品质量。

④ 分布式多机系统中。

在比较复杂的系统中，常采用分布式多机系统。多机系统一般由若干台功能各异的单片机组成，各自完成特定的任务，它们通过串行通信相互联系、协调工作。单片机在这种系统中往往作为一个终端机，安装在系统的某些节点上，对现场信息进行实时的测量和控制。单片机的高可靠性和强抗干扰能力，使它可以置于恶劣环境的前端工作。

⑤ 人类生活中。

自从单片机诞生以后，它就步入了人类生活，如洗衣机、电冰箱、电子玩具、收录机等家用电器。配上单片机后，提高了智能化程度，增加了功能，备受人们喜爱。单片机将使人类生活更加方便、舒适、丰富多彩。

此外，单片机在工商、金融、科研、教育、国防航空航天等领域都有着十分广泛的用途。

1.2 单片机初学者疑问

(1) 单片机会淘汰吗

这个问题大家已经争论很久了。

单片机会淘汰吗？不会！原因主要有以下两点：

成本：单片机价格便宜，普通的单片机就几元至十几元，甚至有些单片机不超过一元。价格便宜让它在价格敏感产品或中低端产品中，有不可替代的优势。

性能：单片机的性能在不断提高，功能越来越强大，单片机速度越来越快，内部集成的电路也越来越丰富，让电子工程师在电子系统开发时，越来越方便、快捷。

(2) 单片机多久能学会

“学会”看是学到什么程度。如果是会写一些简单的LED、数码管、按键等代码，估计一两周就够了。如果想根据芯片的手册进行驱动代码编写，自己独立写出单片机代码，大概要学一两个月。如果是想很熟练地运用单片机，进行外围电路的设计，并且独立做出产品，这也许需要半年以上的时间了。

单片机是电子行业的基础，容易入门（相对于ARM、DSP等高级芯片），所以很多电子工程师初入电子行业都会选择单片机。如果直接选择ARM等芯片来学习，就好像小学生直接上高中，因为知识跨度太大，会感觉到很多知识都不知道，无所适从。

建议初学者不要好高骛远，静下心来好好学习51单片机。利用51单片机已经能做大部分产品的开发了。当你能非常熟练地使用单片机开发电子产品时，ARM等稍微高级点的芯片的操作，也能很快掌握。

(3) C语言和汇编，哪个更适合开发单片机

汇编语言是一种用文字助记符表示机器指令的符号语言，是最接近机器码的一种语言，更加贴近硬件，可以让你更清楚单片机里的一些资源，因为你要搞清楚数据要存哪里，变量在哪个位置，CPU运行时寄存器的变量变化等。其主要优点是占用资源少、程序执行效率高。但是不同的CPU，其汇编语言可能有所差异，所以不易移植。

C语言是一种结构化的高级语言。其优点是可读性好，移植容易，是普遍使用的一种计算机语言。在编写复杂的单片机代码时，一般都用C语言进行编写，可以使代码开发周期更短，易维护。

(4) 单片机的书我看了很多了，还是不会呢

想要学好单片机，最好的方法是“理论结合实践”。对于一个单片机初学者，如果按照教科书式的学习方法，看一大堆书籍而不实践，效果往往是不太好的，甚至有些人觉得枯燥乏味而半途而废。应该是理论与实践结合，边学习、边演练，循序渐进，这样学习到的单片机知识才能扎根于脑海。

(5) 如何解决学习中的疑问

初学者学习单片机过程中，往往会遇到很多难题，感觉困惑、迷茫。你所遇到的难题，肯定其他单片机初学者以前都遇到过。所以，借助网络的力量是最好的，一般百度或者谷歌搜索一下，都能得到很好的解答。如果问题还是没有得到解决，那就在一些知名的电子论坛去发帖请教一下，一般都可以解决。

(6) 学习单片机的步骤

① 首先，学习一下单片机和 C 语言基础知识。单片机基础知识可以看一下本书的前 2 章，让自己对单片机有一个大概的了解。C 语言方面，大家可以看看谭浩强的《C 程序设计》的前 4 章，有了 C 语言基础可以让你学习单片机技术事半功倍。

② 结合单片机实验板进行代码的编写。本书是以实验为主的，也是按照单片机知识由简到难的顺序排列的。大家可以一边看本书，一边结合我们的单片机实验板进行学习。

③ 当读完本书后，可以在网上找一些自己感兴趣的单片机项目，多练习，增强动手能力，增强自己的单片机实践水平。

1.3 8051 单片机的封装和引脚

AT89S52 是经典的 8051 系列单片机之一。我们以 AT89S52 单片机为例，讲一下单片机的封装和引脚。AT89S52 单片机常见的封装为 PDIP 和 PQFP/TQFP，见图 1-1 和图 1-2。

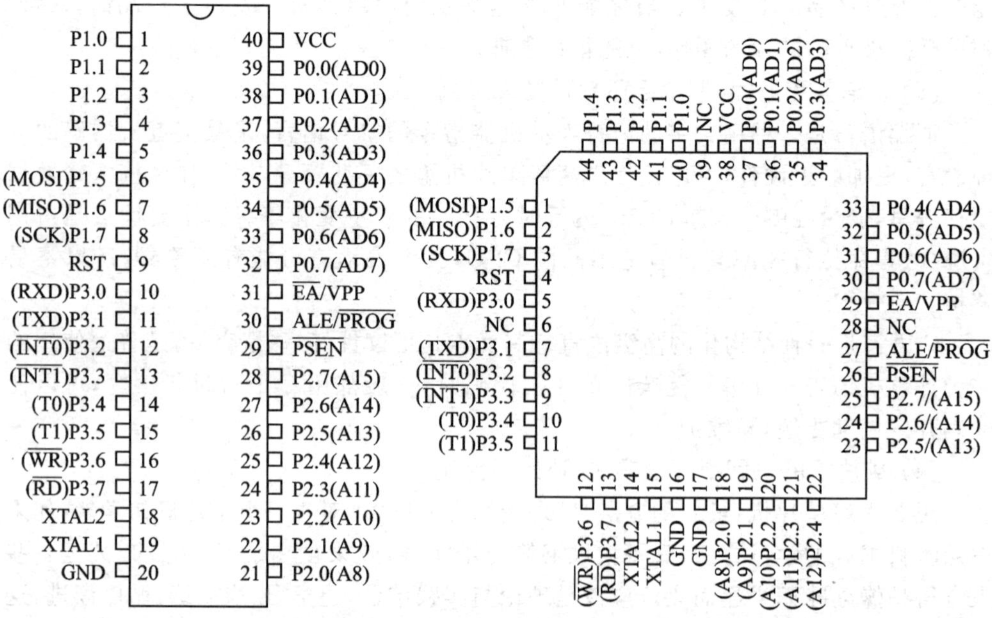

图 1-1 PDIP 封装引脚图

图 1-2 PQFP/TQFP 封装引脚图

DPIP40 封装：它是 40 脚的双列直插式封装。因为焊接和插拔方便，所以单片机初学者和学校一般都选择这种封装作为学习对象。如图 1-1 所示，左上角的引脚为第 1 脚，然后逆时针顺序，分别为 2～40 脚。

QFP 封装：AT89S52 的 PQFP(小型平面封装)或者 TQFP(薄四方扁平封装)为扁平的 44 个引脚表贴封装，这种封装的体积很小、成本较低，适合于机器焊接，是目前主流的封装方式之一。如图 1-2 所示，在俯视图中，左上角引脚为第 1 脚，然后逆时针旋转，分别为 2～44 脚，其中 NC 为空脚。

接着以 PDIP 封装的 AT89S52 单片机为例，介绍一下单片机各引脚的功能。

电源引脚：第 40 引脚为电源 VCC，电压范围为 4.0～5.5 V，第 20 引脚为 GND。

I/O 口引脚：分别为 P0、P1、P2、P3，一共 32 个引脚。

P0 口是第 32～39 引脚，它是双向 8 位三态 I/O 口，每个口可独立控制。P0.7 为最高位，P0.0 为最低位。它主要用于传送 CPU 的输入/输出数据。这时，输出数据可以得到锁存，输入数据可以得到缓冲，增加了数据输入的可靠性。因为 51 单片机 P0 口内部没有上拉电阻，为漏极开路状态，所以，输出时外部要接上拉电阻才能输出高电平。

P1 口是第 1～8 脚，是准双向 8 位 I/O 口，每个口可以独立控制。P1.7 为最高位，P1.0 为最低位。它内部已经带了上拉电阻，主要用于传送 CPU 的输入/输出数据。AT89S52 中有定时器 T2，P1.0 引脚的第二功能是 T2 定时/计数器的外部输入，P1.1 引脚的第二功能是 T2EX 捕捉、重装触发，即 T2 的外部控制端。P1.5、P1.6、P1.7 在对 AT89S52 单片机进行编程的时候要用到。

P2 口是第 21～28 脚，它是准双向 8 位 I/O 口，每个口可以独立控制。P2.7 为最高位，P2.0 为最低位。它内部已经带了上拉电阻。它主要用于传送 CPU 的输入/输出数据。

P3 口是第 10～17 脚，它是准双向 8 位 I/O 口，每个口可以独立控制。P3.7 为最高位，P3.0 为最低位。它内部已经带了上拉电阻。它的第一功能也用于传送 CPU 的输入/输出数据。作为第二功能时，每个引脚的相关功能如表 1-1 所列。

表 1-1　P3 端口引脚的第二功能

引脚号	符　号	第二功能	引脚号	符　号	第二功能
P3.0	RXD	串行口输入	P3.4	T0	定时器 0 外部输入
P3.1	TXD	串行口输出	P3.5	T1	定时器 1 外部输入
P3.2	$\overline{\text{INT0}}$	外部中断 0	P3.6	$\overline{\text{WR}}$	外部数据存储器写选通
P3.3	$\overline{\text{INT1}}$	外部中断 1	P3.7	$\overline{\text{RD}}$	外部数据存储器读选通

其他几个引脚属于控制引脚：XTAL1 和 XTAL2 是外部时钟引脚，RST 是复位引脚，EA 用于选择是用片内存储器还是片外存储器，ALE/$\overline{\text{PROG}}$和$\overline{\text{PSEN}}$这两个引脚用于单片机空间的扩展。

XTAL1 和 XTAL2:外接时钟引脚,分别为第 18 和 19 脚。8051 内部已经具备了振荡电路。这两个引脚最常用的接法是接石英晶振和振荡电容,振荡电容一般取值为 10～30 pF,它们可以帮助起振。

RST:单片机复位引脚,第 9 脚。当振荡器工作时,RST 引脚出现两个机器周期(1 个机器周期包括 12 个时钟脉冲)以上高电平将使单片机复位。

$\overline{\text{EA}}$/VPP:允许访问片外存储器/编程电源引脚,第 31 脚。$\overline{\text{EA}}$/VPP＝1 时,允许使用片内 ROM;$\overline{\text{EA}}$/VPP＝0 时,使用片外 ROM。现在的单片机都有足够大的内部 ROM,所以设计电路时把该引脚接高电平。

ALE/$\overline{\text{PROG}}$:地址锁存允许/编程引脚,第 30 脚。配合 P0 口引脚的第二功能使用。在访问片外存储器时,CPU 在 P0.7～P0.0 引脚线上输出片外存储器低 8 位地址的同时,还在 ALE/$\overline{\text{PROG}}$线上输出一个高电平脉冲,其下降沿用于把这个片外存储器的低 8 位地址锁存到外部专用地址锁存器,以便空出 P07～P00 引脚去传送随后而来的片外存储器读/写数据。在不访问片外存储器时,自动在 ALE/$\overline{\text{PROG}}$引脚上输出频率为 FOSC/6 的脉冲序列。该脉冲序列可以用于外部时钟源或作为定时器脉冲源使用。

$\overline{\text{PSEN}}$:程序存储器允许输出控制端,第 29 脚。当单片机由外部程序存储器取指令(或数据)时,每个机器周期两次$\overline{\text{PSEN}}$有效,即输出两个脉冲。在此期间,当访问外部数据存储器时,将跳过两次$\overline{\text{PSEN}}$信号。

因为现在单片机的 ROM 和 RAM 已经足够大了,很少有人去做扩展。所以,$\overline{\text{PSEN}}$和 ALE/$\overline{\text{PROG}}$这两个引脚很少使用,实际电路中这两个引脚悬空即可。

前面已经对单片机的引脚功能有了一个大致的了解。那么,要怎么连接电路,单片机才能工作呢?下面给大家讲述能让单片机工作的基本电路。

AT89S52 单片机基本电路的电路图见图 1－3。

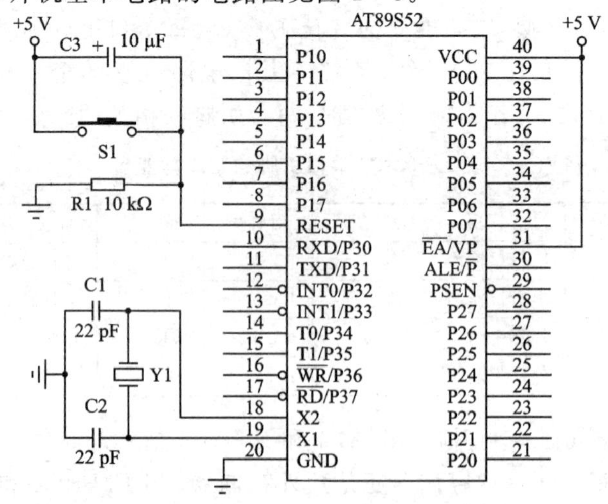

图 1－3　AT89S52 单片机的基本电路

(1) 电　源

单片机的第40脚接+5 V电源VCC，第20脚接地GND。这里电源VCC范围为4.0～5.5 V，电压太低，单片机不会工作；电压太高，单片机有可能会烧坏。

(2) 复位电路

AT89S52单片机是高电平复位。当上电瞬间，电容C3上没有电荷，电容的两极电压相等，所以第9脚相当于连接到+5 V，这时单片机执行复位操作。随着时间的增加，电容上的电压逐渐增加，而第9脚上的电压逐渐下降，当第9脚上的电压降至低电平时，AT89S52单片机恢复正常状态。我们这里电容选择10 μF，电阻选择10 kΩ，时间常数远大于2 μs，满足复位引脚高电平大于2 μs的要求。

通常会在电容两端加一个按键开关，作为一个手动的复位开关。

(3) 晶振电路

AT89S52单片机内部已经具备了振荡电路，只要在第18脚和第19脚连接一个简单的石英晶振即可。AT89S52晶振的选择范围为0～33 MHz。通常选用12 MHz或者11.059 2 MHz。晶振旁边的振荡电容通常选用10～30 pF。

(4) $\overline{\text{EA}}$/VPP 引脚

该引脚是选择使用片内ROM还是片外ROM。如果$\overline{\text{EA}}$/VPP=1，则选配片内ROM；$\overline{\text{EA}}$/VPP=0，则选择片外ROM。一般都是使用片内ROM，所以在基本电路图中，需要把$\overline{\text{EA}}$/VPP连接到高电平。

1.4　8051单片机的内部结构

单片机内部集成了非常丰富的资源，下面将详细介绍其内部结构，如图1-4所示。

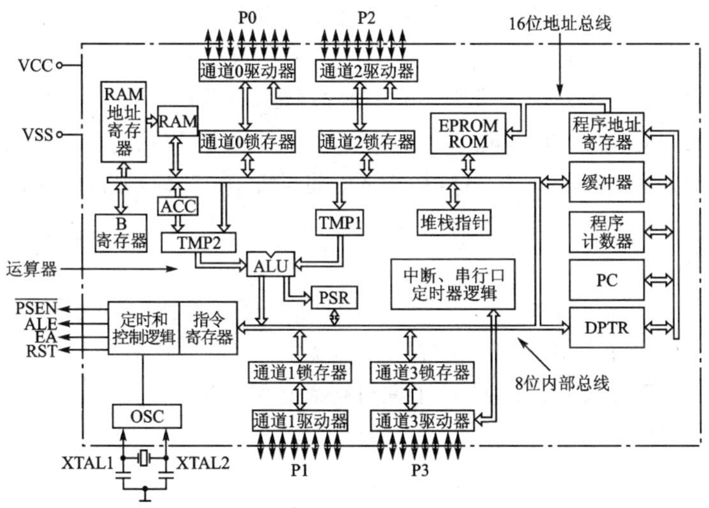

图1-4　单片机内部结构

1.4.1 CPU

8051 内部 CPU 是一个二进制的 8 位中央处理单元，也就是说它对数据的处理是按照字节（8 位）为单位进行的。与计算机 CPU 类似，8051 内部 CPU 也是由运算器（ALU）、控制器（定时控制部件等）和专用寄存器组三部分电路构成。

（1）算术逻辑器件（ALU）

8051 的 ALU 是一个性能极强的运算器，它既可以进行加、减、乘、除运算，也可以进行与、或、非、异或等逻辑运算，还具有数据数传送、移位、判断和程序转移等功能。8051 的 ALU 用于提供丰富的指令系统和极快的指令执行速度，大部分指令的执行时间为 1 μs，乘法指令可达 4 μs。

8051 的 ALU 由一个加法器、两个 8 位暂存器（TMP1 与 TMP2）和一个性能卓著的布尔处理器组成。

（2）定时器控制部件

定时控制部件起着控制器的作用，由定时控制逻辑、指令寄存器 IR 和振荡器 OSC 等电路组成。指令寄存器 IR 用于存放从程序存储器中取出的指令码，定时控制逻辑用于对指令寄存器 IR 中的指令码进行编码，并在 OSC 的配合下产生执行指令的时序脉冲，以完成相应的指令执行。

OSC 是控制器的心脏，能为控制器提供时钟脉冲。时钟频率越高，单片机控制器的控制节拍就越快，运算速度就越快。

（3）专用寄存器组

专用寄存器组主要用来指示当前要执行指令的内存地址、存放寄存器和指示指令执行后的状态灯。专用寄存器组主要包括程序计数器 PC、累加器 A、程序状态字 PSW、堆栈指示器 SP、数据指针 DPTR 和通用寄存器 B 等。

① 程序计数器 PC。

程序计数器 PC 是一个二进制的 16 位程序地址寄存器，专门用来存放下一条需要执行指令的内存地址，能自动加 1。8051 程序计数器 PC 由 16 个触发器构成，故它的编码范围为 0000H～FFFFH，共 64K。也就是说，8051 对程序存储器的寻址范围为 64K。

② 累加器 A。

累加器 A 又写作 ACC，是一个具有特殊用途的二进制 8 位寄存器，专门用来存放操作数和运算结果。在 CPU 执行某种运算前，两个操作数中的一个通常应放在累加器 A 中，运算完成后累加器 A 中便可得到运算结果。

③ 通用寄存器 B。

通用寄存器 B 是专门为乘法和除法设置的寄存器，也是一个二进制 8 位寄存器，由 8 个触发器组成。该寄存器在乘法或者除法前，用来存放乘数或除数；在乘法或者除法完成后，用于存放乘积的高 8 位或除法的余数。

④ 程序状态字 PSW。

PSW 是一个 8 位标志寄存器,用来存放指令执行后的有关状态。在表 1-2 中列出了 PSW 的各位。

表 1-2 PSW 的各位

位	PSW7	PSW6	PSW5	PSW4	PSW3	PSW2	PSW1	PSW0
描 述	Cy	AC	F0	RS1	RS0	OV	--	P

PSW 中每位的含义如表 1-3 所列。

表 1-3 PSW 各位含义

位	功 能
Cy	进位标志。有进位/借位时,Cy=1,否则 Cy=0
AC	辅助进位位。用于表示加减运算时低 4 位有无向高 4 位进位或者借位。低 4 位向高 4 位有进位或者借位,AC=1,否则 AC=0
F0	用户标志位。可以通过软件对它置位、清零
RS1、RS0	工作寄存器组选择位。可以通过程序设定 4 个工作寄存器中的一个进行工作
OV	溢出标志。累加器 A 中运算结果超出了 8 位数能表示的范围,即 -128~+127,则 OV 标志自动置 1,否则 OV=0
P	奇偶标志位。用于指示运算结果中 1 的个数的奇偶性。若 P=1,则累加器 A 中的 1 的个数为奇数;若 P=0,则累加器 A 中的 1 的个数为偶数

RS1、RS0 与工作寄存器组的关系如表 1-4 所列。

表 1-4 RS1、RS0 与工作寄存器组

RS1	RS0	工作寄存器组
0	0	0 组(00H~07H)
0	1	1 组(08H~0FH)
1	0	2 组(10H~17H)
1	1	3 组(18H~1FH)

⑤ 堆栈指针 SP。

堆栈指针 SP 是一个 8 位寄存器,能自动加 1 或减 1,专门用来存放堆栈的栈顶的地址。它依据“先进后出”的原则进行存取。

⑥ 数据指针 DPTR。

数据指针 DPTR 是一个 16 位的寄存器,由两个 8 位寄存器 DPH 和 DPL 拼成。其中 DPH 为 DPTR 的高 8 位,DPL 为 DPTR 的低 8 位。DPTR 可以用来存放片内 ROM 的地址,也可以用来存放片外 RAM 和片外 ROM 的地址。

1.4.2 存储器结构

(1) 程序存储器

程序存储器(ROM)是用来存放程序的,CPU 将自动从程序存储器读取所要执行的指令码。程序存储器的地址分配如图 1-5 所示。

① 当$\overline{EA}$/VPP 引脚接高电平时,CPU 将使用内部存储器,空间大小为 0x0000～0x0FFF(8051 系列)或者 0x000～0x1FFF(8052 系列),若程序超过相应的空间大小后,CPU 会自动从外部程序存储器里读取超过部分的程序代码。

② 当$\overline{EA}$/VPP 引脚接低电平时,CPU 将使用外部存储器。对于片内无程序存储器的 8031、8032,$\overline{EA}$/VPP 引脚应保持低电平,使其只能访问片外程序存储器。

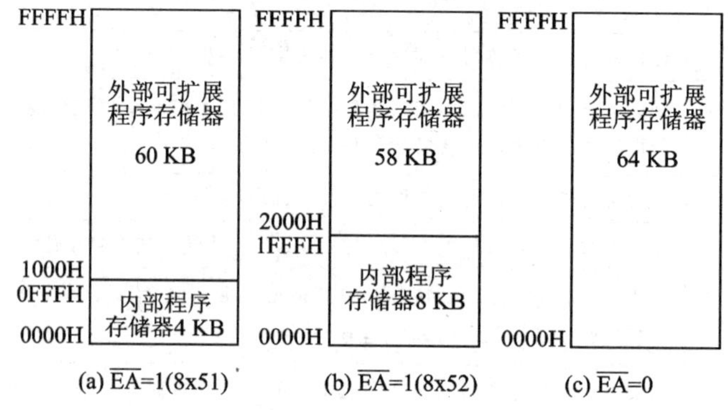

图 1-5 程序存储器结构

当 CPU 复位后,程序将从程序存储器 0000H 位置开始执行。程序存储器的某些单元是保留给系统使用的。中断复位函数的入口地址为 0003H～002BH,用户不应进入该区域进行操作。我们将在中断的章节再进行详细说明。

(2) 数据存储器

数据存储器 RAM 也有 64 KB 的寻址区,它与程序存储器是分开的独立区域。8051 的 RAM 只有 128 字节,8052 单片机有 256 字节,它的作用十分重要。00H～7FH 是真正的 RAM 区,可以读/写各种数据。数据存储器的地址分配如图 1-6 所示。

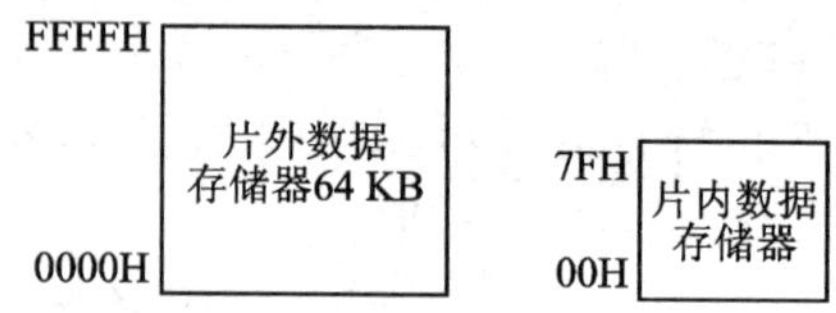

图 1-6 数据存储器结构

MCS-51 系列单片机片内 RAM 共分为三个区域:工作寄存器区、位寻址区、数据缓冲区。它们的地址分配如表 1-5 所列。

表 1-5　片内数据存储区

片内数据存储区		地　址
工作寄存器区	工作寄存器 0 组	00H～07H
	工作寄存器 1 组	08H～0FH
	工作寄存器 2 组	10H～17H
	工作寄存器 3 组	18H～1FH
位寻址区		20H～2FH
数据缓冲区		30H～7FH

工作寄存器也称作通用寄存器，供用户编程时使用，临时保存 8 位信息。

位寻址就是每一位都被赋予了一个位地址，有了位地址就可以位寻址，对特定位进行处理、内容传送等，给编程带来极大的方便。

数据缓冲区即用户 RAM 区，它用来存储在单片机代码运行时的变量值。8051 单片机真正让用户使用的 RAM 只有 80 字节，即 30H～7FH。对于 8052 单片机，片内多安排了 128 字节 RAM 单元，地址也为 80H～FFH，与特殊功能寄存器区域地址重叠，使用时可以通过指令加以区别。

(3) 特殊功能寄存器

特殊功能寄存器实际上是 CPU 里特定地址的数据存储器，即地址为 0080H～00FFH 的 128 字节。特殊功能寄存器用于控制、管理片内逻辑部件、并行 I/O 口、串行 I/O 口、定时/计数器、中断系统等功能模块的工作，用户编程时可以对寄存器的值进行配置。特殊功能寄存器地址分配如表 1-6 所列。

表 1-6　特殊功能寄存器地址分配

物理地址	符　号	名　称	物理地址	符　号	名　称
80H	P0	P0 口	99H	SBUF	串行数据缓冲器
81H	SP	堆栈指针	A0H	P2	P2 口
82H	DPL	数据寄存器指针(低 8 位)	A8H	IE	中断允许控制器
83H	DPH	数据寄存器指针(高 8 位)	B0H	P3	P3 口
87H	PCON	电源控制	B8H	IP	中断优先级控制器
88H	TCON	定时/计数器控制器	C8H	T2CON	定时/计数器 2 控制器
89H	TMOD	定制/计数器方式选择器	CAH	RLDL	定时/计数器 2 自动重装载低字节
8AH	TL0	定制/计数器 0 低 8 位	CBH	RLDH	定时/计数器 2 自动重装载高字节
8BH	TH0	定制/计数器 1 低 8 位	CCH	TL2	定时/计数器 2 低 8 位
8CH	TH0	定制/计数器 0 高 8 位	CDH	TH2	定时/计数器 2 高 8 位
8DH	TH1	定制/计数器 1 高 8 位	D0H	PSW	程序状态字
90H	P1	P1 口	E0H	A	累加器
98H	SCON	串行控制器	F0H	B	B 寄存器

1.4.3 内部重要模块

(1) 中断系统

中断是指单片机暂停原程序执行转而执行中断服务程序，并在服务完后回到原程序执行的过程。

8051 有 5 个(52 系列为 6 个)中断源，2 个中断优先级，从而实现二级中断嵌套，可以对中断请求信息进行排队和控制，并响应其中优先级最高的中断请求，每一个中断源的优先级可由程序设定。与中断系统工作有关的特殊功能寄存器有中断允许控制寄存器 IE、中断优先级控制寄存 IP 和定时/计数器控制寄存器 TCON 等。

(2) 定时/计数器

8051 内部有两个 16 位可编程的定时/计数器，命名为 T0 和 T1。T0 由两个 8 位寄存器 TH0 和 TL0 拼装而成，其中 TH0 为高 8 位，TL0 为低 8 位。T1 和 T0 的结构类似。T0 和 T1 的最大计数值为 $2^{16}-1$，即需要 65 535 个脉冲才可以把它们从全 0 变为全 1。

T0 和 T1 有定时器和计数器两种工作模式，在每种模式下又可以分为若干工作方式。在定时器模式下，T0 和 T1 的计数脉冲可以由单片机时钟脉冲经 12 分频后提供，故定时时间和单片机的频率有关。在计数器模式下，T0 和 T1 的计数脉冲可以从 P3.4 和 P3.5 引脚上输入。对 T0 和 T1 的控制由两个 8 位特殊功能寄存器完成：定时器方式选择寄存器 TMOD，它用于确定是定时器还是计数器工作模式；定时/计数器控制寄存器 TCON，它用于决定是定时器或者计数器的启动、停止以及进行中断控制。

(3) 串行口

串行收/发数据存储于特殊功能寄存器的串行数据缓冲器 SBUF 中。SBUF 的物理地址是 99H。实际上在单片机内部有两个数据缓冲器，即发送缓冲器和接收缓冲器，它们都是用 SBUF 来命名，只根据对 SBUF 特殊功能寄存器读/写操作，单片机会自动切换发送缓冲器或接收缓冲器。

1.4.4 复位和周期

(1) 复　位

8051 的复位是在单片机的复位引脚接上高电平，并保持超过两个机器周期以上。或用手按下 8051 电路中的复位开关，复位引脚上肯定会有一个远大于两个机器周期的高电平，所以也都会引起 8051 单片机进行复位。当系统复位时，内部寄存器将回归初始状态，程序将从 0000H 处开始执行。AT89S52 单片机复位时寄存器的初始状态如表 1-7 所列。

表 1-7 AT89S52 的复位时寄存器的初始状态

寄存器	状　态	寄存器	状　态
ACC	00000000B	TMOD	00000000B
B	00000000B	TCON	00000000B
PSW	00000000B	T2CON	00000000B
SP	00000111B	TH0	00000000B
DPH	00000000B	TL0	00000000B
DPL	00000000B	TH1	00000000B
P0	11111111B	TL1	00000000B
P1	11111111B	TH2	00000000B
P2	11111111B	TL2	00000000B
P3	11111111B	RCAP2H	00000000B
IP	XX000000B	RCAP2L	00000000B
IE	0X000000B	SCON	00000000B
PC	0000H	SBUF	未定
PCON	0XXXXXXXB		

(2) 周　期

单片机的时序就是 CPU 在执行指令时所需要控制信号的时间顺序。这里给大家介绍两个经常用到的概念。

① 时钟周期又称为振荡周期，由单片机片内振荡电路 OSC 产生，通常定义为时钟脉冲频率的倒数，是时序中最小的时间单位。例如，单片机的时钟频率为 12 MHz，则它的时钟周期为 1/12 μs。

② 机器周期定义为实现特定功能所需要的时间，通常由若干时钟周期 T 构成。8051 单片机的机器周期由 12 个时钟周期构成。例如，单片机的时钟频率为 12 MHz，则它的机器周期为 1 μs。

1.5 学习单片机的必备基础知识

1.5.1 数　制

所谓数制是指数的制式，是人们利用符号计算的一种科学方法。数制有很多种，常用的数制有十进制、二进制、八进制和十六进制等。这里对十进制、二进制和十六进制这三种数制进行讨论。

(1) 十进制

十进制是大家熟悉的进位计数制，它共有 0、1、2、3、4、5、6、7、8、9 这 10 个数字符号。它是一种科学的计数方法，所能表示的数的范围很大，可以从无限小到无限大。

十进制数的主要特点是：

① 它有 0～9 共 10 个不同的符号。

② 它是逢十进位的。在计数过程中，当某位计数满 10 时就要向它邻近的高位进 1。

(2) 二进制

二进制只有高电平和低电平，它是随着计算机的发展而发展起来的。二进制对于初学者比较陌生，同时对它也有一种神秘的感觉。在某些电影中，就在计算机上显示 0、1 这样的二进制数来表现“高科技”。二进制有以下特点：

① 它有 0、1 两个符号。

② 它是逢二进位的。当某位计满 2 时就要向它邻近的高位进 1。

(3) 十六进制

十六进制是人们学习和研究计算机中二进制数的一种工具，它是随着计算机的发展而广泛应用的。十六进制特点如下：

① 它有 0、1、2、3、4、5、6、7、8、9、A、B、C、D、E、F 等 16 个符号。

② 它是逢十六进位的。当它的某位计满 16 时就要向它邻近的高位进 1。

在十进制、二进制、十六进制之间值的对照表如表 1－8 所列。

表 1－8　十进制、二进制、十六进制对照表

十进制	二进制	十六进制	十进制	二进制	十六进制
0	0000	0	8	1000	8
1	0001	1	9	1001	9
2	0010	2	10	1010	A
3	0011	3	11	1011	B
4	0100	4	12	1100	C
5	0101	5	13	1101	D
6	0110	6	14	1110	E
7	0111	7	15	1111	F

在计算机内部，数的表示形式是二进制。这是因为二进制数只有 0 和 1 两个符号，采用晶体管的导通和截止、脉冲的高电平和低电平等都很容易表示它。此外，二进制数运算简单，便于用电子线路实现。

采用十六进制可以大大减轻阅读和书写二进制数时的负担。例如：

```
10100101 = A5H
1100001010010111 = C297H
```

显然，采用十六进制数描述一个二进制数更简短。

进制有自己的标号，我们用 B 表示二进制，D 表示十进制，H 表示十六进制。

如：A5H 为十六进制；10101B 为二进制；315D 为十进制。其中，十进制的标号

D 一般可以省略。

1.5.2 数制间转换

(1) 十进制和二进制之间转换

① 二进制数制转换成十进制数,只要把要转换数按权展开后相加。例如:

$$100101 = 1 \times 2^5 + 1 \times 2^2 + 1 \times 2^0 = 32 + 4 + 1 = 37$$

② 十进制数转换成二进制数,最常用的方法是"除 2 取余法":用 2 连续去除要转换的十进制数,直到商小于 2 为止,然后把各次余数按最后得到的最高位、最早得到的为最低位,依次排列起来所得到的数便是所求的二进制数。例如,把 196 转换为二进制,方法如下:

```
2|196  ———— 余0   最低位
 2|98  ———— 余0     ↑
  2|49 ———— 余1     |
  2|24 ———— 余0     |
   2|12 ——— 余0     |
    2|6 ——— 余0     |
    2|3 ——— 余1     |
       1 ——— 余1   最高位
```

把所有余数按箭头方向从高到低排列起来便可得到相应的二进制,即 196=11000100B。

(2) 十进制和十六进制之间转换

① 十六进制数转换成十进制数,其方法和二进制数转换成十进制数的方法类似,即可以把十六进制数按权展开后相加例如:

$$\begin{aligned} A56BH &= 10 \times 16^3 + 5 \times 16^2 + 6 \times 16^1 + 11 \times 16^0 \\ &= 40\ 960 + 1\ 280 + 96 + 11 \\ &= 42\ 347 \end{aligned}$$

② 十进制数转换成十六进制数,可以采用"除 16 取余法":用 16 连续去除要转换的十进制数,直到商数小于 16 为止,然后把各次余数最后得到的为最高位、最早得到的为最低位,依次排列起来所得到的数便是所求的二进制数。例如,求 850315 的十六进制数:

```
16|850315 ———— 余11(B)
 16|53144 ———— 余8
  16|3321 ———— 余9
   16|207 ———— 余15(F)
       12 ———— 余12(C)
```

通过上面的计算,850315 的十六进制数为:850315=CF98BH。

(3) 二进制和十六进制之间转换

① 二进制数转换成十六进制数,二进制数每 4 位组合到一起,最左边不足 4 位以 0 补足 4 位,然后分别把每组用十六进制符号表示,并按序连接。例如,把

1010110010101001100010 转换为十六进制数：

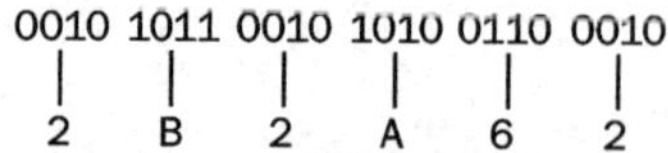

即 1010110010101001100010B＝2B2A62H。

② 十六进制数转换成二进制数，只需要把每位十六进制数用 4 位二进制符号表示，然后把它们连起来。例如，把 F8A37CH 转换为二进制：

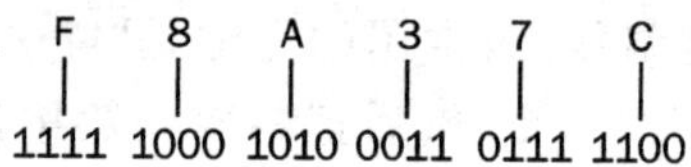

即 F8A37CH＝111110001010001101111100B。

1.5.3 逻辑电平

在数字电路中，常用二进制数来量化连续变化的模拟信号，用数字 1 和 0 来表示，这样就可以借助复杂的数字系统来实现信号的存储、分析和传输。

数字信号常用数字 0 和 1 来表示。这里的 0 和 1 不是十进制数中的数字，而是逻辑 0 和逻辑 1，它叫数字逻辑。

数字逻辑的产生，是基于客观世界的许多事物可以用彼此相关又相互对立的两种状态来描述，例如：是与非、真与假、开与关等。而且在电路图上，可以用电子器件的开关特性来表示。这些数字电压通常用逻辑电平来表示，如表 1－9 所列。

表 1－9　逻辑电平和电压值的关系

电压/V	数字逻辑	电　平
＋5	1	H(高电平)
0	0	L(低电平)

1.5.4 二进制的逻辑运算

(1) 与

与运算实现“同为真时为真，有一假时为假”的逻辑关系的运算。通常用符号“×”或“∧”或“·”来表示。逻辑运算规则如下：

$$0\times0=0,\ 0\wedge0=0,\ 0\cdot0=0$$
$$0\times1=0,\ 0\wedge1=0,\ 0\cdot1=0$$
$$1\times0=0,\ 1\wedge0=0,\ 1\cdot0=0$$
$$1\times1=1,\ 1\wedge1=1,\ 1\cdot1=1$$

与运算符号如图 1－7 所示。单片机 C 语言中用“&”表示“按位与”运算，意思是变量之间按二进制位数对应关系一一进行与运算。

例如：

```
(10110111B)&(11100101B) = 10100101B
```

(2) 或

或运算实现“同为假时为假，有一真时为真”的逻辑关系的运算。通常用符号“＋”或“∨”来表示。逻辑运算规则如下：

$$0+0=0,\ 0\lor 0=0$$
$$0+1=1,\ 0\lor 1=1$$
$$1+0=1,\ 1\lor 0=1$$
$$1+1=1,\ 1\lor 1=1$$

或运算符号如图1-8所示。

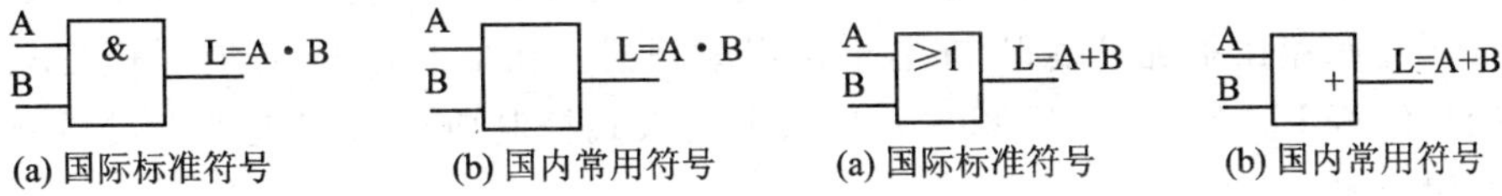

(a) 国际标准符号　(b) 国内常用符号　(a) 国际标准符号　(b) 国内常用符号

图1-7　与逻辑运算符号　　**图1-8　或逻辑运算符号**

单片机C语言中用“|”表示“按位”运算，意思是变量之间按二进制位数对应关系一一进行与运算。

例如：

```
(10110111B)|(11100101B) = 11110111B
```

(3) 非

非运算是实现求反这种逻辑关系的一种运算。在字符上面的短划“－”表示非运算。单片机C语言中用“!”实现非运算功能。运算规则如下：

```
! 0 = 1
! 1 = 0
```

非运算符号如图1-9所示：

(a) 国际标准符号　(b) 国内常用符号

图1-9　非逻辑运算符号

单片机C语言中用“～”表示“按位取反”运算。

例如：

```
~10101100B = 01010011B
```

1.6　适合初学者学习的 51 单片机

初学单片机，因为对单片机编程不熟悉，难免会在编程过程中产生一些错误。所以，初学者编程时会对代码不停地修改，然后再下载到单片机开发板中进行试验。因为要经常下载代码，所以初学者一般都是选择下载方式简单的单片机进行学习，比如 AT89S52 和 STC89C52RC。

(1) AT89S52 简介

AT89S52 是一种低功耗、高性能 CMOS 的 8 位微控制器，具有 8 KB 在系统可编程 Flash 存储器，使用 Atmel 公司高密度非易失性存储器技术制造。片上 Flash 允许程序存储器在系统可编程，亦适于常规编程器。在单芯片上，拥有 8 位 CPU 和在系统可编程 Flash，使得 AT89S52 为众多嵌入式控制应用系统提供高灵活、超有效的解决方案。

它的主要特性：与 MCS－51 单片机产品兼容，8 KB 在系统可编程 Flash 存储器，1 000 次擦写周期，全静态操作：0～33 MHz，3 级加密程序存储器，32 个可编程 I/O 口线，3 个 16 位定时/计数器，6 个中断源，全双工 UART 串行通道，低功耗空闲和掉电模式，掉电后中断可唤醒，看门狗定时器，双数据指针，掉电标示符。

(2) STC89C52RC 简介

STC89C52RC 单片机是宏晶科技推出的新一代超强抗干扰、低功耗的单片机，指令代码完全兼容 MCS－51 系列单片机，12 时钟/机器周期和 6 时钟/机器周期可任意选择。

它的主要特性：

- 时钟 6T/12T 选择，增强型 6 时钟/机器周期，12 时钟/机器周期。
- 工作电压：3.5～5.5 V(5 V 单片机)/2.0～3.8 V(3 V 单片机)。
- 工作频率范围：0～40 MHz，相当于普通 8051 的 0～80 MHz，实际工作频率可达 48 MHz。
- 程序存储空间：8 KB。
- 数据存储空间：512 B。
- 通用 I/O，PDIP 为 32 个，PLCC 和 QFP 为 36 个(多 4 个 P4 口)，复位后为：P1/P2/P3/P4 是准双向口、弱上拉(普通 8051 传统 I/O 口)，P0 口是开漏输出，作为总线扩展用时，不用加上拉电阻，作为 I/O 口时，需加上拉电阻。
- ISP(在系统可编程)/IAP(在应用可编程)，无需专用编程器、仿真器，可通过串口(P3.0、P3.1)直接下载用户程序。
- 带 EEPROM 功能，大小为 4 KB，分 8 个扇区，每个扇区 512 个字节，地址为 2000H～2FFFH。

- 带看门狗功能，看门狗的参数可以进行配置，更灵活。
- 共 3 个 16 位定时/计数器，其中定时器 0 还可以当成 2 个 8 位定时器使用。
- 外部中断 4 路，下降沿中断或者低电平触发中断，掉电模式可由外部中断低电平触发中断方式唤醒。
- 通用异步串行口(UART)，还可用定时器软件实现多个 UART。
- 工作温度范围：-40～+85 ℃(工业级)、0～75 ℃(商业级)。

1.7 实验平台简介

本章主要介绍本书配套的实验平台：HOT-51 单片机实验板。通过本节的学习，读者可以对该实验平台有一个大概了解，并且对学习单片机时应该学习什么，能够学到什么，有一个大概的认识。

1.7.1 HOT-51 单片机实验板简介

HOT-51 单片机实验板系列于 2008 年面市，畅销至今。在这几年中，HOT-51 单片机实验板功能不断丰富，性能不断完善，已经为全国数百个高校学子及各地电子爱好者提供了数万套开发板，获得广泛好评。

该实验板提供了丰富的单片机外围资源，可以满足大家由入门到精通，甚至在工作中作为一个前期开发评估平台使用。该实验板适合大学生、电子爱好者、单片机初学者、电子行业从业人员等学习并掌握单片机技术，也非常适合大学生单片机集体学习、大学课程教学、大学实验室采购等。HOT-51 单片机实验板外观如图 1-10 所示。

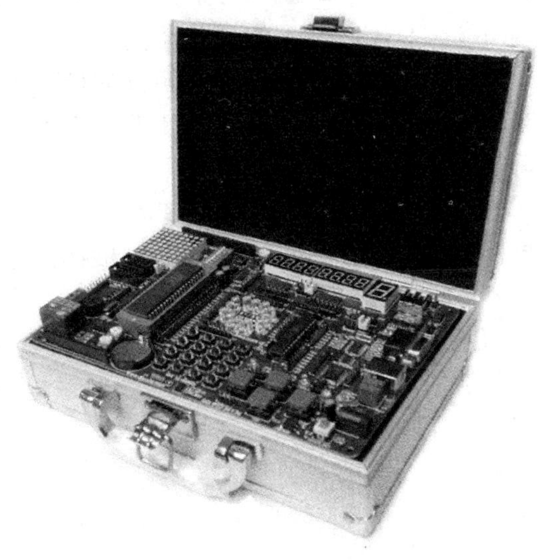

图 1-10 HOT-51 单片机开发平台

1.7.2 HOT-51 单片机实验板板载资源

- 12 个 LED,红黄绿 3 种颜色,东南西北方向各 3 个。板上有 12 个 LED,可以实现交通灯实验,这个实验在大学单片机实验课程和毕业设计中经常会用到。
- 配有 Atmel 的 ISP 接口。配合 USBASP 下载器,可以实现对 Atmel 单片机 AT89S51/52 等 51 芯片在线下载。
- 串口选择跳线:因为该实验板上有两片单片机,所以可以实现两片单片机之间的串口通信。这个功能很重要的,现在只有我们的实验板能完成这个功能。
- 配彩屏模块,提高广大顾客的学习兴趣,让用户单片机技术更上一层楼。配套的彩屏资料丰富,程序代码注释详尽,较容易学习。
- 4 个优质独立按键,这样的按键更接近工程应用,质量更稳定,外观美观,操作舒适。独立按键是人机接口输入部分的重要模块,按键上下左右排列,这样可以实现加减和移位功能,更加形象。
- 1 个共阳数码管,由 1 个 74HC595 芯片驱动,可以学习串行移位芯片 74HC595 的使用,并用 74HC595 来驱动共阳数码管。
- 串行信号转并行信号芯片 74HC164,通过串口或者模拟串口信号输入数据,输出 8 位并口信号,多用于单片机本身端口不够使用的情况。
- EEPROM 存储器 AT24C02,I^2C 总线接口,可以实现数据的掉电不丢失。可以利用 51 单片机的 I/O 来模拟 I^2C 时序来读/写 AT24C02 芯片。
- 8 位共阴数码管,2 个 74HC573 锁存,分别控制段锁存和位锁存,学习数码管的静态和动态显示和 74HC573 的锁存功能实验。
- 8×8 点阵,由 1 个拨码开关控制,可以学习点阵的显示和拨码开关的操作。
- DS1302 时钟芯片,配有 32 768 Hz 晶振且带备用电源纽扣电池,可以用 DS1302 来编写时钟程序、万年历代码等。
- MAX232 串口电平转换,可以实现 MAX232 的串口通信实验。
- PL2303 串口电平转换,可以实现 PL2303 的串口通信实验,STC 单片机的程序下载就是用这个芯片实现的。
- PCF8591 芯片,8 位数/模(模/数)转换芯片,提供 4 路 A/D 输入和 1 路 D/A 输出。4 路输入分别接两个精密可调电阻:一个热敏电阻和一个光敏电阻。D/A 端口通过 LED 灯模拟显示。
- 蜂鸣器,可以做蜂鸣器发声、蜂鸣器唱歌实验。
- 步进电机接口,可以连接 4 相 5 线步进电机,通过 ULN2003 控制,可以实现步进电机正反转、调速等功能。
- 直流电机接口,可以学习直流电机开关控制与调速原理。

- 大功率继电器，250 V/10 A，市电专用接线端子，预留常开、常闭、公共接点，可以直接连接 220 V 电器设备。
- LCD1602 标准插座，带独立的对比度调节电位器，即插即用。1602 可显示两行，每行 16 个 ASCII 码字符。
- LCD12864 液晶标准插座，带独立对比度调节电位器，可以连接 ST7920 字库液晶、KS0108 非字库液晶等多种标准接口液晶，也可以直接插接我们公司配套的彩屏液晶模块。
- 独立的 DS18B20 温度传感器接口，学习编写 1 - WIRE 总线程序，可采集温度，做温度计。
- 高精度热敏电阻，通过 A/D 转换可以测量宽范围温度，学习热敏电阻使用原理。
- 通用光敏电阻，通过 A/D 转换可以测量光照变化，用于学习多种光控设备原理和技术。
- 4×4 标准矩阵键盘，可以学习行列扫描，学习矩阵键盘编码、解码的实验。
- 2 路红外发射电路，单片机只需要给出一个 38 kHz 的调制波就可以通过 1 路高灵敏度、宽范围一体化红外接收头，实现避障、通信功能。使用配套遥控器可以实现遥控解码、遥控控制等，通过双路避障，可判断左右遮挡或者全遮挡。
- USB 型 PS/2 接口，可以连接 PS/2 标准键盘，学习 PS/2 协议原理和技术。
- 可以拔插更换的晶振，为使用不同频率自行做出调整。
- 提供 51、AVR 双复位电路，通过跳线帽来选择。
- 7805 稳压芯片，可以外接 7.5～16 V 的电压。有了稳压芯片，可以更好地保护开发板，避免一些初学者因为接错了电源而造成开发板的损坏。
- 单片机两边都有 I/O 口扩展排针，为扩展实验提供了巨大的方便。
- 51 单片机使用优质锁紧插座，方便更换芯片，使用寿命长，可批量编程芯片。

第 2 章

Keil 软件使用和 Keil C51 介绍

2.1 Keil 入门

Keil 是美国 Keil Software 公司出品的一套非常好用的 8051 系列单片机软件开发系统。Keil 提供了包括 C 编译器、宏汇编、链接器、库管理和一个功能强大的仿真调试器等在内的完整开发方案，通过一个集成开发环境（μVision）将这些部分组合在一起。如果使用 C 语言编程，那么 Keil 几乎是不二之选，即使不使用 C 语言而仅用汇编语言编程，其方便易用的集成环境、强大的软件仿真调试工具也会令你事半功倍。

2.1.1 Keil 工程的创建

接下来给大家介绍利用 Keil 软件去创建工程。创建一个名字为 LED 的工程，单片机选用 AT89S52。

① 首先，双击 Keil 文件图标，可以进入 Keil 的开发环境，见图 2－1。

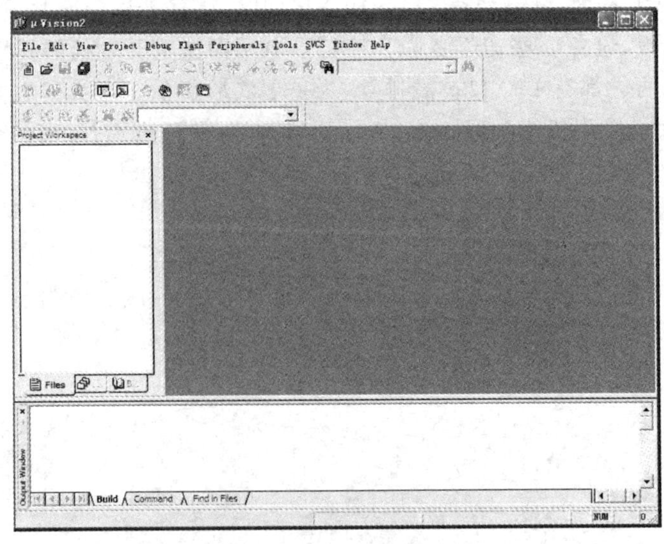

图 2－1　Keil 开发环境

② 新建一个工程，选择 Project→New Project，会弹出 Create New Project 对话

框，如图 2－2 所示。选择工程需要保持的路径，输入工程文件名，然后单击“保存”。

③ 接下来会弹出图 2－3 所示对话框，选择单片机的生产厂家和型号。

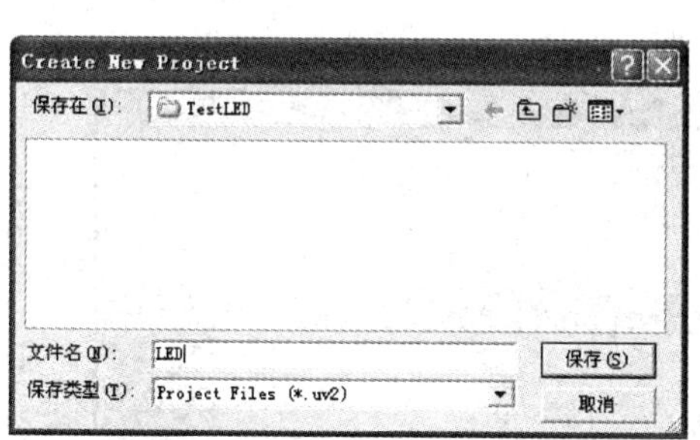

图 2－2 新建工程

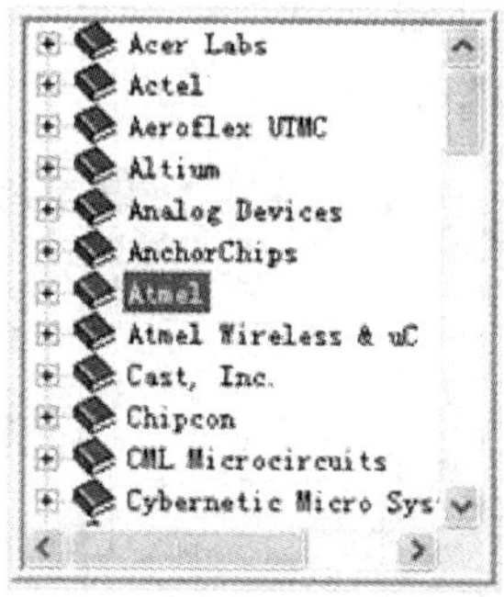

图 2－3 选择单片机厂家

选择 Atmel 公司的 AT89S52 芯片，在图 2－4 的 Description 中可以看到该单片机资源的简单介绍，然后单击“确定”即可。

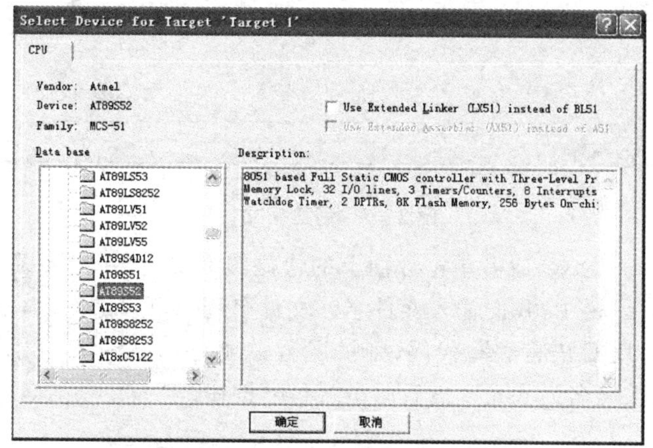

图 2－4 选择相应的单片机

④ 弹出一个是否需要添加启动代码的对话框，如图 2－5 所示，单击“是”，添加进入工程的启动代码为 STARTUP. A51。

⑤ 如图 2－6 所示，工程已经创建成功了。

图 2－5 添加启动代码

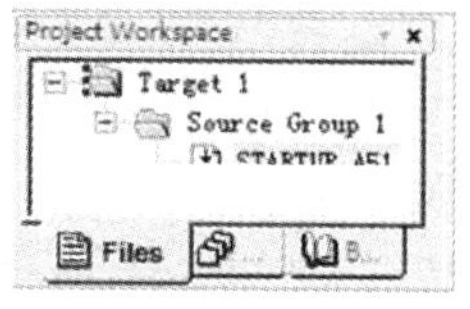

图 2－6 创建工程成功

2.1.2 编写程序

① 工程创建完后，就可以编写程序代码了。选择 File→New，或者单击界面上的快捷图标，就会弹出图 2－7 所示界面。

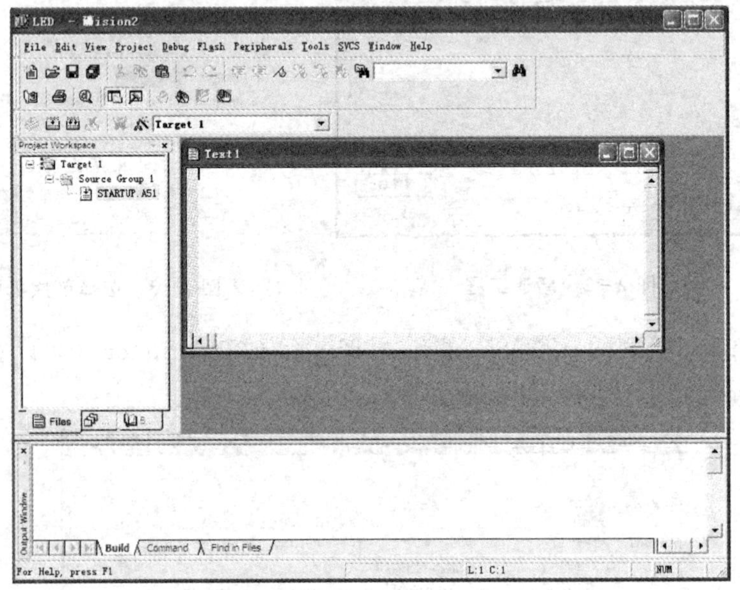

图 2－7 创建新文件

② 选择 File→Save，或者单击界面上的快捷图标，会弹出如图 2－8 所示对话框。在“文件名”一栏中，我们输入文件名。文件名用户可以随意取，不一定要和工程名字一样。如果用 C 语言编写代码，则扩展名必须为 c，如图 2－8 所示。如果用汇编编写代码，则扩展名为 asm。最后单击“保存”按钮。

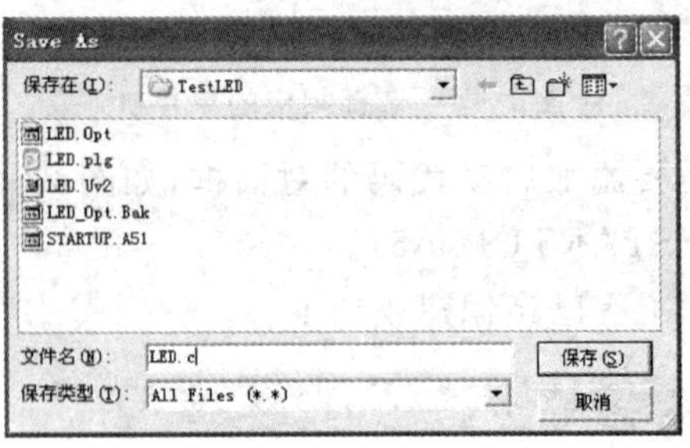

图 2－8 保持文件

③ 在左边工程窗口中右击 Source Group 1，在下拉菜单中选择 Add Files to Group‘Source Group 1’，如图 2－9 所示。

④ 选择图 2－9 中保存的相应的 C 文件，单击 Add 按钮，最后单击 Close 按钮，

如图 2-10 所示。

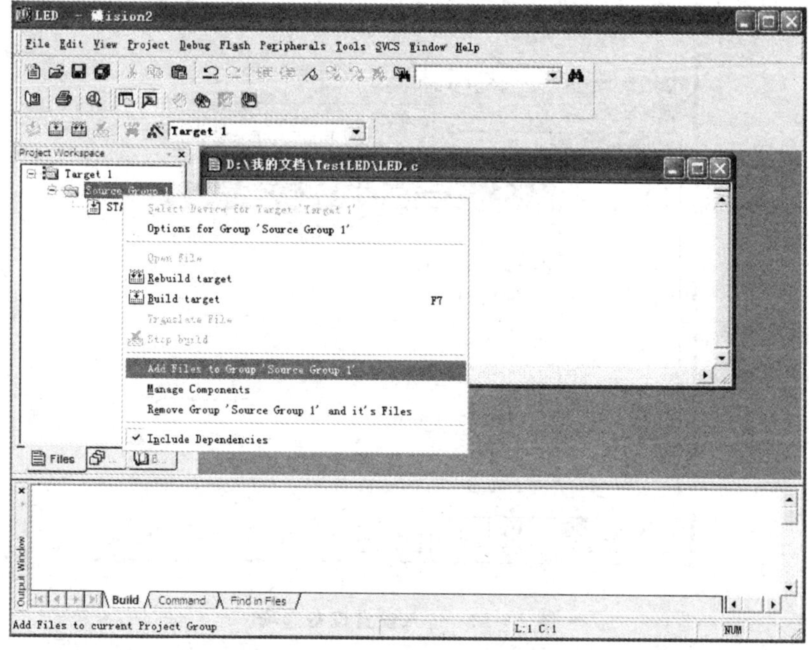

图 2-9　将文件添加到工程菜单

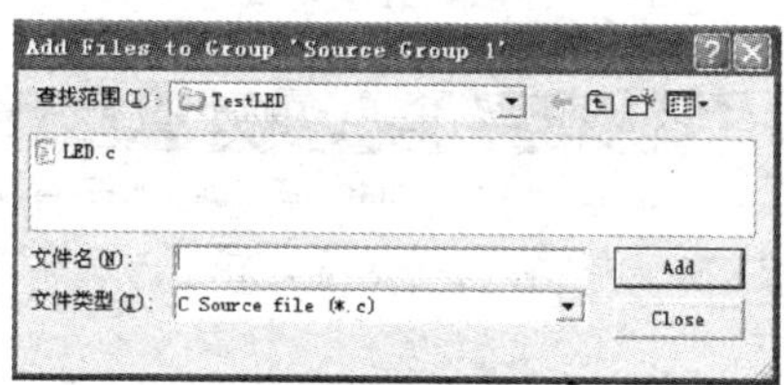

图 2-10　选择要添加的文件

⑤ 在文件编辑窗口，编写代码，如图 2-11 所示。

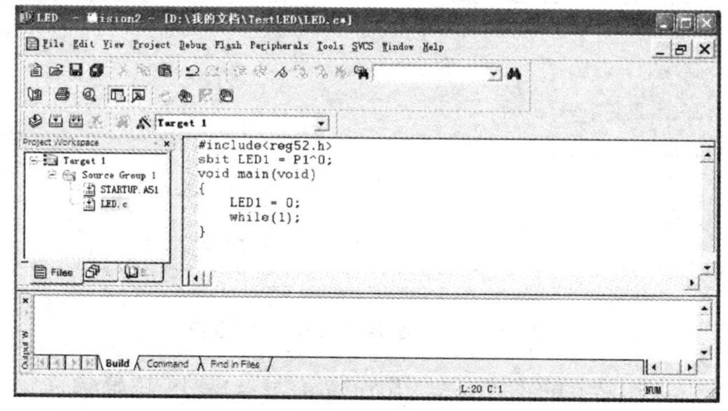

图 2-11　编写代码

⑥ 要输出 Hex 文件，需要进行如下设置。如图 2－12 所示，右击工程窗口 Target 1 下拉菜单中的 Options for Target‘Target 1’或者单击界面上的 。

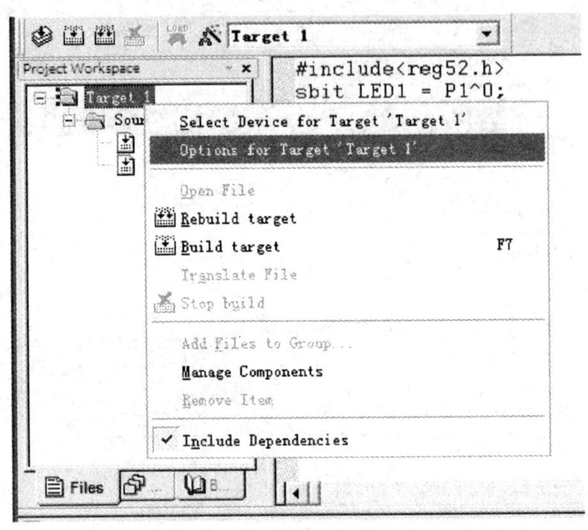

图 2－12　进入设置设备选项

⑦ 在弹出界面中，选择 Output 选项，然后选中 Create Hex，再单击“确认”，如图 2－13所示。

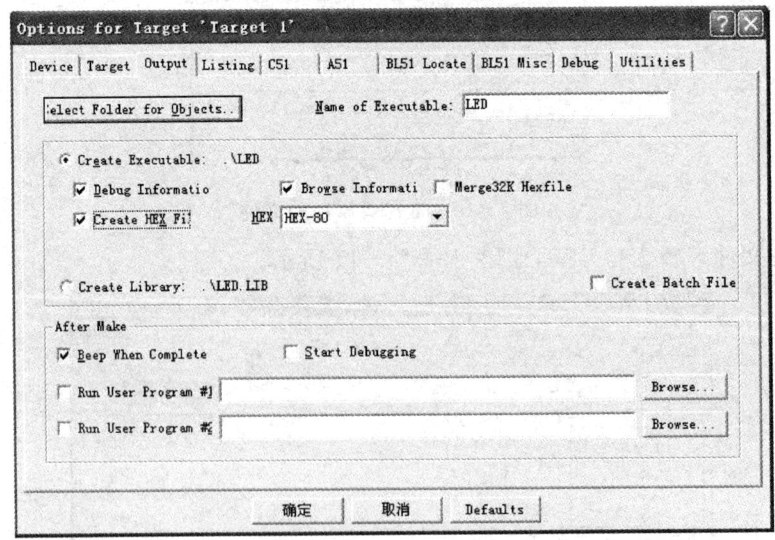

图 2－13　选中 Create Hex 选项

⑧ 单击图 2－14 所示的 Rebuild all target files，程序开始编译。

⑨ 编译成功，成功创建 Hex 文件，并且编译“0 错误，0 警告”，如图 2－15 所示。

图 2-14　编译文件

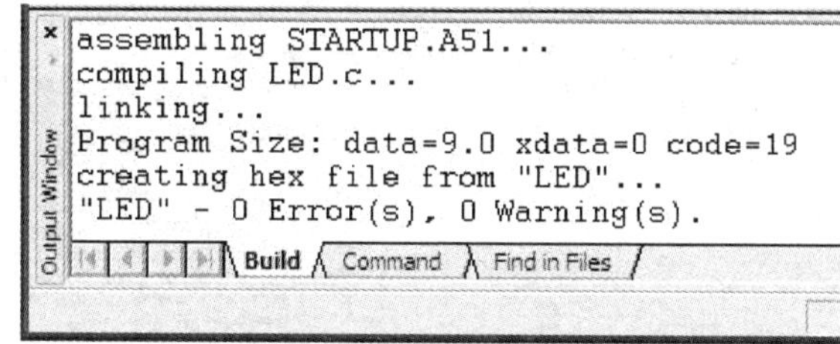

图 2-15　编译成功

这里,我们简单介绍一下 Hex 是什么。

Hex 文件是由一行行符合 Intel Hex 文件格式的文本所构成的 ASCII 文本文件。在 Hex 文件中,每一行包含一个 Hex 记录。这些记录由对应机器语言码和常量数据的十六进制编码数字组成。Hex 文件通常用于传输将被存放于 ROM 或者 EPROM 中的程序和数据。大多数 EPROM 编程器或模拟器使用 Hex 文件。

我们可以通过编程软件把 Hex 文件烧写到单片机的 ROM 中,让单片机按照我们编写的代码运行。

2.1.3　用 Keil 进行调试/仿真程序

代码编写好以后,可以通过烧录软件把 Hex 文件烧录进入单片机,让单片机在电路系统中运行,可以看到代码是否按照自己的设计正确运行。这种方法的优点是直观,可以准确地看到电路系统的执行情况;缺点是每次都要烧录代码,比较麻烦,并且如果程序中有错误,不容易及时、准确地发现。接下来,我们就讲一下如何用 Keil 软件对程序代码进行调试/仿真。

Keil 进行调试/仿真程序代码,常用的有两种方式:Keil 软件调试/仿真和仿真芯片(SST89E516RD)调试/仿真。前者是完全借用 Keil 来进行调试/仿真,不需要连接硬件,可以很方便地对代码的运行流程进行观察,也可以对程序运行中各寄存器或者变量的值进行查看。后者是用 SST 公司出的一款型号为 SST89E516RD 的单片机,它具有 64 KB 的 ROM,它烧录特定的仿真监控代码后可以通过串口来进行对 64K 范围的程序代码进行仿真/调试,可以直接连接硬件,仿真十分方便。

1. 用 Keil 软件调试/仿真

新建一个"单灯闪烁.c"的代码,并且建立工程为"仿真 LED 闪烁",选择的芯片为 AT89S52。该代码在共享资料的"例 2.1"文件中。这里用这个简单的 LED 灯闪烁的代码进行仿真演示。如图 2-16 所示,编译成功以后,设置好晶振值,单击快捷图标或者选择 Debug→Start/Stop Debug Session 进行仿真。

首先对仿真/调试工具栏进行介绍,图 2-17 为仿真/调试工具栏。

对工具栏的每项的功能按从左到右的顺序进行介绍:

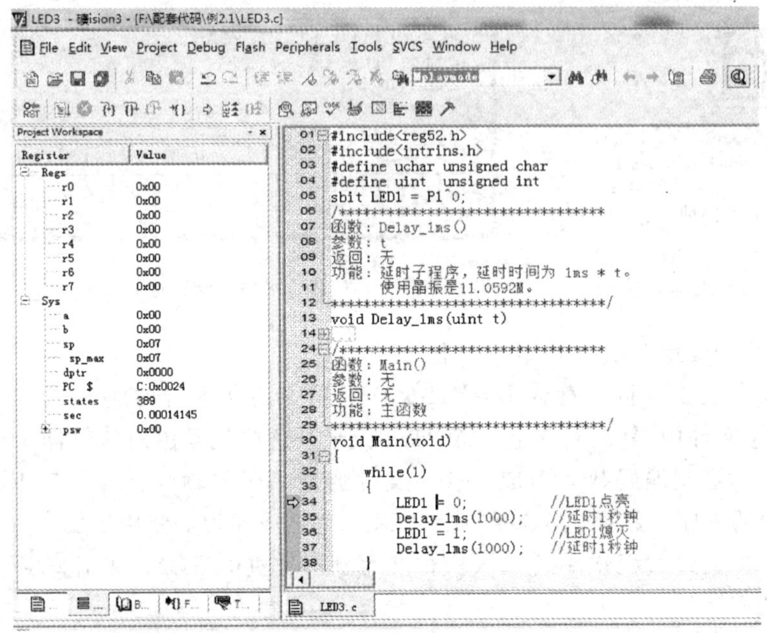

图 2-16　Keil 仿真界面

图 2-17　仿真/调试工具栏

① 复位(Reset)CPU,同时让程序从头开始执行。

② 全速执行程序。

③ 停止程序的执行。

④ 单步跟踪执行,每单击一下执行一个指令,若遇到子程序,则跳入该子程序。

⑤ 单步执行,每单击一下执行一个指令,若遇到子程序,直接执行完成该子程序。

⑥ 完成当时所执行的子程序,跳出该子程序,返回主程序。

⑦ 执行到光标处所在的那一行指令。

⑧ 打开 STARUP. A51 窗口,以展示程序相对应的汇编语言执行情况。

⑨ 打开/停止跟踪记录。

⑩ 显示跟踪记录,并打开反组译窗口。

⑪ 打开反组译窗口。

⑫ 打开监视窗口,在右下方。

⑬ 打开指令码包含率窗口。

⑭ 打开串行端口窗口。

⑮ 打开存储器窗口，它在屏幕的中下方。

⑯ 打开效率分析器窗口。

⑰ 打开工具箱窗口，工具箱窗口用来在进行调试分析时更新显示。

接着来了解仿真/调试中要用到的一个很重要的东西——断点，断点的设置如图 2－18 所示。

图 2－18　断点的设置

对断点栏的每项的功能从左到右的顺序进行介绍：

① 设置一个断点。

② 取消所有断点。

③ 取消该个断点的功能。

④ 取消所有断点的功能。

在仿真/调试状态下，Peripherals 菜单的内容较丰富，而且对于调试工作有很大的帮助。在 Peripherals 下有 5 个下拉菜单：Reset CPU 用于复位 CPU；Interrupt 用于对中断的设置和查看；I/O－Ports 用于对单片机 I/O 的电平进行设置和查看；Serial 用于对串口进行设置；Timer 用于对定时器进行设置及查看。下面对后 4 个对话框进行介绍。

Interrupt 对话框如图 2－19 所示。

Interrupt System

Int Source	Vector	Mode	Req	Ena	Pri
P3.2/Int0	0003H	0	0	0	0
Timer 0	000BH		0	0	0
P3.3/Int1	0013H	0	0	0	0
Timer 1	001BH		0	0	0
Serial Rcv.	0023H		0	0	0
Serial Xmit.	0023H		0	0	0
Timer 2	002BH		0	0	0
P1.1/T2EX	002BH	0	0	0	0

EA　Selected Interrupt　IT0　IE0　EX0　Pri.: 0

图 2－19　Interrupt 对话框

对话框中列出了芯片的所有中断源，直接选中所要操作的中断源，则可以看到该中断源的相关选项呈现在对话框下方。可以借助这个对话框，了解程序中使用了哪些中断，中断是如何设置的，程序中断的状态等信息。

I/O－Ports 菜单中有 4 个下拉菜单：Port 0、Port 1、Port 2、Port 3，以 Port 0 为例，如图 2－20 所示。在输出状态，P0 和 Pins 的值是同步的，即将寄存器的值送向端口。当作为输入状态，可以用鼠标选中 Pins，来模拟外部的高、低电平的变化。选中是高电平，不选中是低电平。

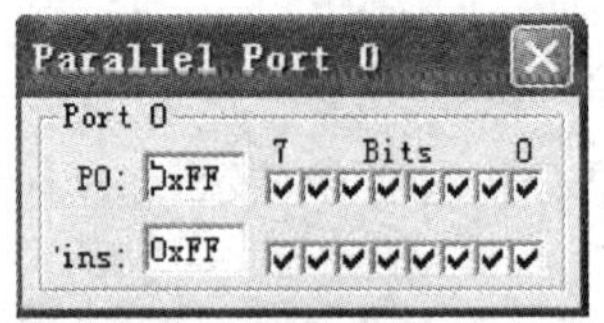

图 2-20　I/O-Ports 中的 Port 0 对话框

这个端口的对话框，可以看到端口的变化情况，其中分为 P0 和 Pins 两行，P0 行显示该输出端口的输出状态，Pins 行则为输入状态，可在此行中输入信号，其中打勾为 1，没有打勾为 0。

Serial 对话框如图 2-21 所示。

在该对话框中，给出了串口通信要用到的相应的设置选项。这些选项的内容在后面的串口通信章节进行详细的讲解。

Timer 菜单中有 4 个选项：Timer 0、Timer 1、Timer 2、Watchdog。

前 3 项是对定时器 0、定时器 1、定时器 2 进行设置和查看。第 4 项是对看门狗的值进行查看。这里以定时器为例，如图 2-22 所示。

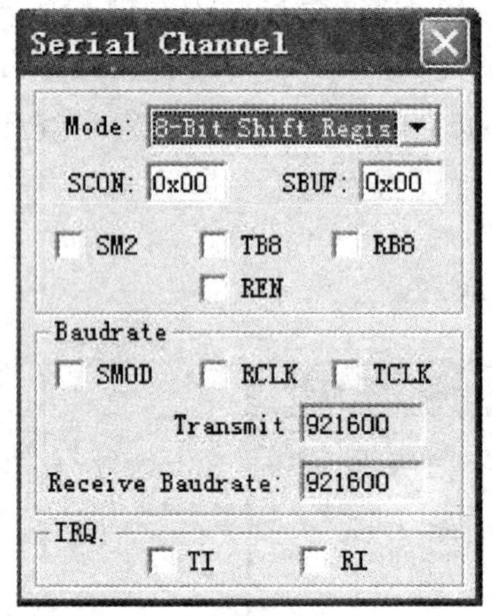

图 2-21　Serial 对话框

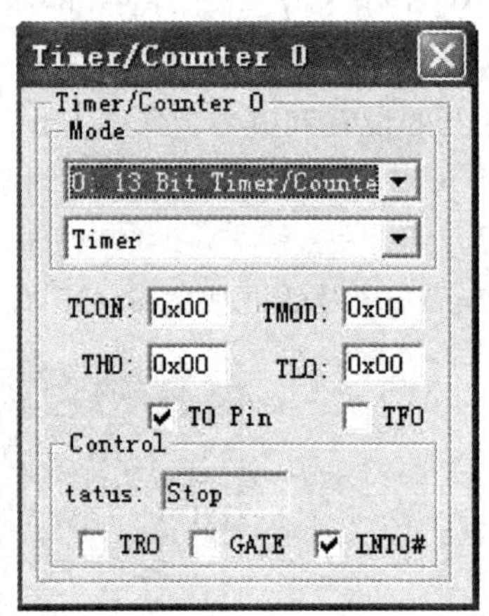

图 2-22　Timer 中的 Timer 0 选项

在该对话框中给出了定时器 0 要用到的相应的设置选项。这些选项的内容将在后面的定时器章节进行详细的讲解。

上面对仿真要用到的工具栏和对话框进行了简单介绍。接下来，将开始进行仿真的操作介绍。图 2-16 是对单灯闪烁进行的仿真。在仿真的过程中，要完成以下几个任务：

① 测试 Delay()延时函数的时间。

② 查看 LED1 变量的变化情况。

③ 查看 P1.0 端口的变量情况。

首先，设置仿真时的晶振大小。这里设置为 11.059 2，然后单击“确认”。

选择 View→Watch & Call Stack Window，然后选择 Watch #1，如图 2-24 所示。

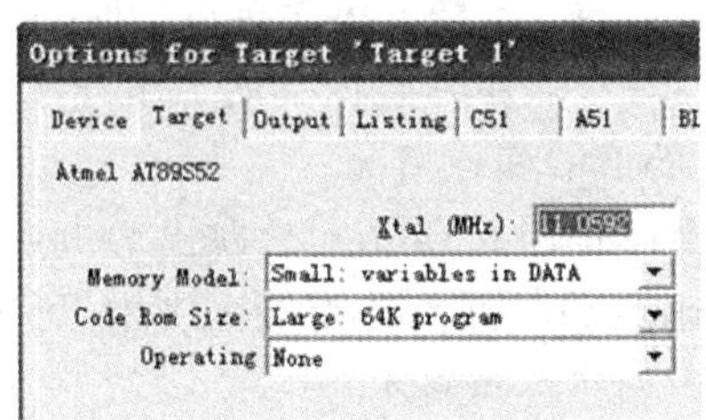

图 2－23 晶振的设置

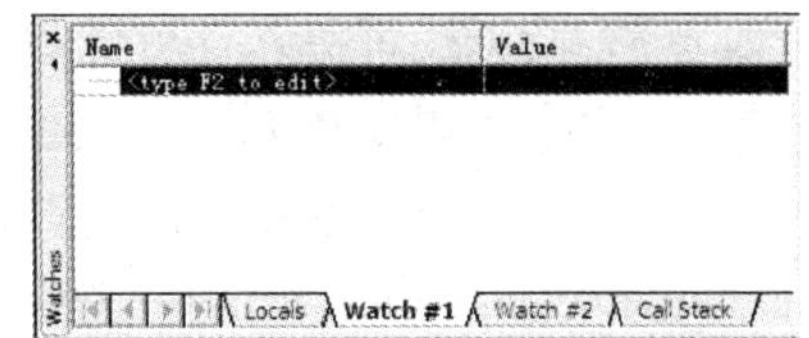

图 2－24 Watch & Call Stack Window 对话框

右击 LED1，会出现如图 2－25 所示选项，我们选择 1＃，并且单击。

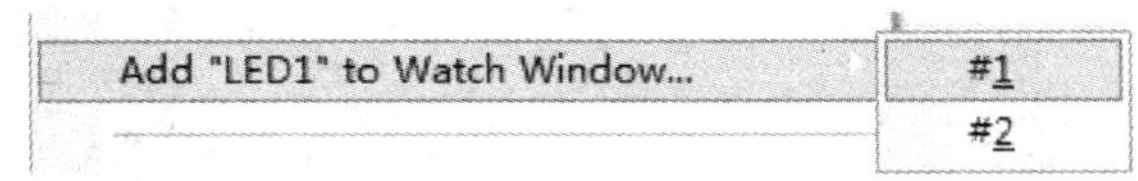

图 2－25 添加变量进入 Watch & Call Stack Window 对话框

这时可以看到如图 2－26 所示界面，变量被添加进入了 Watch & Call Stack Window 对话框。

选择 Peripherals→I/O－Ports 中的 Ports 1，可以在 Ports 1 的对话框观察 P1.0 口的电平变化情况，如图 2－27 所示。

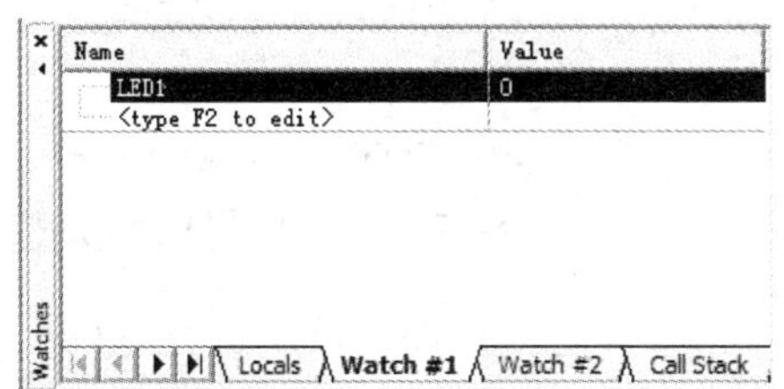

图 2－26 变量被添加进入 Watch & Call Stack Window 对话框

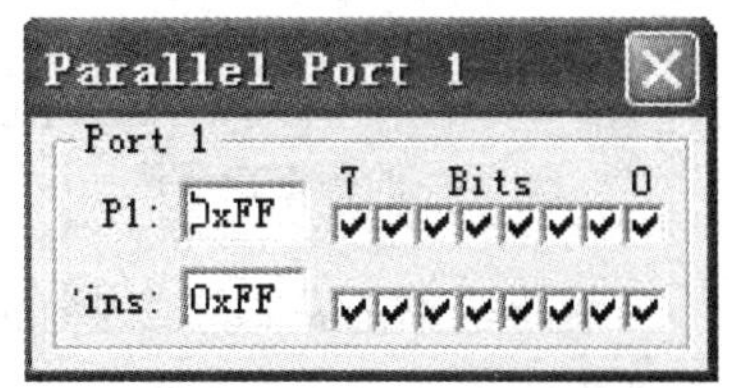

图 2－27 Ports 1 对话框

单击或者选择 Debug→Insert/Remove Breakpoint，可以进行断点的设置，如图 2－28 所示。

准备工作做好了，现在开始调试/仿真。单击或者选择 Debug→Step，执行“LED1 = 0;”语句，再单击一次或者选择 Debug→Step，进入 Delay()延时函数，如图 2－29 所示。

```
void Main(void)
{
    while(1)
    {
        LED1 = 0;               //LED1点亮
        Delay_1ms(1000);        //延时1秒钟
        LED1 = 1;               //LED1熄灭
        Delay_1ms(1000);        //延时1秒钟
    }
}
```

图 2－28 设置断点

```
void Delay_1ms(uint t)
{
    uint i,j;
    for(i=0;i<t;i++)
    {
        for(j=0;j<=100;j++)
        {
            _nop_();    //空操作函数
        }
    }
}
```

图 2－29 调试进入 Delay()延时函数

在 Keil 界面左边的 Project Workspace 中可以看到 sec 显示单片机运行时间是 0.000 427 52 s，如图 2-30 所示。Project Workspace 中是单片机内部的工作寄存器组和一些重要的寄存器，可以在这里看到每步运行的值的变化情况。

现在单击 或者选择 Debug→Step Out of current Function，可以跳出 Delay() 函数，进入函数和退出函数所用的时间，就是延时函数的时间。在图 2-31 中，可看到 Project Workspace 中的 sec 的值现在为 1.003 047 96。和刚才的 0.000 427 52 相比，多了大概 1 s。所以，刚才延时函数所用的时间大约为 1 s，即延时了约 1 s。这时，完成了仿真任务①。

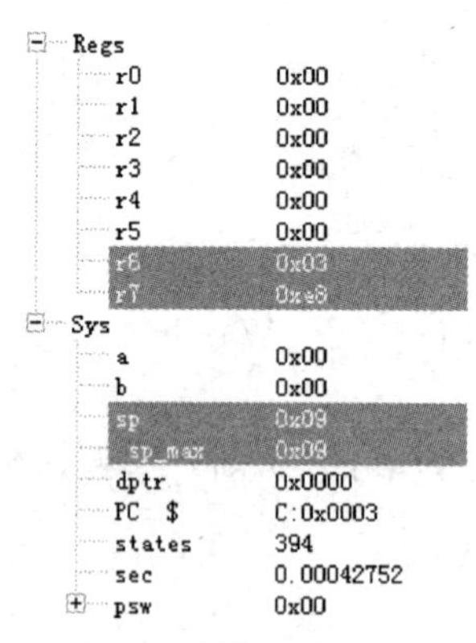

图 2-30 Project Workspace 的各寄存器值

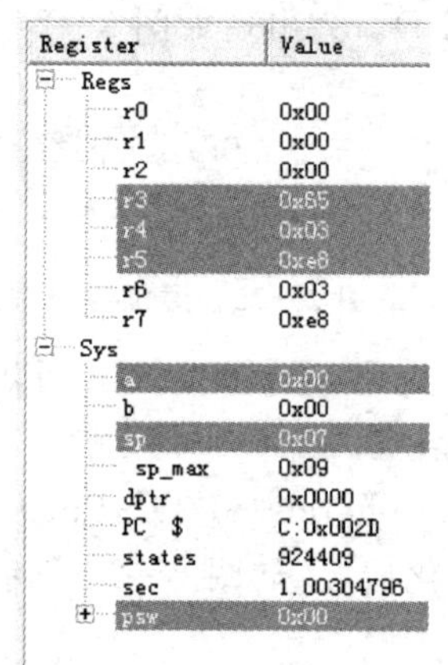

图 2-31 Project Workspace 中的 sec 为 1.003 047 96

不断地单击 或者选择 Debug→Step Over，代码会进行单步运行，这时，可以观查到 Watch & Call Stack Window 中的 LED1 变量的值和 Ports 1 中 P1.0 端口的变化。这时，我们完成了任务②和③。

也可以单击 或者选择 Debug→Step Go 进行全速运行，因为设置了两个断点，故每次全速运行到断点处会停下。

通过上面的介绍，相信大家对用 Keil 来对程序代码进行仿真/调试，已经有了简单的了解。大家可以在以后的学习中多练习软件仿真，因为它对查找程序的错误所在有较大的帮助。

2. 用 SST89E516RD 芯片进行调试/仿真

Keil 软件仿真/调试是在计算机上模拟底层硬件，它不能完全、准确地仿真/调试代码的运行情况。如果要准确地知道代码在电路系统的执行情况，我们可以借助仿真芯片 SST89E516RD 来完成。这样可以通过软硬件调试，更快地找到程序的错误，对代码进行完善。

SST89E516RD 仿真芯片需要用烧录器烧写仿真监控代码才能通过串口来仿

真。用 SST89E516RD 仿真芯片进行软件仿真/调试，Keil 软件需要进行以下设置。

首先单击 ，在 Debug 选项卡中，默认选择 Use Simulator，它用于 Keil 的软件仿真/调试。这里，因为是用 SST89E516 仿真芯片硬件仿真，所以要选 Use：Keil Monitor－51 Driver，注意，Load Application at Sta 和 Go till main 两个选项要选中，如图 2－32 所示。

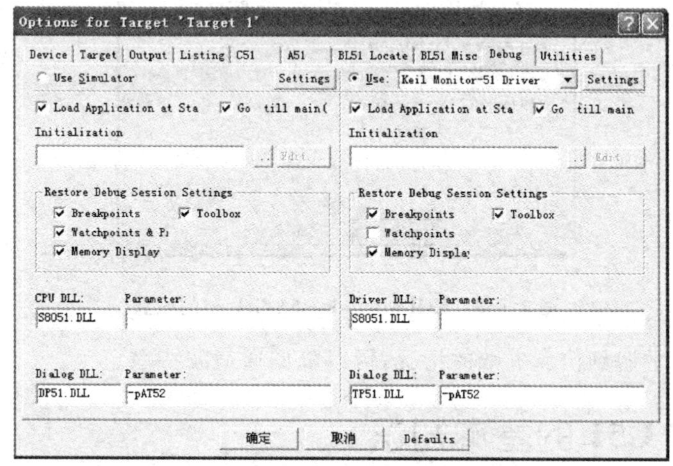

图 2－32　Debug 选项设置

单击 Settings 进行仿真参数的设置，弹出如图 2－33 所示对话框。注意不要勾选 Serial Interrupt 选项，Baudrate 设置为 38400。Port 选项要根据硬件连接情况设置。如果用的是双头九针串口线，一般是连接 COM1 或 COM2；如果用的是 USB 转串口，一般是 COM3 或 COM4。这个可以在设备管理器中查看。其他选项参考默认设置即可，如图 2－33 所示。

仿真的操作过程基本和软件仿真的方法类似，这里不重复说明了。下面列出一些仿真过程中经常遇到的问题或特殊操作：

① 打开工程后，需要先编译一下整个工程，然后再单击仿真按钮。

② 一次仿真结束后，如果需要第二次仿真，也许会出现链接不上的情况，此时需要重开一下实验板电源，如果还不行，重新打开工程并且编译。

③ 单击全速运行后，如果要停止程序运行，可以按开发板的复位按键，接着单击仿真按钮关闭仿真，然后重开一下开发板电源，才可以进行第二次仿真。

④ 断点的数量最好不要超过 5 个，否则仿真时容易出错。

⑤ 在对断点操作时，每个断点间，建议用“全速运行”的方式。

⑥ “单步跟踪运行”和“单步运行”时，处理循环语句所用时间较长，建议多用断点和“全速运行”的方式进行操作。

⑦ 建议用普通九针串口线或者 CH340 芯片的 USB 转串口线进行仿真，这样稳定性更高。

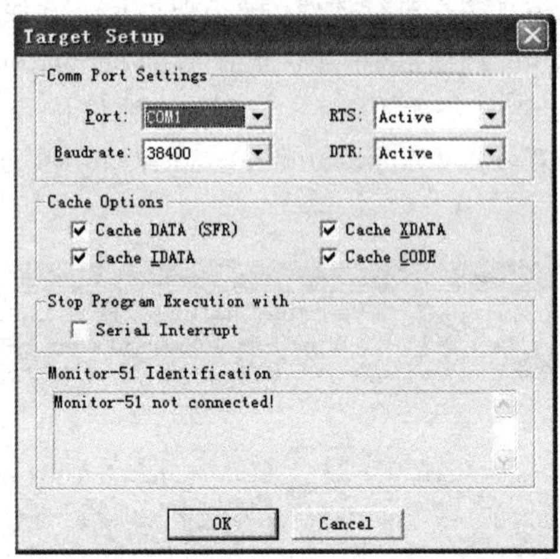

图 2-33　Keil Monitor-51 Driver 的设置

⑧ 如果经常遇到仿真失败的情况,可以降低通信波特率。

2.2　Keil C51 的基本知识

2.2.1　常量与变量

(1) 常　量

常量就是不变的量,在程序运行过程中不能改变常量的值。常量在 C51 代码中,有以下几种形式。

① 整型常量。在单片机编程中用得最为普遍,如 0x7f,121,9 等都是整型常量。

② 实型常量,又称浮点常量。在单片机编程中较少用到,因为浮点常量的计算比较占用空间。表示形式如 123.456,0.062 5 等。

③ 字符常量。这里介绍普通字符,在单片机编程中用得相对普遍,比如在 1602 液晶或者串口通信时要用到。用单撇号括起来的一个字符,表现形式为 'h','O','T','?','+' 等。字符常量并不是存储字符本身,而是以代码形式(一般采用 ASCII 代码)存储的。例如字符 'a' 的 ASCII 码是 97,因此,在存储单元中存放的是 97(以二进制形式存储)。

④ 字符串常量。在单片机编程中用得相对普遍,比如在 1602 液晶或者串口通信时要用到。用双撇号把若干个字符括起来,表现形式如“I LOVE YOU”,“2008”,“MCU”等。

⑤ 符号常量。用#define 等指令,指定用一个符号名称代表一个常量。如:

```
#define  PRICE  25
```

经过该指定，文件中从此行开始所有的 PRICE 都代表 25。在对程序进行编译前，编译器把所有的 PRICE 全部置换为 25。使用符号常量有以下好处：

① 含义清楚，看程序时从 PRICE 就知道是价格。在定义符号常量名时应考虑“见名知意”。

② 在需要改变程序中多处用到的同一个常量时，能做到“一改全改”。

(2) 变　量

变量是一个有名字、具有特定属性的存储单元。它用来存放数据，也就是存放变量的值。在程序运行期间，变量的值是可以改变的。

变量必须“先定义，后使用”。在定义时指定该变量的名字和类型。一个变量应该有一个名字，以便被引用。变量名实际上是一个以名字代表的存储地址。在对程序编译链接时由编译系统给每一个变量名分配对应的内存地址。从变量中取值，实际上是通过变量名找到相应的内存地址，从该存储单元中读取数据。

2.2.2　Keil C51 的数据类型

1. 通用数据类型

通用数据类型可用于一般 C 语言中，包括字符型(char)、整数型(int)、浮点型(float)及空(void)，其中字符与整型又分为有符号(signed)与无符号(unsigned)两类，通用数据类型如表 2－1 所列。

表 2－1　通用数据类型

符　号	名　称	位　数	范　围
char	字符型	8	－128～＋127
unsigned char	无符号字符型	8	0～255
short	短整型	16	－32 768～＋32 767
unsigned short	无符号短整型	16	0～65 535
int	整型	16	－32768～＋32 767
unsigned int	无符号整型	16	0～65 535
long	长整型	32	$-2^{31}\sim 2^{31}-1$
unsigned long	无符号长整型	32	$0\sim 2^{32}-1$
float	浮点数	32	$\pm 1.175\ 494\times 10^{-38}\sim 3.402\ 823\times 10^{38}$
double	双倍精度浮点数	32	$\pm 1.7\times 10^{308}$

2. C51 的特殊数据类型

为了更有效地使用 51 单片机，针对 8051 系列单片机所设置的数据类型有 4 种，分别是 bit、sbit、sfr 及 sfr16。

(1) bit 型数据

位型数据用 bit 来定义，如定义一个位型数据 bit flag，这样就定义了一个位型变量 flag。位型变量的值只有 0 和 1 两种，位类型变量存储在内存的可位寻址区中。51 单片机的可位寻址区在内存中的地址为 0x20～0x2F，共有 16 个存储单元，每个存储单元都是 8 位，共 128 位，每一位又有位地址，地址范围 0x00～0x7F。

(2) sbit 型数据

通常 sbit 数据类型用于访问内部可位寻址的数据存储器，即 0x20～0x2F 范围内的地址；或访问可位寻址的特殊功能寄存器(SFR)，即 0x80～0xFF 范围内的存储区。

sbit 一般有以下两种用法：

① 先声明一个 bdata 位寻址的内部存储器形式的变量，再声明属于该变量的 sbit 变量，声明如下：

```
char bdata switch;              //声明 switch 为 bdata 存储器类型的字符
sbit button_0 = switch^0;       //声明 button_0 为 switch 变量的 bit0
```

② 声明一个 sfr 变量，再声明属于该变量的 sbit 变量，如下所示。这种方式用得最普遍，sfr 定义的一般是单片机的寄存器，这个在＜reg52.h＞等头文件中已经声明了。

```
sfr P0 = 0x80;        //声明 P0 口为 0x80 存储器位置，即 P0 口
sbit P0_0 = P0^0;     //声明 P0_0 为 P0 变量的 bit0
```

(3) sfr 型数据

通常 sfr 数据类型用于 8051 内部特殊功能寄存器，即 0x80～0xFF，与内部存储器的地址相同。特殊功能寄存器与内部存储区是独立的，必须以不同的访问方式来区分。特殊功能寄存器采用直接寻址方式访问，而内部存储器采用间接寻址方式访问。sfr 声明如下：

```
sfr P1 = 0x90;      //声明 P1 口为 0x90 存储器位置
```

(4) sfr16 型数据

通常 sfr16 数据类型用于 8051 内部 16 位的特殊功能寄存器，如 Timer2 的捕捉寄存器(RCAP2L、RCAP2H)，Timer 2 的计量寄存器(TL2、TH2)，数据指针寄存器(DPL、DPH)等。sfr16 声明如下：

```
sfr16 RCAP = 0xCA;      //声明 RCAP 变量为捕捉寄存器
```

在 reg52.h 头文件中定义了 52 系列单片机内部所有的功能寄存器，用到了前面所讲到的 sfr 和 sbit 这两个关键字。在共享资料的例 2.1 文件夹中可以查看到头文件 reg52.h。

3. Keil C51 存储区

(1) 存储器形式

Keil C51 将存储器分成 6 种形式，如表 2-2 所列。

表 2-2　8051 存储器形式

符　号	说　明	大　小
data	直接寻址的内部数据存储器	0x00～0x7F
idata	间接寻址的内部数据存储器	0x80～0xFF
bdata	位寻址的内部数据存储器	0x20～0x2F
xdata	以 DPTR 寻址的外部数据存储器	64 KB 之内
pdata	以 R0、R1 寻址的外部数据存储器	256 B 之内
code	程序存储器	0x0000～0xFFFF

① 8051 单片机 CPU 内部数据存储器是可读/写的。它最多可有 256 字节的内部数据存储区，低 128 字节内部数据存储区可直接寻址高 128 字节数据区，0x80～0xFF 只能间接寻址，从 20H 开始的 16 字节可位寻址，因为可以用一个 8 位地址访问。所以，内部数据区访问很快，然而内部数据区最多只有 256 字节。

内部数据区可以分成 3 个不同的存储类型：data、idata 和 bdata。

data：低 128 字节的内部数据区，存储的变量直接寻址。

idata：内部的 256 个字节的存储区，但是只能间接寻址，而且速度比直接寻址慢。

bdata：内部可位寻址的 16 字节存储区，20H～2FH 可以在本区域声明可位选址的数据类型。

② 外部数据存储区是可读/写的。访问外部数据存储区比内部数据存储区慢，因为外部数据存储区是通过一个数据指针加载一个地址来间接访问的。

外部数据区最多可有 64 KB。当然，这些地址不是必须用作存储区的。硬件设计可能把外围设备映射到存储区。如果是这种情况，程序可以访问外部数据区和控制外围设备。

Keil C51 编译器提供两种不同的存储类型访问外部数据 xdata 和 pdata。xdata：存储类型标识符指外部数据，64 KB 内的任何地址。pdata：存储类型标识符仅指标识符 1 页或 256 字节的外部数据区。

③ 程序存储区是只读的。最多可以有 64 KB 的程序存储区，程序代码包括所有的函数和库，保存在程序存储区，常数变量也保存在程序存储区。

Keil C51 编译器中可用 code 关键字标识符来访问存储区。

(2) 存储器模式

Keil 软件提供 SMALL、COMPACT 及 LARGE 这 3 种存储器模式，用来决定未标明存储器形式的函数的自变量和变量声明等的初始化存储器模式。如果在变量定义时忽略存储类型标示符，则编译器会自动选择默认的存储类型。对这 3 种存储器模式的说明如下：

① SMALL 模式：将所有变量初始化为 8051 的内部存储器，其作用域就像在声明区里明确地声明 data 存储器形式一样。若指定为此种模式，变量的存取最有效率，对于用户而言无异是最佳的选择。

② COMPACT 模式：将所有变量初始化为外部存储器的一页，也就是 256 B。使用这

种模式，就像在声明区里明确地声明 pdata 存储器形式一样。当然，在这种模式下，虽然变量大小可达 256 B，但是存取效率不如 SMALL 模式，但比 LARGE 模式好些。

③ LARGE 模式：将所有变量初始化为外部存储器，其作用域就像在声明区里明确地声明 xdata 存储器形式一样。在这种模式下，虽然变量的大小可达 64 KB，但是存取效率比前面两种模式还差。

例如，若声明 char i，在 SMALL 存储模式下，变量 t 被定义在 data 存储区中；在 COMPACT 存储模式下，变量 i 被定义在 pdata 存储区中；在 LARGE 存储模式下，变量 t 被定位在 xdata 存储区中。

2.2.3 C51 的运算符

接下来分别介绍算术运算符、关系运算符、逻辑运算符、位运算符和赋值运算符，且对它的使用格式和作用进行简单的说明。

(1) 算术运算符

算术运算符就是执行算术运算的操作符号，除了我们熟悉的四则运算外，还有取余数运算、递加和递减运算，如表 2-3 所列。

表 2-3 算术运算符

符 号	功 能	格 式	作 用
+	加	A=x+y	x 与 y 变量的值相加，其和赋值给 A 变量
-	减	B=x-y	x 变量的值减去 y 变量的值，其差赋值给 B 变量
*	乘	C=x*y	x 与 y 变量的值相乘，其积赋值给 C 变量
/	除	D=x/y	x 变量的值除以 y 变量的值，其商数赋值给 D 变量
%	取余数	E=x%y	x 变量的值除以 y 变量的值，其余数赋值给 E 变量
++	递加 1	x++	先使用 x 变量的值，再将 x 变量的值加 1
		++x	先将 x 变量的值加 1，再使用 x 变量的值
--	递减 1	x--	先使用 x 变量的值，再将 x 变量的值减 1
		--x	先将 x 变量的值减 1，再使用 x 变量的值

(2) 关系运算符

关系运算符用于处理两变量间的大小关系，如表所 2-4 所列。

表 2-4 关系运算符

符 号	功 能	格 式	作 用
==	相等	x==y	比较 x 与 y 变量的值是否相等，相等则结果为 1，不相等则为 0
!=	不相等	x! =y	比较 x 与 y 变量的值是否相等，不相等则结果为 1，相等则为 0
>	大于	x>y	若 x 变量的值大于 y 变量的值，其结果为 1，否则为 0
<	小于	x<y	若 x 变量的值小于 y 变量的值，其结果为 1，否则为 0
>=	大等于	x>=y	若 x 变量的值大于或等于 y 变量的值，其结果为 1，否则为 0
<=	小等于	x<=y	若 x 变量的值小于或等于 y 变量的值，其结果为 1，否则为 0

(3) 逻辑运算符

逻辑运算符就是执行逻辑运算功能的操作符号，如表 2-5 所列。

表 2-5　逻辑运算符

符　号	功　能	格　式	作　用
&&	逻辑与	a&&b	如果 a 和 b 都为真，则结果为真，否则为假
||	逻辑或	a||b	如果 a 和 b 有一个以上为真，则结果为真；二者都为假时，结果为假
!	逻辑非	!a	如果 a 为假，则！a 为真；如果 a 为真，则！a 为假

(4)位运算符

位运算符与逻辑运算符非常相似，它们之间最大的差异在于位运算符针对变量中的每一个位，逻辑运算符则是对整个变量进行操作，如表 2-6 所列。

表 2-6　位运算符

符　号	功　能	格　式	作　用
&	及运算	A=x&y	将 x 与 y 变量的每位进行与运算，其结果放入 A 变量
|	或运算	B=x|y	将 x 与 y 变量的每位进行或运算，其结果放入 B 变量
^	互斥或	C=x^y	将 x 与 y 变量的每位进行异或运算，其结果放入 C 变量
~	按位取反	D=~x	将 x 变量的值，进行按位非运算，其结果放入 D 变量
<<	左移	E=x<<n	将 x 变量的值左移 n 位，其结果放入 E 变量
>>	右移	F=x>>n	将 x 变量的值右移 n 位，其结果放入 F 变量

(5) 赋值运算符

赋值语句的作用是把某个常量、变量或表达式的值赋值给另一个变量，符号为"="。还包括将算术运算、逻辑运算变形的操作符号，如表 2-7 所列。

表 2-7　赋值运算符

符　号	功　能	格　式	作　用
=	指定	A=x	将 x 变量的值，放入 A 变量
+=	加上	B+=x	将 B 变量的值与 x 变量的值相加，其和放入 B 变量，与 B=B+x 相同
-=	减去	C-=x	将 C 变量的值减去 x 变量的值，其差放入 C 变量，与 C=C-x 相同
*=	乘上	D*=x	将 D 变量的值与 x 变量的值相乘，其积放入 D 变量，与 D=D*x 相同
/=	除	E/=x	将 E 变量的值除以 x 变量的值，其商放入 E 变量，与 E=E/x 相同
%=	取余数	F%= x	将 F 变量的值除以 x 变量的值，其余数放入 F 变量，与 F=F%x 相同
&=	及运算	G&= x	将 G 变量的值与 x 变量的值进行与运算，其结果放入 G 变量，与 G=G&x 相同
|=	或运算	H|=x	将 H 变量的值与 x 变量的值进行或运算，其结果放入 H 变量，与 H=H|x 相同
^=	互斥或	I^=x	将 I 变量的值与 x 变量的值进行异或运算，其结果放入 I 变量，与 I=I^x 相同
<<=	左移	J<<=n	将 J 变量的值左移 n 位，与 J= J<<n 相同
>>=	右移	K>>=n	将 K 变量的值右移 n 位，与 K= K>>=n 相同

(6) 条件运算符

条件运算符“?:”是 C 语言中唯一的一个三目运算符，有 3 个运算对象，一般形式如下：

```
逻辑表达式?  表达式 1:表达式 2
```

作用为：

- 当逻辑表达式为真时，将表达式 1 的值作为整个条件表达式的值；
- 当逻辑表达式为假时，将表达式 2 的值作为整个条件表达式的值。

举例：

```
max = (a>b)? a:b
```

当 a>b 时，把 a 的值赋值给 max；当 a<b 时，把 b 的值赋值给 max。

(7) 指针和地址运算符

指针是 C 语言中一个十分重要的概念，可以说它是 C 语言的精髓。为了表示指针变量和它所指向的变量地址之间的关系，C 语言提供了两个专门的运算符：

```
*   取内容
&   取地址
```

取地址内容和取地址运算的一般形式分别为：

```
变量 = * 指针变量
指针变量 = & 目标变量
```

取内容运算的含义是将指针变量所指向的目标变量的值赋给左边的变量；取地址运算的含义是将目标变量的地址赋值给左边的变量。

(8) 强制类型转换运算符

C 语言中的圆括号“()”也可以作为一种运算符使用，这就是强制类型转换运算符，它的作用是将表达式或变量的类型强制转换成所执行的类型。强制类型转换运算符的一般使用形式为：

```
(类型)(表达式)
```

举例：

```
char i,j,k;    //定义字符型变量 i,j,k
(bit) i;       //把 i 强制转变为位变量
(int) j;       //把 j 强制转变为整型变量
(float) k;     //把 k 强制转变为浮点数变量
```

每种运算符在表达式中的优先级是不一样的，如表 2-8 所列。

表 2－8　C 语言运算符及优先级

优先级	运算符	名称或含义	使用形式	结合方向
1	[]	数组下标	数组名常量表达式	左到右
	( )	圆括号	(表达式)/函数名(形参表)	
	.	成员选择(对象)	对象.成员名	
	－＞	成员选择(指针)	对象指针－＞成员名	
2	-	负号运算符	-表达式	右到左
	(类型)	强制类型转换	(数据类型)表达式	
	＋＋	自增运算符	＋＋变量名/变量名＋＋	
	－－	自减运算符	－－变量名/变量名－－	
	*	取值运算符	* 指针变量	
	&	取地址运算符	& 变量名	
	！	逻辑非运算符	！ 表达式	
	～	按位取反运算符	～表达式	
	sizeof	长度运算符	sizeof(表达式)	
3	/	除	表达式/表达式	左到右
	*	乘	表达式 * 表达式	
	%	余数(取模)	整型表达式/整型表达式	
4	＋	加	表达式＋表达式	左到右
	-	减	表达式-表达式	
5	＜＜	左移	变量＜＜表达式	左到右
	＞＞	右移	变量＞＞表达式	
6	＞	大于	表达式＞表达式	左到右
	＞＝	大于等于	表达式＞＝表达式	
	＜	小于	表达式＜表达式	
	＜＝	小于等于	表达式＜＝表达式	
7	＝＝	等于	表达式＝＝表达式	左到右
	！＝	不等于	表达式！＝ 表达式	
8	&	按位与	表达式 & 表达式	左到右
9	^	按位异或	表达式^表达式	左到右
10	|	按位或	表达式|表达式	左到右
11	&&	逻辑与	表达式 && 表达式	左到右
12	||	逻辑或	表达式||表达式	左到右
13	?:	条件运算符	表达式 1? 表达式 2: 表达式 3	右到左
14	＝	赋值运算符	变量＝表达式	右到左
	/＝	除后赋值	变量/＝表达式	
	*＝	乘后赋值	变量 *＝表达式	
	%＝	取模后赋值	变量%＝表达式	
	＋＝	加后赋值	变量＋＝表达式	
	－＝	减后赋值	变量－＝表达式	
	＜＜＝	左移后赋值	变量＜＜＝表达式	
	＞＞＝	右移后赋值	变量＞＞＝表达式	
	&＝	按位与后赋值	变量 &＝表达式	
	^＝	按位异或后赋值	变量^＝表达式	
	|＝	按位或后赋值	变量|＝表达式	
15	,	逗号运算符	表达式,表达式,…	左到右

2.2.4 C51 的基础语句

1. 选择指令

(1) if 语句

一般中，if 语句可以写成不同的形式，最常用的有以下 3 种。

① 形式 1。

```
if(表达式) 语句 1      (没有 else 子句部分)
```

如果表达式的值为真，则执行其后的语句，否则不执行该语句，继续执行这条语句的下一条语句，如图 2-34 所示。

② 形式 2。

```
if(表达式)
语句 1
else
语句 2
```

如果表达式的值为真，则执行语句 1，否则执行语句 2，如图 2-35 所示。

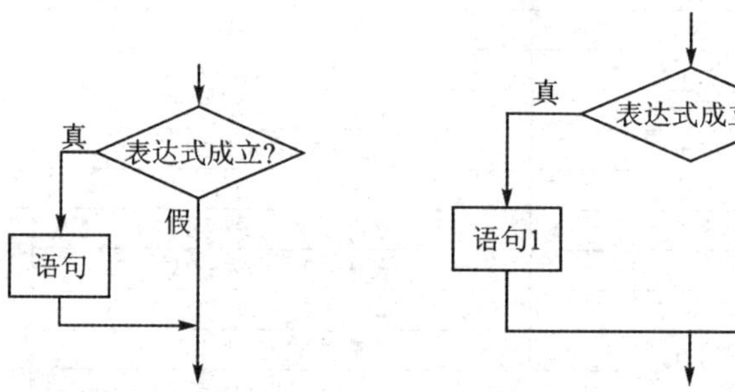

图 2-34 if 结构流程(无 else)　　图 2-35 if 结构流程图(含 else)

③ 形式 3。

```
if(表达式 1)         语句 1   (在 else 部分又嵌套了多层的 if 语句)
else if(表达式 2)    语句 2
else if(表达式 3)    语句 3
…                    …
else if(表达式 n)    语句 n
else                 语句 n+1
```

依次判断表达式的值，只要出现某个表达式的值为真，则执行其对应的语句，然后跳到整个 if 语句之外继续执行程序。如果所有的表达式均为假，则执行最后一条语句 n+1，然后继续执行后续语句，执行过程如图 2-36 所示。

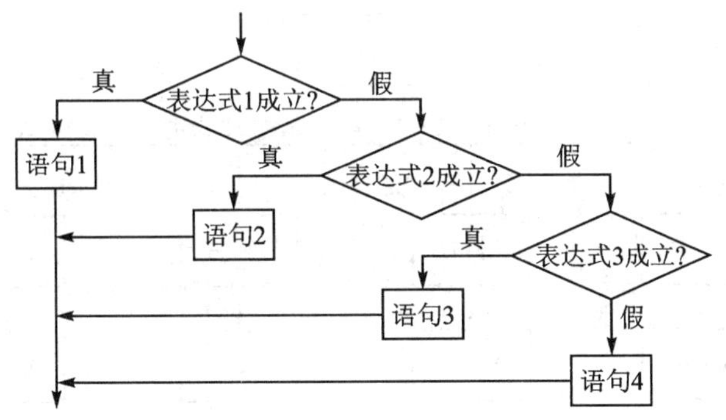

图 2-36　多分支 if 结构流程图

(2) switch 语句

```
switch(表达式)
{
        case  常量 1：语句 1；
        case  常量 2：语句 2；
        …           …
        case  常量 n：语句 n；
        default：     语句 n+1；
}
```

switch 语句是多分支选择语句。switch 语句作用：计算表达式的值，并逐个与其后的常量表达式值相比较，当表达式的值与某个常量表达式的值相等时即执行其后的语句，然后不再进行判断，继续执行后面所有的 case 后的语句。如果表达式的值与所有的 case 后的常量表达式均不相等时，则只执行 default 后的语句。

需要说明的是，执行完某个 case 语句后，该 case 后面的所有语句都会被执行，如果不想采用这样的方式，可以采用 break 语句。通常使用 switch 语句时，一般都是带 break 语句的，执行过程如图 2-37 所示。

```
switch(表达式)
{
        case  常量 1:语句 1; break;
        case  常量 2:语句 2; break;
        …           …
        case  常量 n:语句 n; break;
        default：     语句 n+1; break;
}
```

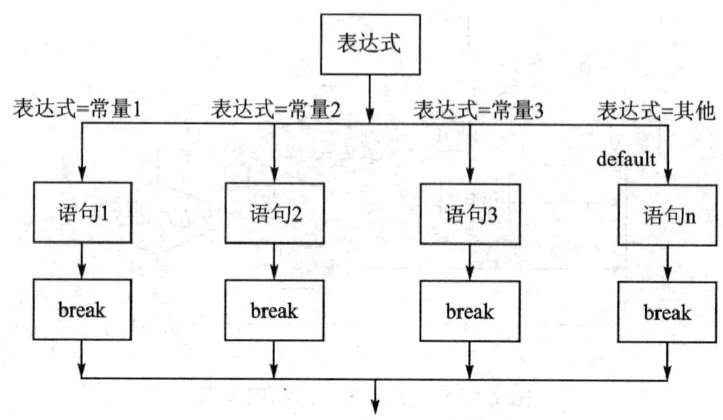

图 2－37　switch 分支语句流程图

2. 循环指令

(1) for 语句

```
for(表达式 1;表达式 2;表达式 3) 语句
```

表达式 1 部分是循环变量初值,用来给循环控制变量赋初值;表达式 2 部分是循环条件,是一个关系表达式,决定什么时候退出循环;表达式 3 部分是循环变量增量,用于定义循环控制变量每循环一次后按什么方式增量。for 语句执行过程如下:

① 先求解表达式 1。

② 求解表达式 2。若值为真,则执行语句,然后执行第③步;若值为假,则结束循环,转到第⑤步。

③ 求解表达式 3。

④ 转回第②步继续执行。

⑤ 循环结束,执行 for 语句下面的一个语句。

整个执行过程如图 2－38 所示。

(2) while 语句

① 前条件循环。

while 语句的一般形式为:

```
while(表达式) 语句
```

其中表达式是循环条件,语句为循环体。while 语句的表达式可以是常量、变量和各种表达式,while 语句计算表达式的值,只要这个表达式所描述的事情成立或该表达式经过计算后的值是非 0 值,就一直循环执行其后的语句;当表达式所描述的事情不成立或计算后表达式的值为 0 时,就不再执行其后面的语句,并跳出 while 循环。while 的语句部分可以是单条语句,也可以是由大括号“{}”扩起来的语句体,执行过程如图 2－39 所示。

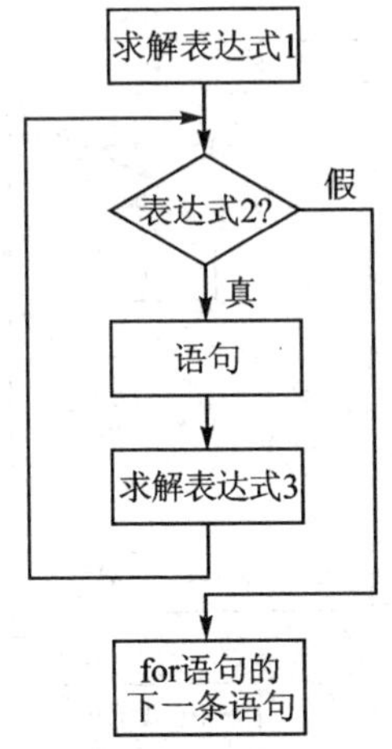

图 2-38　for 循环结构流程图

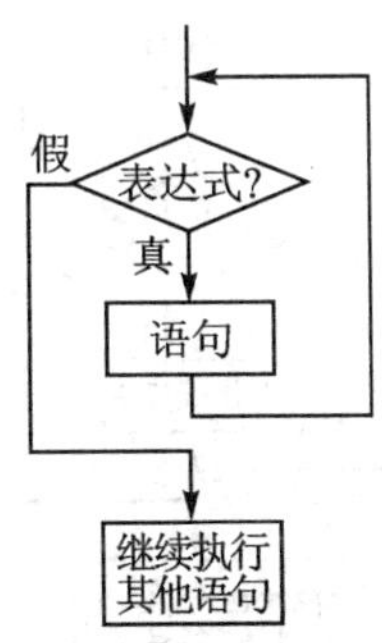

图 2-39　while 循环结构流程图

② 后条件循环。

do-while 语句一般形式为：

```
do
语句；
while(表达式)；        //注意最后有分号
```

后条件循环和前条件循环的不同之处在于：它先执行循环中的语句，然后再判断表达式是否为真，如果为真则继续循环；如果为假，则终止循环。因为 do-while 循环至少要执行一次循环语句，执行过程如图 2-40所示。

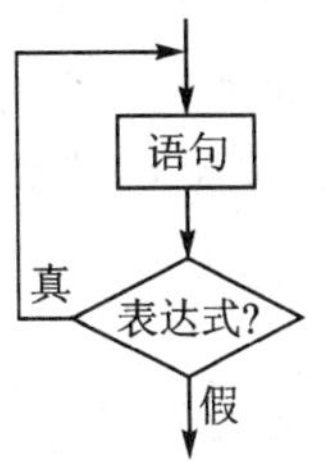

图 2-40　do-while 循环结构流程图

(3) break 语句和 continue 语句

① break 语句。

break 语句通常用在循环语句和开关语句中。

在开关语句 switch 中，可使程序跳出 switch 而执行 switch 以后的语句。

在循环语句中，可使程序终止而执行循环后面的语句。通常 break 语句与 if 语句在一起使用，当满足条件时便跳出循环。在多层循环中，一个 break 语句只向外跳一层，执行过程如图 2-41 所示。

② continue 语句。

continue 语句的作用是跳过循环体中本次剩余的语句而强行执行下一次循环。continue 语句只能用在循环体中，常与 if 条件语句一起使用，执行过程如图 2-42 所示。

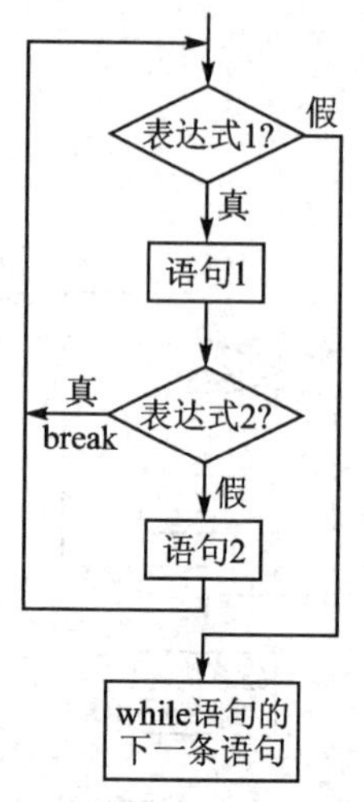

图 2-41　break 跳出循环流程图

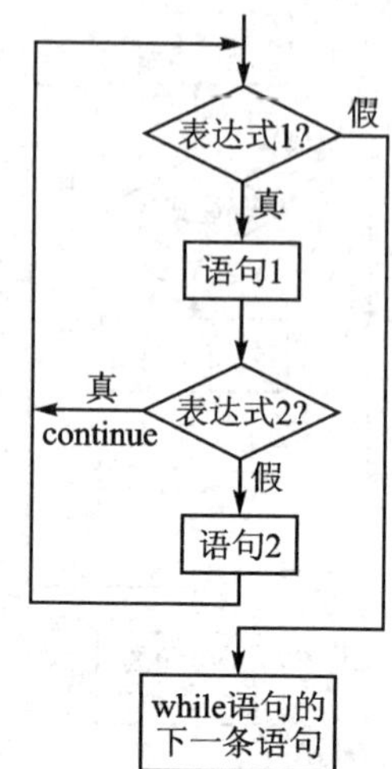

图 2-42　continue 跳出循环流程图

(4) goto 语句

goto 语句是一种无条件转移语句，也就是说 goto 语句可以跳转到程序的任何地方。

goto 语句的使用格式为：

```
goto 语句标号；
```

语句标号是一个有效的标示符，其后要加上一个"："一起出现在函数内某处，执行 goto 语句后，程序将跳转到该标号处并执行其后的语句。

```
goto loop；
…
loop：指令
…
```

注意：由于 goto 语句跳转的范围非常广，程序的流向也很容易被打乱，所以应尽量限制 goto 语句的使用。

2.2.5　数　组

(1) 一维数组

```
类型说明符 数组名[常量表达式]；
```

说明：

① 数据名的命名规则和变量名相同，遵循标示符命名规则。

② 在定义数组时，需要制定数组中元素的个数，方括号中的常量表达式用来表示元素的个数，即数组长度。例如，指定 a[10]，表示 a 数组中有 10 个元素。注意，下

标是从 0 开始的，这 10 个元素是：a[0]，a[1]，a[2]，a[3]，a[4]，a[5]，a[6]，a[7]，a[8]，a[9]。特别注意的是，按上面的定义，不存在数组元素 a[10]。

③ 常用表达式中是常量，不能包含变量，如“int a[n]”是不合法的。也就是说，C 语言不允许对数组的大小做动态定义，即数组的大小不依赖于运行过程中变量的值。

引用数组元素的表示形式为：

数组名[下标]

一维数组的初始化：

① 在定义数组时对全部数组元素赋予初值。

char a[5]={1,2,3,4,5};

将数组中各元素的初值顺序放在一对花括号，数据间用逗号分隔。其中，a[0]=1,a[1]=2,a[2]=3,a[3]=4,a[4]=5。

② 可以只给一部分元素赋值，没有赋值的自动赋值为 0。

char a[5]={1,2,3};

其中，a[0]=1,a[1]=2,a[2]=3,a[3]=0,a[4]=0。

③ 如果想使一个数组中全部元素值为 0，可以写成

char a[5]={0,0,0,0,0};

或：

char a[5]={0};

④ 在对全部数组元素赋初值时，由于数据的个数已经确定，因此可以不指定数组长度。例如：

char a[5]={1,2,3,4,5};

或：

char a[]={1,2,3,4,5};

(2) 二维数组

类型说明符 数组名[常量表达式][常量表达式];

二维数组中元素排列的顺序是按行存放的，即在内存中先顺序存放第 1 行的元素，接着再存放第 2 行的元素。

二维数组元素的表示形式为：

数组名[小标][下标]

二维数组的初始化：

① 分行给二维数组赋初值。例如：

int a[2][3]={{1,2,3},{4,5,6}};

② 可以对部分元素赋初始。例如：

int a[2][3]={{1},{2}};

它的作用是只对各行第1列(即序号为0的列)的元素赋初值,其余元素值自动为0。

赋初值后各元素为:

1　0　0

2　0　0

③ 可以将所有数据写在一个花括号内,按数组元素在内存中的排列顺序对各元素赋初值。例如:

```
int a[2][3]={1,2,3,4,5,6};
```

效果与①相同,但是①更好,更清楚,容易查看。

④ 如果对全部元素都赋初始(即提供全部初始数据),则定义数据时对第1维的长度可以不指定,但第2维的长度不能省去。例如:

```
int a[2][3]={1,2,3,4,5,6};
```

与下面的定义等价:

```
int a[][3]={1,2,3,4,5,6};
```

2.2.6 指　针

指针是C语言中的一个重要概念,也是C语言的一个重要特色。正确而灵活地运用它,可以使程序简洁、紧凑、高效。

一个变量的地址称为变量的"指针"。指针变量和普通变量一样,也都要占用数据存储空间的某个单位地址来存储数据,只不过普通变量里面存储的是真正的数据,而指针变量里存储的某个变量在内存中所占的存储单元的地址。

通过表2-9来介绍一下存储单元的地址和存储单元的内容这两个概念。

表2-9 存储单元的地址和内容

存储单元的地址	存储单元的内容	变　量
1000	2	i
1001	7	j
1002		
1003	1000	p

表2-9中,1000这个地址变量i的内容为2,1001这个地址变量j的内容为7,1003这个指针变量p的内容为1000。这个1000也是i的地址,所以,可以通过p的内容(也就是i的地址)去读取出i的内容2。这里p是一个专门用来存放另一变量的地址,p被称为"指针变量"。指针变量就是地址变量,用来存放的是地址,指针变量的值是地址(即指针)。

指针的一般格式如下:

```
数据类型 *指针变量名
```

指针用有两个很重要的运算符:

- *:指针运算符(或称"间接访问"运算符);
- &:取地址运算符。

下面给出几条语句讲解一下指针的应用:

```
example ()
```

```
{
char * p1, * p2;       //定义两个指针 p1,p2
char a = 100;          //给 a 赋值为 100
char b[5] = {1,2,3,4,5};  //定义数组 b[5]并赋值
char c,d;              //定义变量 c,d
p1 = &a;               //把 a 的地址给指针 p1
p2 = b;                //把数组 b 的首地址,也就是 b[0]给指针 p2
p2 + + ;               //指针 p2 值加 1,这时指针指向 b[1]这个地址
c = * p1;              //把指针 p1 指向的地址的值(100)赋值给 c
d = * p2;              //把指针 p2 指向的地址(b[1]的地址)的值(2)赋值给 d
}
```

2.2.7 C51 的中断子程序

中断子函数的机构与函数的结构类似,不过中断子函数不能传入自变量和传出自变量。而且使用中断子程序之前不需要声明,但需要在主程序中进行中断的相关设置。中断子函数的一般形式如下:

```
void  中断子程序名称(void) interrupt  中断编号 using  寄存器组
```

因为它不能传入自变量和传出自变量,所以用 void 定义。中断子程序名称只要是符合规定的字符串即可。中断编号的定义在表 2-10 中列出来。

表 2-10 存储单元的地址和内容

中断源	中断编号	中断子函数入口地址
外部中断 0(INT0)	0	0003H
定时器 0(T0)	1	000BH
外部中断 1(INT1)	2	0013H
定时器 1(T1)	3	001BH
串行口中断	4	0023H
定时器 2(T2)(52 系列才有)	5	002BH

using 寄存器组可以省略。寄存器组的值可以是 0、1、2、3,这里是指定的 4 个寄存器组:RB0、RB1、RB2、RB3。通常主函数使用的是 RB0,根据需要在子程序里使用其他寄存器组,以避免数据的冲突。

以定时器 1 为例,它的定时器中断子程序声明为:

```
void Time1(void) interrupt 3 using 2
{
    …
    中断语句;
    …
}
```

第3章

LED

3.1 LED简介

LED(Light Emitting Diode),发光二极管,是一种能够将电能转化为可见光的固态的半导体器件,它可以直接把电转化为光。LED的"心脏"是一个半导体的晶片,晶片附在一个支架上,一端是负极,另一端连接电源的正极,使整个晶片被环氧树脂封装起来。半导体晶片由两部分组成:一部分是P型半导体,在它里面空穴占主导地位;另一部分是N型,在这里主要是电子。但这两种半导体连接起来的时候,它们之间就形成一个P-N结。当电流通过导线作用于这个晶片的时候,电子就会被推向P区,在P区里电子与空穴复合,然后就会以光子的形式发出能量,这就是LED灯发光的原理。而光的波长也就是光的颜色,是由形成P-N结的材料决定的。

(1) LED广泛应用

① 建筑物外观照明。

对建筑物某个区域进行投射,无非是使用控制光束角的圆头和方头形状的投光灯具,这与传统的投光灯具概念完全一致。但是,由于LED光源小而薄,线性投射灯具的研发无疑成为LED投射灯具的一大亮点,因为许多建筑物根本没有出挑的地方放置传统的投光灯。LED灯的安装便捷,可以水平也可以垂直方向安装,与建筑物表面更好地结合,为照明设计师带来了新的照明思路,拓展了创作空间,并将对现代建筑和历史建筑的照明手法产生影响。

② 景观照明。

传统灯具光源多是玻璃泡壳,LED与其不同,它可以与城市街道灯具有机的结合,可以在城市的休闲空间,如路径、楼梯、甲板、滨水地带、园艺区等用LED进行照明。对于花卉或低矮的灌木,也可以使用LED进行照明。LED隐藏式的投光灯具会特别受到青睐。固定端可以设计为插拔式,依据植物生长的高度,方便进行调节。

③ 标识与指示性照明。

需要进行空间限定和引导的场所,如道路路面的分隔显示、楼梯踏步的局部照明、紧急出口的指示照明等,可以使用表面亮度适当的LED自发光埋地灯或嵌在垂直墙面的灯具,如影剧院观众厅内的地面引导灯或座椅侧面的指示灯、购物中心内楼层的引导灯等。另外,LED与霓虹灯相比,由于是低压,没有易碎的玻璃,不会因为制作中弯曲而增加费用,值得在标识设计中推广使用。

④ 室内空间展示照明。

就照明品质来说,由于LED光源没有热量、紫外及红外辐射,对展品或商品不会产生损害,与传统光源比较,灯具不需要附加滤光装置,照明系统简单,费用低廉,易于安装。其精确的布光,可作为博物馆光纤照明的替代品。商业照明大都会使用彩色的LED;室内装饰性的白光LED,结合室内装修为室内提供辅助性照明;暗藏光带可以使用LED,对于低矮的空间特别有利。

⑤ 娱乐场所及舞台照明。

由于LED动态、数字化地控制色彩、亮度及调光,活泼的饱和色可以创造静态和动态的照明效果。从白光到全光谱中的任意颜色,LED的使用在这类空间的照明中开启了新的思路。长寿命、高流明的维持值(一万小时后仍然维持90%的光通),与PAR灯和金卤灯的50～250小时寿命相比,降低了维护费用和更换光源的频率。另外,LED克服了金卤灯使用一段时间后颜色偏移的现象。与PAR灯相比,没有热辐射,可以使空间变得更加舒适。目前,LED彩色装饰墙面在餐饮建筑中的应用已蔚然成风。

⑥ 视频屏幕。

全彩色LED显示屏是当今世界上最为引人注目的户外大型显示装置,采用先进的数字化视频处理技术,有无可比拟的超大面积与超高亮度。根据不同的户内外环境,采用各种规格的发光像素,实现不同的亮度、色彩、分辨率,以满足各种用途。它可以动态显示图文动画信息,利用多媒体技术,可播放各类多媒体文件。

目前世界上最有影响的LED显示屏,当属美国曼哈顿 广场纽约证券交易所,总计使用了18 677 760只LED,面积为10 736平方英尺。屏幕可以划分成多个画面,且同时显示。另外,崛起在上海浦东陆家嘴金融中心的震旦国际总部,整个朝向浦西的建筑立面镶上了长100米的超大型LED屏,总计面积达到3 600平方米。

⑦ 车辆指示灯照明。

用于车辆道路交通LED导航信息显示。在城市交通、高速公路等领域,LED作为可变指示灯、照明作用等,得到普遍采用。其中电力调度、车辆动态跟踪、车辆调度管理,也在逐步采用高密度的LED显示屏,起到指示灯照明作用。

(2) LED实物图和构造图

这章给大家介绍的是在电子系统中最普通的LED,实物图如图3-1所示。LED有两个引脚,长的引脚是正极,短的引脚是负极。还可以通过LED的环氧树脂缺口的方向来确定LED的正负极:有缺口方向的引脚为负极。

图3-2为LED内部构造图,由环氧树脂、晶片、金线,银胶和支架等构成。

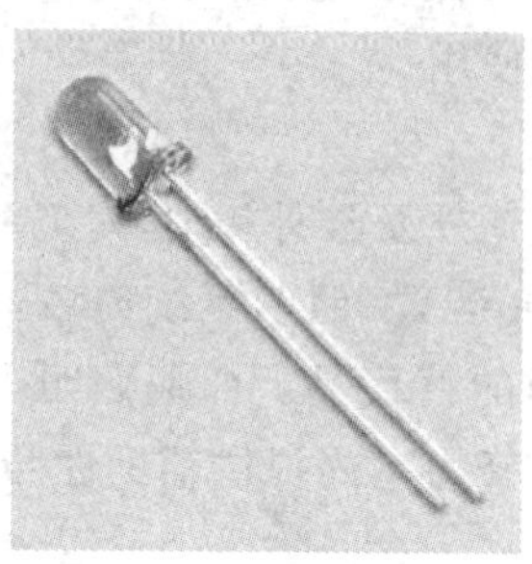

图 3-1　LED 实物图

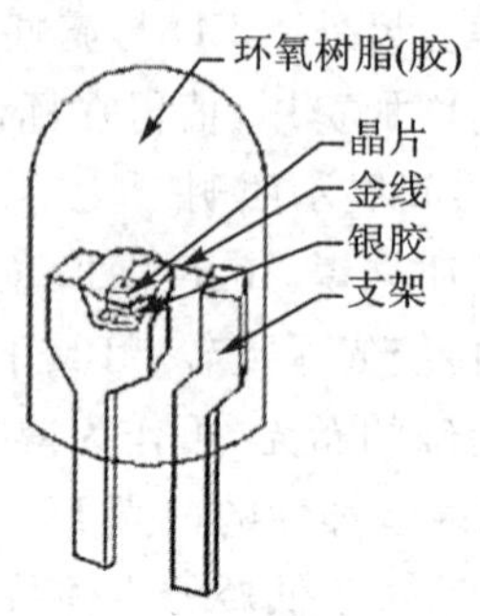

图 3-2　LED 内部构造图

(3) 如何点亮 LED

LED 具有二极管的特性。逆向偏压时，LED 将不发光；顺向偏压时，LED 将发光；普通 LED 顺向偏压时，LED 两端电压为 1.5 V 左右。LED 的特性曲线如图3-3所示。

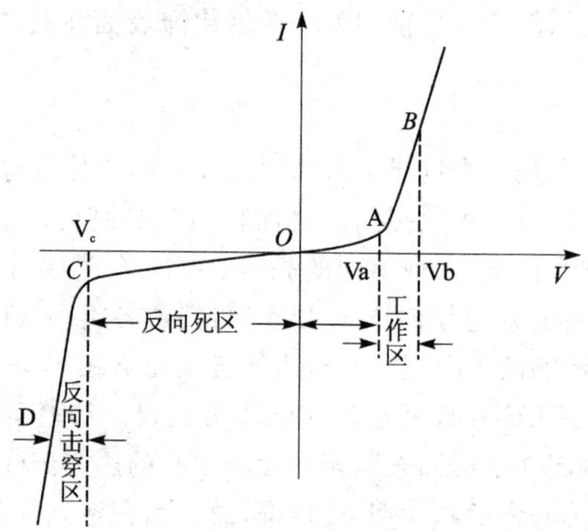

图 3-3　LED 的特性曲线

随着通过 LED 顺向电流的增加，LED 的亮度将更亮，而 LED 的使用寿命也将缩短，所以电流以 5～15 mA 为宜。AT89S52 单片机的 I/O 端口都是漏极开路的输出，其中 P1、P2 和 P3 内部有约 30 kΩ 的上拉电阻。因此，想从引脚流出 5～15 mA电流，肯定是不行的。所以，需要让电流从外部流入到 AT89S52 单片机的端口。

电子系统中经常要用到两个电流概念：灌电流、拉电流。

单片机输出低电平时，将允许外部器件向单片机引脚内灌入电流，这个电流称为“灌电流”，外部电路称为“灌电流负载”；单片机输出高电平时，则允许外部器件从单片机的引脚拉出电流，这个电流称为“拉电流”，外部电路称为“拉电流负载”。

这些电流一般是多少？最大限度是多少？这就是常见的单片机输出驱动能力的问题。

AT89S52 单片机的带负载能力是很小的，仅用“能带动多少个 TTL 输入端”来说明。P1、P2 和 P3 口，每个引脚都可以带动 4 个 TTL 输入端，只有 P0 口的能力强，它可以带动 8 个 TTL 输入端。

51 单片机基本上就没有什么驱动能力，它的引脚不能驱动 LED 发光。LED 和单片机 I/O 口的错误连接如图 3－4 所示。AT89S52 的 P1.0 端口提供拉电流去控制 LED，因为电流太小，不足以让 LED 顺向导通并发光。

LED 和 AT89S52 单片机引脚的正确连接图如图 3－5 所示。外部提供 5 V 电源，电流通过 LED 流入 P1.0 端口。我们可以来计算一下流入单片机的灌电流大小，LED 阳极和阴极工作时电压差大概为 1.5 V。

$$I = (5 - 1.5)/470 \approx 0.007\,45\ \text{A}$$

如果想要 LED 更亮，可以选择小一些的电阻，比如 330 Ω，通过 LED 的电流大概在 10 mA。在选择 LED 时，可以选择高亮的 LED，它可以在通过电流较小的情况下发出较亮的光。

图 3－4　LED 和单片机 I/O 口错误连接图　　　**图 3－5　LED 和单片机 I/O 口正确连接图**

3.2　实例——手把手讲解 LED

下面就来给大家介绍，如何用 C 语言代码去控制 LED 亮灭。通过下面几个实验，可以让大家熟悉对单片机的 I/O 口控制，也可以增强大家学习单片机的兴趣和信心。单片机学习就是如此简单。首先来介绍一下 LED 部分的电路图和实物图，如图 3－6 所示。在该电路图中，单片机的基本电路部分没有画出来。电源、晶振、复位电路和 EA 的接法请参考前面章节的单片机基本电路部分。在后面的章节基本电路部分也将省略掉。

由图 3－6 可知，通过 AT89S52 单片机的 P1 口控制 LED1～LED8，P2 口的低 4 位控制 LED9～LED12。这里选择的是高亮 LED，与 LED 串联的电阻可以选择 750 Ω。那么可以计算出当 LED 点亮时，流入 AT89S52 每个引脚的电流为：

$$I = (5 - 1.5)/750 \approx 0.004\,67\ \text{A}$$

每个引脚的电流为 4.67 mA，12 个 LED 电流为：12×4.67 mA＝56 mA。

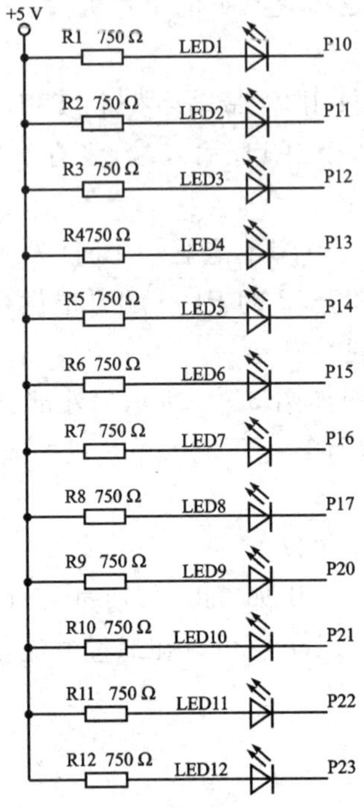

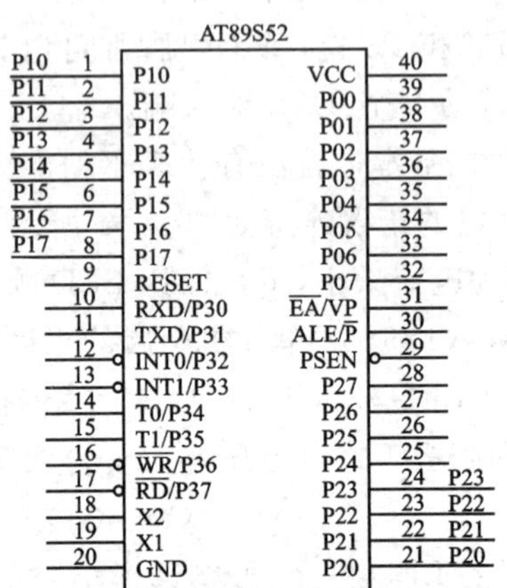

图 3-6　LED 和 AT89S52 单片机连接电路图

AT89S52 每个引脚可承受的灌电流约10 mA，整个 AT89S52 单片机可承受的电流约80 mA，都能满足 AT89S52 单片机的要求。

分析完 LED 和 AT89S52 连接的电路图，再来看看配套的单片机实验板，如图 3-7 所示。配套单片机实验板的 LED 电路没有直接和单片机引脚相连接，需要大家自己用杜邦线按照图 3-6 去连接。

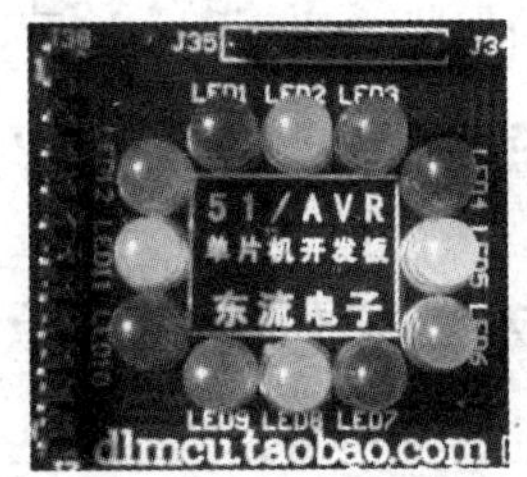

图 3-7　配套单片机开发板 LED 部分实物图

3.2.1　同时点亮多个 LED

该实验中，让单片机控制 LED1、LED3、LED4、LED6、LED7、LED9、LED10、LED12 点亮，其余 4 个 LED 处于熄灭状态。

(1) 软件设计难点

给单片机 I/O 端口赋值高低电平，一般有两种方式。

① 直接给某一个端口赋值。

位端口变量的定义：

```
sbit 位变量名 = SFR 名称^变量位地址值
```

比如,P1.0 端口声明为 LED1:

```
sbit LED1 = P1^0;
```

它就是把 P1.0 这个端口用 LED1 这个符号表示,就可以通过 LED1 对 P1.0 端口赋值高低电平。

② 对 P0、P1、P2 或 P3 直接赋值。

I/O 口电平的控制:0 代表输出低电平,1 代表输出高电平。

```
P1 = 0xFF;
```

即 P1 口全部输出高电平。

若要 P1.0 的引脚输出低电平,其余引脚都输出高电平,那么可以给 P1 口赋值为:

```
P1 = 0xFE;
```

0xFE 的对应的二进制为:11111110。

(2) 程序代码

① 使用 sbit 定义相应的端口去控制 LED 进行亮灭,详细程序见共享资料的例 3.1文件夹。

```
#include<reg52.h>
#define uchar unsigned char
#define uint  unsigned int
//LED 定义到相应的 I/O 口上
sbit LED1 = P1^0;
sbit LED2 = P1^1;
sbit LED3 = P1^2;
sbit LED4 = P1^3;
sbit LED5 = P1^4;
sbit LED6 = P1^5;
sbit LED7 = P1^6;
sbit LED8 = P1^7;
sbit LED9 = P2^0;
sbit LED10 = P2^1;
sbit LED11 = P2^2;
sbit LED12 = P2^3;
//主函数
void Main(void)
{
    LED1 = 0;   //点亮 LED1
    LED2 = 1;   //熄灭 LED2
    LED3 = 0;    //点亮 LED3
    LED4 = 0;    //点亮 LED4
    LED5 = 1;    //熄灭 LED5
    LED6 = 0;    //点亮 LED6
    LED7 = 0;    //点亮 LED7
```

```
    LED8 = 1;      //熄灭 LED8
    LED9 = 0;      //点亮 LED9
    LED10 = 0;     //点亮 LED10
    LED11 = 1;     //熄灭 LED11
    LED12 = 0;     //点亮 LED12
    while(1)       //死循环,一直在此做空操作
    {
    }
}
```

通过上面的程序代码,可以达到实验要求,但是代码繁琐了一些。如果是对多个I/O 的操作,通常直接对 P0、P1、P2 和 P3 端口进行赋值。所以,可以通过下面的代码来实现上面的功能,大家可以看到该代码就简洁许多。

② 直接对 P1、P2 口进行操作,进而控制 LED 的亮灭,详细程序见共享资料的例 3.2文件夹。

```
//省略了调用头文件和定义 uchar、uint 部分
//完整程序见共享资料,本书后面程序此处大多省略,后不再做说明
//主函数
void Main(void)
{
    P1 = 0x92;          //相当于二进制:10010010
    P2 = 0xF4;          //相当于二进制:11110100
    while(1)
    {
    }
}
```

(3) 实现现象

本实验现象如图 3 - 9 所示,LED1、LED3、LED4、LED6、LED7、LED9、LED10、LED12 点亮,其余 4 个 LED 处于熄灭状态,达到了实验要求。

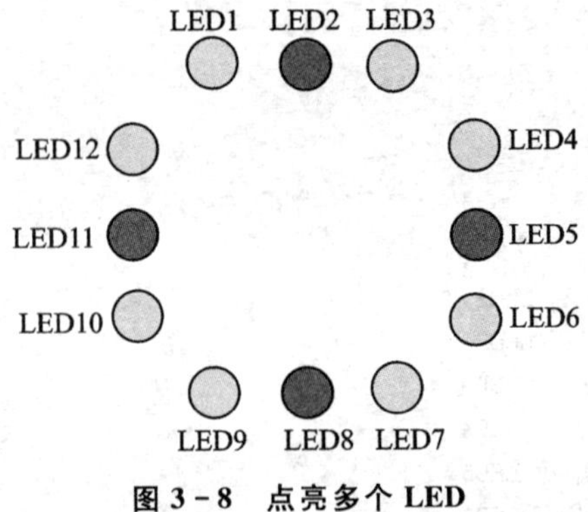

图 3 - 8　点亮多个 LED

3.2.2 单灯闪烁

LED1 每隔 1 s 亮灭交替闪烁。

(1) 软件设计难点

单片机的延时函数:利用指令运行时自身需要消耗时间这一特点,在一定时间内让程序一直执行空操作,来达到延时效果。“_nop_();”函数包含在 intrins.h 头文件中。

(2) 程序代码(见共享资料中例 3.3 文件夹)

```
sbit LED1 = P1^0;           //定义 LED1 控制引脚
/**********************************
函数:Delay_1ms()
参数:t
返回:无
功能:延时子程序,延时时间为 1 ms× t。使用晶振是 11.059 2 MHz
/*********************************************
void Delay_1ms(uint t)
{
    uint i,j;
    for(i = 0;i<t;i + + )
    {
        for(j = 0;j< = 100;j + + )
        {
            _nop_();    //空操作函数
        }
    }
}
//主函数
void Main(void)
{
    while(1)
    {
        LED1 = 0;             //LED1 点亮
        Delay_1ms(1000);    //延时 1 s
        LED1 = 1;             //LED1 熄灭
        Delay_1ms(1000);    //延时 1 s
    }
}
```

(3) 实现现象

实现现象如图 3-9 所示。每隔 1 s,LED1 交替亮灭。

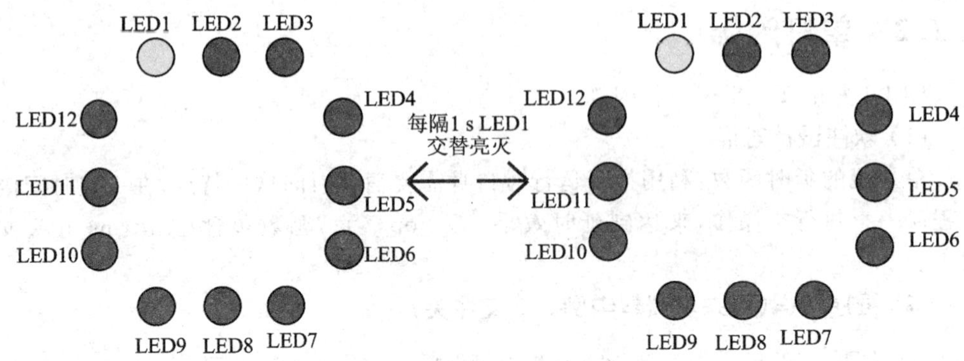

图 3-9 LED1 每隔 1 s 交替亮灭

3.2.3 花样灯闪烁

首先规定,12 个 LED 的方向定义为东南西北 4 个方向,让单片机控制 LED 按照以下步骤进行闪烁。

步骤 1:让北边的 3 个 LED 点亮,持续 0.3 s;

步骤 2:让东边的 3 个 LED 点亮,持续 0.3 s;

步骤 3:让南边的 3 个 LED 点亮,持续 0.3 s;

步骤 4:让西边的 3 个 LED 点亮,持续 0.3 s;

步骤 5:让北面两旁的 LED 亮,中间一个不亮,持续 0.3 s;

步骤 6:让东面两旁的 LED 亮,中间一个不亮,持续 0.3 s;

步骤 7:让南面两旁的 LED 亮,中间一个不亮,持续 0.3 s;

步骤 8:让西面两旁的 LED 亮,中间一个不亮,持续 0.3 s;

步骤 9:让 12 个 LED 全亮,持续 0.3 s;

步骤 10:让 12 个 LED 全灭,持续 0.3 s;

步骤 11:让 12 个 LED 全亮,持续 0.3 s;

步骤 12:让 12 个 LED 全灭,持续 0.3 s。

接着从步骤 1 开始,再次按照步骤 1~12 的顺序开始闪烁。

(1) 软件设计难点

需熟练地对单片机 I/O 口进行控制,重要的是熟悉二进制和十六进制的转换。看到 8 位二进制数据,马上要知道十六进制数是多少,希望平时大家多加练习。

如果直接对 P1 和 P2 口操作,需要对它们赋值 12 次才能达到实验目的。该方法相对比较麻烦。这一小节,我们介绍查表方式来让 LED 闪烁。该方法是把对 P1 口和 P2 口赋值的数据放到数组中,每次对 LED 的控制只需要调用数组中的值直接赋值给 P1 口和 P2 口即可。利用循环语句,让程序简短,而且更易读。

(2) 程序代码(见共享资料中例 3.4 文件夹)

```
uint code Table[12] = {0xFFF8,0xFFC7,0xFE3F,0xF1FF,0xFFFA,0xFFD7,
                       0xFEBF,0xF5FF,0xF000,0xFFFF,0xF000,0xFFFF};
//此处省略了 Delay_1ms()函数的定义,详细函数见共享资料
//本书后面定义该函数时,也不会再列出
//主函数
void Main(void)
{
    uchar i;
    while(1)
    {
        for(i = 0;i<12;i + + )
        {
            P2 = Table[i]>>8;   //把数组中的高 8 位值给 P2 口
            P1 = Table[i];      //把数组中的低 8 位值给 P1 口
            Delay_1ms(300);     //延时 0.3 s
        }
    }
}
```

3.2.4 12 个 LED 灯顺时针点亮

12 个 LED 依次按照 LED1～LED12 的顺时针顺序,每个 LED 点亮 0.2 s,然后熄灭,然后下一个 LED 被点亮。

(1) 软件设计难点

要达到 12 个 LED 灯顺时针点亮的目的,可以直接给 P1 口和 P2 口赋值 12 次;也可以利用前一小节所讲把数据放入数组,每次显示时只需要取出数据赋值给 P1 口和 P2 口。但是以上两种方法都相对繁琐。本小节介绍用移位的方式去点亮 LED,常用的有两种。

① 利用 C 语言的移位语句。

```
temp = temp <<1;
```

temp 的值左移一位(最右端一位补零),然后赋值给 temp。

比如 temp 移位前的二进制值为:10110101。左移一位后的结果为:01101010。

数据整体左移了一位,并在数据的最右端补上了 0。

② 利用 intrins. h 中的移位函数。

在 intrins. h 这个头文件中,有几个常用的整体循环移位函数。整体左移和整体循环左移的区别通过图 3 - 10 和图 3 - 11 进行对比介绍。它们最大的区别为:整体左移是把最高位舍弃,最低位补零;而整体循环左移是最高位数据移动到最低位。

	原数据							
	1	0	1	1	0	1	0	1
舍弃	左移一位后							
1	0	1	1	0	1	0	1	补 0

图 3－10　整体左移一位

原数据							
1	0	1	1	0	1	0	1
循环左移一位后							
0	1	1	0	1	0	1	1（原数据最高位）

图 3－11　整体循环左移一位

在 intrins.h 头文件中，有几个常用的函数。

crol：字符循环左移　　_lrol_：长整数循环左移

cror：字符循环右移　　_lror_：长整数循环右移

irol：整数循环左移　　_nop_：空操作（相当于汇编的 NOP 指令）

iror：整数循环右移　　_testbit_：测试并清零位

函数使用格式：函数名：_crol_，_irol_，_lrol_。

原　型：unsigned char _crol_(unsigned char val,unsigned char n)；

unsigned int _irol_(unsigned int val,unsigned char n)；

unsigned int _lrol_(unsigned int val,unsigned char n)；

功　能：_crol_，_irol_，_lrol_以位形式将 val 左移 n 位。

函数名：_cror_，_iror_，_lror_。

原　型：unsigned char _cror_(unsigned char val,unsigned char n)；

unsigned int _iror_(unsigned int val,unsigned char n)；

unsigned int _lror_(unsigned int val,unsigned char n)；

功　能：_cror_，_iror_，_lror_以位形式将 val 右移 n 位。

下面的程序利用整体左移的方式写出，大家也可以尝试利用整体循环左移的方式去写这个程序。

(2) 程序代码（见共享资料中例 3.5 文件夹）

```
//主函数
void Main(void)
{
    uchar i, temp;
    while(1)
    {
        temp = 0xfe;
```

```
        for(i = 0; i<8; i + + )
        {
            P1  =  temp;                    //把值赋给 P1 口
            Delay_1ms(200);                 //延时 0.2 s
            temp  =  temp << 1;             //值右移一位
            temp  =  temp | 0x01;           //最右一位或上"1"
        }
        P1 = 0xff;
        temp  =  0xfe;
        for(i = 0; i<4; i + + )
        {
            P2  =  temp;                    //把值赋给 P2 口
            Delay_1ms(200);                 //延时 0.2 s
            temp  =  temp << 1;             //值右移一位
            temp  =  temp | 0x01;           //最右一位或上"1"
        }
        P2  =  0xff;
    }
}
```

3.2.5 交通灯实验

该实验模拟十字路口交通灯实验，在很多毕业设计和实验项目中都要求这个功能。在本实验中，12 个 LED 灯分别被分为东南西北 4 个方向，LED 灯闪烁的步骤如下：

步骤 1：让南北红灯亮，东西绿灯亮，持续时间 20 s；

步骤 2：让南北红灯亮，东西黄灯亮，持续时间 5 s；

步骤 3：让南北绿灯亮，东西红灯亮，持续时间 20 s；

步骤 4：让南北黄灯亮，东西红灯亮，持续时间 5 s。

(1) 软件设计难点

熟悉对 LED 的控制。该实验代码比较简单，大家可以试着自己去构思应该如何写这个代码。这里把需要赋值给 P1 口和 P2 口的数据存到数组当中，这样可以让程序控制更简单。

(2) 程序代码(见共享资料中例 3.6 文件夹)

```
uint code Table[4] = {0xF79E,0xFBAE,0XFCF3,0XFD75};
//主函数
void Main(void)
{
    while(1)
    {
        //南北红灯亮，东西绿灯亮，持续时间 20 s
```

```
        P2 = Table[0]>>8;     //得到数据的高 8 位
        P1 = Table[0];        //得到数据的低 8 位
        Delay_1ms(20000);     //延时 20 s
        //南北红灯亮,东西黄灯亮,持续时间 5 s
        P2 = Table[1]>>8;
        P1 = Table[1];
        Delay_1ms(5000);    //延时 5 s
        //南北绿灯亮,东西红灯亮,持续时间 20 s
        P2 = Table[2]>>8;
        P1 = Table[2];
        Delay_1ms(20000);   //延时 20 s
        //南北黄灯亮,东西红灯亮,持续时间 5 s
        P2 = Table[3]>>8;
        P1 = Table[3];
        Delay_1ms(5000);    //延时 5 s
    }
}
```

(3) 实验现象

在配套单片机开发板上可以看到如图 3－12～图 3－15 所示的实验现象。

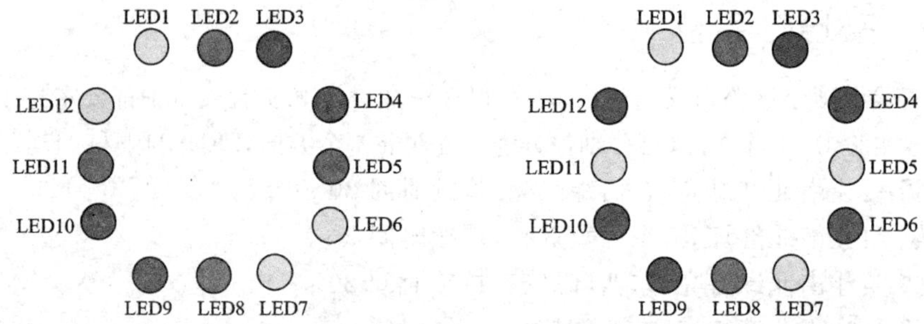

图 3－12　南北红灯(LED1、LED7)亮，东西绿灯(LED6、LED12)亮

图 3－13　南北红灯(LED1、LED7)亮，东西黄灯(LED5、LED11)亮

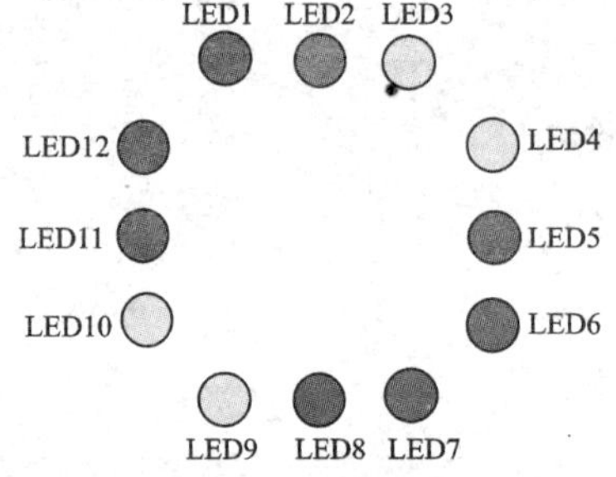

图 3－14　南北绿灯(LED3、LED9)亮，东西红灯(LED4、LED10)亮

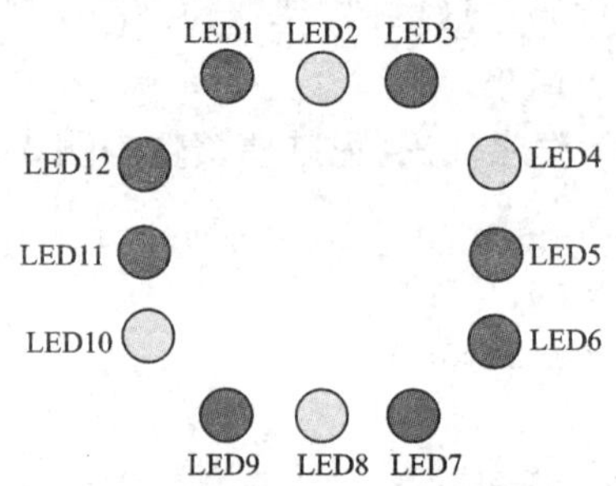

图 3－15　南北黄灯(LED2、LED8)亮，东西红灯(LED4、LED10)亮

第4章 数码管

4.1 怎样才能点亮数码管

(1) 数码管简介

数码管是一种半导体发光，其基本单元是发光二极管，即用8个(或7个)LED灯做成的数码管。数码管按段数分为7段数码管和8段数码管，8段数码管比7段数码管多一个发光二极管单元(多一个小数点显示)。按能显示多少个“8”，可分为1位、2位、3位、4位等数码管，如图4-1所示。

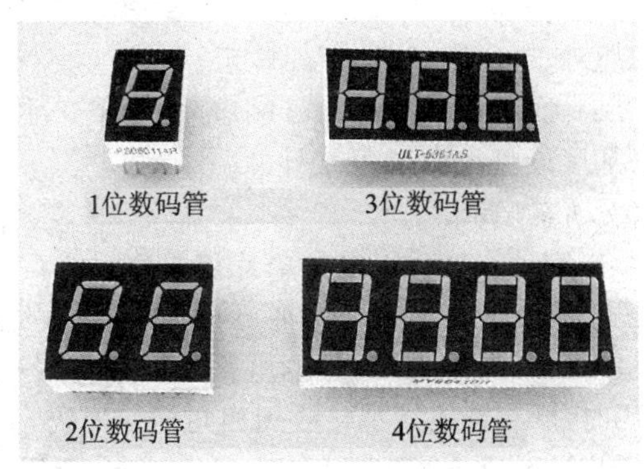

图4-1 数码管实物图

按发光二极管单元连接方式分为共阳极数码管和共阴极数码管。共阳数码管是指将所有发光二极管的阳极接到一起形成公共阳极(COM)的数码管。在应用时应将公共极COM接到+5 V，当某一段发光二极管的阴极为低电平时，对应段就点亮；当某一段的阴极为高电平时，对应段就不亮。共阴数码管是指将所有发光二极管的阴极接到一起形成公共阴极(COM)的数码管，在应用时应将公共极COM接到地线GND上。当某一段发光二极管的阳极为高电平时，对应段就点亮；当某一字段的阳极为低电平时，对应段就不亮。共阳数码管和共阴数码管内部原理图如图4-2所示。

(2) 数码管驱动方式

数码管的驱动方式有两种：静态显示和动态显示。

① 静态显示。

静态显示驱动也称直流驱动。静态驱动是指每个数码管的每一个段码都由一个的I/O端口驱动。静态驱动的优点是编程简单，显示亮度高；缺点是占用I/O端口

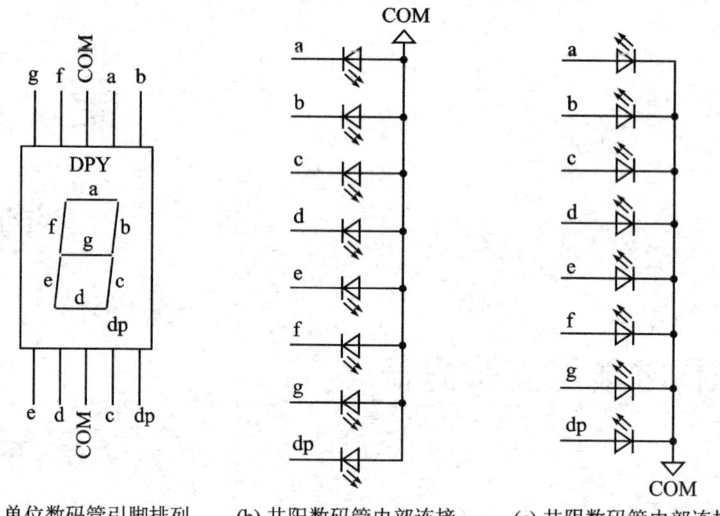

(a) 单位数码管引脚排列　(b) 共阳数码管内部连接　(c) 共阴数码管内部连接

图 4-2　数码管内部原理图

多,如驱动 5 个数码管静态显示,则需要 5×8＝40 个 I/O 端口来驱动,但一片 AT89S51 单片机可用的 I/O 端口才 32 个。实际应用时必须增加译码驱动器进行驱动,增加了硬件电路的复杂性。

② 动态显示。

数码管动态显示接口是单片机应用最为广泛的显示方式之一。动态驱动是将所有数码管的 8 个显示笔划“a,b,c,d,e,f,g,dp”的同名端连在一起,另外为每个数码管的公共极 COM 增加位选通控制电路,位选通由各自独立的 I/O 线控制。当单片机输出字形码时,所有数码管都接收到相同的字形码,但究竟是哪个数码管会显示出字形,取决于单片机对位选通 COM 端电路的控制,所以只要将需要显示的数码管的位选通控制打开,该位就显示出字形,没有选通的数码管就不会亮。通过分时轮流控制各个数码管的 COM 端,就使各个数码管轮流受控显示,这就是动态驱动。在轮流显示过程中,每位数码管的点亮时间为 1～2 ms,由于人的视觉暂留现象,尽管实际上各位数码管并非同时点亮,但只要扫描的速度足够快,人眼看到的就是一组稳定的显示数据,不会有闪烁感。动态显示的效果和静态显示的效果是一样的,但能够节省大量的 I/O 端口,而且更低。

这两种显示方式各有利弊:静态显示虽然数据稳定,占用很少的 CPU 时间,但每个显示单元都需要单独的显示驱动电路,使用的硬件较多;动态显示占用的 CPU 时间多,但使用的硬件少,能节省电路板空间。在不同场合可以选择不同的方式去驱动数码管。它们之间的区别如表 4-1 所列。

表 4-1　静态显示和动态显示区别

项　目	静态显示	动态显示
编程方式	简单	复杂
硬件连接	复杂	简单
占用硬件资源	多	少
功耗	高	低

(3) 数码管显示常用编码

共阴极数码管和共阳极数码管都有相应的编码。

① 一个数码管有 8 段:a,b,c,d,e,f,g,dp,即由 8 个发光二极管组成。

因为发光二极管导通的方向是一定的,导通电压一般取为 1.5 V,这 8 个发光二极管的公共端有两种:共阳极(公共端接高电平或+5 V 电压)和共阴极(公共端接低电平或接地)。

② 每个段均有 0(不导通)和 1(导通发光)两种状态。

③ 它在程序中的应用是用 8 位二进制数表示,a 为最低位(第 1 位),b 为第 2 位,……,dp 为最高位(第 8 位)。

共阴极数码管的编码如表 4-2 所列。

表 4-2 共阴数码管的编码

显示字符	dp	g	f	e	d	c	b	a	编码(dp～a)
0	0	0	1	1	1	1	1	1	0x3f
1	0	0	0	0	0	1	1	0	0x06
2	0	1	0	1	1	0	1	1	0x5b
3	0	1	0	0	1	1	1	1	0x4f
4	0	1	1	0	0	1	1	0	0x66
5	0	1	1	0	1	1	0	1	0x6d
6	0	1	1	1	1	1	0	1	0x7d
7	0	0	0	0	0	1	1	1	0x07
8	0	1	1	1	1	1	1	1	0x7f
9	0	1	1	0	1	1	1	1	0x6f
A	0	1	1	1	0	1	1	1	0x77
B	0	1	1	1	1	1	0	0	0x7c
C	0	0	1	1	1	0	0	1	0x39
D	0	1	0	1	1	1	1	0	0x5e
E	0	1	1	1	1	0	0	1	0x79
F	0	1	1	1	0	0	0	1	0x71

共阳极数码管的编码如表 4-3 所列。

表 4-3 共阳数码管的编码

显示字符	dp	g	f	e	d	c	b	a	编码(dp～a)
0	1	1	0	0	0	0	0	0	0xc0
0	1	1	1	1	1	0	0	1	0xf9
2	1	0	1	0	0	1	0	0	0xa4
3	1	0	1	1	0	0	0	0	0xb0
4	1	0	0	1	1	0	0	1	0x99

续表 4-3

显示字符	dp	g	f	e	d	c	b	a	编码(dp～a)
5	1	0	0	1	0	0	1	0	0x92
6	1	0	0	0	0	0	1	0	0x82
7	1	1	1	1	1	0	0	0	0xf8
8	1	0	0	0	0	0	0	0	0x80
9	1	0	0	1	0	0	0	0	0x90
A	1	0	0	0	1	0	0	0	0x88
B	1	0	0	0	0	0	1	1	0x83
C	1	1	0	0	0	1	1	0	0xc6
D	1	0	1	0	0	0	0	1	0xa1
E	1	0	0	0	0	1	1	0	0x86
F	1	0	0	0	1	1	1	0	0x8e

4.2 数码管的驱动电路

4.2.1 数码管的基本驱动电路

数码管的发光二极管点亮时，需要约 8 mA 的电流，而且电流不可过大，否则容易烧毁发光二极管。AT89S52 单片机引脚提供的电流非常小。如果用单片机 I/O 直接去驱动单位数码管，不能选择共阴极数码管，因为 I/O 口提供不了 8 mA 的电流。AT89S52 单片机引脚最多可以提供 10 mA 左右的灌电流，可以直接去驱动共阳极单位数码管。AT89S52 单片机和共阳极数码管的电路连接图如图 4-3 所示。

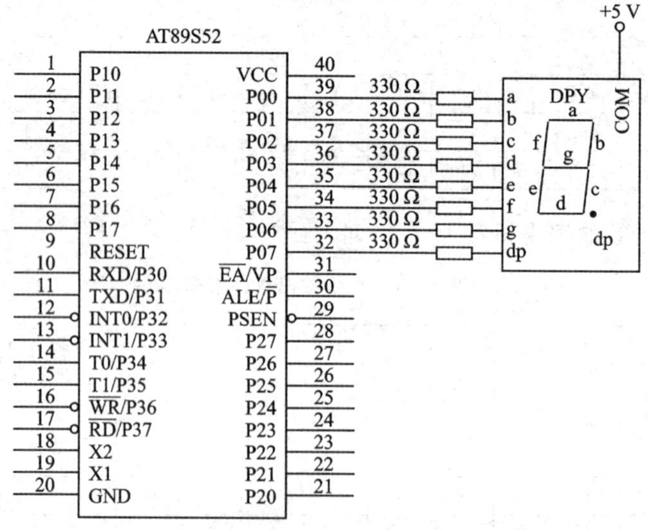

图 4-3　AT89S52 和共阳极数码管电路连接图

4.2.2 驱动 8 位数码管

由于单片机 I/O 口灌电流有限，一个数码管就是几十毫安了。如果是 8 个数码管，肯定是不能用单片机的 I/O 口直接驱动的。所以在实际应用中，常用一些驱动芯片去驱动 8 位数码管。常用的数码管驱动芯片有 74HC573、74HC245、74HC244、74HC595 等。这里给大家介绍 74HC573 芯片。

74HC573 的 8 个锁存器都是透明的 D 型锁存器，当使能为高时，输出将随数据输入而变；当使能为低时，输出将锁存在已建立的数据电平上，输出控制不影响锁存器的内部工作，即老数据可以保持。

74HC573 的引脚图如图 4－4 所示。

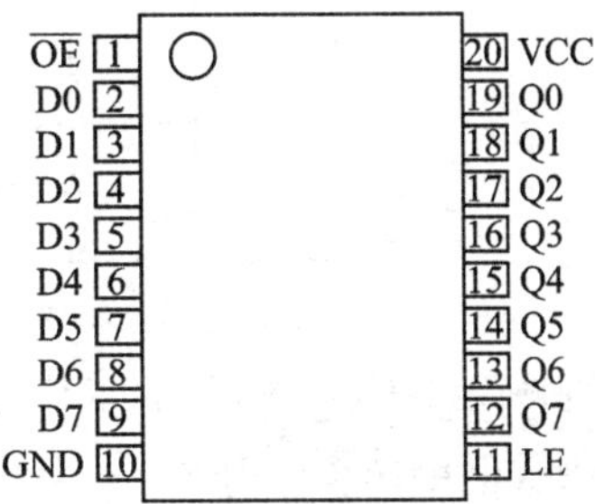

图 4－4　74HC573 引脚图

74HC573 的引脚功能说明如表 4－4 所列。

表 4－4　74HC573 的功能引脚说明

引脚号	符　号	功　能
1	$\overline{\text{OE}}$	三态输出使能输入（低电平有效）
2～9	D0～D7	数据输入
11	LE	锁存使能输入
12～19	Q0～Q7	三态锁存输出
10	GND	电源地
20	VCC	电源正极

74HC573 的内部逻辑图如图 4－5 所示。

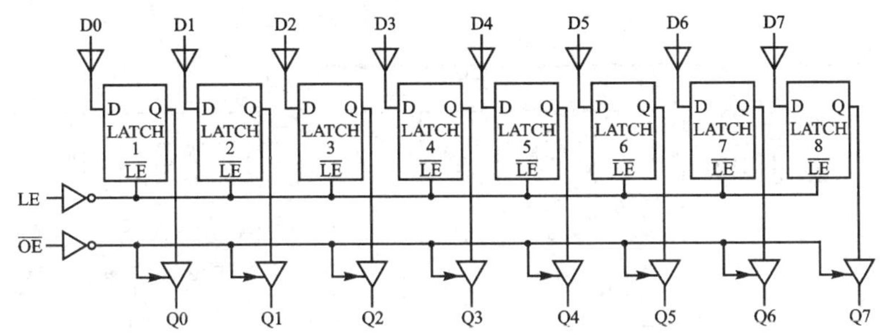

图 4－5　74HC573 的内部逻辑图

74HC573 芯片的功能可以通过它的真值表来表示。$\overline{\text{OE}}$为三态输出使能输入，当它为高电平时，无论 LE 和 Dx 为何状态，输出都是高阻状态。当$\overline{\text{OE}}$为低电平，LE 为低电平时，此时 74HC573 处于锁存状态，无论输入为何状态，输出都不会变化。当

$\overline{OE}$为低电平，LE 为高电平时，输出 Qx 的电平随着 Dx 的电平变化。它的真值表如表 4－5 所列。

表 4－5　74HC573 真值表

控　制		输　入	输　出
$\overline{OE}$	LE	Dx	Qx
H	X	X	Z
L	L	X	不改变
L	H	L	L
L	H	H	H

注：H＝高电平状态；L＝低电平状态；Z＝高阻状态；X＝无关。

理解 74HC573 芯片的工作原理后，可以更容易去理解 74HC573 控制 8 位共阴极数码管的电路图。在图 4－6 中，74HC573 芯片主要作用是为数码管提供电流，让数码管点亮。U1 芯片提供电流从数码管的段流入，然后通过 U2 芯片让电流从每位数码管的公共端流出。

两片 74HC573 去驱动 8 位共阴极数码管，实现 8 位共阴极数码管的动态显示任何的数据。用 74HC573 驱动八位共阴极数码管的电路图如图 4－6 所示。P0 口通过 74HC573 去控制数码管的段选，P2 口通过 74HC573 去控制数码管的位选。

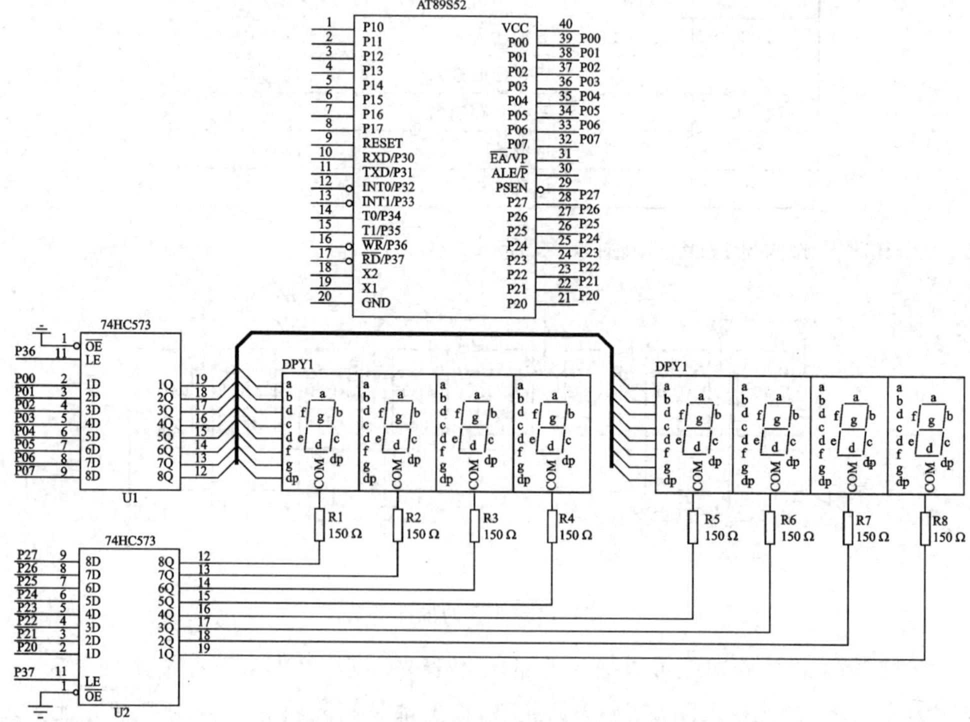

图 4－6　74HC573 驱动 8 位数码管电路图

4.3 实例——手把手讲解数码管

4.3.1 共阴极数码管静态显示

按照以下 4 种方式去点亮某位数码管。设定 8 位数码管从右往左的编号为0～7。

① 在第 0 位数码管上显示“5”；

② 在第 7 位数码管上显示“6.”；

③ 在第 3 位和第 6 位数码管上显示“7”；

④ 8 个数码管同时显示“9”。

(1) 软件设计难点

编写代码首先要看懂数码管和单片机连接的电路图，如图 4－6 所示。P0 口通过 74HC573 去控制数码管的段选，P2 口通过 74HC573 去控制数码管的位选。配套单片机实验板上的 8 位数码管是共阴极数码管，其编码在表 4－2 中已经列出了。比如 P0 口赋值为 0x6d，数码管在公共端为低电平时，就会显示“5”。P2 口的某些位给低电平，对应的数码管才可能会被点亮。比如 P2 口赋值 0xfe，那么就是数码管的第 0 位数码管的公共端为低电平。另外，P3.6 端口和 P3.7 端口分别控制数码管的段选和位选的锁存。锁存的相关实验会在后面给大家介绍，这里将两个端口都置为高电平。

(2) 程序代码

① 在第 0 位数码管上显示“5”，详细程序见共享资料中例 4.1 文件夹。

```
//共阴极数码管的段码编码,本编码是固定的,在本章后面部分此数组省略了
uchar SegCode[16] = {0x3f,0x06,0x5b,0x4f,0x66,0x6d,0x7d,0x07,
 0x7f,0x6f,0x77,0x7c,0x39,0x5e,0x79,0x71};
//主函数
void Main(void)
{
    P2 = 0xfe;            //控制哪位数码管可被点亮
    P0 = SegCode[5];      //让数码管显示相应的字符
    while(1)
    {
    }
}
```

② 在第 7 位数码管上显示“6.”，详细程序见共享资料中例 4.2 文件夹。

```
void Main(void)
{
```

```
    P2 = 0x7f;          //控制哪位数码管可被点亮
    P0 = SegCode[6];    //让数码管显示相应的字符
    P0 = P0 | 0x80;     //点亮数码管右下角的点
    while(1)
    {
    }
}
```

③ 在第 3 位和第 6 位数码管上显示“7”,详细程序见共享资料中例 4.3 文件夹。

```
void Main(void)
{
    P2 = 0xb7;          //控制哪位数码管可被点亮
    P0 = SegCode[7];    //让数码管显示相应的字符
    while(1)
    {
    }
}
```

④ 8 个数码管同时显示“9”,详细程序见共享资料中例 4.4 文件夹。

```
void Main(void)
{
    P2 = 0x00;          //控制哪位数码管可被点亮
    P0 = SegCode[9];    //让数码管显示相应的字符
    while(1)
    {
    }
}
```

(3) 实验现象

在第 0 位数码管上显示“5”,如图 4 - 7 所示。在第 7 位数码管上显示“6.”,如图 4 - 8所示。在第 3 位和第 6 位数码管上显示“7”,如图 4 - 9 所示。在 8 个数码管同时显示“9”,如图 4 - 10 所示。如果显示多个数码管,不建议用静态方式,因为功耗较高。静态显示的功耗是动态显示的几倍。动态显示的代码编写方法会在后面进行介绍。

图 4 - 7　第 0 位数码管上显示“5”

图 4 - 8　第 7 位数码管上显示“6.”

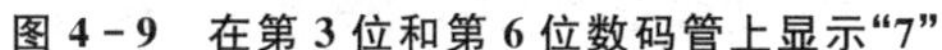

图 4-9　在第 3 位和第 6 位数码管上显示“7”

图 4-10　在 8 个数码管同时显示“9”

4.3.2 共阴极数码管动态显示

数码管动态显示，功耗低，硬件连接简单，占用硬件资源少。控制 8 位共阴极数码管的电路图请参考图 4-6。我们将按照下面 3 种方式点亮数码管。

① 数码管的右边两位显示“12”。最开始每隔 0.3 s 交替显示“1”和“2”，然后逐渐减少间隔时间，以至于人眼看不到数码管在闪烁，并在数码管的最右边两位显示“12”。通过这个实验，可以让大家更深刻地理解数码管动态显示的过程和原理。

② 在 8 位数码管上显示生日。比如生日为：1985 年 3 月 15 日，就在数码管上显示“19850315”。

(1) 软件设计难点

动态显示驱动原理：轮流点亮某一位数码管，才能使各位数码管显示不同的数字或符号，利用人眼睛视觉暂留现象（当人眼所看到的影像消失后，人眼仍能继续保留其影像0.05～0.2 s 的图像），即对 25 Hz 以上的图像闪烁不敏感。因此，对 8 个数码管的扫描时间为 40 ms，每个数码管闪烁时间不超过 5 ms，就看不到数码管的闪烁了。一般来说，一个数码管点亮的时间为 1～3 ms 就可以了。8 位数码管动态显示过程如表 4-6 所列，每隔 2 ms 数码管依次被点亮。

表 4-6　数码管动态显示过程

时　刻	第 7 位	位 6 位	第 5 位	第 4 位	第 3 位	第 2 位	第 1 位	第 0 位
N×2 ms	熄灭	熄灭	熄灭	熄灭	熄灭	熄灭	熄灭	点亮
(N+1)×2 ms	熄灭	熄灭	熄灭	熄灭	熄灭	熄灭	点亮	熄灭
(N+2)×2 ms	熄灭	熄灭	熄灭	熄灭	熄灭	点亮	熄灭	熄灭
(N+3)×2 ms	熄灭	熄灭	熄灭	熄灭	点亮	熄灭	熄灭	熄灭
(N+4)×2 ms	熄灭	熄灭	熄灭	点亮	熄灭	熄灭	熄灭	熄灭
(N+5)×2 ms	熄灭	熄灭	点亮	熄灭	熄灭	熄灭	熄灭	熄灭
(N+6)×2 ms	熄灭	点亮	熄灭	熄灭	熄灭	熄灭	熄灭	熄灭
(N+7)×2 ms	点亮	熄灭	熄灭	熄灭	熄灭	熄灭	熄灭	熄灭

上表是 8 位数码管的动态显示过程，弄懂了这个过程，2 位、4 位数码管的显示过程也就清楚了。

(2) 程序代码

① 数码管的右边两位显示“12”。最开始每隔 0.3 s 交替显示“1”和“2”，然后逐渐减少间隔时间，最后在数码管的最右边两位显示“12”，详细程序见共享资料中例 4.5文件夹。

```
//位选数组也是固定，本章要用到该数组时，定义部分都省略了
uchar SegPosi[8] = {0xfe,0xfd,0xfb,0xf7,0xef,0xdf,0xbf,0x7f};   //位选
//主函数
void Main(void)
{
    uchar i = 300;              //最大闪烁值为 0.5 s
    while(1)
    {
        P0 = 0;                 //这里让数码管每段不显示，这样可以去掉余晖
        P2 = SegPosi[1];        //点亮第 1 位数码管
        P0 = SegCode[1];        //数码管上显示 1
        Delay_1ms(i);           //延时 1 ms 乘以 i
        P0 = 0;
        P2 = SegPosi[0];        //点亮第 0 位数码管
        P0 = SegCode[2];        //数码管上显示 2
        Delay_1ms(i);
        if(i ! = 2)             //假如 i 没有减小到 2，执行括号里的语句
        {
            i = i - 2;          //i 的值减 2
        }
    }
}
```

② 在 8 位数码管上显示生日。利用 8 位数码管的动态显示方式，比如生日为：1985 年 3 月 15 日，就在数码管上显示“19850315”，详细程序见共享资料中例 4.6 文件夹。

```
uchar Birthday[8] = {1,9,8,5,0,3,1,5};    //生日数据
//主函数
void Main(void)
{
    uchar i;
    while(1)
    {
        for(i = 0;i<8;i + +)
        {
            P0 = 0;
```

```
            P2 = SegPosi[i];                //选择哪一位数码管点亮
            P0 = SegCode[Birthday[7 - i]];  //调用生日数组数据给 P0 口
            Delay_1ms(2);                   //延时 2 ms
        }
    }
}
```

(3) 实验现象

数码管每隔 0.3 s 交替显示"1"和"2",如图 4－11 所示。然后逐渐减少间隔时间,以至于人眼看不到数码管在闪烁,并在数码管的最右边两位显示"12",如图 4－12 所示。

图 4－11 交替显示"1"和"2"

在 8 位数码管上显示生日"19850315",如图 4－13 所示。

图 4－12 数码管第 1 位和第 0 位分别显示"1"和"2"

图 4－13 8 位数码管上显示生日

4.3.3 数码管锁存实验

在数码管上的每位每隔 0.3 s,在 8 个数码管上从左到右依次显示"7","6","5","4","3","2","1","0"。如果按下 S19 不放(左边的独立按键),数码管段选锁存,这时虽然代码在改变段选的值,但是,我们看到数码管上的段值是不变的。如果按下 S21 不放(右边的独立按键),数码管位选锁存,这时虽然代码在改变位选的值,但是,我们看到 8 位数码管中被点亮的位值会不变。

(1) 软件设计难点

74HC573 的功能在表 4－7 中进行了说明,当 $\overline{OE}$ 和 LE 都为低电平时,74HC573 处于锁存状态,这时无论输入什么数据,输出都不会改变。这个实验,我们借助了两个独立按键来控制段或位锁存,可以让大家更直观的看到锁存的现象,更容易理解。

(2) 程序代码(见共享资料中例 4.7 文件夹)

```
sbit KEY1 = P3^2;       //按键 S19
sbit KEY2 = P3^4;       //按键 S21
sbit LOCKWei = P3^6;  //控制段码的锁存端口
sbit LOCKDuan = P3^7; //控制位选的锁存端口
//主函数
void Main(void)
{
    uchar i;
    while(1)
    {
        for(i = 0;i<8;i + + )
        {
            P0 = 0;
            P2 = SegPosi[i];      //选择哪一位数码管点亮
            P0 = SegCode[i];      //段码给到 P0 口
            Delay_1ms(300);       //延时 0.3 s
            if(KEY1 = = 0)        //判断 S19 是否按下
            {
                LOCKWei = 0;      //给段选芯片的 74HC573 锁存端口赋值低电平
            }
            else
            {
                LOCKWei = 1;      //锁存端口置高电平
            }
            if(KEY2 = = 0)        //判断 S21 是否按下
            {
                LOCKDuan = 0;     //给位选芯片的 74HC573 锁存端口赋值低电平
            }
            else
            {
                LOCKDuan = 1;     //锁存端口置高电平
            }
        }
    }
}
```

(3) 实验现象

在数码管上从右往左每隔 0.3 s 分别显示“0”,“1”,“2”,“3”,“4”,“5”,“6”,“7”。当按键 S19 按下不放,数码管的段码被锁存,数码管上的数据虽然往左移动显示,但是显示的内容不会发生变化,一直显示在按键 S19 按下时数码管上显示的值;当按键

S21 按下不放，数码管的位选被锁存，数码管上的值还是会变化，但是一直是按键 S21 按下时的那个数码管显示数据；当 S19 和 S21 两个按键同时按下时，数码管上显示数据停在某一位数码管并且显示数据不改变。

数码管的锁存功能一般在单片机 I/O 口需要进行复用时用到，锁存数码管所显示的数据后，单片机的 I/O 口又可以去处理其他事情了。

4.3.4 数码管显示数据自加

在数码管的最后 3 位显示一个 3 位的数据，从 000 开始每隔 0.9 s 加 1。

(1) 软件设计难点

把一个 3 位数据分解为百位、十位和个位，然后赋值给相应的数码管。比如数值为 123，提取百位数据，只需要把 123 除以 100 即可得到；提取十位数据，那么可以先除以 10，再对 10 进行取余，就是 123/10＝12，然后再 12％10＝2；取出个位数据只需要对数值对 10 取余即可，123％10＝3。

(2) 程序代码(见共享资料中例 4.8 文件夹)

```
//主函数
void Main(void)
{
    uint i = 0,j;
    while(1)
    {
        for(j = 0;j<100;j + +)                  //100 * (3 * 3) ms,大概为 0.9 s
        {
            P0 = 0;                             //消隐
            P2 = SegPosi[2];                    //第 2 位数码管显示
            P0 = SegCode[(i / 100) % 10];       //取 i  的百位数
            Delay_1ms(3);                       //延时 0.3 s
            P0 = 0;                             //消隐
            P2 = SegPosi[1];                    //第 1 位数码管显示
            P0 = SegCode[(i / 10) % 10];        //取 i  的十位数
            Delay_1ms(3);                       //延时 0.3 s
            P0 = 0;                             //消隐
            P2 = SegPosi[0];                    //第 0 位数码管显示
            P0 = SegCode[i % 10];               //取 i  的个位数
            Delay_1ms(3);                       //延时 0.3 s
        }
        i+ +;                                   //变量 i 加 1
    }
}
```

(3) 实验现象

可以在配套单片机开发板上看到数码管的最后3位每隔大概 0.9 s 加 1,如图4－14所示。延时时间只是一个大概值,如果要延时准确,可以用到单片机的定时器功能,单片机定时器会在后面为大家讲解。该实验是每隔一定时间加 1,大家也可以学着自己去编写数码管的倒计时实验。

图 4－14　数码管上自加 1

4.3.5　数码管显示英文并滚动显示

在右边 5 位数码管上显示"HELLO"并每隔 0.5 s 数据整体左移一位,当字符"H"移动到最左边后,再每隔 0.5 s 数据整体右移一位,当字符"O"移动到最右边,再重复以上过程。

(1) 软件设计难点

数码管不仅可以显示数字,也可以显示简单的英文或符号。只需要给 P0 口相应的段码数据,要点亮数码管的某一段,就给对应的段置高电平即可。比如要显示"H",只需要给 P0 口赋值 0x76。其他字符大家学着去写出它们的段码。

数码管移动显示,可以把要显示的数据放在一个数组中,要移动时,只需要把数组的内容进行移动即可。

(2) 程序代码(见共享资料中例 4.9 文件夹)

```
uchar HelloCode[8] = {0x00,0x00,0x00,0x76,0x79,0x38,0x38,0x3f};
uchar code SegPosi[8] = {0xfe,0xfd,0xfb,0xf7,0xef,0xdf,0xbf,0x7f};
/****************************************************
函数:ChangeCode()
参数:direct
返回:无
功能:每调用一次,按照设定的方向,整体移动一位。direct 为设置移动的方向
     direct = 1,数码管显示整体左移一位,direct = 2,数码管显示整体右移一位
/****************************************************
void ChangeCode(uchar direct)
{
    uchar i;
    if(direct = = 1)
    {
        for(i = 0;i<7;i + + )
        {
            HelloCode[i] = HelloCode[i + 1];  //数组中的数据整体左移一位
        }
        HelloCode[7] = 0;                     //数组最高位清零
```

```
    }
    if(direct = = 2)
    {
        for(i = 7;i>0;i - - )
        {
            HelloCode[i] = HelloCode[i - 1];  //数组中的数据整体右移一位
        }
        HelloCode[0] = 0;                    //数组最低位清零
    }
}
//主函数
void Main(void)
{
    uchar i,j,k,flag = 1;
    while(1)
    {
        for(k = 0;k<3;k + + )                //移动 3 次
        {
            for(j = 0;j<62;j + + )           //2 * 8 * 62,大概为 1 s
            {
                for(i = 0;i<8;i + + )
                {
                    P0 = 0;                  //消隐
                    P2 = SegPosi[7 - i];     //点亮某一位数码管
                    P0 = HelloCode[i];       //数码管 HELLO 的段码
                    Delay_1ms(2);
                }
            }
            ChangeCode(flag);                //数码管整体移动一位
        }
        if(flag = = 1)
        {
            flag = 2;                        //设置向右移动
        }
        else                                 //设置向左移动
        {
            flag = 1;
        }
    }
}
```

(3) 实验现象

在 8 位数码管上显示“HELLO”，每隔 1 s 字符串整体左移至最左边，然后每隔 1 s字符串整体右移至最右边，循环以上的整体左移和右移动作，如图 4－15 所示。

图 4－15　在 8 位数码管上显示“HELLO”并整体移动

第5章

LED 点阵

5.1 认识 LED 点阵

(1) LED 点阵简介

LED 点阵是将多个 LED 以矩阵方式排列成的一个显示器件，其中各 LED 的引脚按一定规律排列，图 5-1 为 8×8 点阵实物图正反面。

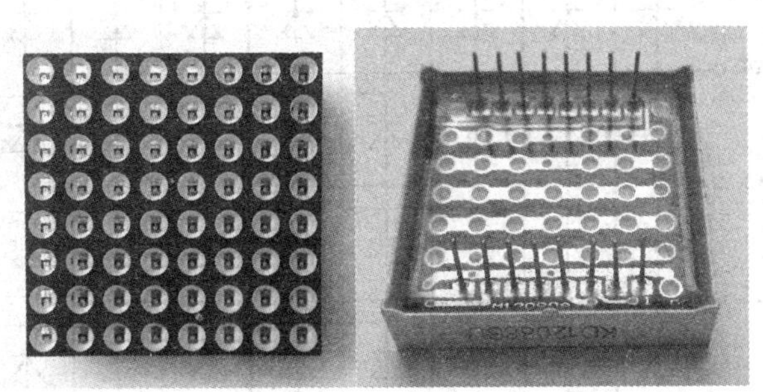

(a) 8×8点阵正面图　　(b) 8×8点阵背面图

图 5-1　8×8 点阵屏实物图

点阵和数码管一样，也有共阳极和共阴极之分。共阳极点阵每行 LED 的阳极连接在一起，即为行引脚(Column)；而每列 LED 的阴极连接在一起，即为列引脚(Row)。共阴极点阵的每行 LED 的阴极连接在一起，每列 LED 的阳极连接在一起。所以，通常是站在行的角度来看，每行的 LED 是阳极连接在一起，就是共阳极点阵；每行的 LED 是阴极连接在一起，就是共阴极点阵。在配套单片机实验板上的是共阳极 LED 点阵。

点阵种类非常多，按照 LED 的排列顺序，一般有 5×7 LED 点阵、5×8 LED 点阵、8×8 LED 点阵等。所谓 5×8 LED 点阵就是由 5 行、8 列 LED 阵列所组成的阵列。由于 LED 点阵型号较多，在此仅介绍最常用的 8×8 点阵。

点阵的颜色一般有红、黄、绿、橙色以及双色 LED 等。在配套单片机实验板上选用的是最常用的红色 LED 点阵。

点阵的大小一般用 LED 的大小或寸来表示。按照单个 LED 大小表示，常用的 LED 点阵分为 1.9 mm、3 mm、3.7 mm、5 mm 等。在配套单片机实验板上选用的是 3 mm 的点阵。

共阳极 8×8 LED 点阵内部结构等效电路图如图 5-2 所示。8×8 LED 点阵，它共由 64 个发光二极管组成，且每个发光二极管放置在行线和列线的交叉点上，当对应的某一行置高电平，某一列清零，则相应的二极管点亮。比如要让第 2 行、第 5 列的 LED 点亮，只需要让 A2 给高电平、K5 给低电平即可。

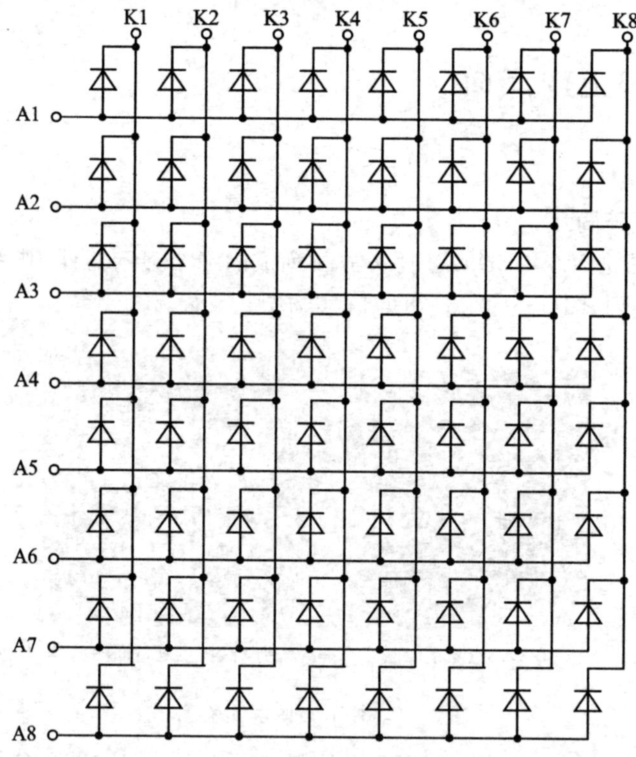

图 5-2　8×8 LED 点阵屏内部结构等效电路图

(2) 共阳极 8×8 LED 点阵的驱动电路

共阳极 8×8 LED 点阵由 64 个 LED 构成，点亮某一个 LED 需要给阳极高电平和阴极低电平。在实际应用中，驱动点阵一般都是利用搭建驱动电路或者驱动芯片去控制。我们利用两片 74HC573 芯片去驱动共阳极 8×8 LED 点阵，如图 5-3 所示。用单片机的 P0 口和 P2 口去控制 74HC573 芯片。在前面讲解数码管的章节已经介绍过 74HC573 了，它是锁存器，在该电路图中，仅用到了它的驱动功能，作用是利用 74HC573 芯片提供电流给点阵阳极，并让电流从点阵阴极流出。8 个 220 Ω 的电阻起限流的作用。P0 口和 P2 输出高低电平，点阵的阳极和阴极也会得到相应的高低电平。在对应顺序方面，P0.0 端口对应阳极 A1，P2.0 端口对应阴极 K1。

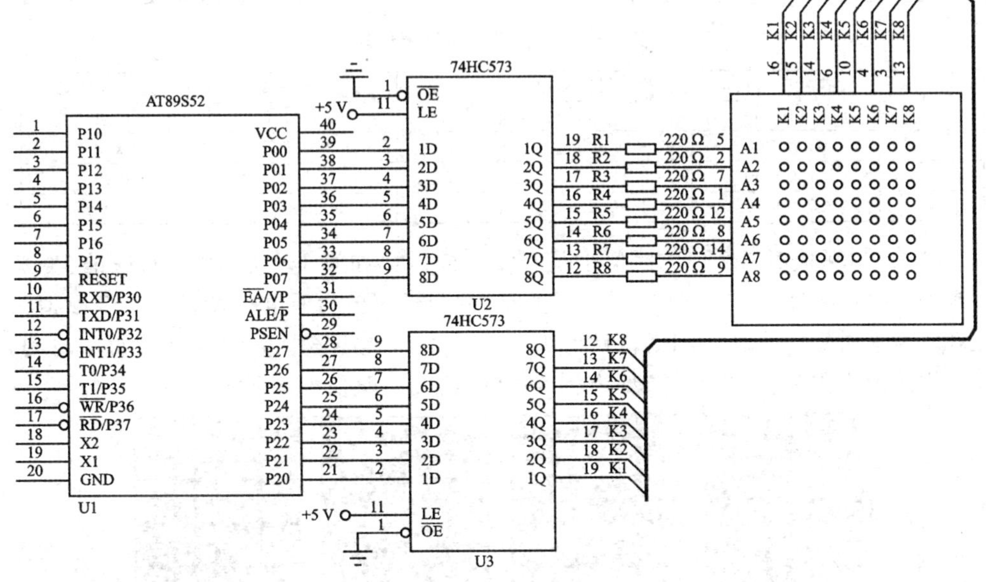

图 5-3　共阳极 8×8 LED 点阵驱动电路

(3) 共阳极 8×8 LED 点阵的显示方式

LED 点阵一般采用扫描式显示，实际运用分为 3 种方式：点扫描、行扫描、列扫描。点扫描比较繁琐，需要赋值 64 次，要对点阵的每个 LED 进行亮灭的控制。行扫描和列扫描原理一样，只是所选择的扫描方式不一样。

行扫描是某一时刻赋值一行为高电平，给列赋值相应的低电平，达到点亮某一行 LED 的目的，并通过循环显示每行，当达到一定频率，利用人的视觉暂留特性，就会看到点阵上有一个“静止”的图像。

列扫描是某一时刻赋值一列为低电平，给行赋值相应的高电平，达到点亮某一列 LED 的目的，并通过循环显示每列，当达到一定频率，利用人的视觉暂留特性，就会看到点阵上有一个“静止”的图像。

下面详细介绍列扫描的原理。如图 5-4 所示，在 LED 点阵上显示一个“心”型。图中的 LED 点阵的行对应的是 P0 口，最上面一行所对应的引脚为 P0.7 端口，最下面一行对应 P0.0 端口；LED 点阵的列对应的是 P2 口，最左边一列对应 P2.7 端口，最右边一列对应 P2.0 端口。

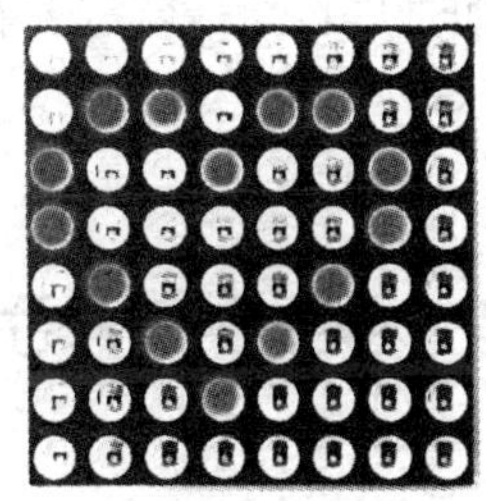

图 5-4　在 LED 点阵上显示“心”型

要进行列扫描，那么 P2 就为扫描端口，功能相当于数码管动态显示的位选，每一时刻，让 P2 口的某一个端口为低电平；P0 就为数据端口，功能相当于数码管动态显示的段选，当 P0 某些端口为高电平，这一时刻该列的 P0 口为高电平的 LED 将会被点亮。通过图 5-4 可以得到在每一列时，需要给 P0 口所赋的值，如表 5-1 所列。

表 5-1 “心”型 P0 口赋值表

所在列	二进制显示数据	十六进制显示数据	所在列	二进制显示数据	十六进制显示数据
1	00110000	0x30	5	01000100	0x44
2	01001000	0x48	6	01001000	0x48
3	01000100	0x44	7	00110000	0x30
4	00100010	0x22	8	00000000	0x00

给 P0 口赋值时，P2 口的赋值也是有规律的。比如第 1 列显示时，对应的 P0 口赋值为 0x30，这时，点阵的最左边一列 LED 的阴极应该为低电平，也就是 P2 赋值为 0x7f。再比如第 6 列时，给 P0 口赋值为 0x48，P2 口就应该赋值为 0xfb。每一时刻，以对应的值在点阵上显示“心”型为例，P0 口和 P2 口赋值如下所示。

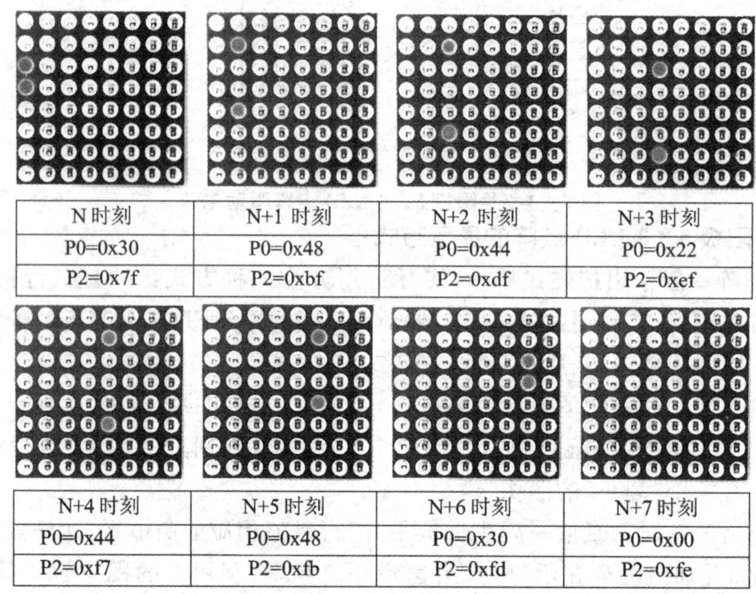

N 时刻	N+1 时刻	N+2 时刻	N+3 时刻
P0=0x30	P0=0x48	P0=0x44	P0=0x22
P2=0x7f	P2=0xbf	P2=0xdf	P2=0xef

N+4 时刻	N+5 时刻	N+6 时刻	N+7 时刻
P0=0x44	P0=0x48	P0=0x30	P0=0x00
P2=0xf7	P2=0xfb	P2=0xfd	P2=0xfe

经过上面 8 个时刻，就对点阵进行了一次“心”型的显示，如果要在点阵上看到一个静止的“心”型，就需要在点阵上不断重复上面 8 个显示步骤。每个步骤显示 3 ms 左右即可，利用人眼的视觉暂留，让 LED 点阵动态显示，就可以看到如图 5-4 所示的“心”型图像。

5.2 实例——手把手讲解 8×8 点阵

5.2.1 在 8×8 LED 点阵上显示“心”型

“心”型图案如图 5-4 所示。

(1) 软件设计难点

写出 8×8 LED 点阵每列对应的行数据。前面对 8×8 LED 点阵图像编码的原理进行了详细讲解，但对于初学者，写出行数据也许比较困难。所以这里也给大家介绍一款软件，它可以计算出编码时需要用到的数据，方便、快捷。该软件为字模提取 V2.2，软件界面如图 5-5 所示。

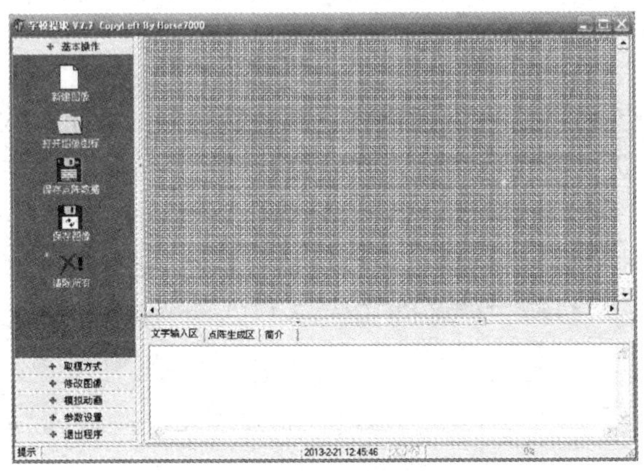

图 5-5　字模提取软件界面

要用该软件来提取出点阵数据，首先要单击“新建图像”，得到图 5-6 所示对话框。因为是 8×8 LED 点阵，所以在宽度和高度文本框中填写“8”，再单击“确定”。

在编辑区域得到一个宽度为 8、高度为 8 的白色区域，接着在白色区域中用鼠标左键挨个点出“心”型，如图 5-7 所示。

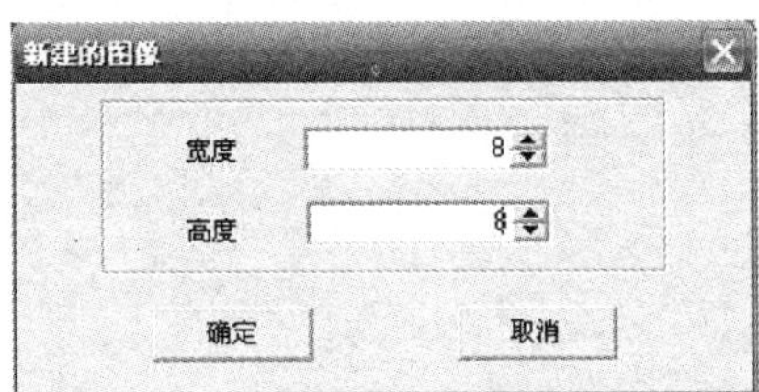

图 5-6　设置取模区域的宽度和高度

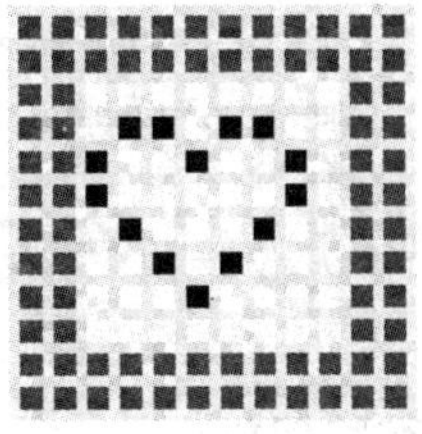

图 5-7　画出“心”型

该例中用的是行扫描方式，选择“参数设置”→“其他选项”，在“取模方式”中，选择“纵向取模”，如图 5-8 所示。

选择“取模方式”→“C51 格式”，在数据生成区得到“心”型的数据如图 5-9 所示。

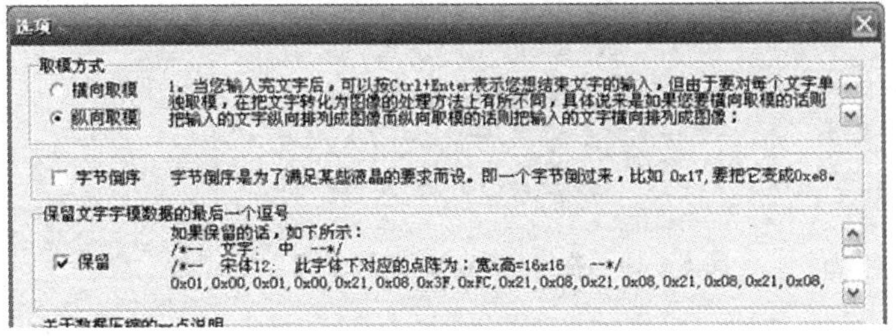

图 5-8　“其他选项”界面

文字输入区　点阵生成区　简介

```
/*--  调入了一幅图像：这是您新建的图像  --*/
/*--  宽度x高度=8x8  --*/
0x30,0x48,0x44,0x22,0x44,0x48,0x30,0x00,
```

图 5-9　“心”型的赋值数据

得到的数据数组，和我们在上面讲解原理时所得到的数组一致。

(2) 程序代码(见共享资料中 5.1 文件夹)

```
//心型显示数据
uchar code tabP0[] = {0x30,0x48,0x44,0x22,0x44,0x48,0x30,0x00};
uchar code tabP2[] = {0x7f,0xbf,0xdf,0xef,0xf7,0xfb,0xfd,0xfe};
//主函数
void Main(void)
{
    uchar i;
    while(1)
    {
        for(i = 0;i<8;i + + )
        {
            P0 = 0;                 //消影
            P2 = tabP2[i];          //列码
            P0 = tabP0[i];          //行码
            Delay_1ms(2);
        }
    }
}
```

(3) 实验现象

在 8×8 LED 点阵上可以看到如图 5-10 所示“心”型，达到了实验目的。

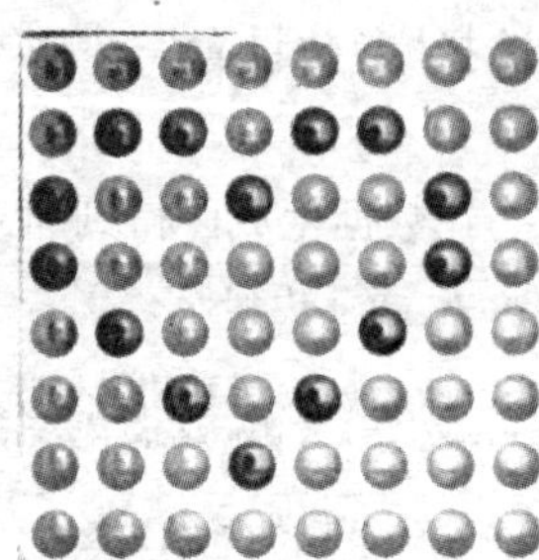

图 5-10　在 8×8 LED 点阵上显示“心”型

5.2.2 在 8×8 LED 点阵上从 0 显示到 9

在 8×8 LED 点阵上显示 0~9,间隔 1 s 改变一个数值,然后再循环这个过程。

(1) 软件设计难点

在上小节中,已经给大家介绍了如何用字模提取软件生成点阵数据。该小节中,就可以用该软件来计算出 0~9 的编码数据,如表 5-2 所列。

表 5-2 0~9 的编码数据表

显示数据	数据数组							
9	0x00	0xFB	0xFB	0xDB	0xDB	0xFF	0xFF	0x00
8	0x00	0xFF	0xFF	0xDB	0xDB	0xFF	0xFF	0x00
7	0x00	0xC0	0xC0	0xC0	0xC0	0xFF	0xFF	0x00
6	0x00	0xFF	0xFF	0xDB	0xDB	0xDF	0xDF	0x00
5	0x00	0xFB	0xFB	0xDB	0xDB	0xDF	0xDF	0x00
4	0x00	0xF8	0xF8	0x18	0x18	0xFF	0xFF	0x00
3	0x00	0xDB	0xDB	0xDB	0xDB	0xFF	0xFF	0x00
2	0x00	0xDF	0xDF	0xDB	0xDB	0xFB	0xFB	0x00
1	0x00	0x00	0x03	0xFF	0xFF	0x03	0x00	0x00
0	0x00	0xFF	0xFF	0xC3	0xC3	0xFF	0xFF	0x00

(2) 程序代码(见共享资料中例 5.2 文件夹)

```
uchar tabP2[8] = {0x7f,0xbf,0xdf,0xef,0xf7,0xfb,0xfd,0xfe};    //列码
uchar code tabP0[10][8] = {                                    //十组行码
{0x00,0xFF,0xFF,0xC3,0xC3,0xFF,0xFF,0x00},
{0x00,0x00,0xC3,0xFF,0xFF,0x03,0x00,0x00},
{0x00,0xDF,0xDF,0xDB,0xDB,0xFB,0xFB,0x00},
{0x00,0xDB,0xDB,0xDB,0xDB,0xFF,0xFF,0x00},
{0x00,0xF8,0xF8,0x18,0x18,0xFF,0xFF,0x00},
{0x00,0xFB,0xFB,0xDB,0xDB,0xDF,0xDF,0x00},
{0x00,0xFF,0xFF,0xDB,0xDB,0xDF,0xDF,0x00},
{0x00,0xC0,0xC0,0xC0,0xC0,0xFF,0xFF,0x00},
{0x00,0xFF,0xFF,0xDB,0xDB,0xFF,0xFF,0x00},
{0x00,0xFB,0xFB,0xDB,0xDB,0xFF,0xFF,0x00},
};
//主函数
void Main(void)
{
    uchar i,j,k;
    while(1)
    {
```

```
        for(j = 0;j<10;j++)                //换要显示的数字
        {
            for(k = 0;k<125;k++)           //125 * 8 = 1 000,每隔 1 s 改变一组行码
            {
                for(i = 0;i<8;i++)
                {
                    P0 = 0;                //消影
                    P2 = tabP2[i];         //列码
                    P0 = tabP0[j][i];      //行码
                    Delay_1ms(1);
                }
            }
        }
    }
}
```

(3) 实验现象

在 8×8 LED 点阵上每隔 1 s 显示 0～9,如图 5-11 所示。

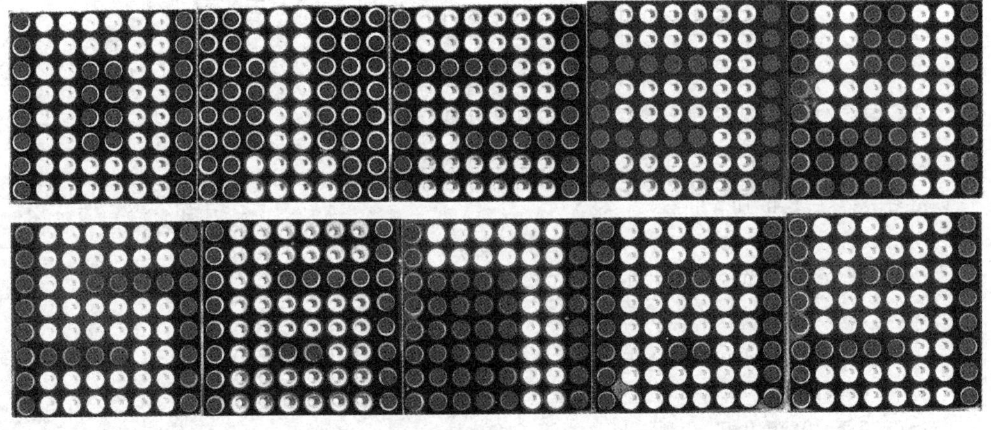

图 5-11　在 8×8 LED 点阵上每隔 1 s 显示 0～9

5.2.3　在 8×8 LED 点阵上显示箭头形状并移动

在 8×8 LED 点阵上显示向右的箭头,并让箭头向右边移动。

(1) 软件设计难点

使图像移动的关键在于移动列码或者行码的值。实现的方法比较多,这里将行码或者列码先存到缓冲数组变量中,然后对缓冲数组变量进行处理。

```
TEMP[i] = _cror_(TEMP[i], 1)
```

按照以上方法,把数组中的数据依次进行循环移动即可。

(2) 程序代码(见共享资料中例 5.3 文件夹)

```
uchar tabP0[8] = {0x00,0x18,0x18,0x18,0x5A,0x3C,0x18,0x00}; //行码,箭头符号
uchar tabP2[8] = {0x7F,0XBF,0XDF,0XEF,0XF7,0XFB,0XFD,0XFE}; //列码
uchar TEMP[8];        //处理列码数据要用到得缓冲数组变量
//主函数
void Main(void)
{
    uchar i,j;
    while(1)
    {
        for(j = 0;j<8;j + + )                //显示时间为 2 * 8 * 8 = 128 ms
        {
            for(i = 0;i<8;i + + )            //循环显示一轮点阵图形
            {
                P0 = 0;                      //消影
                P2 = tabP2[i];               //列码
                P0 = tabP0[i];               //行码
                Delay_1ms(2);

            }
        }
        for(i = 0;i<8;i + + )
        {
            TEMP[i] = tabP2[i];              //列码给到缓冲数组变量
        }
        for(i = 0;i<8;i + + )
        {
            TEMP[i] = _cror_(TEMP[i],1);//把数组变量中数据右移一位然后返回给数组
            tabP2[i] = TEMP[i];              //把缓冲数组变量的值给到列码数组中
}   }   }
```

(3) 实现现象

图 5-12 中,在 8×8 LED 点阵上显示了一个向右的箭头,并让箭头向右进行移动。

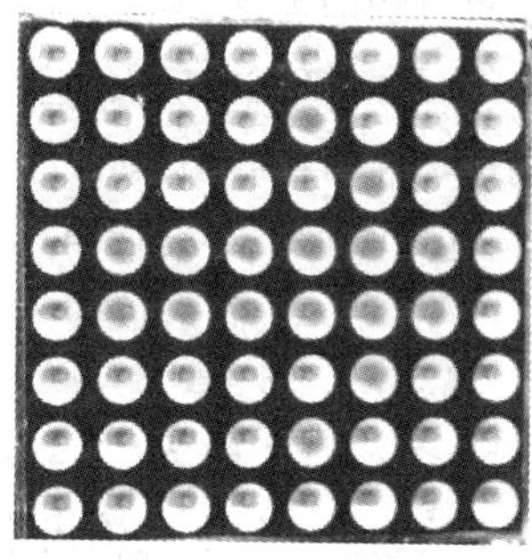

图 5-12　在 8×8 LED 点阵显示向右的箭头并移动

5.3　16×16 LED 点阵模块

前一节中给大家详细介绍了 8×8 LED 点阵的控制方法。在实际应用中，经常是几个或者许多个 8×8 LED 点阵组合在一起使用，最常见的就是商铺门上那个 LED 点阵屏。8×8 LED 点阵显示的信息量相对较少，只可以显示一些简单的字符、数字和图像等，因为它的 LED 数量有限。如果要显示中文汉字，至少都需要 4 个 8×8 LED 点阵组合在一起，构成 16×16 LED 点阵模块。这一节就给大家介绍 16×16 LED 点阵模块的原理和如何去控制它。16×16 LED 点阵模块实物图如图 5-13 所示。

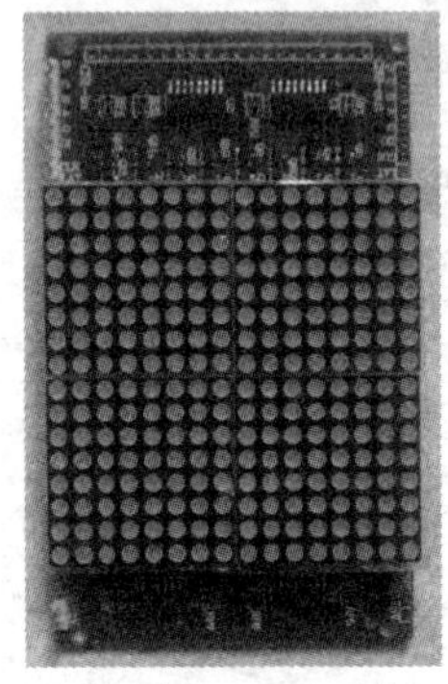

图 5-13　16×16 LED 点阵模块实物图

5.3.1　16×16 LED 点阵模块电路图

8×8 LED 点阵的电路图相对简单，一般用两片驱动芯片就可以控制。但是 16×16 LED 点阵模块有 16 行和 16 列，如果也像 8×8 LED 点阵那样用 74HC573 芯片去驱动，那么一共需要 32 个 IO 端口才够。AT89S52 单片机的 I/O 端口一共才 32 个，显然用 4 片 74HC573 去控制一个 16×16 LED 点阵模块太浪费资源了，选择单片机就不能去控制其他器件了。所以，该 16×16 LED 点阵模块是用 74HC138 和 74HC595 芯片去控制 16×16 LED 点阵模块的行和列，可以节省很多 I/O 端口。

(1) 74HC138 简介

74HC138 是一款高速 CMOS 器件，引脚兼容低功耗肖特基 TTL(LSTTL)系列。74HC138 译码器可接收 3 位二进制加权地址输入(A0、A1 和 A3)，并当使能时，提供 8 个互斥的低有效输出(Y0～Y7)。74HC138 有 3 个使能输入端：两个低有效(E1 和 E2)和一个高有效(E3)。除非 E1 和 E2 置低且 E3 置高，否则 74HC138 将保持所有输出为高。74HC138 的引脚图如图 5-14 所示。

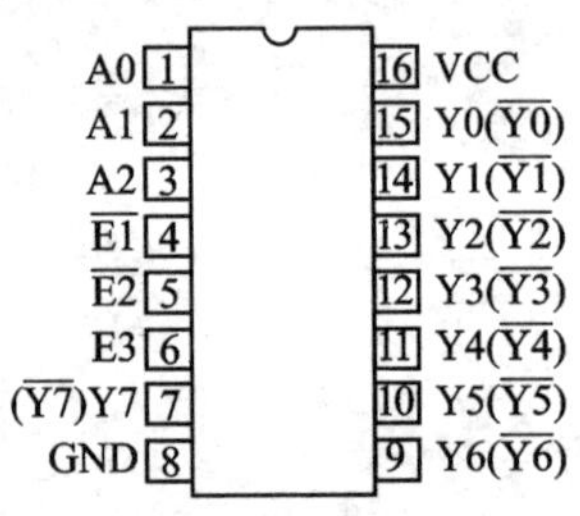

图 5-14　74HC138 芯片引脚图

74HC138 的功能如表 5-3 所列。在该表中可以看到，当 E1 和 E2 为低电平且 E3 为高电平时，74HC138 输出端有低电平输出。在地址引脚 A0、A1 和 A2 输入端写入数据，将会在输出端输出对应的数据，如表 5-3 所列。如果 P2.2 端口接 A2，P2.1 端口接 A1，P2.0 端口接 A0，那么给 P2 端口数据 0～7，则在输出端口 Y0～Y7 依次为低电平。

表 5-3 74HC138 的功能表

输入						输出							
使能			地址										
$\overline{E3}$	$\overline{E2}$	$\overline{E1}$	A2	A1	A0	Y0	Y1	Y2	Y3	Y4	Y5	Y6	Y7
X	X	H	X	X	X	H	H	H	H	H	H	H	H
L	X	X	X	X	X	H	H	H	H	H	H	H	H
X	H	X	X	X	X	H	H	H	H	H	H	H	H
H	L	L	L	L	L	L	H	H	H	H	H	H	H
H	L	L	L	L	H	H	L	H	H	H	H	H	H
H	L	L	L	H	L	H	H	L	H	H	H	H	H
H	L	L	L	H	H	H	H	H	L	H	H	H	H
H	L	L	H	L	L	H	H	H	H	L	H	H	H
H	L	L	H	L	H	H	H	H	H	H	L	H	H
H	L	L	H	H	L	H	H	H	H	H	H	L	H
H	L	L	H	H	H	H	H	H	H	H	H	H	L

(2) 74HC595 简介

74HC595 是硅结构的 CMOS 器件，兼容低电压 TTL 电路，它可以将串行输入的 8 位数字，转变为并行输出的 8 位数字。74HC595 芯片引脚图如图 5-15 所示。

74HC575 芯片引脚功能说明如表 5-4 所列。

左	引脚	引脚	右
Q1	1	16	VCC
Q2	2	15	Q0
Q3	3	14	DS
Q4	4	13	$\overline{OE}$
Q5	5	12	STCP
Q6	6	11	SHCP
Q7	7	10	$\overline{MR}$
GND	8	9	Q7′

图 5-15 74HC595 芯片引脚图

表 5-4 74HC595 芯片引脚功能说明

引脚号	符号	功能	引脚号	符号	功能
1~7、15	Q0~Q7	三态输出引脚	12	STCP	输出存储器锁存时钟线
8	GND	电源地	13	$\overline{OE}$	输出使能
9	Q7'	串行数据输出引脚	14	DS	数据输入端
10	$\overline{MR}$	移位寄存器清零端	16	VCC	电源端
11	SHCP	数据输入时钟线			

74HC595 具有 8 位移位寄存器和 1 个存储器，三态输出功能。移位寄存器和存储器是分别的时钟。数据在 SHCP 的上升沿输入，在 STCP 的上升沿被存入到存储寄存器。如果两个时钟连在一起，则移位寄存器总是比存储寄存器早一个脉冲。移位寄存器有一个串行移位输入(DS)、一个串行输出(Q7')和一个异步的低电平复位。存储寄存器有一个并行 8 位的具备三态的总线输出。当使能$\overline{OE}$时(为低电平)，存储寄存器的数据输出到总线。74HC595 的真值表如表 5-5 所列。

表 5-5　74HC595 芯片真值表

输入引脚					输出引脚
DS	$\overline{MR}$	SHCP	STCP	$\overline{OE}$	
X	X	X	X	H	Q0～Q7 输出高阻
X	X	X	X	L	Q0～Q7 输出有效值
X	L	X	X	X	移位寄存器清零
L	H	↑	X	X	移位寄存器存储 L
H	H	↑	X	X	移位寄存器存储 H
X	H	↓	X	X	移位寄存器状态保持
X	X	X	↑	X	输出存储器锁存移位寄存器中的状态值
X	X	X	↓	X	输出存储器状态保持

注：H＝高电平状态；L＝低电平状态；↑＝上升沿；↓＝下降沿；X＝无关。

16×16 LED 点阵模块由 4 个 8×8 LED 点阵组成，电路原理图如图 5-16 所示。其中有 H1～H16 表示模块的行，L1～L16 表示模块的列。

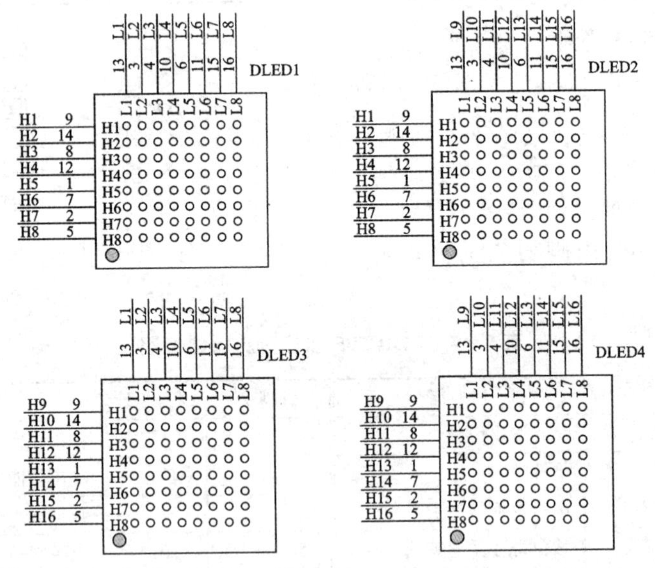

图 5-16　4 个 8×8 LED 点阵组成的 16×16 LED 点阵模块电路图

我们用两片 74HC138 芯片去控制 16×16 LED 点阵模块的行操作，具体电路图如图 5-17 所示。用 P1.3～P1.7 去控制 74HC138 芯片。在 74HC138 的输出端接了一个 PNP 三极管，当 74HC138 输出低电平，三极管导通并可为点阵模块的某一行提供电流。E3 接的是 VCC，E1 接的是 P1.7 端口，E2 接的是 P1.3 端口，当 E1 和 E2 端同时为低电平时，可以让输出端输出对应的低电平。利用这一功能，可以对 E1、E2 和 E3 的电平进行控制，进而控制哪一个 74HC138 工作。图 5-18 中，给出了控制 H9～H16 列的 74HC138 芯片的电路图。该电路图输出端和图 5-18 的控制方法一样，仅在输入端有一定变化。E1 和 E2 连接在一起，通过 P1.3 控制，E3 用 P1.7 控制。

两个 74HC138 哪个被选择呢？当 P1.7 和 P1.3 都为低电平时，U1 被选择；当 P1.3 为低电平、P1.7 为高电平时，U2 被选择。

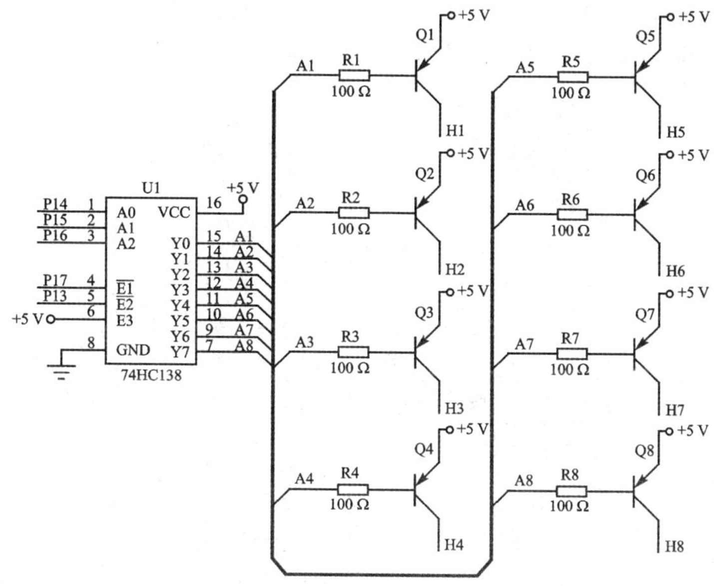

图 5-17　16×16 LED 点阵模块 H1～H8 行的控制电路图

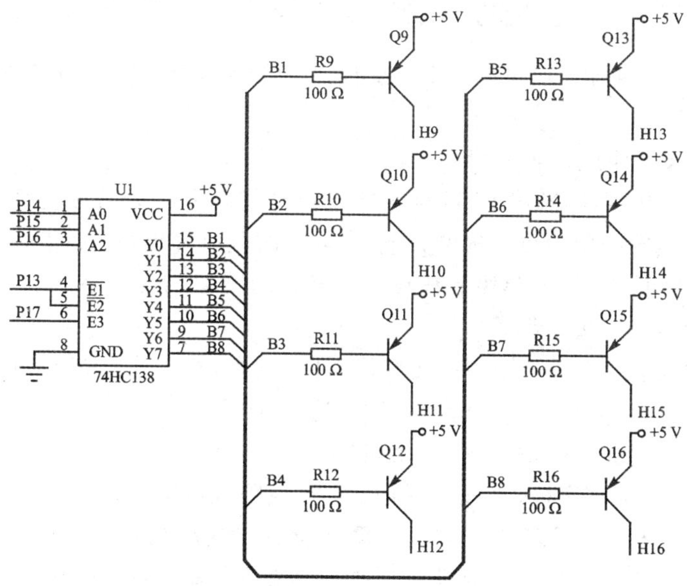

图 5-18　16×16 LED 点阵模块 H9～H16 行的控制电路图

接着来介绍 16×16 LED 点阵模块的列电路。列电路由两片 74HC595 芯片控制，具体电路图如图 5－19 所示。AT89S52 的 P1.2 端口接的是 U3 芯片的数据输入端；P1.0 和 P1.1 分别接的是 U3 和 U4 芯片的数据输入时钟线和输出存储器锁存时钟线。U4 的 DS 端接的是 U3 的 Q7'端，这样当 U3 的数据移溢出后就可以直接作为 U4 的数据输入端。U4 的 9 端 Q7'可以在更多点阵模块级联时用到。点阵模块的列引脚通过 100 Ω 电阻，串联到 U3 和 U4 的输出端口。

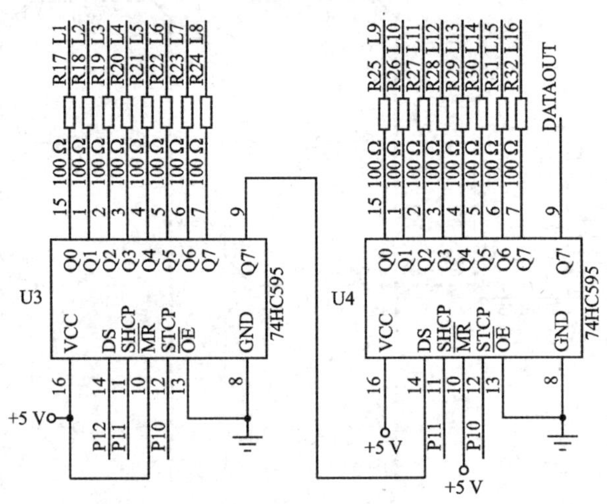

图 5－19　16×16 LED 点阵模块的列电路

5.3.2　实例——手把手讲解 16×16 LED 点阵模块显示汉字

16×16 LED 点阵模块每隔 1.8 s 左右，依次在点阵模块上显示"单片机控制点阵屏实例"。

(1) 软件设计难点

对前一小节中对 16×16 LED 点阵模块的电路图理解透彻，是正确写出控制代码的前提。在本例中使用行扫描的方式，在同一时刻点阵模块上仅有一行在点亮，通过动态显示，才可以在点阵模块上看到一个静态的图像或者汉字。这一列中还是调用取模软件来对汉字进行编码。

打开字模提取 V2.2 软件，在"文字输入区"右击，再单击"选择字体"。"字体大小"选择为"12"，字体可以任意选择，本例中选择为"黑体"。

然后在"文字输入区"输入汉字，比如"单"字，再按 Ctrl＋Enter 键，可以把"文字输入区"的汉字添加到字模提取软件的 16×16 点阵区域中，如图 5－20 所示。

该例中是行扫描，所以有两个地方需要设置：选择"修改图像"→"黑白反显图像"，如图 5－21 所示；选择"参数设置"→"其他选项"，弹出对话框的第一个选项选择"横向取模"，然后单击"确认"，如图 5－22 所示。

图 5-20　把汉字加载到取模软件中

图 5-21　设置“黑白反显图像”

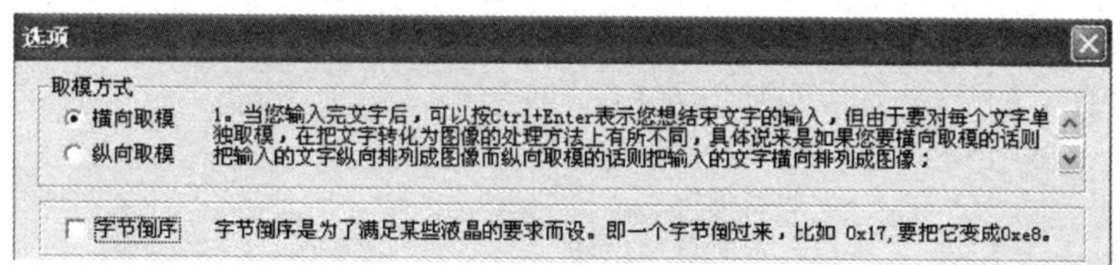

图 5-22　设置“横向取模”

最后选择取模软件的“取模方式”→“C51 格式”，便可以在“点阵生成区”得到汉字的编码，如图 5-23 所示。

文字输入区　点阵生成区　简介

```
/*--  文字:  单  --*/
/*--  黑体12;  此字体下对应的点阵为：宽x高=16x16   --*/
0xF3,0xCF,0xF9,0x9F,0xC0,0x03,0xC0,0x03,0xCE,0x73,0xC0,0x03,0xC0,0x03,0xCE,0x73,
0xC0,0x03,0xC0,0x03,0xFE,0x7F,0x80,0x01,0x80,0x01,0xFE,0x7F,0xFE,0x7F,0xFF,0xFF,
```

图 5-23　得到汉字编码

(2) 程序代码(见共享资料中例 5.4 文件夹)

```
#define DCBA P1          //HC138 ABCD 端口定义
sbit EN = P1^3;          //74HC138 端口的使能端
sbit DS = P1^2;          //74HC595 的数据输入端
sbit SHCP = P1^1;        //74HC595 的数据输入时钟线
sbit STCP = P1^0;        //74HC595 的输出存储器锁存时钟线
uchar data Buffer[32];   //32 个显示数据缓存
uchar data row;          //目前显示到第几列
//以下汉字编码数据省略了部分,完整程序见共享资料
uchar code TAB[] = {
/*--  文字:  单  --*/
0xF3,0xCF,0xF9,0x9F,0xC0,0x03,0xC0,0x03,0xCE,0x73,0xC0,0x03,0xC0,0x03,0xCE,0x73,
0xC0,0x03,0xC0,0x03,0xFE,0x7F,0x80,0x01,0x80,0x01,0xFE,0x7F,0xFE,0x7F,0xFF,0xFF
...
/*--  文字:  例  --*/
0xE7,0xFF,0xE0,0x39,0xC8,0x39,0xCC,0xE9,0x8C,0xE9,0x8C,0x29,0x09,0x29,0x43,0x29,
0xC1,0x29,0xCC,0x29,0xCE,0x69,0xCE,0x79,0xCC,0xF9,0xC9,0xF1,0xCB,0xF3,0xFF,0xFF,};
/************************************
```

```
函数:Timer0Init()
参数:无
返回:无
功能:实现定时器 0 的初始化,定时器 0 工作于方式 1
    定时时长为 1 ms,使用晶振为 11.0592 MHz
*****************************************************/
void Timer0Init(void) /* 定义中断方式,中断时间 */
{
    TMOD = 0x01;       //定时 0,工作在方式 1
    TH0   = 0xFC;      //初值高位
    TL0   = 0x66;      //初值低位
    ET0   = 1;         //开定时器 0 中断
    EA    = 1;         //开总中断
    TR0   = 1;         //启动计数
}
/*****************************************************
函数:LEDDisp()
参数:无
返回:无
功能:定时器 0 的中断函数,在该中断中让 16 * 16 点阵进行行扫描操作
     该函数控制从一行开始依次向下进行扫描,在每行的控制中,
     首先赋值每行的低 8 位,再赋值每行的高 8 位
*****************************************************/
void LEDDisp() interrupt 1 using 3
{
    uchar i;
    uchar buffer_data;       //用于显示行数据的临时变量
    uchar temp;              //决定调用哪行数据的变量
    TH0   = 0xFC;            //重载初值高位
    TL0   = 0x66;            //重载初值低位
    STCP = 0;  //74HC595 锁定输出,避免数据传输过程中,屏数据变化从而显示闪烁
    SHCP = 0;
    temp = row * 2 + 1;  //调用哪一个行数据
    buffer_data = Buffer[temp];            //把行数据给到列数据临时变量
    for(i = 0;i<8;i + + )                  //显示某行的右边 8 列数据
    {
        if((buffer_data & 0x01) ! = 0)  //数据的最低位电平状态
        {
            DS = 1;   //如果为高,给 74HC595 的数据端赋值高电平
        }
        else
        {
```

```
            DS = 0;
        }
        SHCP = 1;                       //数据输入时钟
        SHCP = 0;
        buffer_data >>= 1;              //数据右移一位,为下次发送做准备
    }
    temp = row * 2;                     //调用哪一个行数据
    buffer_data = Buffer[temp];         //把行数据给到列数据临时变量
    for(i = 0;i<8;i++)                  //显示某行的左边 8 列数据
    {
        if((buffer_data & 0x01) != 0)   //数据的最低位电平状态
        {
            DS = 1;                     //如果为高,给 74HC595 的数据端赋值高电平
        }
        else
        {
            DS = 0;
        }
        SHCP = 1;                       //数据输入时钟
        SHCP = 0;
        buffer_data >>= 1;              //数据右移一位,为下次发送做准备
    }
    EN = 1;//关屏显示,原理为使 HC138 输出全为 1,从而三极管截止,点阵不显示
    //row 小于 8 时,P1.7 为低电平,点阵模块上 8 行工作,大于 8 时,点阵模块下 8 行工作
    DCBA = (DCBA & 0x0f) | (row<<4);
    STCP = 1;                   //允许 74HC595 数据输出到 Q1～Q8 端口
    EN = 0;                     //74HC138 输出有效,打开显示
    STCP = 0;                   //锁定 74HC595 数据输出
    if(++row >= 16)             //行变量加 1 并判断是否大于 16,大于便清零
    {
        row = 0;                //行变量清零
    }
}
//主函数
void Main(void)
{
    uchar i;
    uint temp;
    uchar number;    //哪个汉字显示
    uchar count;     //汉字的哪一行显示
    Timer0Init();    //定时器初始化
    while(1)
```

```
    {
        for(number = 0; number<10; number + + )        //哪个显示显示
        {
            for(i = 0; i<10; i + + )    //目的是控制汉字的显示时间
            {
                for(count = 0; count<16; count + + ) //哪一行显示
                {
                    //取字库里面数据
                    temp = TAB[(number * 32) + (count * 2) + 1] * 0x100
                           + TAB[(number * 32) + (count * 2)];
                    Buffer[count * 2 + 1] = temp / 0x100;    //一行数据的低位
                    Buffer[count * 2 ] = temp % 0x100;        //一行数据的高位
                }
                Delay_1ms(100);    //延时 0.1 s
            }
        }
    }
}
```

(3) 实验现象

本例实验现象在 16×16 点阵屏显示如图 5 - 24 所示。

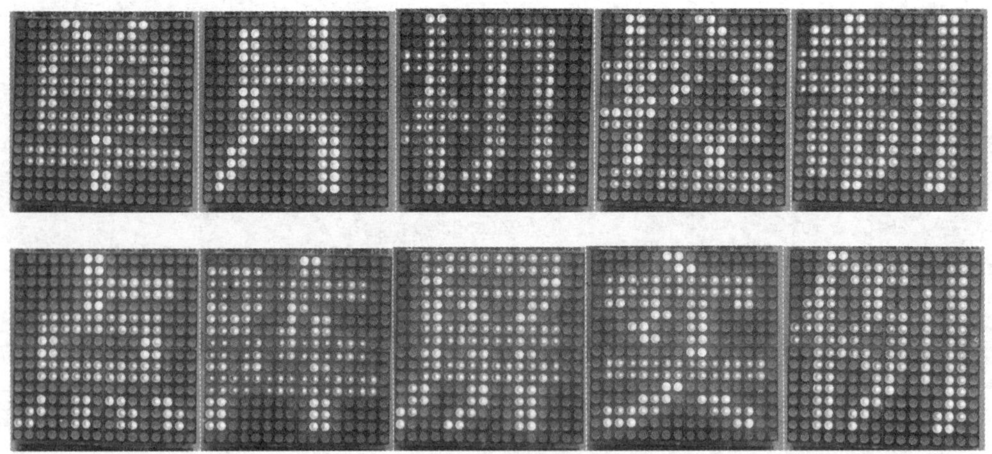

图 5 - 24　16×16 点阵屏显示汉字

第6章 按 键

6.1 按键简介

在单片机应用系统中，除了完成基本的功能外，另一个重要的任务是设计优秀的人机交互接口。人机交互接口用来实现控制命令及数据的输入，并且将系统运行信息显示反映给操作者。键盘以按键的形式来设置控制功能或数据，是人机交互的最基本的途径。在键盘中，按键的输入状态本质上是一个开关量。键盘以按键编码来实现命令或数据的输入，以达到控制的目的。

常用的两种键盘：独立式按键和矩阵式按键。其中，独立式按键比较简单，适合于较少开关量的输入场合；而矩阵式键盘则适合于输入命令或者数据较多、功能复杂的系统。采用矩阵式键盘结构可以最大限度地节省单片机的引脚资源，因此应用十分广泛。

按键为常开型按钮开关，可分为两类：一类是触点式开关按键，如机械式开关、导电橡胶式开关等；另一类是无触点式开关按键，如电气式按键、磁感应按键等。前者造价低，后者寿命长。本章中给大家介绍最常用的触点式开关，如图 6－1 所示。

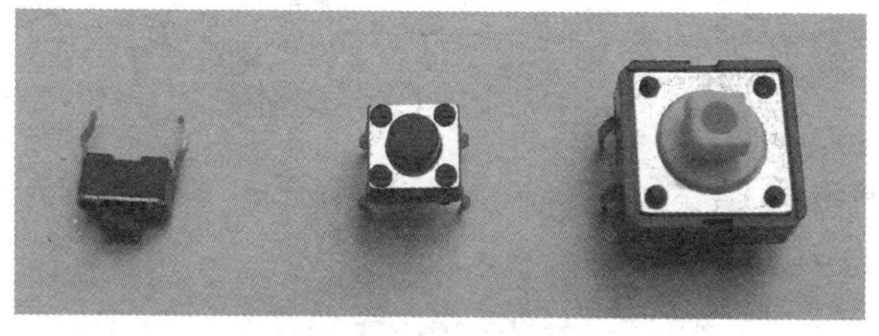

图 6－1　触点式开关按键

图 6－1 中最左边的是 3 mm×6 mm 的触点式按键开关，中间的是 6 mm×6 mm 的触点式按键开关，最右边的是 12 mm×12 mm 的触点式按键开关。它们的内部结构基本一样，都是由弹片和触点等构成。

当按键被按下时，弹片和触点接触，按键两端导通；当按键释放时，弹片和触点分离，按键两端断开。按键的电路图如图 6－2 所示，按键的一端连接到电源地，另一端连接到 P1.0 端口。单片机检测按键的原理是：单片机的 I/O 口既可以作为输出端口，也可以作为输入端口。检测按键时是利用单片机的输入功能，把按键的一端接地，另一端和单片机的某个 I/O 口连接。首先给单片机该 I/O 端口赋值为高电平，然后让单片机不断检测该 I/O 口是否变为低电平。当按键按下时，该 I/O 端口会被拉低为低电平；当按键没有按下或按下后释放了，该 I/O 端口电平为高电平。

按键按下后，并不像理想的那样，马上由高电平变为低电平，而是有一个前沿抖动，大概为 10 ms，这段时间，因为按键弹片的作用，会交替地产生数个高低电平。接着是按键稳定过程，此时就是要读取按键状态，该过程持续时间和按键按下的时间有关。前沿抖动和按键稳定两个过程，都是包含在按键按下中的。当按键释放时，会产生一个后沿抖动，该抖动和前沿抖动类似，持续时间也为 10 ms 左右，因为按键弹片的作用，会交替地产生数个高低电平。整个按键过程如图 6-3 所示。

在编写代码时，一般在检测按键按下时加入去抖动延时，检测松开按键时就不需要加延时了。按键检测流程图如图 6-4 所示，图中是检测一次按键按下过程。

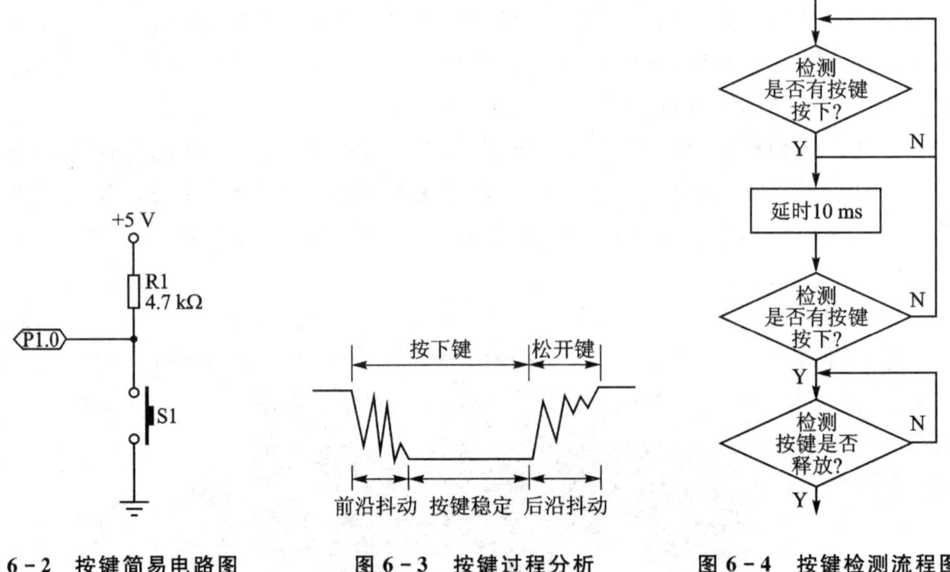

图 6-2 按键简易电路图　　图 6-3 按键过程分析　　图 6-4 按键检测流程图

6.2 实例——手把手讲解独立按键

在本节中，给大家介绍独立按键。在配套单片机实验板上，4 个独立按键是上下左右 4 个方向排列的，是 4 个 12 mm×12 mm 的触点式按键开关，如图 6-5 所示。这 4 个按键为优质的触点式按键，按键上有 4 个蓝色的塑料盖罩。

4 个独立按键和 AT89S52 单片机的电路连接图如图 6-6 所示，在配套单片机实验板中，4 个独立按键的标号分别是 S19、S20、S21 和 S22。

图 6-5 配套单片机实验板 4 个独立按键

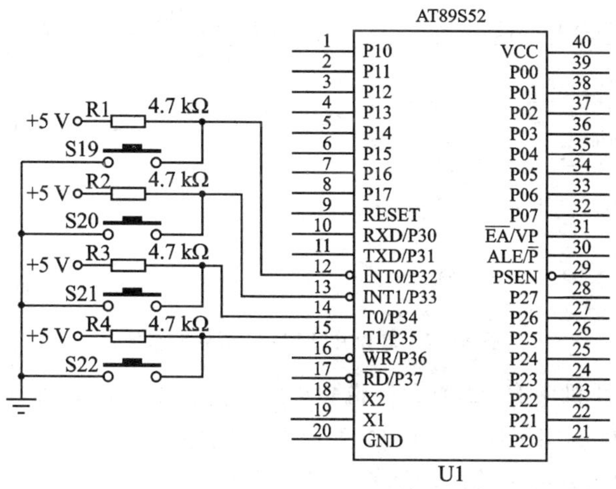

图 6-6 4 个独立按键和单片机连接电路图

6.2.1 独立按键控制 LED 灯和 8×8 LED 点阵显示

该实验中，当按下了上下左右 4 个按键后，实验板上的上下左右方向的 LED 点亮，并且在点阵上显示“上”、“下”、“左”、“右”。比如按下按键 S19，LED10、LED11 和 LED12 点亮，点阵上显示“左”；当按下按键 S20，LED7、LED8 和 LED 点亮，LED10、LED11 和 LED12 熄灭，并在点阵上显示“下”。

(1) 软件设计难点

按图 6-4 所示写出按键检测函数。当有按键按下后，延时 15 ms，跳过前沿抖动，然后等待按键释放，释放的过程可以延时几毫秒多判断一次，防止干扰信号。

该实验的电路图分为 LED、8×8 LED 点阵和独立按键 3 个部分。独立按键电路图如图 6-6 所示，8×8 LED 点阵电路图如图 5-3 所示，LED 部分电路图如图 6-7所示，LED1～LED8 由 P0 口控制，LED9、LED10 由 P3.0 和 P3.1 口控制，LED11、LED12 由 P3.6 和 P3.7 口控制。

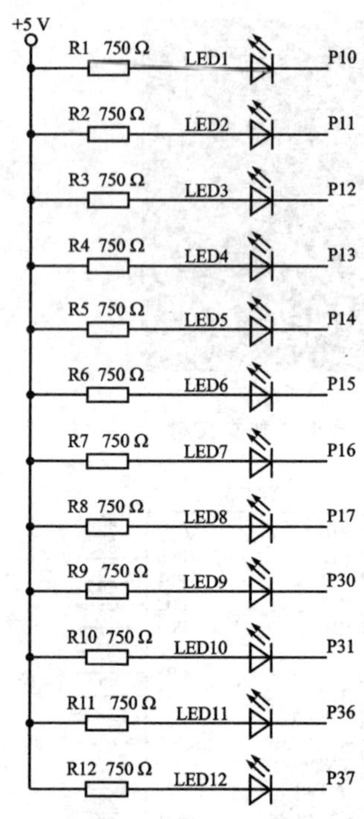

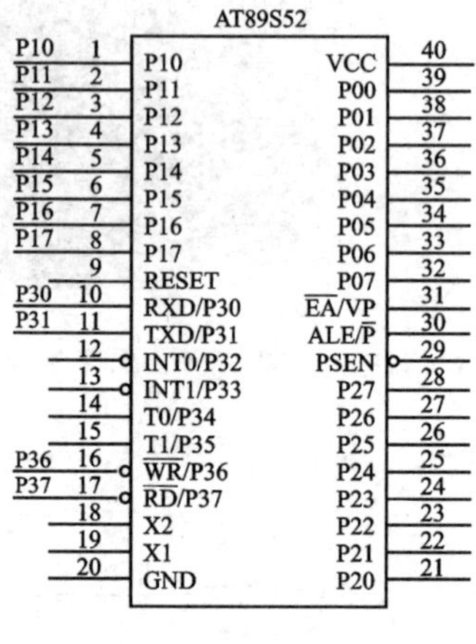

图 6-7 本例中 LED 灯部分电路图

AT89S52 单片机中有 32 个 I/O 端口，本例中点阵用了 16 个 I/O 口，LED 灯用了 12 个 I/O 口，按键用了 4 个 I/O 口，I/O 端口刚好够用。

(2) 程序代码(见共享资料中例 6.1 文件夹)

```
sbit KEY1 = P3^2;      //S19 按键通过 P3.2 控制
sbit KEY2 = P3^3;      //S20 按键通过 P3.3 控制
sbit KEY3 = P3^4;      //S21 按键通过 P3.4 控制
sbit KEY4 = P3^5;      //S22 按键通过 P3.5 控制
uchar code tabP2[8] = {0x7F,0xBF,0xDF,0xEF,0xF7,0xFB,0xFD,0xFE};      //列扫描
uchar code tabP0Up[8] = {0x00,0x02,0x02,0x7E,0x12,0x12,0x02,0x00};    //上
uchar code tabP0Down[8] = {0x00,0x40,0x40,0x7E,0x48,0x48,0x40,0x00}; //下
uchar code tabP0Light[8] = {0x02,0x24,0x2A,0x3A,0xEE,0x2A,0x2A,0x00};//左
uchar code tabP0Right[8] = {0x02,0x24,0x28,0x3E,0xEA,0x2A,0x2E,0x00};//右
/*****************************************************
函数:KEY()
参数:无
返回:按键值
功能:检测独立按键是否按下并返回哪一个按键被按下
*****************************************************/
uchar KEY(void)
```

```
{
    if(KEY1 = = 0)                        //判断 S19 是否按下
    {
        Delay_1ms(15);                    //跳过前沿抖动
        if(KEY1 = = 0)                    //再次判断 S19 是否被按下
        {
            while(1)
            {
                if(KEY1 = = 1)            //判断 S19 是否释放
                {
                    Delay_1ms(1);         //延时 1 ms,防止干扰信号
                    if(KEY1 = = 1)        //再次判断 S19 是否释放
                    {
                        return 1;         //返回 1
                    }
                }
            }
        }
    }
    //KEY2、KEY3 和 KEY4 部分语句和 KEY1 的语句类似,此处省略,详见共享资料
    //因为本章重点是讲解按键,请认真弄懂以上按键检测语句
    return 0;            //没有按键按下,返回'0'
}
//主函数
void Main(void)
{
uchar i,temp,flag;
    while(1)
    {
        temp = KEY();                     //判断哪个按键被按下并返回值给 temp
        if(temp ! = 0)                    //这里判断是否按键按下,按下后才改变要显示的值
        {
            flag = temp;                  //存标志
        }
        for(i = 0; i<8; i + + )
        {
            P0 = 0;                       //消影
            P2 = tabP2[i];                //显示列码
            if(flag = = 1)
            {
                P0 = tabP0Light[i];//显示行码'左'
                P1 = 0xff;
```

```
                P3 &= 0x3d;                    //LED10、LED11、LED12 点亮
            }
            if(flag == 2)
            {
                P0 = tabP0Down[i];             //显示行码'下'
                P1 = 0x3f;                     //LED7、LED8 点亮
                P3 &= 0xfe;                    //LED9 点亮
            }
            if(flag == 3)
            {
                P0 = tabP0Right[i];            //显示行码'右'
                P1 = 0xc7;                     //LED4、LED5、LED6 点亮
                P3 |= 0xc3;
            }
            if(flag == 4)
            {
                P0 = tabP0Up[i];               //显示行码'上'
                P1 = 0xf8;                     //LED1、LED2、LED3 点亮
                P3 |= 0xc3;
            }
            Delay_1ms(2);
        }
    }
}
```

(3) 实验现象

当按下独立按键后的左边按键(按键 S19)时，LED 显示部分的左边 3 个 LED 点亮，如图 6－8 所示。

(a) 独立按键左边按键被按下

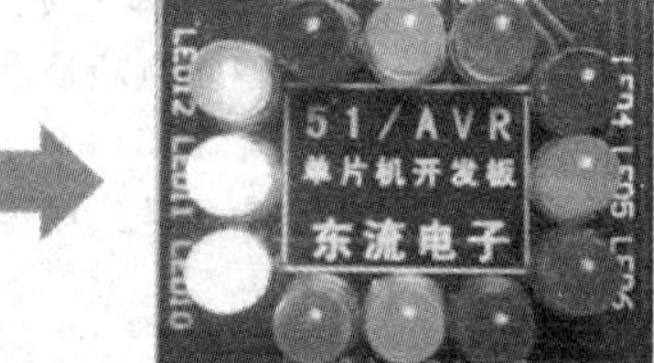

(b) 左边的3个LED点亮

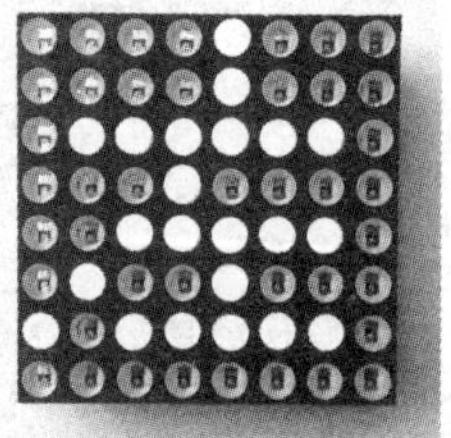

(c) 点阵显示“左”

图 6－8　左边按键按下后点亮左边的 3 个 LED

当按下独立按键后的下面按键(按键 S20)时，下面 3 个 LED 点亮，如图 6－9 所示。

当按下独立按键后的右边按键(按键 S21)时，右边 3 个 LED 点亮，如图 6－10 所示。

当按下独立按键后的上面按键(按键 S21)时，上面 3 个 LED 点亮，如图 6－11 所示。

(a) 独立按键下面按键被按下

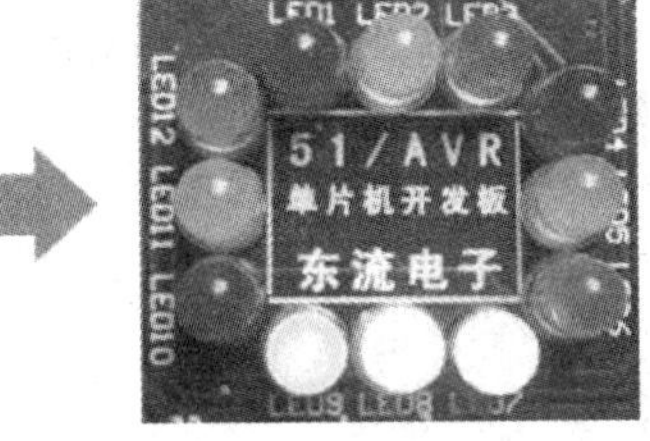

(b) 下面的3个LED点亮

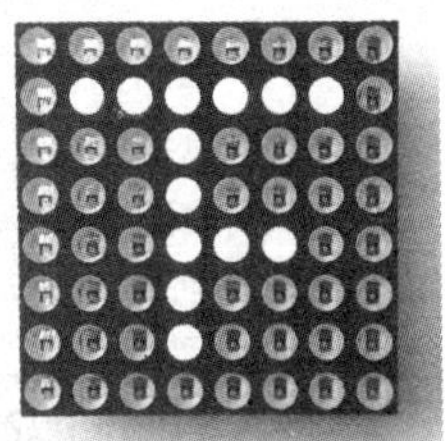

(c) 点阵显示“下”

图 6-9 下面按键按下后点亮下面的 3 个 LED

(a) 独立按键右边按键被按下

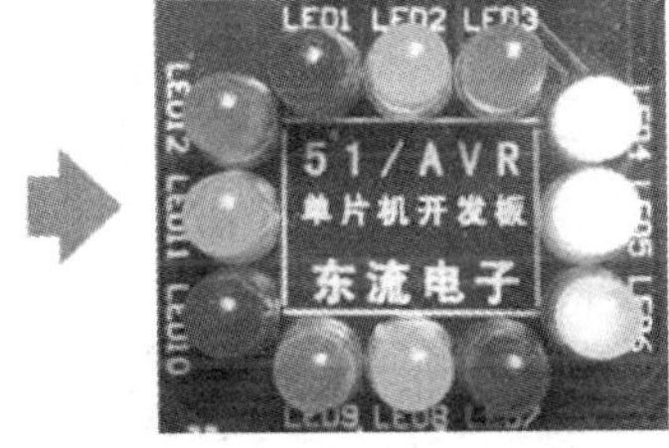

(b) 右边的3个LED点亮

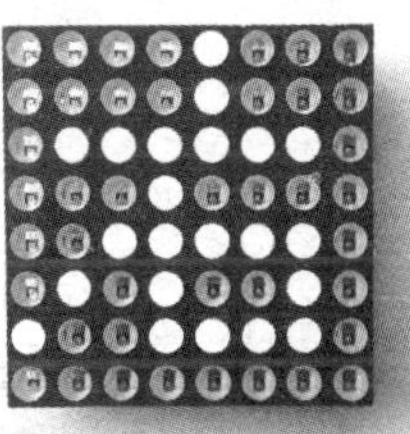

(c) 点阵显示“右”

图 6-10 右边按键按下后点亮右边的 3 个 LED

(a) 独立按键上面按键被按下

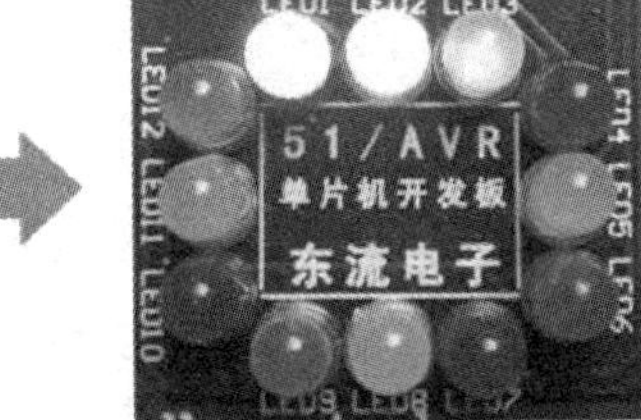

(b) 上面的3个LED点亮

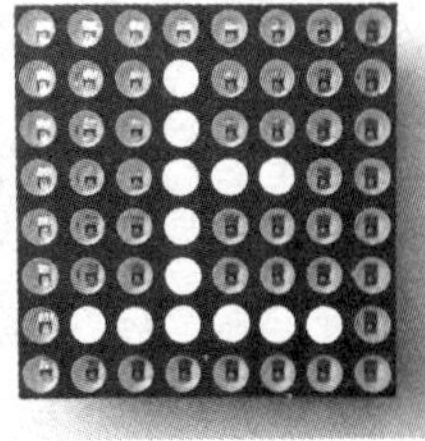

(c) 点阵显示“上”

图 6-11 上边按键按下后点亮右边的 3 个 LED

6.2.2 独立按键控制数码管显示数据加减

该实验中，首先在数码管的最右边两位显示“50”。当按下 S22 时，数码管上的值加 1；当按下 S20 时，数码管上的值减 1。

(1) 软件设计难点

该实例比较实用，数码管和按键的功能组合在许多电子产品上都有应用。很多电饭煲、洗衣机、空调都可以见到，所以本例需要熟练掌握。

(2) 程序代码(见共享资料中例 6.2 文件夹)

```
sbit KEY4 = P3^5;          //加按键,S22 按键通过 P3.5 控制
```

```
sbit KEY2 = P3^3;    //减按键,S20 按键通过 P3.3 控制
//该例的按键检测代码和上例类似,此处省略,详见共享资料
/*************************************************
函数:SegLight()
参数:temp
返回:无
功能:数码管上显示数据
*************************************************/
void SegLight(uchar temp)
{
    P0 = 0;
    P2 = SegPosi[1];                      //位码
    P0 = SegCode[(temp / 10) % 10];       //段码
    Delay_1ms(2);
    P0 = 0;
    P2 = SegPosi[0];                      //位码
    P0 = SegCode[temp % 10];              //段码
    Delay_1ms(2);
}
//主函数
void Main(void)
{
    uchar i = 0,temp = 50;
    while(1)
    {
        i = KEY();              //检测按键是否被按键并返回值给 i
        if(i == 1)              //判断出 S20 被按下了
        {
            temp--;             //数码管显示值减 1
        }
        if(i == 2)              //判断出 S22 被按下了
        {
            temp++;             //数码管显示值加 1
        }
        SegLight(temp);         //数码管显示值
    }
}
```

(3) 实验现象

在数码管的最右边两位显示"50"。当按下 S22 时,数码管上的值加 1;当按下 S20 时,数码管上的值减 1。

6.2.3 独立按键的多种击键方式

在上一小节的基础上，加上单键单次“短击”、单键连续按下“连击”和两键复合按键的功能。

首先还是在数码管的最右边两位显示“50”。

单键单次“短击”在本例中定义为按下按键时间小于 0.5 s。当按下 S22 按键小于 0.5 s 时，数码管上的值加 1；当按下 S20 按键小于 0.5 s 时，数码管上的值减 1。

单键连续按下“连击”在本例中定义为按下按键时间大于 0.5 s。当按下 S22 按键大于 0.5 s 时，每隔 0.5 s 数码管上的值连续加 1；当按下 S20 按键大于 0.5 s 时，每隔 0.5 s 数码管上的值连续减 1。

两键复合按键，两键同时按下后，数码管上的值恢复到初始值“50”。

(1) 软件设计难点

按键的击键类型的划分有多种方式，比如：

① 按照击键时间可以分为“短击”、“长击”。

② 按照击键后执行的次数可以分为“单击”、“连击”。

③ 另外还有一些组合击键方法，如“双击”、“同击”。

它们的具体定义和应用领域如表 6－1 所列。

表 6－1　按键的击键定义和应用领域

击键类型	定　义	应用领域
单键单次“短击”	快速按键单个按键，然后立即释放	基本类型，应用非常广泛，大多数地方都有用到
单键单次“长击”	按下按键并延时一定时间再释放	用于按键的复用；某些隐藏功能；某些重要功能（如“清零”键或“复位”键）；防止用户误操作
单键连续按下“连击”	按下按键不放，此时系统要按一定的时间间隔连续响应	用于调节参数，达到连加或连减的效果
单键连按两次或多次（简称“双击”或“多击”）	相当于在一定的时间间隔内两次或多次单击	用于按键的复用；某些隐藏功能
双键或多键同时按下（简称“同击”或“复合按键”）	同时按下两个或多个按键，然后再同时释放	用于按键的复用；某些隐藏功能

如何区分单键单次“短击”与单键连续按下“连击”？

“短击”和“连击”在最初的过程是一样的，都需要经过延时一定时间用于消抖。在一定时间（本例规定是 0.5 s）内释放就认定为“单击”；当超过一定时间（本例规定是 0.5 s）还没有释放，判定为“连击”，并且每隔一定时间连击的计数变量加 1。“单击”和“连击”的过程如图 6－12 所示。

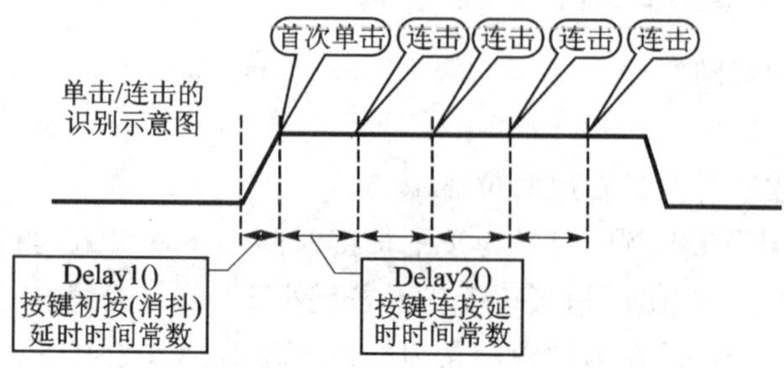

图 6－12　单键单次“短击”与单键连续按下“连击”区别

两键复合按键也叫“同击”，也就是在某一时刻，两键都处于按下的状态。“同击”和“单击”的区别如图 6－13 所示。“同击”也不可能两个按键同时被按下，一般是两个按键先后被按下，间隔时间一般非常短。在程序设计时，“同击”的处理一般是在按键被按下后，再判断另一个按键是否按下。

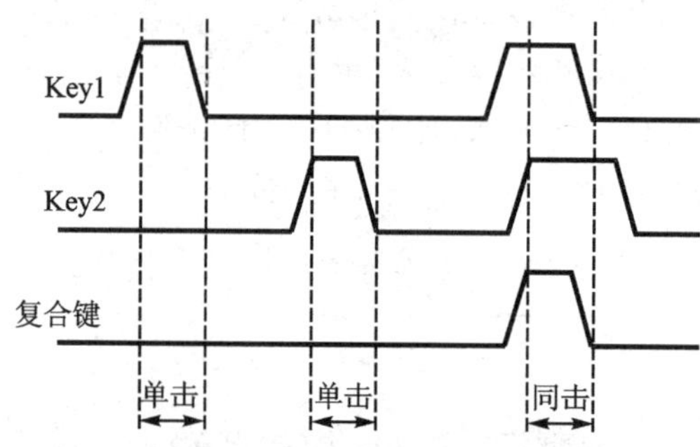

图 6－13　“同击”和“单击”的区别

(2) 程序代码(见共享资料例 6.3 文件夹)

```
sbit KEY1 = P3^2;    //数码管的值减 1          "S20"
sbit KEY2 = P3^4;     //数码管的值加 1          "S22"
uint SegBuf = 50;    //数码管显示数据赋值
/*****************************************************
函数:Delay_LED()
参数:del
返回:无
功能:在处于按键程序中,也可以让数码管动态显示
*****************************************************/
void Delay_LED(uchar del)
{
    uchar i;
    for(i = 0; i<del; i + + )
    {
```

```
        P0 = 0x00;
        P2 = SegPosi[0];    //显示第 0 位数码管
        P0 = SegCode[SegBuf % 10];
        Delay_1ms(1);
        P0 = 0x00;
        P2 = SegPosi[1];    //显示第 1 位数码管
        P0 = SegCode[SegBuf / 10 % 10];
        Delay_1ms(1);
        P0 = 0x00;
        P2 = SegPosi[2];    //显示第 2 位数码管
        P0 = SegCode[SegBuf / 100 % 10];
        Delay_1ms(1);
    }
}
/*****************************************************
函数:KEY()
参数:无
返回:无
功能:按键去修改变量数码管的值,实现短击、长击和复合按键功能
*****************************************************/
void KEY(void)
{
    uchar i;
    if((KEY1 == 0) && (SegBuf > 0))   //按下 P3.4,数码管的值减 1 并判断是否减到 0
    {
        Delay_1ms(15);              //延时防抖
        if(KEY1 == 0)               //再次判断是否被按下
        {
            SegBuf--;               //显示变量减 1
        }
        for(i = 0;i<100;i++)        //在延时 0.5 s 过程中,检测是否为复合按键
        {
            if(KEY2 == 0)           //检测复合按键
            {
                SegBuf = 50;        //检测值赋初值
                while(1)
                {
                    Delay_LED(1);   //数码管显示数据
                    if((KEY1 == 1) && (KEY2 == 1))  //检测按键是否都已经释放
                    {
                        break;
                    }
```

```
                }
            }
            Delay_LED(1);       //数码管显示数据
        }
        while(1)                //进入循环,里面进行长键检测
        {
            if((KEY1 = = 0) && (SegBuf > 0))  //检测长击
            {
                SegBuf - - ;                  //显示变量减 1
                Delay_LED(66);                //延时 0.2 s
            }
            else
            {
                break;
            }
        }
    }
    if((KEY2 = = 0) && (SegBuf < 100))     //按 P3.4,数码管的值加 1
    {
        Delay_1ms(15);                     //延时防抖
        if(KEY2 = = 0)                     //再次判断是否被按下
        {
            SegBuf + + ;                   //显示变量加 1
        }
        for(i = 0;i<100;i + + )            //在延时 0.5 s 过程中,检测是否为复合按键
        {
            if(KEY1 = = 0)                 //检测复合按键
            {
                SegBuf = 50;               //检测值赋初值
                while(1)
                {
                    Delay_LED(1);          //数码管显示数据
                    if((KEY1 = = 1) && (KEY2 = = 1))    //检测按键是否都已经释放
                    {
                        break;
                    }
                }
            }
            Delay_LED(1);                  //数码管显示数据
        }
        while(1)                           //进入循环,里面进行长键检测
        {
```

```
            if((KEY2 = = 0) && (SegBuf < 100))      //检测长击
            {
                SegBuf + + ;                         //显示变量加 1
                Delay_LED(66);                       //延时 0.2 s
            }
            else
            {
                break;
            }
        }
    }
}
//主函数
void Main(void)
{
    while(1)
    {
        KEY();       //按键检测
        Delay_LED(1);    //数码管显示数据
    }
}
```

6.3 实例——手把手讲解矩阵键盘

1. 矩阵键盘介绍

在前一节中给大家介绍了独立按键的检测。独立按键适合按键较少的场合，比如 4 个独立按键就需要占用 4 个 I/O 端口。当按键较多时，比如常用的 4×4 矩阵键盘，如果用独立按键的接法，1 个按键对应 1 个 I/O 口，那么一共需要占用 16 个 I/O 端口。AT89S52 单片机的 IO 端口一共才 32 个，显然十分浪费资源。如果用矩阵式接法，一共用 8 个 I/O 端口就可以控制 4×4 矩阵键盘了，可以节省出 8 个 I/O 端口。因此，在按键较多的场合，都是采用矩阵式键盘的接线法。4×4 矩阵键盘和单片机 I/O 口的连接如图 6－14 所示。配套单片机实验板中在 P1 端口已经接了上拉电阻，所以没有给矩阵键盘配上拉电阻。有上拉电阻可以增强矩阵键盘编码解码的稳定性。

配套单片机实验板上的 4×4 矩阵键盘实物图如图 6－15 所示。

矩阵键盘的排列为 4 行、4 列的方式，我们把行分别连接到了单片机的 P1.0、P1.1、P1.2 和 P1.3，把列分别连接到了单片机的 P1.4、P1.5、P1.6 和 P1.7。如何用单片机 P1 端口来判断哪一个按键被按下，就需要给大家介绍矩阵键盘的扫描原理了。

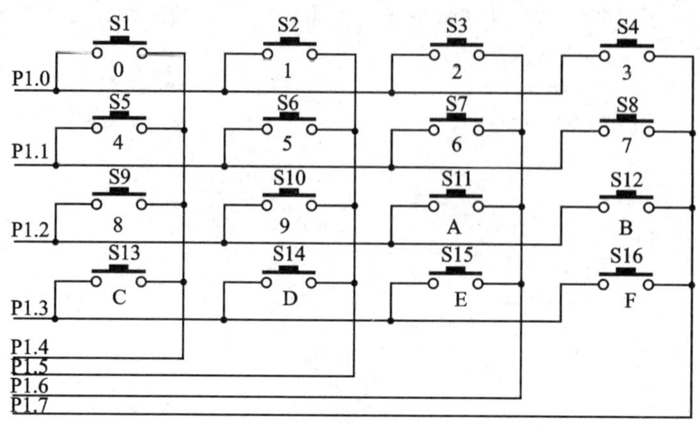

图 6-14　4×4 矩阵键盘和单片机 I/O 口连接

2. 4×4 矩阵键盘编码原理

矩阵式结构的键盘显然比直接法要复杂一些，识别也要复杂一些。这里介绍行扫描法：行线所接的单片机的 I/O 口作为输出端，而列线所接的 I/O 口则作为输入端。行线输出是低电平，一旦有键按下，则输入线就会被拉低。当按键没有按下时，所有的输入端都是高电平。这样，通过读入输入线的状态就可得知是否有键按下了。具体的识别及编程方法如下所述。

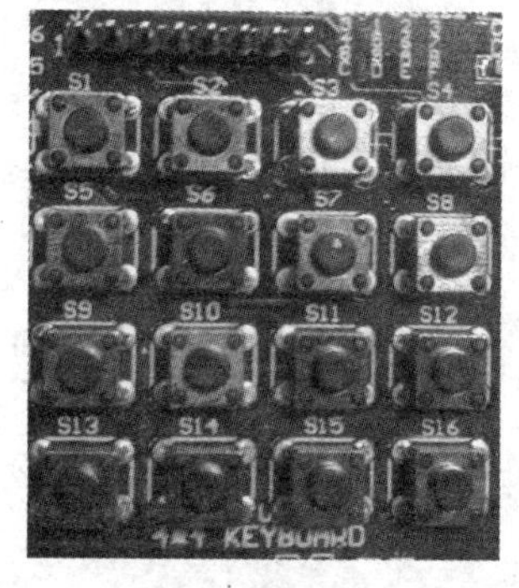

图 6-15　4×4 矩阵键盘实物图

行扫描法又称为逐行扫描查询法，是一种最常用的按键识别方法。

① 判断键盘中有无键按下。将全部的行线 P1.0、P1.1、P1.2、P1.3 置低电平，然后检测列线的状态。只要有一列的电平为低，则表示键盘中有键被按下，而且闭合的键位于低电平列线与 4 根行线相交叉的 4 个按键之中。若所有列线均为高电平，则键盘中无键按下。

② 判断闭合键所在的位置。在确认有键按下后，即可进入确定具体闭合键的过程。其方法是：依次将行线置为低电平，即在置某根行线为低电平时，其他线为高电平。在确定某行线位置为低电平后，再逐行检测各列线的电平状态。若某列为低，则该列线与置为低电平的行线交叉处的按键就是闭合的按键。

下面给出一个具体的例子：AT89S52 单片机的 P1 口用作键盘 I/O 口，键盘的列线接到 P1 口的高 4 位，键盘的行线接到 P1 口的低 4 位。行线 P1.0～P1.3 设置为输出线，列线 P1.4～P1.7 设置为输入线。4 根行线和 4 根列线形成 16 个相交点。具体步骤如下：

① 检测当前是否有键被按下。检测的方法是 P1.0～P1.3 输出全 0，读取

P1.4～P1.7 的状态，P1 口高 4 位始终赋值为高电平，如果有按键按下，因为 P1 口的低 4 位为低电平，P1 口高 4 位就某位会被拉为低电平。若 P1.4～P1.7 为全 1，则无键闭合，否则有键闭合。

② 去除键抖动。当检测到有键按下后，延时一段时间(15 ms)再做下一步的检测判断。

③ 若有键被按下，应识别出是哪一个键闭合。方法是对键盘的行线进行扫描。P1.0～P1.3 按表 6－2 所列 4 种组合依次输出。

表 6－2　P1.0～P1.3 四组方式输出电平

端　口	时刻 1	时刻 2	时刻 3	时刻 4
P1.0	0	1	1	1
P1.1	1	0	1	1
P1.2	1	1	0	1
P1.3	1	1	1	0

在每组行输出时读取 P1.4～P1.7，若全为 1，则表示为 0 这一行没有键闭合，否则有键闭合；若不全为 1，则去读取 P1.4～P1.7 中是哪一个端口为 0，由此得到闭合键的行值和列值，然后可采用计算法或查表法将闭合键的行值和列值转换成所定义的键值。

3. 识别矩阵键盘按键值并在数码管显示

按下矩阵键盘上某个按键并在最右边的数码管上显示所按下的按键值。按键值如图 6－13 所示，为 0～9，A～F。

(1) 软件设计难点

理解矩阵键盘工作原理，通过上面介绍的行扫描方法，编写出矩阵键盘编码函数。

(2) 程序代码(见共享资料中例 6.4 文件夹)

```
/*****************************************************
函数:Keyscan()
参数:i + j * 4
返回:无
功能:判断哪个矩阵按键按下。该子程序是行扫描方式
*****************************************************/
uchar Keyscan(void)
{
    uchar i,j,k,temp;
    uchar Buffer[4] = {0x0e,0x0d,0x0b,0x07};  //赋值 4 组行数据
    for(j = 0; j<4; j + + )                   //行变化
    {
        temp = 0x10;                          //首先是最左边一列
        for(i = 0; i<4; i + + )               //列变化
        {
```

```
                P1 = Buffer[j];                             //把行数据给 P1 口
                P1 = P1 | temp;                             //让列和 P1 口进行或操作
                k = P1 & 0xf0;                              //判断是否是该列被按下
                if(k = = 0)
                {
                    while(1)                                //循环等待按键释放
                    {
                        if(P1 & 0xf0)                       //按键释放后,退出循环
                        {
                            break;
                        }
                    }
                    return(i + j * 4);        //返回矩阵按键的键值
                }
                temp <<= 1;   //如果所按下的键不在该列,则判断右边一列
            }
        }
}
//主函数
void Main(void)
{
    uchar Key_Value;              //读出的键值变量
    P2 = 0xfe;                    //第 0 位数码管显示值
    while(1)
    {
        P1 = 0xf0;                //P1 口赋值为 0xf0
        if(P1 ! = 0xf0)           //判断有无按键按下
        {
            Delay_1ms(20);  //按键消抖
            if(P1 ! = 0xf0)//第三次判断有无按键按下
            {
              Key_Value = Keyscan(); //运行矩阵键盘函数并返回到键值变量
            }
        }
        P0 = SegCode[Key_Value];    //数码管赋值
    }
}
```

(3) 实验现象

按下按键 S7,在数码管上显示"6",如图 6－16 所示。按下按键 S15,在数码管上显示"E",如图 6－17 所示。

图 6－16　按下 S7,在数码管上显示"6"

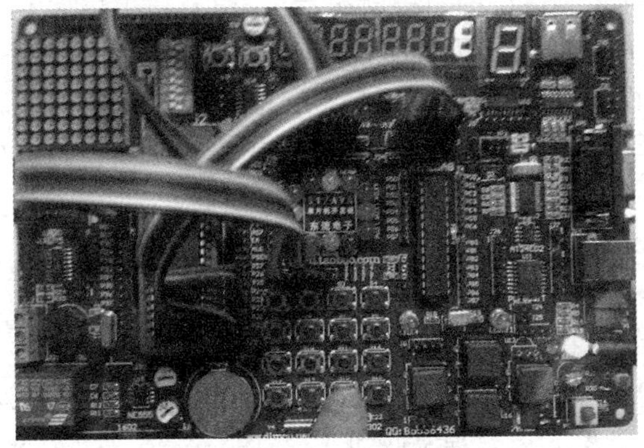

图 6－17　按下 S15,在数码管上显示"E"

第 7 章

MCS－51 中断系统

7.1 MCS－51 的中断系统简介

(1) 什么是中断

中断是指暂时停止原程序的执行转而运行其他特定的程序，并在运行完成后自动返回原程序执行的过程。中断由中断源产生，中断源可以向 CPU 提出中断请求。CPU 一旦检测到中断请求后便可自动转入该中断源的中断服务程序执行，并在执行完成后自动返回原程序执行，而且中断源不同中断服务程序的功能也不同。因此，中断又可以定义为 CPU 自动执行中断服务程序并返回原程序执行的过程。中断过程如图 7－1 所示。

日常生活里中断的例子也非常多：比如小明正在看电视，快递员敲门让他收包裹。小明只好先开门去签收包裹，再返回来看电视。这个过程中，签收包裹要比看电视重要一些，所以需要先去处理签收包裹的事情。

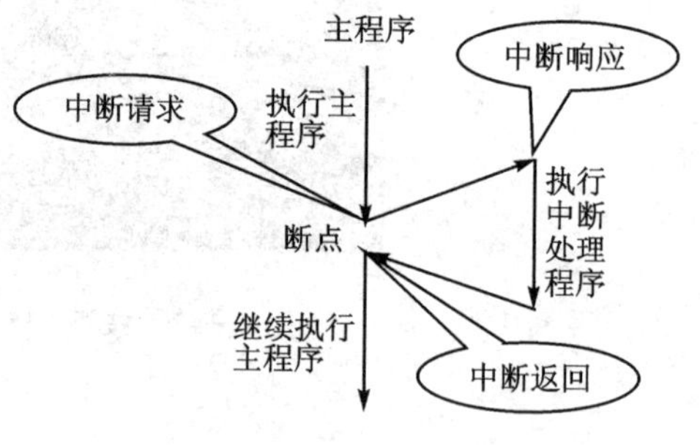

图 7－1　中断执行过程

(2) 为什么要设置中断

① 提高 CPU 工作效率。

CPU 有了中断功能就可以通过分时操作启动多个外设同时工作，并能对它们进行统一管理。CPU 在主程序执行中安排的有关指令可以令各外设与它并行工作，而且任何一个外设在工作完成后都可以通过中断得到满意服务。因此，CPU 在与外设交换信息时，通过中断就可以避免不必要的等待和查询，从而大大提高它的工作效率。

② 具有实时处理功能。

在实时控制中，现场的各种参数、信息均随时间和现场而变化。这些外界变量可根据要求随时向 CPU 发出中断申请，请求 CPU 及时处理中断请求。如中断条件满足，CPU 马上就会响应，进行相应的处理，从而实现实时处理。

③ 具有故障处理功能。

针对难以预料的情况或故障，如掉电、存储出错、运算溢出等，可通过中断系统由故障源向 CPU 发出中断请求，再由 CPU 转到相应的故障处理程序进行处理。

④ 实现分时操作。

中断可以解决快速的 CPU 与慢速的外设之间的矛盾，使 CPU 和外设同时工作。CPU 在启动外设工作后继续执行主程序。

(3)MCS－51 单片机中断

MCS－51 系列单片机允许有 5 个中断源，提供 2 个中断优先级(能实现二级中断嵌套)。每一个中断源的优先级的高低都可以通过编程来设定。中断源的中断请求是否能得到响应，受中断允许寄存器 IE 的控制。各个中断源的优先级可以由中断优先级寄存器 IP 中的各位来确定。同一优先级中的各中断源同时请求中断时，由内部的查询逻辑来确定响应的次序。

MCS－51 系列单片机提供了 5 个中断服务，即外部中断 INT0、外部中断 INT1、定时/计数器 0 中断 TF0、定时/计数器 1 中断 TF1 和串行口中断 UART(RI/TI)，如图 7－2 所示。

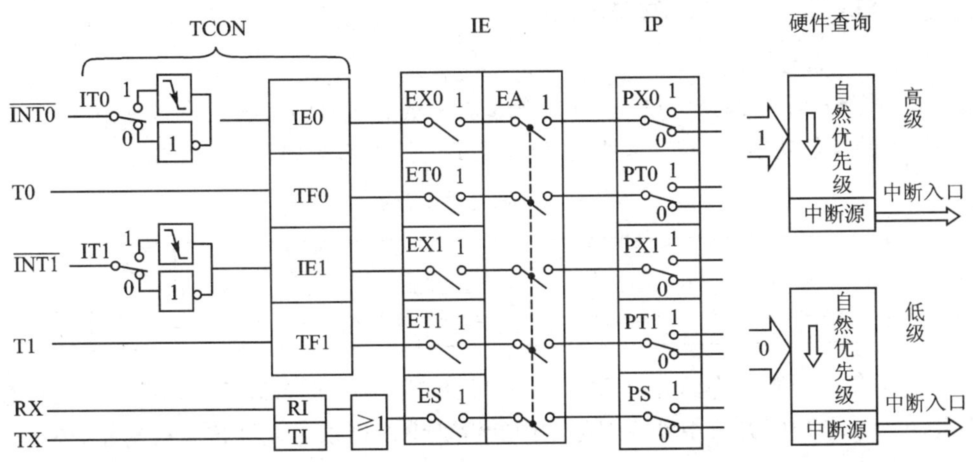

图 7－2　MCS－51 中断控制系统

AT89S52 提供了 6 个中断服务，除了 MCS－51 提供的 5 个中断外，还包括定时/计数器 2 的中断。MCS－51 系列单片机可以分为以下 3 类。

① 外部中断。

外部中断有 INT0 和 INT1 两个，CPU 通过 INT0 和 INT1 引脚即可接收外部中断的请求。

外部中断信号的采样方式可分为低电平触发和负边沿触发两种。若要采用电平触发，需要将 TCON 寄存器中的 IT0 或 IT1 设为 0，则只要 INT0(P3.2 端口)或 INT1(P3.3 端口)引脚为低电平，则视为外部中断请求。若要采用边沿触发，需要将 TCON 寄存器中的 IT0 或 IT1 设为 1，则只要 INT0（P3.2 端口）或 INT1（P3.3 端口）引脚信号由高电平转为低电平，即视为外部中断请求。这些中断请求将反应在 IE0（或 IE1）中，若 IE 寄存器的 EX0（或 EX1）＝1，且 EA＝1，CPU 将进入该中断的服务程序。至于中断优先级寄存器（IP 寄存器），只要安排多个中断发生时中断程序执行的顺序而已，若只有一个中断，将不会有所影响。

② 定时/计数器中断。

定时/计数器中断有 TF0 与 TF1 两个（AT89S52 则还有 TF2）。若是定时器，CPU 将对内部的时钟脉冲计数；若是计数器，CPU 将对外部的脉冲计数。当计数溢出时，就会产生中断。至于外部脉冲的输入，则是通过 T0 引脚（P3.4 端口）和 T1 引脚（P3.5 端口）。定时/计数器相关知识将在第 8 章中详细介绍。

③ 串行口中断。

串行口中断有 RI 或 TI 两个，CPU 通过 RXD 引脚（P3.0 端口）和 TXD 引脚（P3.1 端口）要求接收（RI）中断请求或传送（TI）中断请求。串行口相关知识将在第 9 章中详细介绍。

7.2 中断允许寄存器 IE

在 MCS－51 中断系统中，中断允许或禁止是由片内的中断允许寄存器 IE 控制的，IE 中的各位功能如表 7－1 所列，其中 ET2 是 52 系列单片机才有的。

表 7－1 中断允许寄存器 IE

IE	D7	D6	D5	D4	D3	D2	D1	D0
位名称	EA	—	ET2	ES	ET1	EX1	ET0	EX0

EA：CPU 中断允许标志。EA＝0，CPU 禁止所有中断，即 CPU 屏蔽所有的中断请求；EA＝1，CPU 开放中断。但每个中断源的中断请求是允许还是被禁止，还需由各自的允许位确定。

ET2：定时/计数器 2（T2）的溢出中断允许位，MCS－51 系列单片机没有该位，仅 52 系列单片机才有。ET2＝1，允许 T2 中断；ET2＝0，禁止 T2 中断。

ES：串行口中断允许位。ES＝1，允许串行口中断；ES＝0，禁止串行口中断。

ET1：定时/计数器 1（T1）的溢出中断允许位。ET1＝1，允许 T1 中断；ET1＝0，禁止 T1 中断。

EX1：外部中断 1 中断允许位。EX1＝1，允许外部中断 1 中断；EX1＝0，禁止外部中断 1 中断。

ET0：定时/计数器 0（T0）的溢出中断允许位。ET0＝1，允许 T0 中断；ET0＝0，禁止 T0 中断。

EX0:外部中断 0 中断允许位。EX0=1,允许外部中断 0 中断;EX0=0,禁止外部中断 0 中断。

MCS-51 系列单片机对中断实行两级控制,总控制位是 EA,每一个中断源还有各自的控制位。首先要 EA=1,其次还要自身的控制位置 1。中断允许寄存器中各相应位的状态,可根据要求用指令置位或清 0,从而实现该中断源允许中断或禁止中断,复位时 IE 寄存器被清 0。

7.3 中断优先级寄存器 IP

MCS-51 系列单片机的中断源优先级是由中断优先级寄存器 IP 进行控制的。5 个中断源总共可分为 2 个优先级,每一个中断源都可以通过 IP 寄存器中的相应位设置成高级中断或低级中断,因此,CPU 对所有中断请求只能实现 2 级中断嵌套。IP 寄存器各位的定义如表 7-2 所列。

表 7-2 中断优先级寄存器 IP

IP	D7	D6	D5	D4	D3	D2	D1	D0
位名称	—	—	PT2	PS	PT1	PX1	PT0	PX0

PT2:定时器 T2 中断优先控制位。PT2 = 1,设定定时器 T2 中断为高优先级中断;PT1 = 0,设定定时器 T2 中断为低优先级中断。

PS:串行口中断优先控制位。PS = 1,设定串行口为高优先级中断;PS = 0,设定串行口为低优先级中断。

PT1:定时器 T1 中断优先控制位。PT1 = 1,设定定时器 T1 中断为高优先级中断;PT1 = 0,设定定时器 T1 中断为低优先级中断。

PX1:外部中断 1 中断优先控制位。PX1 = 1,设定外部中断 1 为高优先级中断;PX1 = 0,设定外部中断 1 为低优先级中断。

PT0:定时器 T0 中断优先控制位。PT0 = 1,设定定时器 T0 中断为高优先级中断;PT0 = 0,设定定时器 T0 中断为低优先级中断。

PX0:外部中断 0 中断优先控制位。PX0 = 1,设定外部中断 0 为高优先级中断;PX0 = 0,设定外部中断 0 为低优先级中断。

当系统复位后,IP 低 6 位全部清 0,所有中断源均设定为低优先级中断。

同一优先级中的中断申请不止一个时,则有中断优先权排队问题。同一优先级的中断优先权排队,由中断系统硬件确定的自然优先级形成,其排列如表 7-3 所列。

表 7-3 中断的硬件优先级

中断源	默认中断级别	中断向量地址	序号(C 语言用)
外部中断 0	最高	0x03	0
定时/计数器 0 中断	第 2	0x0B	1
外部中断 1	第 3	0x13	2
定时/计数器 1 中断	第 4	0x1B	3
串行口中断	第 5	0x23	4
定时/计数器 2 中断	最低	0x2B	5

MCS-51 系列单片机的中断优先级有 3 条原则：

① CPU 同时接收到几个中断时，首先响应优先级别最高的中断请求。

② 正在进行的中断过程不能被新的同级或低优先级的中断请求所中断。

③ 正在进行的低优先级中断服务，能被高优先级中断请求所中断。

当 CPU 正在执行某个中断服务程序时，如果发生更高一级的中断源请求中断，CPU 可以中断正在执行的低优先级中断，转而响应更高一级的中断，这就是中断嵌套。中断嵌套只能高优先级中断低优先级，低优先级不能中断高优先级，同一优先级也不能相互中断。中断嵌套的过程如图 7-3 所示。

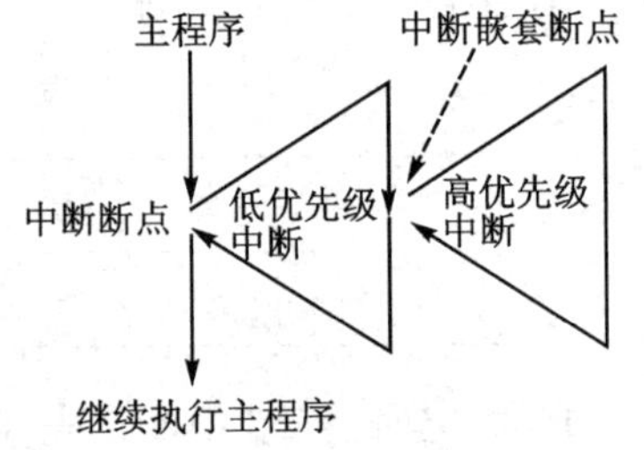

图 7-3 中断嵌套

中断嵌套结构类似与调用子程序嵌套，不同的是：

① 子程序嵌套是在程序中事先按排好的，而中断嵌套是随机发生的。

② 子程序嵌套无次序限制，中断嵌套只允许高优先级"中断"低优先级。

7.4 定时/计数器控制寄存器 TCON

在定时/计数器控制寄存器 TCON 里，有部分设定与外部中断信号的采样方式有关。外中断请求方式的控制位在定时控制寄存器 TCON(地址为 88H)中的 IT0 和 IT1 两位，当 IT0(IT1)=0 为低电平触发方式，IT0(IT1)=1 为负边沿触发方式。同时，在此寄存器中的 IE0 和 IE1 为外中断请求标志位，当 CPU 采样到 INT0(INT1)端出现有效中断请求时，此位由硬件置 1。在中断响应完成后转向中断服务时，再由硬件自动清 0。TCON 的各位定义如表 7-4 所列。

表 7-4 定时/计数器控制寄存器 TCON 的各位定义

TCON	D7	D6	D5	D4	D3	D2	D1	D0
位名称	TF1	TR1	TF0	TR0	IE1	IT1	IE0	IT0

TCON 的高 4 位是和定时/计数器有关的，将在下一章进行详细介绍。

IE1：外部中断 1 请求标志。IE1＝1，表示外部中断 1 正向 CPU 中断申请。当 CPU 响应中断，转向中断服务程序时，该位由硬件清 0。

IT1：外部中断 1 触发方式选择位。IT1＝0，为低电平触发方式，引脚 INT1 上低电平有效。IT1＝1，为负边沿触发方式，引脚 INT1 上的电平从高到低的负跳变有效。

IE0：外部中断 0 请求标志，其功能及操作方法同 IE1。

IT0：外部中断 0 触发方式选择位，其功能及操作方法同 IT1。

负边沿触发方式和低电平触发方式区别如下：

负边沿触发是锁存中断信号——D 触发器记忆的，即使当时 CPU 来不及响应中断，外部中断信号撤消后，由于 D 触发器的记忆作用，消失的中断信号仍然有效，直到被响应并进入中断 ISR，记忆的中断信号才会由硬件清除。

低电平触发是即时的，当外部中断信号撤消时，中断申请信号随之消失。如果在外部中断信号申请期间，CPU 来不及响应此中断，那么有可能这次中断申请就漏掉了。低电平触发信号，低电平宽度显然不能大于 ISR 响应执行时间，否则，当 ISR 完成，退出中断时，将再次被低电平触发，如此反复响应中断。

显然负边沿触发不会漏掉短暂的中断申请信号。因此我们习惯用负边沿触发，以保证不会有中断信号的遗漏。

7.5 外部中断系统的初始化过程

MCS－51 系列单片机外部中断系统可以通过上述特殊寄存器进行统一管理，外部中断系统初始化是指用户控制这些特殊功能寄存器中的各位进行赋值。

外部中断系统初始化步骤如下：

①规定低电平还是负边沿的中断触发方式。

②设定所用中断源的中断优先级，如果只用到一个中断或者依靠硬件的中断顺序，不需要设置中断优先级。

③打开相应中断源的中断和总中断。

比如，外部中断 0 的负边沿触发方式的初始化函数如下：

```
void OutInit(void)
{
    EX0 = 1;  //开外部中断 0
    IT0 = 1;   //负边沿触发
    EA = 1;    //开总中断
}
```

外部中断 0 和外部中断 1 的中断编号为 0 和 2。在相应的函数后加上 interrupt

0 或者 interrupt 2，就是相应的外部中断处理函数。

7.6 实例——手把手讲解外部中断 INT0 和 INT1 的使用

数码管最右边一位每隔 1 s 显示数据加 1。当按下 INT0(P3.2 端口)对应的按键后，数码管的显示值暂停，12 个 LED 灯从 LED1 开始，顺时针每隔 0.5 s 点亮一个，最后熄灭。当按下 INT1(P3.3 端口)对应的按键后，数码管的显示值暂停，12 个 LED 灯从 LED1 开始，逆时针每隔 0.5 s 点亮一个，最后熄灭。设定 INT1 的优先级更高，也就是在进行顺时针点亮 LED 的过程中，按下 P3.3 端口对应的按键后，可以执行逆时针点亮 LED 的过程。

(1) 软件设计难点

由于是按键作为中断信号，电平难免会有抖动，所以在刚进入中断后，还是需要像前面按键处理那样，进行软件防抖和按键释放检测。

(2) 程序代码(见共享资料中例 7.1 文件夹)

```
sbit KEY1 = P3^2;    //定义外部中断 0 对应的按键
sbit KEY2 = P3^3;    //定义外部中断 1 对应的按键
sbit Seg = P3^4;     //数码管最右边一位的位选
uchar Count = 0;    //数码管计数变量
/*****************************************************
函数:Out0Init()
参数:无
返回:无
功能:外部中断 0 的初始化,设置为负边沿触发
*****************************************************/
void Out0Init(void)
{
    EX0 = 1;  //开外部中断 0
    IT0 = 1;  //负边沿触发
}
/*****************************************************
函数:Out1Init()
参数:无
返回:无
功能:外部中断 0  的初始化,设置为负边沿触发,设定为更高优先级
*****************************************************/
void Out1Init(void)
{
    EX1 = 1;  //开外部中断 0
    IT1 = 1;  //负边沿触发
```

```
    PX1 = 1;  //优先级更高
}
/**************************************************
函数:Out0Inter()
参数:无
返回:无
功能:外部中断 0 的中断处理函数,该函数实现 12 个 LED 顺时针依次被点亮
    因为外部中断 0 的中断优先级更低一些,所以在运行的过程中可以被外部中断 1 打断
**************************************************/
void Out0Inter(void) interrupt 0 using 1
{
    static uint temp1 = 0xfffe;    //12 个 LED 赋值变量
    uchar i;
    Delay_1ms(20);                 //延时,跳过按键抖动区
    if(KEY1 = = 0)                 //再次判断是否按键被按下
    {
        while(1)
        {
            if(KEY1 = = 1)         //判断按键是否释放
            {
                Delay_1ms(2);      //延时 2 ms,防止干扰
                if(KEY1 = = 1)     //再次判断按键是否释放
                {
                    for(i = 0;i<8;i + + )
                    {
                        P1 = temp1;                    //控制 LED1～LED8 灯
                        Delay_1ms(500);                //延时 0.5 s
                        temp1 = _irol_(temp1,1);       //整型数据整体左移一位
                    }
                    temp1 = 0xfeff;
                    P1 = temp1;                        //关闭 LED1～LED8
                    for(i = 0;i<4;i + + )
                    {
                        P2 = temp1 >> 8;               //控制 LED9～LED12 灯
                        Delay_1ms(500);                //延时 0.5 s
                        temp1 = _irol_(temp1,1);       //整型数据整体左移一位
                    }
                    P2 = 0xff;                         //关闭 LED9～LED12
                    temp1 = 0xfffe;                    //给 temp1 赋值
                    break;
                }
            }
```

```
        }
    }
}
/*****************************************************
函数:Out1Iter()
参数:无
返回:无
功能:外部中断 1 的中断处理函数,该函数实现 12 个 LED 逆时针依次被点亮
     因为外部中断 1 的中断优先级更高,所以运行过程中如果有外部中断 0 中断发生,
     也不会被打断。然而还可以中断外部中断 0 的程序,优先执行该中断处理函数
*****************************************************/
void OutInter(void) interrupt 2 using 2
{
    uchar i;
    Delay_1ms(20);                          //延时,跳过按键抖动区
    if(KEY2 = = 0)                          //再次判断是否按键被按下
    {
        while(1)
        {
            if(KEY2 = = 1)                  //判断按键是否释放
            {
                Delay_1ms(2);               //延时 2 ms,防止干扰
                if(KEY2 = = 1)              //再次判断按键是否释放?
                {
                    P1 = 0xfe;              //让 LED1 点亮
                    Delay_1ms(500);         //延时 0.5 s
                    P1 = 0xff;              //让 LED1 熄灭
                    P2 = 0xf7;              //让 LED12 点亮
                    Delay_1ms(500);         //延时 0.5 s
                    for(i = 0;i<3;i + + )
                    {
                        P2 = _cror_(P2,1);  //让 P2 口数据整体右移一位
                        Delay_1ms(500);     //延时 0.5 s
                    }
                    P2 = 0xff;              //让 LED 熄灭
                    P1 = 0x7f;              //让 LED8 点亮
                    Delay_1ms(500);         //延时 0.5 s
                    for(i = 0;i<6;i + + )
                    {
                        P1 = _cror_(P1,1);  //让 P1 口数据整体右移一位
                        Delay_1ms(500);     //延时 0.5 s
                    }
```

```
                        P1 = 0xff;                  //让 LED 熄灭
                        break;
                    }
                }
            }
        }
}
//主函数
void Main(void)
{
    Out0Init();                                     //初始化外部中断 0
    Out1Init();                                     //初始化外部中断 1
    EA = 1;                                         //开总中断
    Seg = 0;                                        //让数码管位选为低电平
    while(1)
    {
        P0 = SegCode[Count % 10];                   //让数码管显示数据
        Delay_1ms(1000);                            //延时 1 s
        Count + + ;                                 //数码管显示变量加 1
    }
}
```

(3) 实验现象

在配套单片机实验板上,可以看到最右端数码管每隔 1 s 自加 1,如图7-4所示。

当按下外部中断 0 端口(P3.2 端口)连接的 S19 按键后,12 个 LED 灯顺时针每隔 0.5 s 依次被点亮,如图 7-5 所示。LED 顺时针显示过程中数码管的显示值不会改变。

图 7-4 最右端数码管的每隔 1 s 加 1

图 7-5 按下外部中断 0 的按键后,LED 灯顺时针依次点亮

当按下外部中断 1 端口(P3.3 端口)连接的 S20 按键后,12 个 LED 灯逆时针每隔 0.5 s 依次被点亮,如图 7-6 所示。LED 逆时针显示过程中数码管的显示值不会改变。

图 7-6　按下外部中断 1 的按键后,LED 灯逆时针依次点亮

第 8 章

MCS－51 定时/计数器

8.1 定时/计数器简介

定时/计数器是单片机系统一个重要的部件，其工作方式灵活、编程简单、使用方便，可用来实现定时控制、延时、频率测量、脉宽测量、信号发生、信号检测等。此外，定时/计数器还可作为串行通信波特率发生器。

定时/计数器是一种计数装置，若计数内部的时钟脉冲，可看作定时器；若计数外部的脉冲，可看作计数器。而定时/计数器的应用可以采用中断的方式，当定时或计数溢出时即产生中断。

MCS－51 单片机内部设有两个 16 位的可编程定时/计数器，可编程的意思是指其功能（如工作方式、定时时间、启动方式等）均可由指令来确定和改变。在定时/计数器中除了有两个 16 位的计数器之外，还有两个特殊功能寄存器（控制寄存器和方式寄存器）。52 系列单片机，比如 AT89S52 单片机，在兼容 MCS－51 系列单片机的基础上，还加入了定时/计数器 2，使单片机的应用更为灵活，适应性更强。

(1) 定时/计数器 T0 和 T1 的内部结构

图 8－1 为定时/计数器的内部结构图，16 位的定时/计数器分别由两个 8 位专用寄存器组成，即：T0 由 TH0 和 TL0 构成；T1 由 TH1 和 TL1 构成。其访问地址依次为 8AH～8DH。每个寄存器均可单独访问。这些寄存器用于存放定时或计数初值。此外，其内部还有一个 8 位的定时/计数器方式寄存器 TMOD 和一个 8 位的定时/计数器控制寄存器 TCON。这些寄存器之间是通过内部总线和控制逻辑电路连接起来的。TMOD 主要是用于选定定时器的工作方式，TCON 主要用于控制定时器的启动停止。此外 TCON 还可以保存 T0、T1 的溢出和中断标志。当定时器工作在计数方式时，外部事件可以通过引脚 T0(P3.4)和 T1(P3.5)输入。

(2) 定时/计数器的原理

16 位的定时/计数器实质上就是一个加 1 计数器，其控制电路受软件控制。

加 1 计数器输入的计数脉冲有两个来源：一个是由系统的时钟振荡器输出脉冲经 12 分频后送来；另一个是 T0 或 T1 引脚输入的外部脉冲源。每来一个脉冲计数器加 1，当加到计数器为全 1 时，再输入一个脉冲就使计数器回 0，且计数器的溢出使

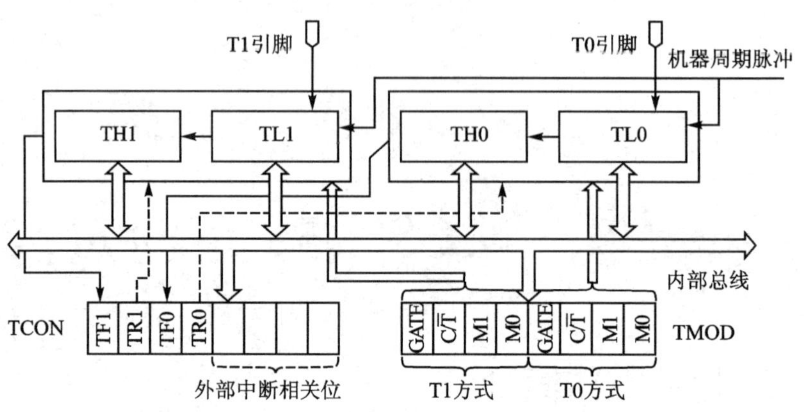

图 8－1　定时/计数器的内部结构图

TCON 中 TF0 或 TF1 置 1,向 CPU 发出中断请求(定时/计数器中断允许时)。如果定时/计数器工作于定时模式,则表示定时时间已到;如果工作于计数模式,则表示计数值已满。显然,定时器的定时时间与系统的振荡频率有关。因一个机器周期等于 12 个振荡周期,所以计数频率 $f_{count}=1/12osc$。如果晶振为 12 MHz,则计数周期为:

$$T = 1/(12 \times 10^6)\text{Hz} \times 1/12 = 1\ \mu\text{s}$$

这是最短的定时周期。若要延长定时时间,则需要改变定时器的初值,并要适当选择定时器的长度(如 8 位、13 位、16 位等)。

当定时/计数器为计数工作方式时,通过引脚 T0 和 T1 对外部信号计数,外部脉冲的下降沿将触发计数。若一个机器周期采样值为 1,下一个机器周期采样值为 0,则计数器加 1,所以检测一个由 1 至 0 的跳变需要两个机器周期,故外部事年的最高计数频率为振荡频率的 1/24。例如,如果选用 12 MHz 晶振,则最高计数频率为 0.5 MHz。虽然对外部输入信号的占空比无特殊要求,但为了确保某给定电平在变化前至少被采样一次,外部计数脉冲的高电平与低电平保持时间均需在一个机器周期以上。

当 CPU 用软件给定时器设置了某种工作方式之后,定时器就会按设定的工作方式独立运行,不再占用 CPU 的操作时间,除非定时器计满溢出,才可能中断 CPU 当前操作。CPU 也可以重新设置定时器工作方式,以改变定时器的操作。由此可见,定时器是单片机中效率高且工作灵活的部件。

综上所述,已知定时/计数器是一种可编程部件,所以在定时/计数器开始工作之前,CPU 必须将一些命令(称为控制字)写入定时/计数器。将控制字写入定时/计数器的过程称为定时/计数器初始化。在初始化过程中,要将工作方式控制字写入方式寄存器,将工作状态字(或相关位)写入控制寄存器,赋定时/计数初值。

8.1.1 定时/计数器的寄存器

(1) 定时/计数器控制寄存器 TCON

定时/计数器控制寄存器 TCON 是一个 8 位寄存器,其高 4 位提供定时/计数器的启动开关以及中断时的标志位,如表 8－1 所列。

表 8－1 定时/计数器控制寄存器 TCON 各位定义

TCON	位 7	位 6	位 5	位 4	位 3	位 2	位 1	位 0
位名称	TF1	TR1	TF0	TR0	IE1	IT1	IE0	IT0

TF1:定时器 1 溢出标志位。当定时器 1 计满数产生溢出时,由硬件自动置 TF1 为 1。在中断允许时,向 CPU 发出定时器 1 的中断请求,进入中断服务程序后,由硬件自动清 0。在中断屏蔽时,TF1 可作查询测试,此时只能由软件清 0。

TR1:定时器 1 运行控制位。由软件置 1 或清 0 来启动或关闭定时器 1。当 GATE＝1,且 INT1 为高电平时,TR1 置 1 启动定时器 1;当 GATE＝0 时,TR1 置 1 即可启动定时器 1。

TF0:定时器 0 溢出标志位。其功能及操作情况同 TF1。

TR0:定时器 0 运行控制位。其功能及操作情况同 TR1。

其他 4 个在前一章讲解中断时已经给大家介绍了,定时器的控制也用不到这几位。

(2) 定时/计数器工作方式控制寄存器 TMOD

定时/计数器工作方式控制寄存器 TMOD 的功能是设定定时/计数器的工作模式和计数信号来源及启动定时/计数器方式等。TMOD 的高 4 位用来设定 T1 的工作模式,而低 4 位用来设定 T0 的工作模式。TMOD 的各位如表 8－2 所列。

表 8－2 定时/计数器工作方式控制寄存器 TMOD 各位定义

高 4 位控制 T1				低 4 位控制 T0			
门控位	计数/定时方式选择	工作方式选择		门控位	计数/定时方式选择	工作方式选择	
G	$C/\overline{T}$	M1	M0	G	$C/\overline{T}$	M1	M0

M1M0:工作方式选择位。4 种工作方式的功能如表 8－3 所列。

表 8－3 定时/计数器的 4 种工作方式

M1	M0	工作方式	功 能
0	0	方式 0	13 位计数器
0	1	方式 1	16 位计数器
1	0	方式 2	两个 8 位计数器,初值自动装入
1	1	方式 3	两个 8 位计数器,仅适用 T0

C/$\overline{T}$:计数/定时方式选择位。C/$\overline{T}$=1,计数工作方式,对外部事件脉冲计数,用作计数器。C/$\overline{T}$=0,定时工作方式,对片内机周脉冲计数,用作定时器。

GATE:门控位。GATE=0,运行只受 TCON 中运行控制位 TR0/TR1 的控制。GATE=1,运行同时受 TR0/TR1 和外中断输入信号的双重控制。只有当$\overline{INT0}$/$\overline{INT1}$=1 且 TR0/TR1=1 时,T0/T1 才能运行。

TMOD 字节地址 89H,不能位操作,设置 TMOD 须用字节操作指令。

8.1.2 定时/计数器的 4 种工作方式

MCS-51 系列单片机有 T0 和 T1 两个内部定计数寄存器。每个计数寄存器都属于特殊功能寄存器,T0 由高 8 位 TH0 和低 8 位 TL0 组成,T1 由高 8 位 TH1 和低 8 位 TL1 组成。以下介绍 4 种工作方式时都以 T0 为例。

(1) 定时/计数器的方式 0

方式 0 是 13 位的加 1 计数形式,由 TL0 的低 5 位(高 3 位未用)和 TH0 的 8 位组成。TL0 的低 5 位溢出时向 TH0 进位,TH0 溢出时,置位 TCON 中的 TF0 标志,向 CPU 发出中断请求。设计这种工作方式主要是为了它能与 MCS-48 单片机定时/计数器兼容。定时/计数器的方式 0 的结构和工作过程如图 8-2 所示。

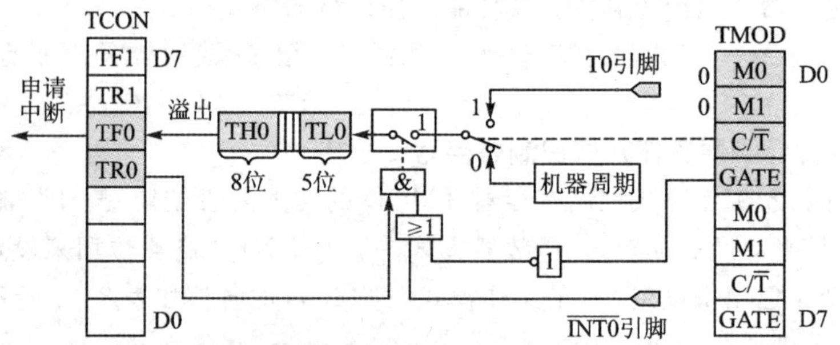

图 8-2 方式 0 的结构和工作过程

在定时/计数器启动工作前,CPU 先要为它装入方式控制字,以设定其工作方式,然后再为它装入定时/计数器初值,并通过指令启动其工作。13 位计数器按加 1 计数器计数,计满为 0 时能自动向 CPU 发出溢出中断请求,但若要它再次计数,CPU 必须在其中断服务程序中为它重装初值。

(2) 定时/计数器的方式 1

方式 1 是 16 位的加 1 计数形式,由 TL0 作为低 8 位,TH0 作为高 8 位。TL0 的低 8 位溢出时向 TH0 进位,TH0 溢出时,置位 TCON 中的 TF0 标志,向 CPU 发出中断请求。定时/计数器的方式 1 的结构和工作过程如图 8-3 所示。

(3) 定时/计数器的方式 2

方式 2 为自动重装初值的 8 位计数方式。定时/计数器被拆成一个 8 位寄存器 TH0 和一个 8 位计数器 TL0,CPU 对它们初始化时必须送相同的定时初值/计数初

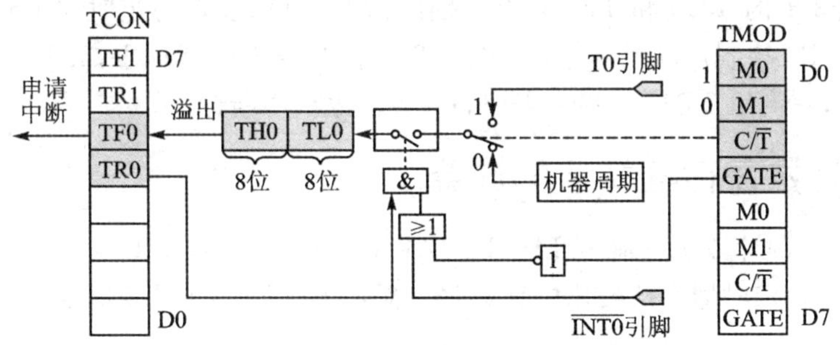

图 8-3　方式 1 的结构和工作过程

值。当定时/计数器启动后，TL0 按 8 位加 1 计时器计数，每当它计满为 0 时，一方面向 CPU 发出溢出中断请求，另一方面从 TH0 中重新获得初值并启动计数。定时/计数器的方式 2 的结构和工作过程如图 8-4 所示。

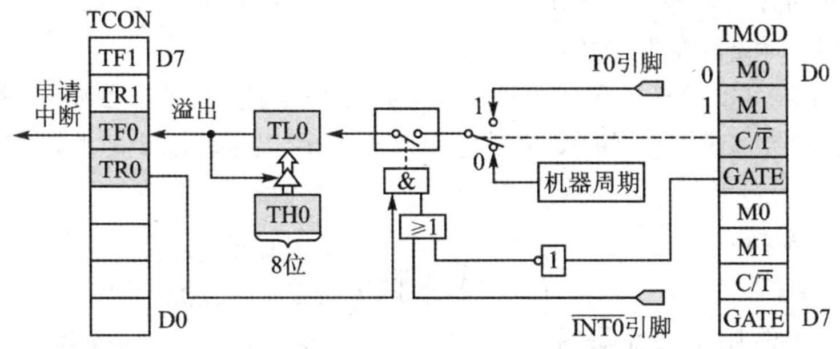

图 8-4　方式 2 的结构和工作过程

(4) 定时/计数器的方式 3

在前 3 种工作方式下，T0 和 T1 的功能是完全相同的，但在方式 3 下，T0 和 T1 功能就不相同了。此时，TH0 和 TL0 按两个独立的 8 位计数器工作，T1 只能按不需要中断的方式 2 工作。定时/计数器的方式 3 的结构和工作过程如图 8-5 所示。

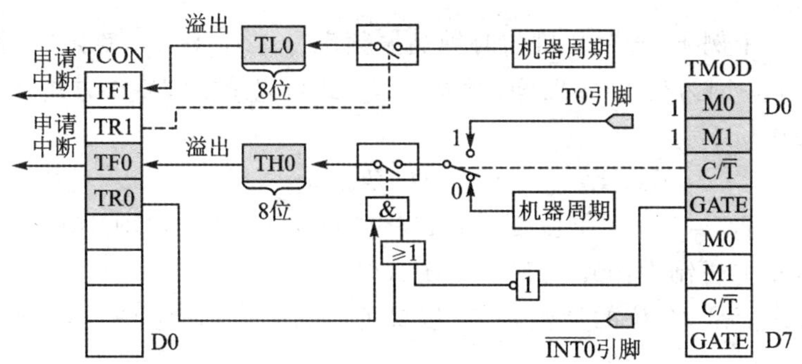

图 8-5　方式 3 的结构和工作过程

在方式 3 下的 TH0 和 TL0 是有区别的:TL0 可以设定为定时器或计数器模式工作,仍由 TR0 控制启动或停止,并采用 TF0 作为溢出中断标志;TH0 只能按定时器模式工作,它借用 TR1 和 TF1 来控制并存放溢出中断标志。

8.1.3 计数寄存器初值的计算

MCS-51 的计数寄存器为 TH(TH1/TH0)和 TL(TL1/TL0)。除了方式 3 外,TH0 和 TL0 是定时器 0 所使用的计数寄存器,TH1 和 TL1 是定时器 1 所使用的计数寄存器。

MCS-51 的定时/计数器在计数初值的基础上以加法计数,并能在计数器从全"1"变为全"0"时自动产生定时溢出中断请求。因此,可以把计数器计满为 0,所需要的计数值设定为 C,计数初值设定为 TC,由此可以得到如下的计算通式:

$$\mathrm{TC} = M - C$$

其中:M 为计数器模值,该值和计数器的工作方式有关。在方式 0 时 M 为 2^{13};在方式 1 时 M 为 2^{16};在方式 2 和方式 3 时 M 为 2^{8}。

因为计数器由单片机主脉冲经过 12 分频后得到的,所以计数值 C 和晶振也有关系,单片机时钟周期 T_{CLK} 的 12 倍设定为 $T_{计数}$。所以定时器定时时间 T 为:

$$T = C/T_{计数}$$

上式也可写成:

$$T = (M - \mathrm{TC})T_{计数}$$

若设 TC=0,则定时器定时时间为最大。由于 M 的值和定时器工作方式有关,因此不同工作方式下定时器的最大定时时间也不一样。比如单片机的晶振为 12 MHz,那么最大定时时间如表 8-4所列。

表 8-4 最大定时时间

工作方式	最大定时时间 (晶振为 12 MHz)
方式 0	8.192 ms
方式 1	65.536 ms
方式 2 和方式 3	0.256 ms

这里举一个例子:若单片机的时钟晶振频率为 12 MHz,计算定时时长为 1 ms 的计数器初值。因为是 1 ms 时间,所以工作方式可以用方式 0 或方式 1。

在方式 0 下:

$$\mathrm{TC} = M - T/T_{计数}$$

$$\mathrm{TC} = 2^{13} - 1\,000/1 = 8\,192 - 1\,000 = 7\,192 = \mathrm{1C18H}$$

1C18H 的二进制为:0001 1100 0001 1000。

因为方式 0 是 13 位的计数器,所以最低 5 位给 TL0 为 0x18,其余的给 TH0 为 0xE0。

在方式 1 下:

$$\mathrm{TC} = M - T/T_{计数}$$

$$TC = 2^{16} - 1\,000/1 = 65\,536 - 1\,000 = 64\,536 = \text{FC18H}$$

因为方式 1 是 16 位的计数器，所以 TL0＝0x18，TH0＝0xFC。

如果觉得每次计算初值麻烦，现在也有很多关于 MCS－51 单片机定时器初值计算的软件。在软件中填入晶振值、定时器工作方式和定时时间，就可以得出计数寄存器的初值。

8.1.4 定时/计数器的初始化步骤

MCS－51 单片机内部定时/计数器是可编程的，其工作方式和工作过程均可由单片机通过程序对它进行设定和控制。因此，单片机在定时/计数器工作前必须先对它进行初始化。初始化步骤为：

① 给定时/计数器工作方式控制寄存器 TMOD 赋值，以便设定定时/计数器的工作方式。

② 计算计数寄存器初值，并把初值赋值给 TH0、TL0 或 TH1、TL1。

③ 打开中断。给中断允许寄存器 IE 赋值，打开定时器中断和总中断。如果有需要还可以对 IP 进行设置，设定中断优先级。

④ 给定时/计数器控制寄存器 TCON 的 TR0 或 TR1 赋值，让定时器工作。

8.2 AT89S52 的定时/计数器 T2

MCS－51 系列单片机有定时/计数器 T0 和 T1，在 52 系列单片机中还有一个定时/计数器 T2，其结构和用法与定时器 T0 和 T1 有些不同。定时/计数器 T2 有一个定时/计数器控制寄存器 T2CON，T2CON 的各位功能如表 8－5 所列。

表 8－5 T2CON 的各位定义

位	位 7	位 6	位 5	位 4	位 3	位 2	位 1	位 0
位定义	TF2	EXF2	RCLK	TCLK	EXEN2	TR2	$C/\overline{T2}$	$CP/\overline{RL2}$

TF2：定时/计数器 T2 的溢出标志位，当 T2 中断时，CPU 会将 TF2 位设定为 1，不过，结束 T2 中断时，CPU 并不会将 TF2 恢复，必须在程序中用命令将它清零。

EXF2：定时/计数器 T2 的外部标志位，当 T2EX 引脚(即 P1.1)输入负边沿信号时，且 EXEN2 位为 1，即进入捕获模式或自动加载模式，此时 EXF2 位将被设定为 1，并产生 T2 中断；不过，结束 T2 中断时，CPU 并不会将 EXF2 恢复，必须在程序中用命令将它清零。

RCLK：定时/计数器 T2 的串行端口接收频率选择位。当 RCLK 位为 1 时，串行口将以 T2 溢出脉冲作为在模式 1 或者模式 3 时接收的频率信号。若 RCLK 位为 0 时，则串行口将以 T1 溢出脉冲作为接收的频率信号。

TCLK：定时/计数器 T2 的串行端口传输频率选择位。当 TCLK 位为 1 时，串行口将以 T2 溢出脉冲作为在模式 1 或者模式 3 时传输的频率信号。当 TCLK 位为 0 时，则串行口将以 T1 溢出脉冲作为传输的频率信号。

EXEN2：定时/计数器 T2 的外部启动控制位。当本位为 1 时，若 T2 未被作为串行口的频率产生器，且 T2EX 引脚(P1.1)输出一个负边沿触发信号，即可使 T2 进入捕获或自动加载模式。当本位为 0 时，则 T2 将不理会 T2EX 引脚的信号变化。

TR2：定时/计数器 T2 的启动位。当本位为 1 时，即可启动 T2。当本位为 0 时，则停用 T2。

$C/\overline{T2}$：定时/计数器 T2 的功能切换开关。当本位为 1 时，T2 将执行外部计数功能，以计数 T2 引脚所输入的脉冲信号。当本位为 0 时，则 T2 将执行内部定时功能，以计数系统的时钟脉冲。

$C/\overline{T2}$：定时/计数器 T2 的工作模式切换位。当本位为 1 时，若 EXEN2＝1，且 T2EX 引脚输入一个负边沿触发信号，T2 将产生捕捉的动作，将 TH2 与 TL2 的数据存入 RCAP2H 与 RCAP2L。当本位为 0 时，若有溢出发生或 EXEN2＝1，且 T2EX 引脚输入一个负边沿触发信号，T2 将产生自动加载的动作，将 RCAP2H 与 RCAP2L 的数据加载 TH2 与 TH2 中。

定时/计数器 T2 提供 3 种工作方式，其设定方式如表 8－6 所列。

表 8－6　定时/计数器 T2 的工作方式

RCLK＋TCLK	$CP/\overline{RL2}$	TR2	工作方式
0	0	1	16 位自动加载模式
0	1	1	16 位捕获模式
1	X	1	比特率产生器模式
X	X	0	不使用

定时/计数器 T2 还有工作方式寄存器 T2MOD，它的各位如表 8－7 所列。

表 8－7　T2MOD 的各位定义

位	位 7	位 6	位 5	位 4	位 3	位 2	位 1	位 0
位定义	—	—	—	—	—	—	T2OE	DCEN

T2OE：定时器 2 输出允许位。当 T2OE＝1 时，允许时钟输出至引脚 T2/P1.0；当 T2OE＝0 时，禁止引脚 T2/P1.0 输出。

DCEN：计数器方向控制。当 DCEN＝0 时，T2 自动向上计数；当 DCEN＝1 时，T2 向上/向下计数方式，由引脚 T2EX 状态决定计数方向。

T2MOD 不可以位寻址。

(1) 自动加载模式

自动加载模式是自动将 RCAP2H 及 RCAP2L 寄存器的数据(16 位)，加载 TH2 与 TL2 寄存器。该工作模式的内部结构如图 8－6 所示。

若要使用自动加载模式，必须将 T2CON 寄存器里的 CP/RL2 位设定为 0。T2

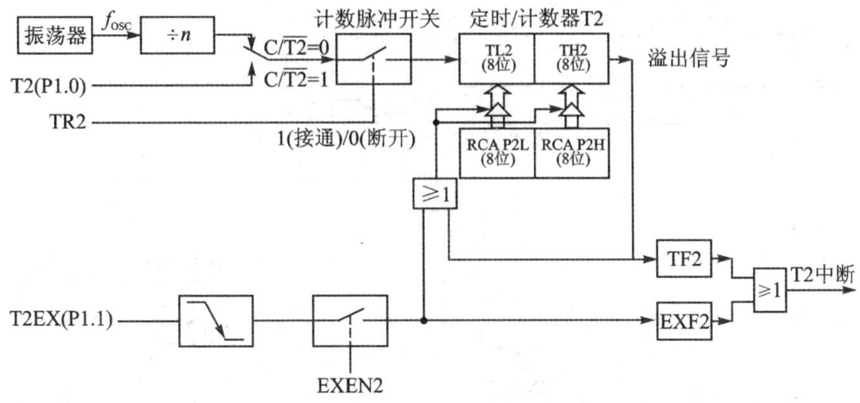

图 8－6　T2 的自动加载模式

的自动加载模式和 T0、T1 的工作方式 2 类似，只是 T0 和 T1 的工作方式 2 是 8 位的自动加载模式，而 T2 是 16 位的自动加载模式。同样，自动加载模式可计数内部时钟脉冲（OSC/12），也可计数由 T2 引脚（P1.0）输入的外部脉冲。只要将 T2CON 寄存器里的 C/$\overline{T2}$位设定为 0，则为内部定时器；将 C/$\overline{T2}$位设定为 1，则为外部计数器。另外，T2CON 寄存器里的 EXEN2 位也要设定为 1，才能进行自动加载模式。而 T2 的启动开关为 TR2，若 TR2＝1，则可启动 T2；TR2＝0，则可停用 T2。

启动定时/计数器 T2 后，即进行计数工作，若检测到 T2EX 引脚输入信号中含有负边沿，即启动自动加载信号，当时 RCAP2H 继电器的内容将被复制到 TH2 寄存器；RCAP2L 寄存器的内容被复制到 TL2 寄存器，同时 EXF2 位设定为 1，并产生 T2 中断。不过，T2 的中断并不影响计数的动作，待 T2 计数溢出时，则 TF2 位设定为 1，并产生 T2 中断。

将上述描述归纳起来，若要采用自动加载模式工作，必须进行如下设置：

① CP/RL2＝0；

② EXEN2＝1。

再使 TR2＝1，即可进入自动加载模式，T2 即可计数。若 T2EX 引脚输入信号中含有负边沿，即启动自动加载信号，同时产生 T2 中断。当 T2 计数溢出，又产生 T2 中断。

（2）捕获模式

捕获模式是将 TH2 与 TL2 寄存器的 16 位数据输入 RCAP2H 与 RCAP2L 寄存器，该模式的内部结构如图 8－7 所示。若要使用捕获模式，必须将 T2CON 寄存器里的 CP/RL2 位设定为 1。如同 T0 和 T1 一样，捕捉模式可计数内部时钟脉冲（OSC/12），也可计数由 T2 引脚输入的外部脉冲。只要将 T2CON 寄存器例的 C/$\overline{T2}$位设定为 0，则为内部寄存器；将 T2CON 寄存器例的 C/$\overline{T2}$位设定为 1，则为外部计数器。另外，T2CON 寄存器里的 EXEN2 位也要设定为 1，才能进行捕获模式。而

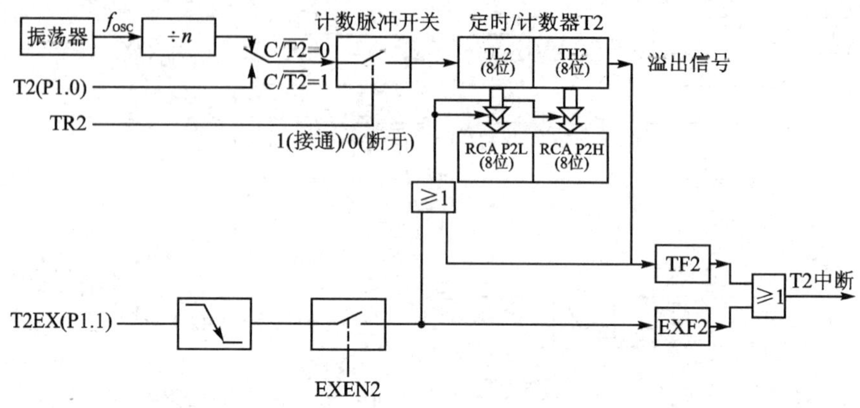

图 8-7　T2 的捕获模式

T2 的启动开关为 TR2，若 TR2＝1，即可启动 T2；TR2＝0，即可停用 T2。

启动 T2 后，即进行计数工作。若检测到 T2EX 引脚输入信号中含有负边沿信号，即启动捕捉信号，当时 TH2 寄存器的内容将被复制到 RCAP2H 寄存器；TL2 寄存器的内容将被复制到 RCAP2L 寄存器，同时 EXF2 位设定为 1，并产生 T2 中断。不过 T2 的中断并不影响计数的动作，待 T2 计数溢出时，则 TF2 位设定为 1，并产生 T2 中断。

上述描述归纳起来就是，若要采用捕获模式工作，必须进行如下设置：

① CP/$\overline{RL2}$＝1；

② EXEN2＝1。

再使 TR2＝1，即可进入捕获模式，T2 即可计数。若 T2EX 引脚输入信号中含有负边沿，即启动捕获信号，同时产生 T2 中断。当 T2 计数溢出，又产生 T2 中断。

(3) 比特率产生器模式

MCS－51 的串行口传输率（比特率）可由 T1 或者 T2 所产生的溢出脉冲来控制，T2 的比特率产生器模式就是提供串行口传送与接收的时钟脉冲，该模式的内部结构如图 8－8 所示。

在比特率产生模式下，T2 可以分为两个独立的部分，在下面的区域里，若 EXEN2 位设定为 1，则只要检测到 T2EX 引脚上有负边沿信号，即可使 EXF2 标志位设定为 1，同时产生 T2 中断。

若要使用 T2 比特率产生器所产生的时钟脉冲，则需要 T2CON 寄存器里的 RCLK 位或 TCLK 位设定为 1。当 RCLK＝1，T2 比特率产生器将提供串行口接收所需的时钟脉冲；TCLK＝1，T2 比特率产生器将提供串行口传送所需的时钟脉冲。此外，T2CON 寄存器里的 C/$\overline{T2}$位设定为 1，T2 将计数由 T2 引脚所输入的外部脉冲信号，以产生溢出脉冲；若 C/$\overline{T2}$位设定为 0，T2 将计数由 OSC/2 的内部时钟脉冲信号，以产生溢出脉冲，因此，其所产生的比特率为：

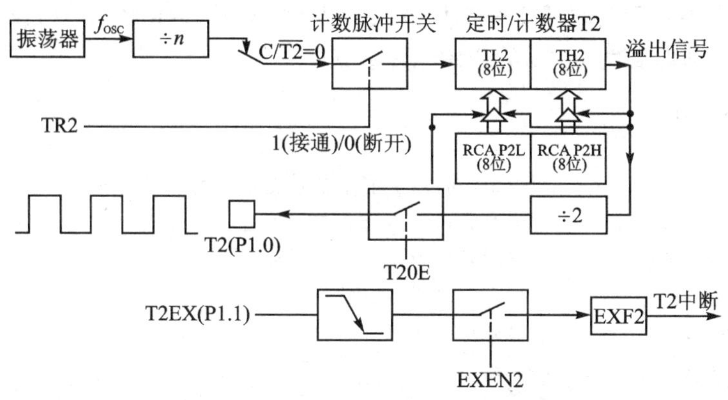

图 8-8　T2 的比特率产生器模式

$$P = (OSC/2)/\{[16 \times 65\,536 - (RCAP2H, RCAP2L)]\}$$

定时/计数器 T2 的启动开关为 TR2,若 TR2=1,即可启动 T2;TR2=0,即可停用 T2。若 RCLK 位或 TCLK 位都不为 1,则串行口将采用 T1 所产生的时钟脉冲。

8.3 实例——手把手讲解定时/计数器

8.3.1 定时器 0 的工作方式 0

定时器 0 的方式 0 定时时长 0.5 s。计数变量从 0 开始每隔 0.5 s 加 1,并在数码管的最后两位显示。在该实验中用到的晶振为 12 MHz。

(1) 软件设计难点

① 定时器初始化过程。

定时器 0 和定时器 1 的方式 0 最大定时时长为 8.192 ms。要定时 500 ms,可以让定时器 0 的方式 0 的定时溢出时间设定为 5 ms,然后再用一个变量来计数,当计数到 100 时,即定时了 500 ms。

设置定时器 0 的方式 0 的初始化函数如下:

```
void Time0Init()
{
    TMOD = 0x00;        //设定定时器 0 工作在方式 0 模式
    TH0  = 0x63;        //定时时长为 5 ms 的初值高位
    TL0  = 0x18;        //定时时长为 5 ms 的初值低位
    ET0 = 1;            //打开定时器 0 中断
    EA = 1;             //打开总中断
    TR0 = 1;            //启动定时器
}
```

因为定时器 0 和定时器 1 在工作方式 0 下，结构是一样的，所以，设定定时器 1 的方式 0 的定时时长为 5 ms 的初始化函数如下：

```
void Time1Init()
{
    TMOD = 0x00;        //设定定时器 1 工作在方式 0 模式
    TH1  = 0x63;        //定时时长为 5 ms 的初值高位
    TL1  = 0x18;        //定时时长为 5 ms 的初值低位
    ET1 = 1;            //打开定时器 1 中断
    EA = 1;             //打开总中断
    TR1 = 1;            //启动定时器
}
```

② 中断溢出函数处理。

定时器计数溢出后，会产生中断信号，让单片机去处理定时器中断溢出处理函数。在 C 语言中，定时器 0 对应的中断标号为 1，定时器 1 对应的中断标号为 3。比如，在本例中，定时器 0 的中断函数为：

```
void Time0Inter() interrupt 1
{
    TH0  = 0x63;        //重新装载初值高位
    TL0  = 0x18;        //重新装载初值低位
    Count + + ;         //计数变量
    if(Count = = 100)
    {
        SegTemp + + ;
        Count = 0;
    }
}
```

以上程序中，因为函数有了“interrupt 1”，单片机就能认出该函数就是定时器 0 的中断溢出处理函数。在函数中，需要对计数寄存器进行初值的重新赋值。变量 Count 就是计数用的。每次进入中断溢出处理函数后计数值 Count 加 1，然后再对它进行判断，当 Count 数值等于 100 时，就延时了 0.5 s。

定时器 1 的中断溢出处理函数，函数后面带的应该是“interrupt 3”，并在中断溢出处理函数中对 T1 的计数寄存器进行初值赋值。

在中断溢出处理函数中，需要对初值进行重新装载(方式 2 除外)，不必要写在中断函数中的语句要尽量少，否则会影响定时时间的准确性。

(2) 程序代码(见共享资料中例 8.1 文件夹)

```
uint Count = 0;      //计数变量赋初值
uint SegTemp = 0;    //数码管显示变量
```

```
/***********************************************
函数:Time0Init()
参数:无
返回:无
功能:设置定时器 0 的工作方式 0 定时时长为 5 ms,
    并打开中断和启动定时器。该例中使用的单片机晶振为 12 MHz
***********************************************/
void Time0Init(void)
{
    TMOD  =  0x00;        //设定定时器 0 工作在方式 0 模式
    TH0    =  0x63;       //定时时长为 5 ms 的初值高位
    TL0    =  0x18;       //定时时长为 5 ms 的初值低位
    ET0  =  1;            //打开定时器 0 中断
    EA  =  1;             //打开总中断
    TR0  =  1;            //启动定时器
}
/***********************************************
函数:Time0Inter()
参数:无
返回:无
功能:计数溢出后,Count 的值加 1,并重装初值
***********************************************/
void Time0Inter() interrupt 1
{
    TH0    =  0x63;       //重新装载初值高位
    TL0    =  0x18;       //重新装载初值低位
    Count++;              //计数变量
    if(Count == 100)
    {
        SegTemp++;
        Count  =  0;
    }
}
//主函数
void Main(void)
{
    Time0Init();
    while(1)
    {
        P0  =  0;                          //消影
        P2  =  SegPosi[1];                 //赋值段选
        P0  =  SegCode[SegTemp/10 % 10];   //取 i 的十位
```

```
        Delay_1ms(1);
        P0 = 0;                      //消影
        P2 = SegPosi[0];             //赋值段选
        P0 = SegCode[SegTemp % 10];  //取 i 的个位
        Delay_1ms(1);
    }
}
```

8.3.2 定时器 0 的工作方式 1

通过定时器 0 的方式 1 定时时长 1 s。计数变量从 0 开始每隔 1 s 加 1,并在数码管的最后两位显示。在该实验中用到的晶振为 12 MHz。

(1) 软件设计难点

定时器 0 和定时器 1 的方式 1 最大定时时长为 65.536 ms。要定时 1 s,可以将定时器 0 的方式 1 定时溢出时间设定为 50 ms,然后再用一个变量来计数,当计数到 20 时,即定时了 1 s。

(2) 程序代码(见共享资料中例 8.2 文件夹)

```
uint Count = 0;       //计数变量赋初值
uint SegTemp = 0;     //数码管显示变量
/*****************************************************
函数:Time0Init()
参数:无
返回:无
功能:设置定时器 0 的工作方式 1 定时时长为 50 ms,
     并打开中断和启动定时器。该例中使用的单片机晶振为 12 MHz
*****************************************************/
void Time0Init()
{
    TMOD = 0x01;    //设定定时器 0 工作在方式 0 模式
    TH0   = 0x3c;   //定时时长为 50 ms 的初值高位
    TL0   = 0xb0;   //定时时长为 50 ms 的初值低位
    ET0 = 1;        //打开定时器 0 中断
    EA = 1;         //打开总中断
    TR0 = 1;        //启动定时器
}
/*****************************************************
函数:Time0Inter()
参数:无
返回:无
功能:计数溢出后,Count 的值加 1,并重装初值
*****************************************************/
```

```
void Time0Inter() interrupt 1
{
    TH0   = 0x4c;                    //重新装载初值高位
    TL0   = 0x00;                    //重新装载初值低位
    Count + + ;                      //计数变量加 1
    if(Count = = 20)                 //计数变量是否达到 20
    {
        SegTemp + + ;                //显示值加 1
        Count = 0;                   //计数变量清零
    }
}
//主函数
void Main(void)
{
    uchar i = 0;
    Time0Init();                     //初始化定时器
    while(1)
    {
        P0 = 0;                      //消影
        P2 = SegPosi[1];             //赋值段选
        P0 = SegCode[SegTemp/10 % 10]; //取 i 的十位
        Delay_1ms(1);
        P0 = 0;                      //消影
        P2 = SegPosi[0];             //赋值段选
        P0 = SegCode[SegTemp % 10];  //取 i 的个位
        Delay_1ms(1);
    }
}
```

8.3.3 定时器 0 的工作方式 2

通过定时器 0 的方式 2 定时时长 1 s。计数变量从 0 开始每隔 0.2 s 加 1,并在数码管的最后两位显示。在该实验中用到的晶振为 12 MHz。定时器的工作方式 2 常用在需要延时时间比较短或者精确的情况。本实验中是为了让大家看清效果,才用到了工作方式 2 去做数码管的计数显示功能。

(1) 软件设计难点

定时器 0 和定时器 1 的方式 2 最大定时时长为 0.256 ms。要定时 1 s,可以将定时器 0 的方式 1 定时溢出时间设定为 0.2 ms。然后再用一个变量来计数,当计数到 1 000 时,即定时了 0.2 s。工作方式 2 是一个有自动重装初值的功能,在初始化时,只需要让 TH0 和 TL0 赋值一样的初值即可。TL0 进行计数,当计满到 0xFF 中断溢出后，TH0 的值将会自动重装到 TL0 中。所以在定时器中断溢出处理函数中，不需要再像方式 0 和方式 1 一样，对初值进行重新赋值装载。

(2) 程序代码(见共享资料中例 8.3 文件夹)

```
uint Count  =  0;          //计数变量赋初值
uint SegTemp  =  0;        //数码管显示变量
/ ***********************************************
函数:Time0Init()
参数:无
返回:无
功能:设置定时器 0 的工作方式 0 定时时长为 0.2 ms,并打开中断和启动定时器
该例中使用的单片机晶振为 12 MHz
***********************************************/
void Time0Init()
{
    TMOD  =  0x02;         //设定定时器 0 工作在方式 0 模式
    TH0    =  0x38;        //装入初值到自动重装初值寄存器
    TL0    =  0x38;        //装入初值
    ET0  =  1;             //打开定时器 0 中断
    EA  =  1;              //打开总中断
    TR0  =  1;             //启动定时器
}
/ ***********************************************
函数:Time0Inter()
参数:无
返回:无
功能:计数溢出后,Count 的值加 1,工作方式 2 不需要重装初值
***********************************************/
void Time0Inter() interrupt 1
{
    Count + + ;               //计数变量加 1
    if(Count  = =  1000)  //当 Count 为 1 000 时,i 自加一次,1 000 * 0.2 ms = 0.2 s
    {
        Count  =  0;
        SegTemp + + ;     //i 自加 1
    }
}
//主函数
void Main(void)
{
    Time0Init();
    while(1)
```

```
    {
        P0 = 0;                          //消影
        P2 = SegPosi[1];                 //赋值段选
        P0 = SegCode[SegTemp/10 % 10];   //取 i 的十位
        Delay_1ms(1);
        P0 = 0;                          //消影
        P2 = SegPosi[0];                 //赋值段选
        P0 = SegCode[SegTemp % 10];      //取 i 的个位
        Delay_1ms(1);
    }
}
```

8.3.4 定时器 2 的使用

利用定时器 2 的定时功能，让数码管上的值每隔 1 s 加 1。

(1) 软件设计难点

MCS-51 系列单片机只有 T0 和 T1 两个定时/计数器，在实际工程应用中，偶尔也会遇到两个定时器不够用的情况。而 AT89S52 等 52 系列单片机都带了 T2 定时器，本例中使用 T2 来设计定时时长为 50 ms，经过 20 次的定时器中断，就可以达到延时 1 s 的目的。

定时器 T2 的配置需要参考它的控制寄存器 T2CON。另外，定时器 T2 的中断标号是 interrupt 5。

(2) 程序代码(见共享资料中例 8.4 文件夹)

```
uint Count = 0;          //计数变量赋初值
uint SegTemp = 0;        //数码管显示变量
/*****************************************************
函数:Time0Init()
参数:无
返回:无
功能:初始化定时器 T2,设置为内部定时功能,初值为 50 ms
     打开定时器中断和启动定时器。该例中用的是 12 MHz 的晶振
*****************************************************/
void Time2Init()
{
    RCAP2H = 0x3c;     //设置计数初值高位
    RCAP2L = 0xb0;     //设置计数初值低位
    EXEN2 = 0;         //T2EX 引脚的信号变化无关
    RCLK = 0;          //T1 溢出脉冲作为传输的频率信号
    TCLK = 0;          //T1 溢出脉冲作为传输的频率信号
    C_T2 = 0;          //执行内部定时功能
    CP_RL2 = 0;        //中断产生后将 RCAP2H 与 RCAP2L 的数据加载到 TH2 与 TH2 中
```

```
    ET2 = 1;            //打开定时器中断 2
    EA - 1;             //打开总中断
    TR2 = 1;            //打开定时器 2
}
/*****************************************************
函数:Time2Inter()
参数:无
返回:无
功能:计数溢出后,Count 的值加 1,并重装初值
*****************************************************/
void Time2Inter() interrupt 5 using 1
{
    TF2 = 0;                //中断溢出标志需要用命令清零
    Count + + ;             //计数变量加 1
    if(Count = = 20)        //当 Count 为 20 时,iSegTemp 自加一次,20 * 50 ms = 1 s
    {
        Count = 0;
        SegTemp + + ;
    }
}
//主函数
void Main(void)
{
    Time2Init();
    while(1)
    {
        P0 = 0;                          //消影
        P2 = SegPosi[1];                 //赋值段选
        P0 = SegCode[SegTemp/10 % 10];   //取 i 的十位
        Delay_1ms(1);
        P0 = 0;                          //消影
        P2 = SegPosi[0];                 //赋值段选
        P0 = SegCode[SegTemp % 10];      //取 i 的个位
        Delay_1ms(1);
    }
}
```

8.3.5 用定时器设计时钟程序

利用定时器制作时钟并在 8 位数码管上显示。按 KEY1(S19)设置小时加 1;按 KEY2(S20)设置分钟减 1;按 KEY3(S21)设置分钟加 1;按 KEY4(S22)设置秒钟加 1。

(1) 软件设计难点

本实验中,可以利用两个定时器来实现时钟的功能。定时器0定时时长为10 ms,用于计时。定时器1定时时长为2 ms,用于数码管扫描。

(2) 程序代码(见共享资料中例8.5文件夹)

```
sbit KEY1  =  P3^2;        //定义小时加 1 按键
sbit KEY2  =  P3^3;        //定义分钟减 1 按键
sbit KEY3  =  P3^4;        //定义秒加 1 按键
sbit KEY4  =  P3^5;        //定义分钟加 1 按键
sbit LED = P1^0;           //定义每隔 0.5 s 闪烁的 LED
uchar Buffer[8];           //定义缓冲区
uchar Count;               //用于定时器
//定义并且初始化值 12:30:00
uchar hour  =  12;
uchar minute  =  30;
uchar second  =  0;
/************************************************************
函数:TimerInit()
参数:无
返回:无
功能:设置定时器 0 和定时器 1。定时器 0 定时时长为 10 ms,用于计时
     定时器 1 定时时长为 2 ms,用于数码管扫描。晶振大小为 12 MHz
************************************************************/
void TimerInit(void)
{
    TMOD | = 0x01;     //定时器 0 用于计时
    TH0 = 0xd8;        //设定定时器 0 初值高位
    TL0 = 0xf0;        //设定定时器 0 初值低位
    ET0 = 1;           //打开定时器 0 中断
    TR0 = 1;           //启动定时器
    TMOD | = 0x10;     //定时器 1 用于动态扫描
    TH1 = 0xf8;        //设定定时器 1 初值高位
    TL1 = 0x30;        //设定定时器 1 初值低位
    ET1 = 1;           //打开定时器 0 中断
    TR1 = 1;           //启动定时器
    EA  = 1;           //打开总中断
}
/************************************************************
函数:TimeVal()
参数:Val
返回:无
功能:处理按键的返回值,并对时间进行修改
```

```
/***************************************************
void TimeVal(uchar Val)
{
    switch(Val)
    {
        case 1:
            hour++;
            if(hour == 24)
            {
                hour = 0;   //小时加 1
            }
            break;
        case 2:
            minute--;          //分钟减 1
            if(minute == 0)
            {
                minute = 59;
            }
            break;
        case 3:
            second++;          //秒钟加 1
            if(second == 59)
            {
                second = 0;
            }
            break;
        case 4:
            minute++;        //分钟加 1
            if(minute == 59)
            {
                minute = 0;
            }
            break;
        default:
            break;
    }
}
//这里省略了按键检测函数,程序参考第 6 章或共享资料
/***************************************************
函数:RefreshSegBuf()
参数:无
返回:无
```

```
功能:把小时、分钟、秒的数据值存到缓冲数组中
*************************************************/
void RefreshSegBuf(void)
{
    Buffer[7] = SegCode[hour/10];
    Buffer[6] = SegCode[hour % 10];
    Buffer[5] = 0x40;
    Buffer[4] = SegCode[minute/10];
    Buffer[3] = SegCode[minute % 10];
    Buffer[2] = 0x40;
    Buffer[1] = SegCode[second/10];
    Buffer[0] = SegCode[second % 10];
}
/************************************************
函数:Time1()
参数:无
返回:无
功能:定时器 1 用来动态扫描
/************************************************
void Time1(void) interrupt 3 using 2
{
    static uchar num;
    TH1 = 0xF8;//重入初值
    TL1 = 0xF0;
    switch(num)
    {
        case 0:P0 = 0;P2 = SegPosi[0];P0 = Buffer[num];break; //调用缓冲区的值进行扫描
        case 1:P0 = 0;P2 = SegPosi[1];P0 = Buffer[num];break;
        case 2:P0 = 0;P2 = SegPosi[2];P0 = Buffer[num];break;
        case 3:P0 = 0;P2 = SegPosi[3];P0 = Buffer[num];break;
        case 4:P0 = 0;P2 = SegPosi[4];P0 = Buffer[num];break;
        case 5:P0 = 0;P2 = SegPosi[5];P0 = Buffer[num];break;
        case 6:P0 = 0;P2 = SegPosi[6];P0 = Buffer[num];break;
        case 7:P0 = 0;P2 = SegPosi[7];P0 = Buffer[num];break;
        default:
            break;
    }
    num++;          //扫描 8 次,使用 8 个数码管
    if(num == 8)
    {
        num = 0;
    }
```

```
}
/**************************************************
函数:Time0()
参数:无
返回:无
功能:定时器 0 用于定时
/**************************************************
void Time0(void) interrupt 1 using 1
{
    static uchar count;      //定义内部静态变量
    TH0 = 0xD8;              //重新赋值
    TL0 = 0xF0;
    count + + ;
    switch(count)
    {
        case 0:
        case 20:
        case 40:
        case 60:
        case 80:RefreshSegBuf();    //隔一定时间调用显示处理
            break;
        case 50:LED = ! LED;        //0.5 s LED 闪烁
            break;
        default:
            break;
    }
    if(count = = 100)
    {
        count = 0;
        second + + ;                //秒钟加 1
        if(second  = = 60)
        {
            second = 0;
            minute + + ;            //分钟加 1
            if(minute = = 60)
            {
                minute = 0;
                hour + + ;          //小时加 1
                if(hour = = 24)
                {
                    hour = 0;
                }
```

```
            }
        }
    }
}
//主函数
void Main(void)
{
    TimerInit();                    //初始化定时器
    while(1)
    {
        TimeVal(KEY());             //按键处理
    }
}
```

第9章

MCS－51的串行通信

9.1 串行通信基础

由于串行通信与通信制式、传送距离以及I/O数据的串并变换等许多因素有关，因此大家必须学习以下知识才能为进一步学习MCS－51的串行接口打下基础。

(1) 并行通信和串行通信优缺点

常用的通信方式分为并行通信与串行通信，用它们完成控制器与外设之间的信息交换。

① 并行通信。

并行通信通常是将数据字节的各位用多条数据线同时进行传送。

并行通信控制简单、传输速度快，但由于传输线较多，长距离传送时成本高且接收方的各位同时接收存在困难。并行通信传输方式如图9－1所示。

② 串行通信。

串行通信是将数据字节分成一位一位的形式在一条传输线上逐个地传送。

串行通信的特点：传输线少，长距离传送时成本低，但数据的传送控制比并行通信复杂。串行通信传输方式如图9－2所示。

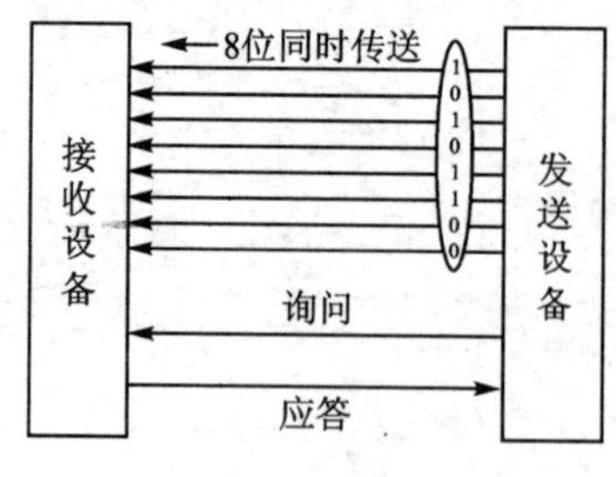

图9－1 并行通信传输方式

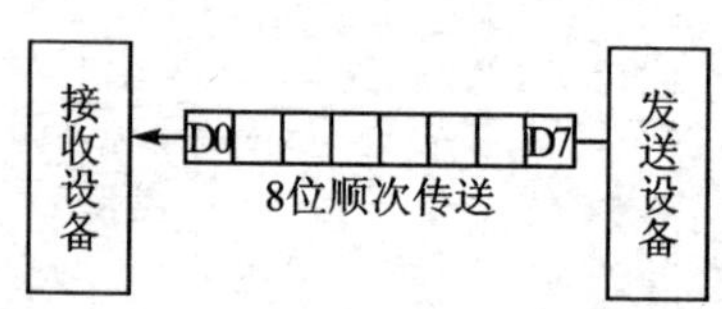

图9－2 串行通信传输方式

(2) 串行通信的同步方式

按照串行数据的同步方式，串行通信可分为同步通信和异步通信两类。同步通信按照软件识别同步字符来实现数据的发送和接收，异步通信是一种利用字符的再同步技术的通信方式。

① 异步通信。

在异步通信中，数据通常以字符（或字节）为单位组成字符帧传送。字符帧由发送端逐帧发送，通过传输线被接收设置逐帧接收。发送端和接收端可以由各自的时钟来控制数据的发送和接收，这两个时钟源彼此独立，互不同步。

那么，究竟发送端和接收端依靠什么来协调数据的发送和接收呢？也就是说，接收端怎么会知道发送端何时开始发送和何时结束发送呢？原来，这是由字符帧格式规定的。平时，发送线为高电平（逻辑"1"），每当接收端检测到传输线上发送过来的低电平（逻辑"0"，字符帧中的起始位）时，就知道发送端已开始发送，每当接收端接收到字符帧中的停止位时，就知道一帧字符信息已发送完毕。

异步通信传输方式如图 9－3 所示。

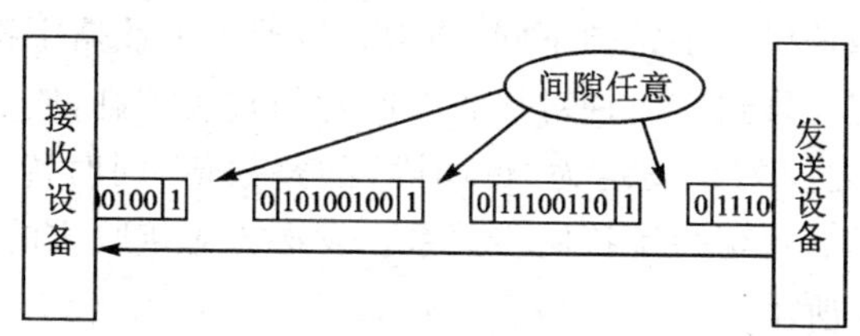

图 9－3　异步通信传输方式

字符帧也称数据帧，由起始位、数据位、奇偶校验位和停止位等 4 部分组成，如图 9－4所示。

起始位：位于字符帧开头，只占 1 位，始终为低电平（逻辑"0"），用于向接收设备表示发送端开始发送一帧数据。

数据位：紧跟起始位之后，用户根据情况可取 5 位、6 位、7 位或 8 位，低位在前，高位在后。若所传数据为 ASCII 字符，则常取 7 位。

奇偶校验位：位于数据位之后，仅占 1 位，用于表征串行通信中采用奇校验还是偶校验，由用户根据需要决定。

停止位：位于字符帧末尾，为高电平（逻辑"1"），通常可取 1 位或 2 位，用于向接收端表示一帧字符信息已发送完毕，也为发送下一帧字符做准备。

在串行通信中，发送端逐帧发送信息，接收端逐帧接收信息。两相邻字符帧之间可以无空闲位，也可以有若干空闲位，这由用户根据需要决定。

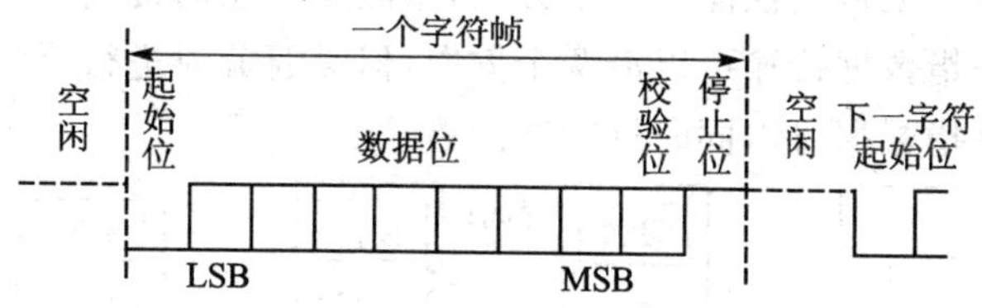

图 9－4　字符帧的数据格式

比特率是每秒钟传输二进制代码的位数，单位是：位/秒（bps）。如每秒钟传送 240 个字符，而每个字符格式包含 10 位（1 个起始位、1 个停止位、8 个数据位），这时的比特率为:10×240 = 2 400 bps。

波特率表示每秒钟调制信号变化的次数,单位是:波特(Baud)。

波特率和比特率不总是相同的,对于将数字信号 1 或 0 直接用两种不同电压表示的所谓基带传输,比特率和波特率是相同的。所以,我们也经常用波特率表示数据的传输速率。

异步通信的特点:不要求收发双方时钟的严格一致,实现容易,设备开销较小,但每个字符要附加 2~3 位作为起止位,各帧之间还有间隔。

② 同步通信。

同步通信是一种连续串行传送数据的通信方式,一次通信只传送一帧信息。这里的信息帧和异步通信中的字符帧不同,通常含有若干个数据字符。

同步通信时要建立发送方时钟对接收方时钟的直接控制,使双方达到完全同步。此时,传输数据的位之间的距离均为"位间隔"的整数倍,同时传送的字符间不留间隙,即保持位同步关系,也保持字符同步关系。发送方对接收方的同步可以通过两种方法实现,如图 9-5 所示。

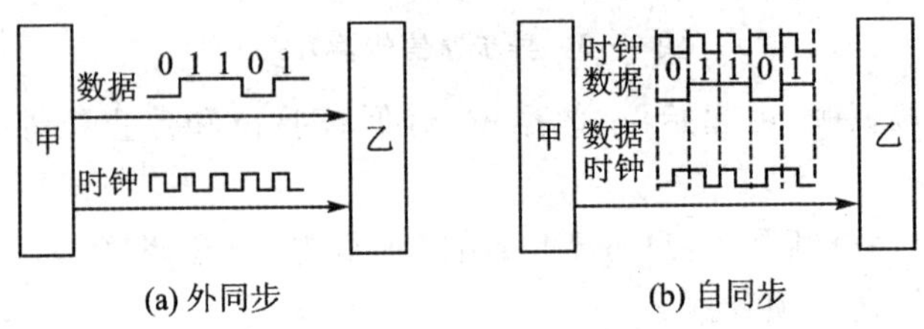

图 9-5 同步通信的两种方式

同步通信的优点:数据传输数据较高,通常可达 56 Mb/s 或更高;缺点:要求发送时钟和接收时钟保持严格同步,故发送时钟除应和发送波特率保持一致外,还要求把它同时传送到接收端去。

(3) 串行通信的制式

在串行通信中,数据是在两个站之间传输的。按照数据传送方向,串行通信可分为单工、半双工和全双工三种制式,如图 9-6 所示。

① 单工,是指数据传输仅能沿一个方向,不能实现反向传输。

② 半双工,是指数据传输可以沿两个方向,但需要分时进行。

③ 全双工,是指数据可以同时进行双向传输。

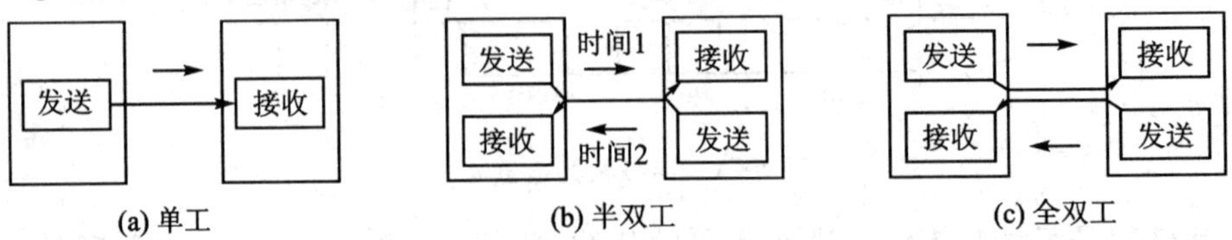

图 9-6 串行通信的传输方向的三种方式

(4) 串行通信的错误校验

① 奇偶校验。在发送数据时，数据位尾随的一位为奇偶校验位(1或0)。奇校验时，数据中“1”的个数与校验位“1”的个数之和应为奇数；偶校验时，数据中“1”的个数与校验位“1”的个数之和应为偶数。接收字符时，对“1”的个数进行校验，若发现不一致，则说明传输数据过程中出现了差错。

② 代码和校验。代码和校验是发送方将所发数据块求和(或各字节异或)，产生一个字节的校验字符(校验和)附加到数据块末尾。接收方接收数据同时对数据块(除校验字节外)求和(或各字节异或)，将所得的结果与发送方的“校验和”进行比较，相符则无差错，否则即认为传送过程中出现了差错。

③ 循环冗余校验(CRC)。这种校验是通过某种数学运算实现有效信息与校验位之间的循环校验，常用于对磁盘信息的传输、存储区的完整性校验等。这种校验方法纠错能力强，广泛应用于同步通信中。

(5) RS-232串行通信接口标准

RS-232是目前最常用的一种串口通信接口。它是在1970年由美国电子工业协会(EIA)联合贝尔系统、调制解调器厂家及计算机终端生产厂家共同制定的用于串行通信的标准。它的全名是“数据终端设备(DTE)和数据通信设备(DCE)之间串行二进制数据交换接口技术标准”。传统的RS-232接口标准有22根线，采用标准25芯D型插座。后来的PC上使用简化了的9芯D型插座，25芯插座已很少采用。现在的台式计算机一般有一个串行口，从计算机的“设备管理器”的“端口”列表中就可以看到。硬件表现为计算机后面的9针D型接口，由于其形状和针脚数量的原因，其接头又被称为DB9接头。现在很多电子设备都配有串行口接口，用于控制或者升级等功能。串行口接口如图9-7所示。

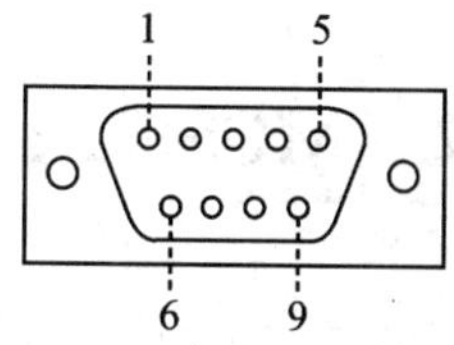

图9-7 串行口接口

串行口信号引脚说明如表9-1所列。最为简单且常用的是三线制接法，即地、接收数据和发送数据(2、3、5)脚相连。

表9-1 RS-232 9针串口(DB9)常用信号引脚

针脚标号	功能性说明	缩　写	针脚标号	功能性说明	缩　写
1	数据载波检测	DCD	6	数据设备准备好	DSR
2	接收数据	RXD	7	请求发送	RTS
3	发送数据	TXD	8	清除发送	CTS
4	数据终端准备	DTR	9	振铃提示	DELL
5	信号地	GND			

(6) RS-485串行通信接口标准

RS-232串行通信接口存在以下几种缺点：

① 传输距离短,传输速率低。RS-232C 总线标准受电容允许值的约束,使用时传输距离一般不要超过 15 m(线路条件好时也不超过几十米)。最高传送速率为 20 kbps。

② 有电平偏移。RS-232C 总线标准要求收发双方共地。通信距离较大时,收发双方的地电位差别较大,在信号地上将有比较大的地电流并产生压降。

③ 抗干扰能力差。RS-232C 在电平转换时采用单端输入/输出,在传输过程中,当干扰和噪声混在正常的信号中,为了提高信噪比,RS-232C 总线标准不得不采用比较大的电压摆幅。

RS-485 串行通信接口可以克服以上缺点,RS-485 的信号传输采用两线间的电压来表示逻辑 1 和逻辑 0。由于发送方需要两根传输线,接收方也需要两根传输线。传输线采用差动信道,所以它的干扰抑制性极好,又因为它的阻抗低,无接地问题,所以传输距离可达 1 200 m,传输速率可达 1 Mbps。RS-485 串行通信连接线如图 9-8 所示。

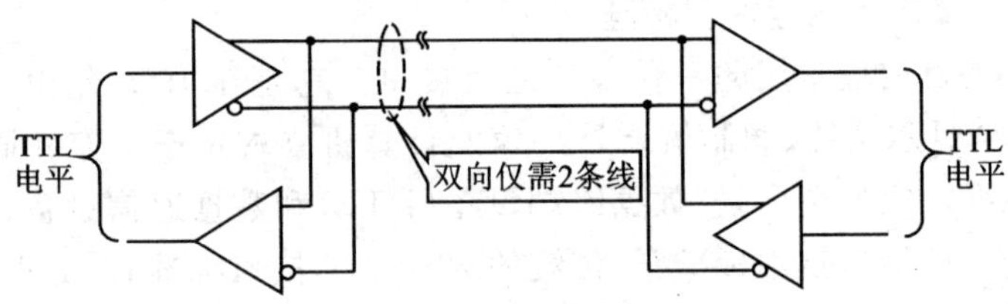

图 9-8　RS-485 串行通信连接图

9.2　MCS-51 的串行口

MCS-51 的串行口为全双工的串行口,可接收并发送串行数据,不管是接收还是发送,都使用串行寄存器(SBUF)。SBUF 是两个在物理上独立的接收、发送缓冲器,它们占用同一地址 99H。接收串行数据时,所输入的串行数据将存入 SBUF,存满之后产生中断,再将 SBUF 里的 8 位数据移做他用。发送数据时,先将所要送出的数据放入 SBUF,即可一位一位地传到目的地。串行口内部资源如图 9-9 所示。

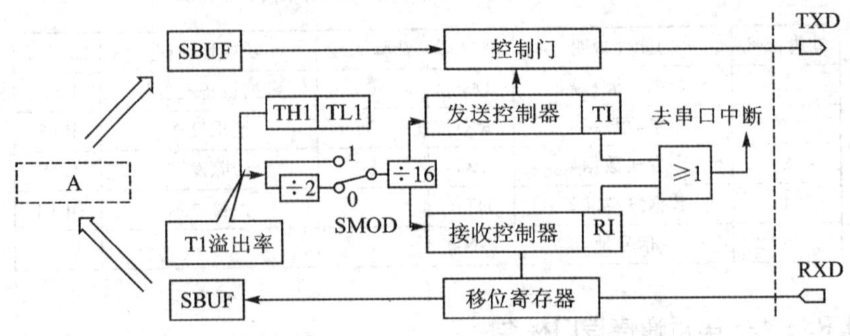

图 9-9　串行口内部资源

需要发送数据时，只需要把要发送的一个字节数据赋值给 SBUF，用 C 语言来表示，如“SBUF=0x55”；然后通过发送控制器去控制控制门，把数据一位一位地通过单片机的 TXD 端口发送出去。每当发送完一帧字符帧数据后，TI 会被硬件置为 1，需要用软件清零(TI=0)。

要进行接收数据时，通过单片机的 RXD 引脚接收串行数据，接收控制器控制移位寄存器进行数据的移位和存储，当接收到一帧字符帧数据后，数据被存到 SBUF 中；再读出 SBUF 的数据即可。用 C 语言来表示，如“temp = SBUF”。每当接收完一帧字符帧数据后，RI 会被硬件置为 1，需要用软件清零(RI=0)。

9.2.1 串行口控制寄存器 SCON

SCON 是一个 8 位、可位寻址的特殊功能寄存器，用以设定串行口的工作方式、接收和发送控制以及设置状态标志。SCON 寄存器的地址为 98H，它的各位功能如表 9-2所列。

表 9-2 SCON 寄存器的各位功能

位	7	6	5	4	3	2	1	0
名　称	SM0	SM1	SM2	REN	TB8	RB8	TI	RI

SM0 和 SM1 为工作方式选择位，可选择 4 种工作方式，如表 9-3 所列。

表 9-3 串行口工作方式

SM0	SM1	方　式	说　明	波特率
0	0	0	移位寄存器	$f_{osc}/12$
0	1	1	10 位异步收发器(8 位数据)	可变
1	0	2	11 位异步收发器(9 位数据)	$f_{osc}/32$ 或 $j_{osc}/64$
1	1	3	11 位异步收发器(9 位数据)	可变

SM2，多机通信控制位，主要用于方式 2 和方式 3。当接收机的 SM2=1 时，可以利用收到的 RB8 来控制是否激活 RI(RB8=0 时不激活 RI，收到的信息丢弃；RB8=1时收到的数据进入 SBUF，并激活 RI，进而在中断服务中将数据从 SBUF 读走)。当 SM2=0 时，不论收到的 RB8 为 0 或 1，均可以使收到的数据进入 SBUF，并激活 RI(即此时 RB8 不具有控制 RI 激活的功能)。通过控制 SM2，可以实现多机通信。在方式 0 时，SM2 必须是 0。在方式 1 时，若 SM2=1，则只有接收到有效停止位时，RI 才置 1。

REN，允许串行接收位。由软件给 REN 赋值为 1，则启动串行口接收数据；若软件给 REN 清 0，则禁止接收。

TB8，在方式 2 或方式 3 中，是发送数据的第 9 位，可以用软件规定其作用。第 9 位可以用作数据的奇偶校验位，或在多机通信中作为地址帧/数据帧的标志位。在方式 0 和方式 1 中，该位未用。

RB8，在方式 2 或方式 3 中，是接收到数据的第 9 位，作为奇偶校验位或地址帧/数据帧的标志位。在方式 1 时，若 SM2=0，则 RB8 是接收到的停止位。

TI，发送中断标志位。在方式 0 时，当串行发送第 8 位数据结束时，或在其他方式串行发送停止位的开始时，由内部硬件使 TI 置 1，向 CPU 发中断申请。在中断服务程序中，必须用软件将其清 0，取消此中断申请。

RI，接收中断标志位。在方式 0 时，当串行接收第 8 位数据结束时，或在其他方式串行接收停止位的中间时，由内部硬件使 RI 置 1，向 CPU 发中断申请；也必须在中断服务程序中，用软件将其清 0，取消此中断申请。

除了串行口控制寄存器 SCON 外，电源控制寄存器 PCON 也和串行通信有关。在 PCON 的最高位 SMOD 为波特率倍增位。在串行口方式 1、方式 2、方式 3 时，波特率与 SMOD 有关，当 SMOD=1 时，通信波特率提高一倍。在单片机初始化后，SMOD 为低电平。

9.2.2 串行口的工作方式

MCS-51 有方式 0、方式 1、方式 2 和方式 3 这 4 种方式。

(1) 方式 0

方式 0 时，串行口为同步移位寄存器的输入/输出方式。主要用于扩展并行输入或输出口。数据由 RXD(P3.0)引脚输入或输出，同步移位脉冲由 TXD(P3.1)引脚输出。发送和接收均为 8 位数据，低位在先，高位在后。波特率固定为 $f_{osc}/12$。

发送时以写 SBUF 缓冲器的指令开始，8 位输出完毕后 TI 被置位(TI=1)。TXD 线用于发送同步脉冲，RXD 线用于发出 8 位数据。发送过程如图 9-10 所示。

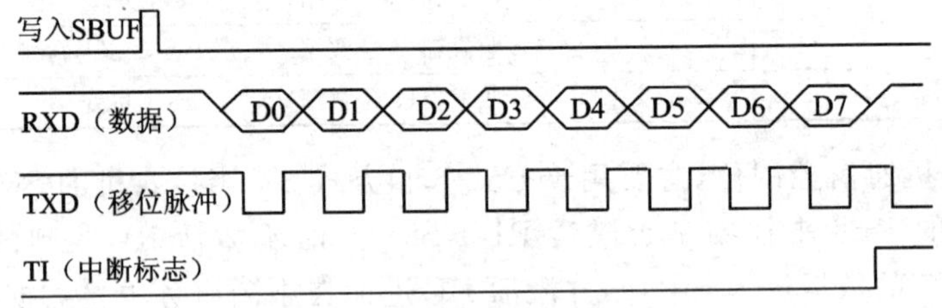

图 9-10　方式 0 发送数据过程

方式 0 接收是在 REN 被编程为 1 且 RI 接收完成标志位为 0 满足时开始的。当接收的数据装载到 SBUF 缓冲器时，RI 会被置位(RI=1)。TXD 线用于发送同步脉冲，RXD 线用于接收 8 位数据。接收过程如图 9-11 所示。

在串行口方式 0 下工作并非是一种同步通信方式。它的主要用途是和外部同步移位寄存器外接，以达到扩张一个并行 I/O 口的目的。

用串口接上移位寄存器 74HC164 可以构成 8 位输出电路，如图 9-12 所示。

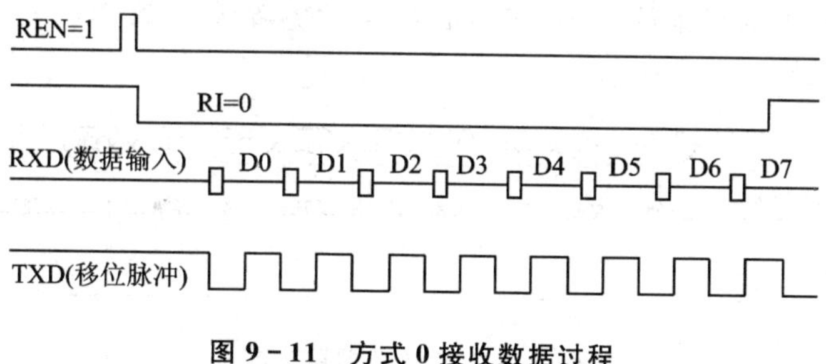

图 9－11　方式 0 接收数据过程

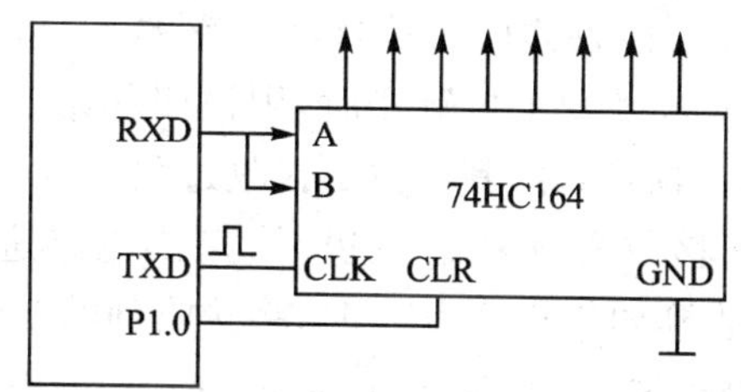

图 9－12　单片机串行口和 74HC164 连接

(2) 方式 1

方式 1 是 10 位数据的异步通信方式。方式 1 的波特率由定时器 T1 的溢出率决定。方式 1 的波特率计算方式将在稍后进行详细讲解。TXD 为数据发送引脚，RXD 为数据接收引脚，传送一帧字符帧的格式如图 9－13 所示。其中 1 位起始位，8 位数据位，1 位停止位。起始位和停止位是自动插入的。

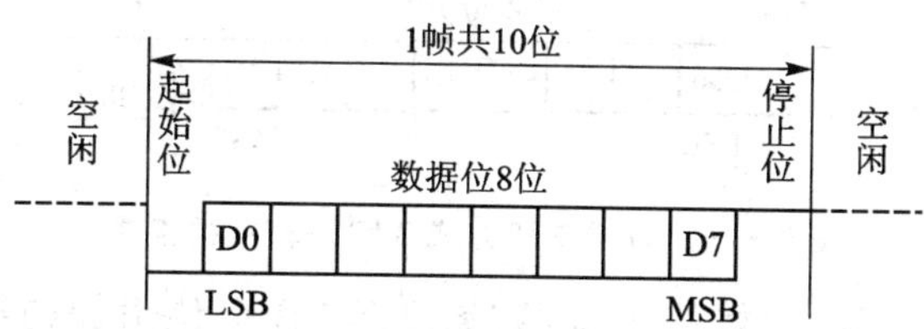

图 9－13　方式 1 字符帧数据格式

任何一条以 SBUF 为目的的寄存器的指令都可以启动一次发送，发送数据完毕后 TI 会被置为高电平，一般需要软件把 TI 清零，方便下次发送数据。发送格式如图 9－14 所示。

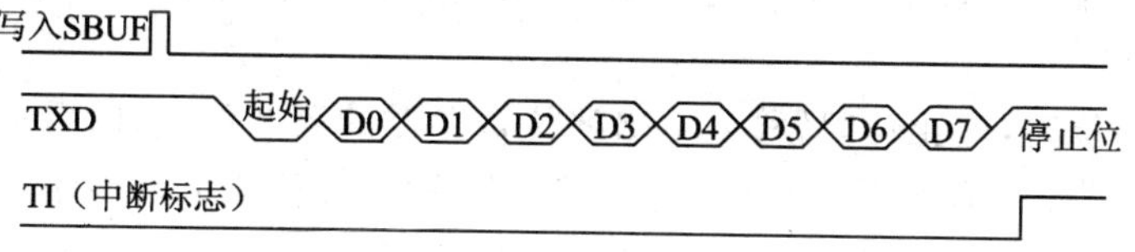

图 9－14　方式 1 数据发送过程

方式 1 接收的前提条件是 SCON 的 REN 被编程为 1，否则放弃当前接收的数据。接收格式如图 9－15 所示。

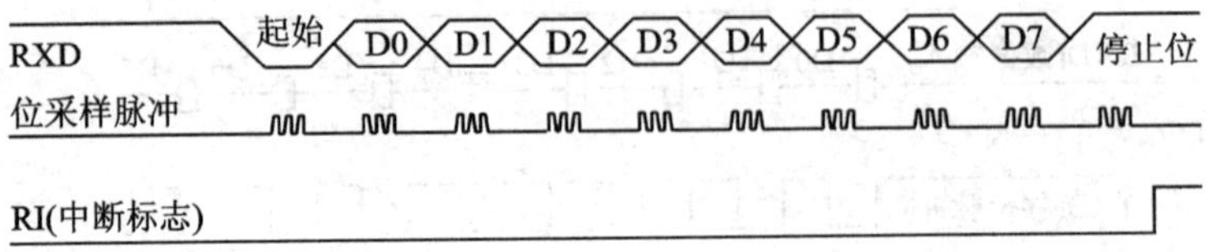

图 9－15　方式 1 数据接收过程

用软件置 REN 为 1 时，接收器以所选择波特率的 16 倍速率采样 RXD 引脚电平，检测到 RXD 引脚输入电平发生负跳变时，则说明起始位有效，将其移入输入移位寄存器，并开始接收这一帧信息的其余位。接收过程中，数据从输入移位寄存器右边移入，起始位移至输入移位寄存器最左边时，控制电路进行最后一次移位。当 RI＝0，且 SM2＝0(或接收到的停止位为 1)时，将接收到的 9 位数据的前 8 位数据装入接收 SBUF，第 9 位(停止位)进入 RB8，并置 RI＝1，向 CPU 请求中断。

(3) 方式 2 和方式 3

方式 2 和方式 3 这两种方式都是 11 位异步接收/发送方式。它们的操作过程都完全一样，只是波特率不同而已。图 9－16 为方式 2 和方式 3 的一帧字符帧数据的格式，相对于方式 1 多了 RB8 或 TB8。

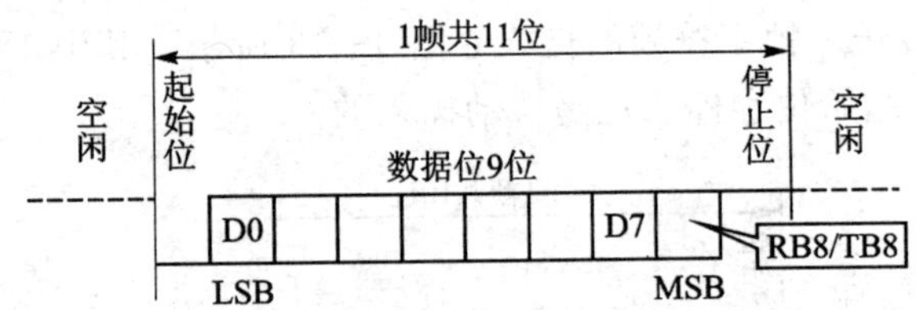

图 9－16　方式 2 和方式 3 字符帧数据格式

方式 2 和方式 3 时，起始位 1 位，数据 9 位(含 1 位附加的第 9 位，发送时为 SCON 中的 TB8，接收时为 RB8)，停止位 1 位，一帧数据为 11 位。方式 2 的波特率固定为晶振频率的 1/64 或 1/32，方式 3 的波特率由定时器 T1 的溢出率决定。方式 3 的波特率计算方式稍后进行详细讲解。

发送开始时，先把起始位 0 输出到 TXD 引脚，然后发送移位寄存器的输出位(D0)到 TXD 引脚。每一个移位脉冲都使输出移位寄存器的各位右移一位，并由 TXD 引脚输出。

第一次移位时，停止位“1”移入输出移位寄存器的第 9 位上，以后每次移位，左边都移入 0。当停止位移至输出位时，左边其余位全为 0，检测电路检测到这一条件时，使控制电路进行最后一次移位，并置 TI＝1，向 CPU 请求中断。方式 2 和方式 3 发送一帧字符帧的过程如图 9－17 所示。

接收时，数据从右边移入输入移位寄存器，在起始位 0 移到最左边时，控制电路

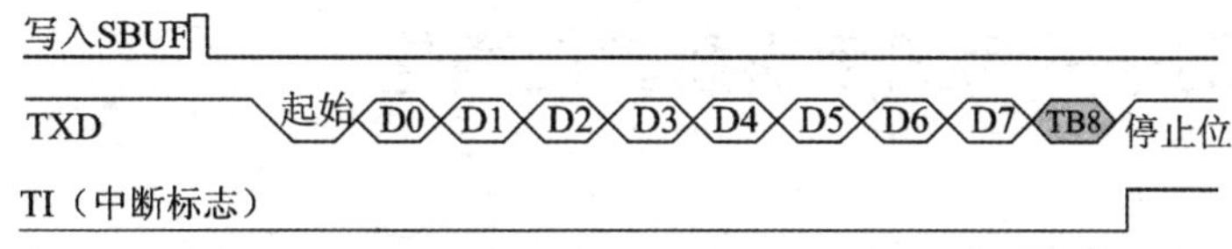

图 9－17　方式 2 和方式 3 的发送一帧字符帧过程

进行最后一次移位。当 RI＝0 且 SM2＝0(或接收到的第 9 位数据为 1)时，接收到的数据装入接收缓冲器 SBUF 和 RB8(接收数据的第 9 位)，置 RI＝1，向 CPU 请求中断。如果条件不满足，则数据丢失，且不置位 RI，继续搜索 RXD 引脚的负跳变。方式 2 和方式 3 接收一帧字符帧的过程如图 9－18 所示。

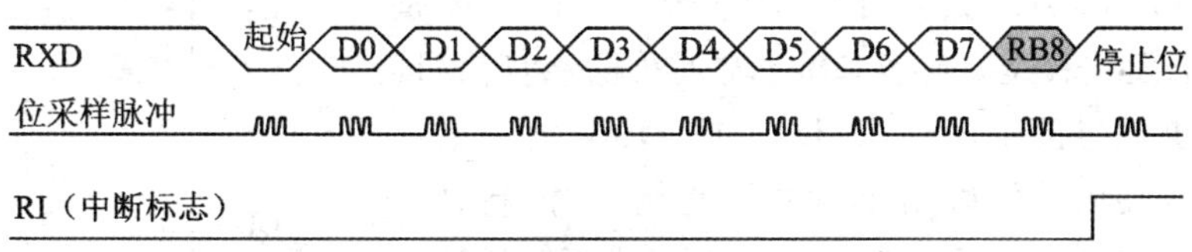

图 9－18　方式 2 和方式 3 的接收一帧字符帧过程

9.2.3　串行通信 4 种方式波特率的计算

在串行通信中，收发双方对发送或接收数据的速率要有约定。通过软件可对单片机串行口编程为 4 种工作方式，其中方式 0 和方式 2 的波特率是固定的，而方式 1 和方式 3 的波特率是可变的，由定时器 T1 的溢出率来决定。

串行口的 4 种工作方式对应 3 种波特率。由于输入的移位时钟的来源不同，所以，各种方式的波特率计算公式也不相同。

方式 0 的波特率 $= f_{osc}/12$

方式 2 的波特率 $=(2 \times \text{SMOD}/64)\times f_{osc}$

方式 1 的波特率 $=(2 \times \text{SMOD}/32)\times$(T1 溢出率)

方式 3 的波特率 $=(2 \times \text{SMOD}/32)\times$(T1 溢出率)

当 T1 作为波特率发生器时，最典型的用法是使 T1 工作在自动再装入的 8 位定时器方式(即方式 2，且 TCON 的 TR1＝1，以启动定时器)，这时溢出率取决于 TH1 中的计数值。

T1 溢出率 $= f_{osc}/\{12 \times [256 - (\text{TH1})]\}$

在单片机的应用中，最常用的晶振频率为 11.059 2 MHz。用 11.059 2 MHz 晶振时，串行口波特率以及各参数的关系如表 9－4 所列。

表 9－4　串行口波特率各参数的关系

波特率	SMOD	定时器 T1	
		工作方式	初值
19 200	1	2	FDH
9 600	0	2	FDH
4 800	0	2	FAH
2 400	0	2	F4H
1 200	0	2	E8H

9.3 实例——手把手讲解串口通信

9.3.1 串行口方式 0 发送数据给 74HC164 控制 LED 灯

(1) 软件设计难点

首先要学习 74HC164 芯片，要对它的功能和操作时序理解清楚。

74HC164 是 8 位串入、并出移位寄存器，其引脚图如图 9-19 所示。

74HC164 是高速硅门 CMOS 器件，与低功耗肖特基型 TTL(LSTTL)器件的引脚兼容。74HC164 是 8 位边沿触发式移位寄存器，串行输入数据，然后并行输出。数据通过两个输入端(DSA 或 DSB)之一串行输入。任一输入端可以用作高电平使能端，控制另一输入端的数据输入。两个输入端或者连接在一起，或者把不用的输入端接高电平，一定不要悬空。

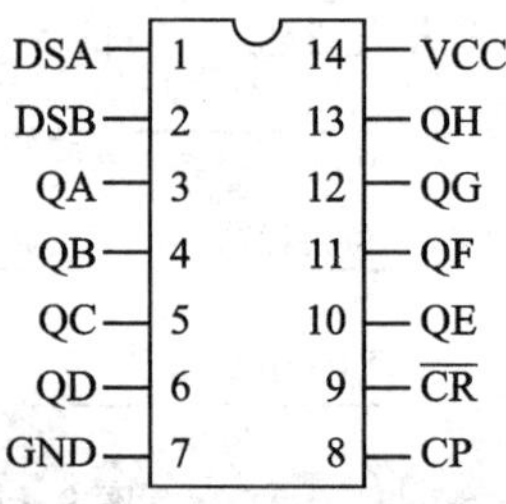

图 9-19 74HC164 引脚图

时钟(CP)每次由低变高时，数据右移一位，输入到 Q0。Q0 是两个数据输入端(DSA 和 DSB)的逻辑与，它将上升时钟沿之前保持一个建立时间的长度。

主复位($\overline{CR}$)输入端上的一个低电平将使其他所有输入端都无效，同时非同步地清除寄存器，强制所有的输出为低电平。

74HC164 的真值表如表 9-5 所列。在表中，可以总结出以下的功能。

清零：当$\overline{CR}$为低电平，输出全变为低电平。

移位并让最高位为高电平：$\overline{CR}$为高电平，当 DSA 和 DSB 都为高电平时，CP 提供一个上升沿，输出数据最高位为高电平，并让数据整体右移一位。

移位并让最高位为低电平：$\overline{CR}$为高电平，当 DSA 和 DSB 其中有一位为低电平时，CP 提供一个上升沿，输出数据最高位为低电平，并让数据整体右移一位。

表 9-5 74HC164 的真值表

输入				输出			
$\overline{CR}$	CP	DSA	DSB	QA	QB	…	QH
L	X	X	X	L	L	…	L
H	L	X	X	QA0	QB0	…	QH0
H	↑	H	H	H	QAn	…	QGn
H	↑	L	X	L	QAn	…	QGn
H	↑	X	L	L	QAn	…	QGn

另外，大家可以通过 74HC164 的时序图来进一步分析和理解 74HC164 的操作时序，它的时序图如图 9-20 所示。

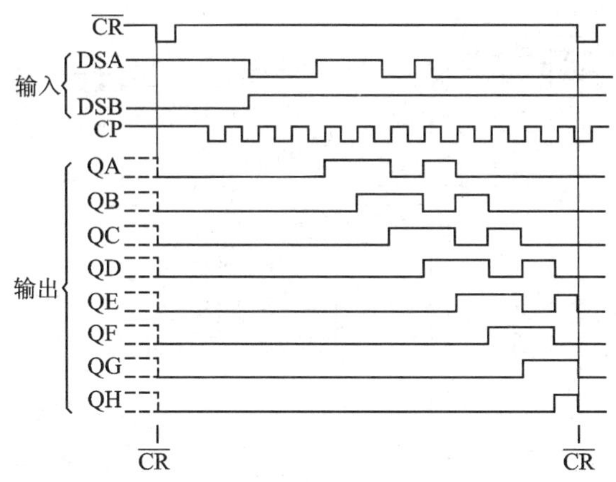

图 9－20 74HC164 的时序图

学习完 74HC164 后，再回到串口部分的学习。我们要用到串行通信的方式 0。在方式 0 下，串行口的 SBUF 是作为同步移位寄存器在使用。串行口通信时，首先也是传送数据的最低位，这点和 74HC164 是一样的。所以，在方式 0 下，只需要给 SBUF 赋值，比如 0x5a，通过串行口发送端口 TXD 去控制 74HC164 的 DSA 或者 DSB，从而在 74HC164 的输出端口也会得到数据 0x5a。

给 SCON 进行初始化。给 SCON 赋值为 0x00，就可以让串行口工作于方式 0 状态。

(2) 硬件电路图

通过串行口通信的方式 0 控制串入并出移位寄存器 74HC164 芯片，进而去控制 8 个 LED 亮灭的电路图如图 9－21 所示。电路图中 74HC164 芯片的电源和地没有画出，按照标准接法即可。单片机的 TXD 引脚(P3.1 端口)发送的是同步脉冲，所以和 74HC164 芯片的时钟引脚 CP 连接。单片机的 RXD 引脚(P3.0 端口)发送的是 8 位数据，所以和 74HC164 芯片的时钟引脚 DSA 连接。74HC164 芯片的 DSB 引脚接到了高电平。在前面学习 74HC164 的时候知道，DSA 和 DSB 引脚同为高电平时(且 $\overline{CR}$ 为高电平和 CP 有一个上升延)，QA 会赋值为高电平；DSA 和 DSB 引脚中其中有一个引脚为低电平时(且 $\overline{CR}$ 为高电平和 CP 有一个上升延)，QA 会赋值为低电平。所以在设计电路的时候把 DSB 固定到高电平，那么，QA 的电平状态就仅仅由 DSA 控制。74HC164 芯片的 $\overline{CR}$ 引脚和单片机的 P1.7 端口连接，用于 74HC164 输出的清零。

(3) 程序代码(见共享资料中例 9.1 文件夹)

```
sbit CR = P1^7;
/*****************************************************
函数:Com_Init()
参数:无
```

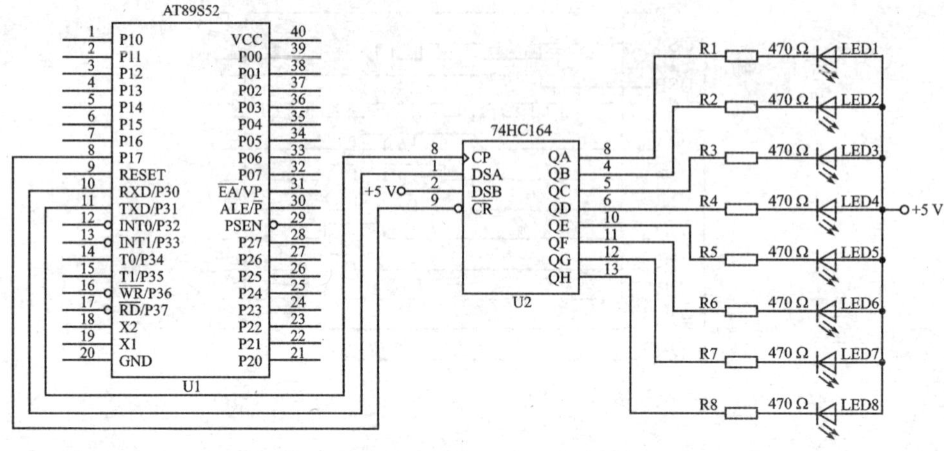

图 9 - 21　串口驱动 74CH164 点亮 LED 电路图

```
返回:无
功能:对串行端口进行初始化为方式 0
************************************************/
void Com_Init(void)
{
     SCON = 0x00;
}
//主函数
void Main(void)
{
    uchar i = 0,temp;
    Com_Init();                  //初始化串口通信为方式 0
    CR = 0;                      //74HC164 输出清零
    Delay_1ms(10);
    CR = 1;
    while(1)
    {
        temp = 0xfe;             //temp 赋值为 0xfe
        for(i = 0;i<8;i + + )
        {
            SBUF = temp;         //通过串口发送数据
            while(! TI)          //如果发送完毕,硬件会置位 TI
            {
                _nop_();
            }
            TI = 0;              //软件清零 TI
            Delay_1ms(1000);     //延时 1 s
```

```
            temp <<= 1;        //8 位数据左移一位
            temp |= 0x01;
        }
    }
}
```

9.3.2 串行口方式 1 发送数据到计算机

让串口调试助手上显示“0123456789”,然后隔 1 s 再显示“ABCDEDGHIJ”,再依次每隔 1 s 显示以上两个字符串。

(1) 软件设计难点

计算机上串口调试助手默认显示的是 ASCII 码。ASCII 是基于拉丁字母的一套计算机系统。信息交换代码是由美国国家标准学会(American National Standard Institute,ANSI)制定的,标准的单字节字符编码方案,用于基于文本的数据。起始于 20 世纪 50 年代后期,在 1967 年定案。它最初是美国国家标准,供不同计算机在相互通信时用作共同遵守的西文字符编码标准,已被国际标准化组织(International Organization for Standardization, ISO)定为国际标准,称为 ISO 646 标准,适用于所有拉丁文字字母。ASCII 码如表 9-6 所列。

表 9-6 ASCII 码表

ASCⅡ码		字符	ASCⅡ码		字符	ASCⅡ码		字符	ASCⅡ码		字符
十进制	十六进制		十进制	十六进制		十进制	十六进制		十进制	十六进制	
032	20		056	38	8	080	50	P	104	68	h
033	21	!	057	39	9	081	51	Q	105	69	i
034	22	"	058	3A	:	082	52	R	106	6A	j
035	23	#	059	3B	;	083	53	S	107	6B	k
036	24	$	060	3C	<	084	54	T	108	6C	l
037	25	%	061	3D	=	085	55	U	109	6D	m
038	26	&	062	3E	>	086	56	V	110	6E	n
039	27	'	063	3F	?	087	57	W	111	6F	o
040	28	(	064	40	@	088	58	X	112	70	p
041	29	)	065	41	A	089	59	Y	113	71	q
042	2A	*	066	42	B	090	5A	Z	114	72	r
043	2B	+	067	43	C	091	5B	[	115	73	s
044	2C	'	068	44	D	092	5C	\	116	74	t
045	2D	-	069	45	E	093	5D	]	117	75	u
046	2E	,	070	46	F	094	5E	^	118	76	v
047	2F	/	071	47	G	095	5F	—	119	77	w
048	30	0	072	48	H	096	60	`	120	78	x
049	31	1	073	49	I	097	61	a	121	79	y
050	32	2	074	4A	J	098	62	b	122	8A	z
051	33	3	075	4B	K	099	63	c	123	7B	{
052	34	4	076	4C	L	100	64	d	124	7C	|
053	35	5	077	4D	M	101	65	e	125	7D	}
054	36	6	078	4E	N	102	66	f	126	7E	~
055	37	7	079	4F	O	103	67	g	127	7F	⌂

从表 9-6 中可以看到，48 对应的 ASCII 码为“0”；65 对应的 ASCII 码为“A”。所以，如果要在串口调试助手上显示：0，1，2，3，4，5，6，7，8，9。那么在单片机系统中，需要给串行口 SBUF 的十进制数据应该为：48，49，50，51，52，53，54，55，56，57。

ASCII 码的“A”所对应的十进制为 65。要在串口调试助手上显示“ABCDEDGHIJ”，那么对应的十进制应该分别赋值为 65～74。

串口调试助手界面如图 9-22 所示。

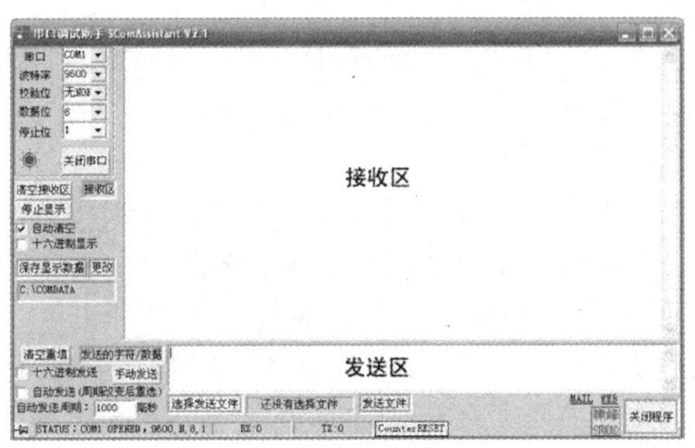

图 9-22　串口调试助手界面

右上部分空白区域为计算机端信息“接收区”，用于接收单片机通过串行口发送到计算机的数据。右下部分空白区域为计算机端信息“发送区”，用于通过计算机发送串行口数据到单片机。

“串口”栏：选择单片机系统在计算机中对应的串行口端口，这个都可以在计算机的“设备管理器”中的“端口”选项中查到。

如果单片机和计算机都是九针串行口连接，一般是 COM1 或者 COM2。如果单片机系统用的是 USB 转串口线或者 USB 转串口芯片，在计算机对应的串行端口经常是 COM3 或者 COM4，或者是其他编号。因为部分串口调试助手软件只有 COM1～COM4 的选项，所以当单片机系统对应的串行口端口超过 COM4 时，需要对 COM 口的编号进行修改至 COM1～COM4 的范围。设置的方法为：双击单片机系统对应的 COM 口，再选择“端口设置”，再单击“高级”，然后把“COM 端口号”一栏设为 COM1～COM4 即可(需要相应的端口号是“未使用中”状态)。如果 COM1～COM4 都为“使用中”状态，需要释放 COM 口，该情况请大家网上找方法解决。

“波特率”栏设定数据传输的速度。单片机系统和计算机的串行口通信设置的“波特率”必须相同。“校验位”栏用于设置无校验、奇校验和“偶校验”3 种状态，单片机系统和计算机的串行口通信设置的“校验位”必须相同。“数据位”栏用于设置一帧字符帧的数据位是多少位，含 8 位、7 位和 6 位 3 个选择，单片机系统和计算机的串行口通信设置的“数据位”必须相同。“停止位”栏用于设置一帧字符帧含有多少个，含 1 和 2 两个选择，单片机系统和计算机的串行口通信设置的“停止位”必须相同。

上面几个选项是用于设置单片机系统和计算机之间的通信格式，它们设置必须完全一样，否则就会出现通信错误的情况。

“关闭串口”和“打开串口”栏，当单片机系统串行口和计算机串行口连接成功后，该栏左边的那个黑色圆圈会有发光符号并显示为黑色。以我们的配套单片机实验板为例，它连接上计算机后在“端口”中对应的是 COM3。所以就需要在“串口”栏中，选择好 COM3，然后单击“打开串口”。

“清空接收区”和“清空重置”，分别是清空软件界面接收区和发送区内容。“自动清空”指接收区显示的字符满了一页后，自动清空。“停止显示”指接收到的数据，停止在“接收区”显示。“手动发送”和“自动发送”是设置从计算机端发送数据到单片机系统的方式。每单击一次“手动发送”数据发送一次，而“自动发送”设置好自动发送数据的间隔时间后，可以自动发送。“十六进制显示”和“十六进制发送”，不勾选这两个选项时，发送和接收到的都是 ASCII 码，而勾选后，发送和接收都是以十六进制进行。

在本例中，设置串行口通信参数如图 9-23 所示。

串行口通信的方式 1 初始化过程比较复杂，需要对产生波特率的定时器 1、串行口控制和中断控制进行设置。具体步骤如下：

① 确定 T1 的工作方式(编程 TMOD 寄存器)。

② 计算 T1 的初值，装载 TH1。

③ 启动 T1(编程 TCON 中的 TR1 位)。

④ 确定串行口控制(编程 SCON 寄存器)。

⑤ 串行口在中断方式工作时，要进行中断设置(编程 IE、IP 寄存器)。

图 9-23 本例的串行口通信参数设置

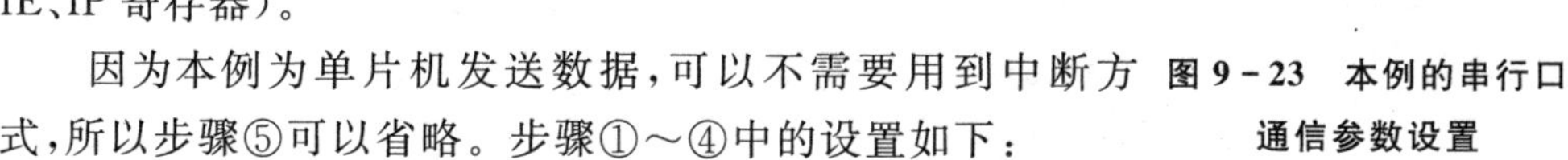

因为本例为单片机发送数据，可以不需要用到中断方式，所以步骤⑤可以省略。步骤①～④中的设置如下：

```
TMOD = 0x20;        //设置定时器 1 工作于方式 2
TH1 = 0xFD;         //设置方式 2 的溢出值为 0xFD,波特率为 9 600
TR1 = 1;            //启动定时器 1
SCON = 0x40;        //SM1 = 1,SM0 = 0,串行口工作于方式 1
```

(2) 程序代码(见共享资料中例 9.2 文件夹)

```
/*****************************************************
函数:Com_Init()
参数:无
返回:无
功能:对串行端口进行初始化为方式 0
*****************************************************/
```

```
void Com_Init(void)
{
    TMOD = 0x20;        //设置定时器 1 工作于方式 2
    TH1 = 0xFD;         //设置方式 2 的溢出值为 0xFD,波特率为 9 600
    TR1 = 1;            //启动定时器 1
    SCON = 0x40;        //SM1 = 1,SM0 = 0,串行口工作于方式 1
}
//主函数
void Main(void)
{
    uchar i = 0;
    uchar code Buffer1[] = "ABCDEFGHIJ\n";          //所要发送的数据
    uchar code Buffer2[] = {0,1,2,3,4,5,6,7,8,9}; //所要发送的数据
    uchar * p;
    Com_Init();             //初始化串行口
    p = Buffer1;            //给 Buffer1 数据的首地址给指针 p
    while(1)
    {
        SBUF = * p;         //把 Buffer1 中的数据给到 SBUF 进行发送
        while(! TI)         //如果发送完毕,硬件会置位 TI
        {
            _nop_();
        }
        TI = 0;             //TI 清零
        p++;                //指针 p 加 1
        if(* p == '\0')     //在每个字符串的最后,会有一个 '\0'
        {
            Delay_1ms(1000);    //延时 1 s
            for(i = 0;i<10;i++)
            {
                SBUF = Buffer2[i] + 48;    //加 48 方便转换为 ASCII 码
                while(! TI)                //如果发送完毕,硬件会置位 TI
                {
                    _nop_();
                }
                TI = 0;         //TI 清零
            }
            p = Buffer1;        //给 Buffer1 数据的首地址给指针 p
            Delay_1ms(1000);    //延时 1 s
        }
    }
}
```

(3) 实验现象

在串口调试助手中接收到的数据如图 9-24 所示。每隔 1 s 间隔显示"0123456789"和"ABCDEFGHIJ"。在数组 Buffer1[]中最后的"\n"是回车符号，下次显示的"0123456789"将在下一行开始显示。

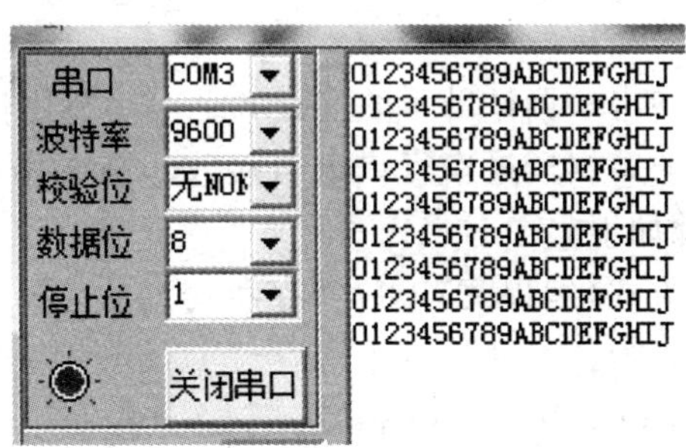

图 9-24 在串口调试助手接收单片机发送的数据

(4) 串行口通信方式 3

另外，这里介绍一下串行口通信方式 3 的数据发送。串行口初始化函数如下，该函数中基本和方式 1 的设置一样，只是在 SCON 赋值时，给 SM0 和 SM1 都赋值 1，让串行口通信工作于方式 3。

```
void ComInit(void)
{
    TMOD = 0x20;
    TH1 = 0xfd;
    TR1 = 1;
    SCON = 0xc0;
}
```

在数据发送时，方式 3 和方式 1 也有一定区别。方式 3 发送数据时的语句如下，第一条语句"ACC = *p"是把要发送的数据给到 ACC 累加器中，然后把奇偶校验位 P 中的数据给到 TB8 中，P 表示的是 ACC 累加器中 1 的个数。如果"TB8=P"，则表示的是奇校验；如果"TB8=! P"，则表示的是偶校验。然后用"SBUF=ACC"指令，把数据发送出去。和方式 1 一样，需要判断是否发送完毕，如果发送完毕，则给 TI 清零。

```
ACC = TEMP;
TB8 = P;
SBUF = ACC;
while(! TI)
{
_nop_();
}
```

```
TI = 0;
```

9.3.3 串行口方式 1 从计算机接收数据

计算机端发送“012345678”,并通过单片机系统的 8 位数码管进行显示。

(1) 软件设计难点

本小节中对单片机和串口调试助手的设置和上一小节比较类似。

计算机端发送过来的数据通过串行口进行接收。需要用串行口中断,初始化的过程有所不同,具体步骤如下:

① 确定 T1 的工作方式(编程 TMOD 寄存器)。

② 计算 T1 的初值,装载 TH1。

③ 启动 T1(编程 TCON 中的 TR1 位)。

④ 确定串行口控制(编程 SCON 寄存器)。

⑤ 串行口在中断方式工作时,要进行中断设置(编程 IE、IP 寄存器)。

在程序代码中,初始化代码为:

```
TMOD = 0x20;     //设置定时器 1 工作于方式 2
TH1 = 0xFd;      //设置波特率 9 600
TR1 = 1;         //启动定时器 1
SCON = 0x50;     //设置串行口工作于方式 1,并让 REN = 1(允许接收)
ES = 1;          //开串口中断
EA = 1;          //开总中断
```

本小节用到的数码管部分电路如图 4 - 6 所示。

(2) 程序代码(见共享资料中例 9.3 文件夹)

```
uchar Buffer[8] = {0};        //从串口接收的数据
/*****************************************************
函数:Com_Init()
参数:无
返回:无
功能:对串行端口进行初始化为方式 0
*****************************************************/
void Com_Init(void)
{
     TMOD = 0x20;          //设置定时器 1 工作于方式 2
     TH1 = 0xFd;           //设置波特率 9 600
     TR1 = 1;              //启动定时器 1
     SCON = 0x50;          //设置串行口工作于方式 1,并让 REN = 1(允许接收)
     ES = 1;               //开串口中断
     EA = 1;               //开总中断
}
```

```
/****************************************************
函数:Com_Int()
参数:无
返回:无
功能:串行口接收数据中断函数
****************************************************/
void Com_Int(void) interrupt 4
{
    static uchar i = 0;    //定义为静态变量,重新进入子函数时 i 的值不会发生改变
    if(RI = = 1)           //当硬件接收到一个数据时,RI 会置位
    {
        Buffer[i] = SBUF - 48; //减去 48 是因为从计算机中发送过来的数据是 ASCII 码
        RI = 0;       //RI 清零
        i + + ;       //接收数据个数加 1
        if(i = = 8)   //接收完 8 个数据,关闭中断,让串行口不再接收数据
        {
            EA = 0;   //关闭总中断
        }
    }
}
//主函数
void Main(void)
{
    uchar i = 0;
    Delay_1ms(100);    //延时 100 ms,让系统稳定
    Com_Init();        //对串行口通信进行初始化
    while(1)
    {
        for(i = 0;i<8;i + + )
        {
            P0 = 0;                      //消影
            P2 = SegPosi[i];             //给位选赋值
            P0 = SegCode[Buffer[i]];     //给段码赋值,从 Buffer[]数据中得到
            Delay_1ms(1);                //延时 1 ms
        }
    }
}
```

(3) 实验现象

单片机串行口接收实验通过串口调试助手发送数据,如图 9 - 25 所示。在数据输入区填写需要在单片机上显示的数据,然后单击“手动发送”向单片机发送串行数据。

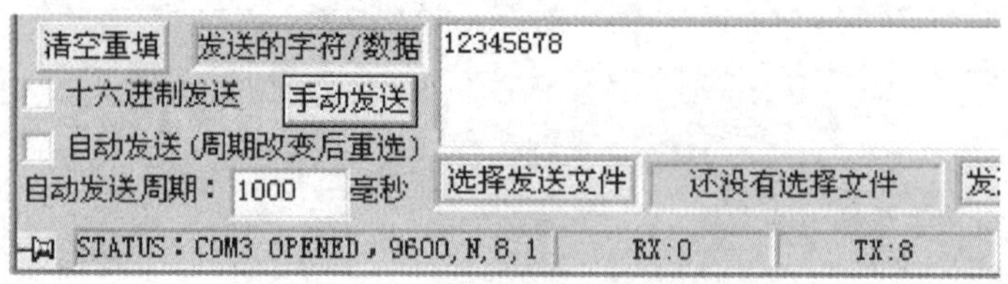

图 9-25 串口调试助手发送数据

在配套单片机实验板上，可以看到 8 个数码管接收到了串口调试助手发送过来的数据，如图 9-26 所示。

图 9-26 接收到的数据在数码管上进行显示

9.3.4 两个单片机之间进行串行口通信

利用串行通信让单片机 A 发送数据给单片机 B。它们之间的串行通信按照一定的协议进行传输。单片机 A 通过矩阵键盘输入信号，通过串口通信把矩阵键盘按键值传送到单片机 B，然后再让单片机 B 对按键值进行分析、处理，按照表 9-7 控制数码管显示。

表 9-7 矩阵键盘按键控制数码管的加减

按键编号	数码管编码	作　用	按键编号	数码管编码	作　用
S1	第 8 位	值加 1	S2	第 8 位	值减 1
S3	第 7 位	值加 1	S4	第 7 位	值减 1
S5	第 6 位	值加 1	S6	第 6 位	值减 1
S7	第 5 位	值加 1	S8	第 5 位	值减 1
S9	第 4 位	值加 1	S10	第 4 位	值减 1
S11	第 3 位	值加 1	S12	第 3 位	值减 1
S13	第 2 位	值加 1	S14	第 2 位	值减 1
S15	第 1 位	值加 1	S16	第 1 位	值减 1

1. 软件设计难点

(1) 串行口通信协议

上面几个实例中，传输的数据相对比较简单。在实际应用中，串行口通信往往会按照某一些协议进行通信，传输的数据往往多个字节，甚至达到几十个字节。在本小节，我们规定单片机 A 和单片机 B 之间的通信协议的数据和功能如图 9－27 所示。

开始	被控芯片		模块	被控数码管	数码管加减	CRC 校验		结束
0x12	0x54	0x10	0x88	0x01～0x08	0x01 或 0x10	XX	XX	0x34

图 9－27　本小节串行口通信的一帧数据

在图 9－27 中，“开始”、“被控芯片”、“模块”、“结束”这 4 个功能是固定的数据。“被控数码管”这个功能用于控制哪一位数码管将会被操作，从右往左分别定义为 0x01～0x08。“数码管加减”这个功能用于控制数码管上的数据是加还是减。如果是 0x01 则被控制数码管的值加 1；如果是 0x10 则被控制数码管的值减 1。“CRC 校验”是对串行口传输数据的前 6 位进行 CRC 校验，保证数据传输的准确性。传输的时候 CRC 低位在前，高位在后。

(2) CRC 校验简介

循环冗余码校验英文名称为 Cyclical Redundancy Check，简称 CRC。它是利用除法及余数的原理来进行错误侦测(Error Detecting)。实际应用时，发送装置计算出 CRC 值并随数据一同发送给接收装置，接收装置对收到的数据重新计算 CRC 并与收到的 CRC 相比较，若两个 CRC 值不同，则说明数据通信出现错误。

根据应用环境与习惯的不同，CRC 又可分为以下几种标准：CRC－12 码、CRC－16 码、CRC－CCITT 码、CRC－32 码。

CRC－12 码通常用来传送 6 bit 字符串。CRC－16 及 CRC－CCITT 码则用来传送 8 bit 字符，其中 CRC－16 为美国采用，而 CRC－CCITT 为欧洲国家所采用。CRC－32 码大都被采用在一种称为 Point-to-Point 的同步传输中。

下面着重讲述 CRC－16 检验码的生成过程。

CRC－16 码由两个字节构成，在开始时 CRC 寄存器的每一位都预置为 1，然后把 CRC 寄存器与 8 位的数据进行异或，之后对 CRC 寄存器从高到低进行移位，在最高位(MSB)的位置补零，而最低位(LSB，移位后已经被移出 CRC 寄存器)如果为 1，则把寄存器与预定义的多项式码进行异或，否则如果 LSB 为零，则无需进行异或。重复上述的由高至低的移位 8 次，第一个 8 bit 数据处理完毕，用此时 CRC 寄存器的值与下一个 8 位数据异或并进行如前一个数据似的 8 次移位。所有字符处理完成后 CRC 寄存器内的值即为最终的 CRC 值。

下面为 CRC16 的计算过程，其中生成多项式为：X16＋X15＋X2＋1。

① 设置 CRC 寄存器，并给其赋值 FFFF(hex)。

② 将数据的第一个 8 bit 字符与 16 位 CRC 寄存器的低 8 位进行异或，并把结果存入 CRC 寄存器。

③ CRC 寄存器向右移一位，MSB 补零，移出并检查 LSB。

④ 如果 LSB 为 0,重复第 3 步;若 LSB 为 1,CRC 寄存器与生成多项式码相异或。

⑤ 重复第③~④步直到 8 次移位全部完成。此时一个 8 bit 数据处理完毕。

⑥ 重复第②~⑤步直到所有数据全部处理完成。

⑦ 最终 CRC 寄存器的内容即为 CRC 值。

CRC 校验的方法比较复杂,在实验代码中,我们列出了 CRC16 校验的函数,大家可以多去学习和分析。另外,大家可以去网上下载 CRC16 校验的软件,通过软件可以得到数据的 CRC16 校验码,以验证 CRC16 函数的正确性。

(3) 两片单片机的连接

通过单片机 A 发送数据并让单片机 B 接收,那么需要让单片机 A 的 TXD 端口和单片机 B 的 RXD 端口连接。8 位数码管显示部分电路如图 4-6 所示。

2. 程序代码

① 单片机 A 通过串行口发送数据,程序代码见共享资料"\例 9.1\例 9.4.1"文件夹。

```
uchar Buffer[9] = {0x12,0x54,0x10,0x88,0x00,0x00,0x00,0x00,0x34}; //需发送的数据
uchar Key_Value = 16;          //矩阵键盘按键返回值,定义 16 为未有键按下
uint xdata crc16;              //用于循环冗余校验
//定义 256 个字节的 CRC 码表,省略部分,详见共享资料
const uint code crc16_tab[256] =
{
    0x0000, 0xC0C1, 0xC181, 0x0140, 0xC301, 0x03C0, 0x0280, 0xC241,
    0xC601, 0x06C0, 0x0780, 0xC741, 0x0500, 0xC5C1, 0xC481, 0x0440,
    ...
    0x4400, 0x84C1, 0x8581, 0x4540, 0x8701, 0x47C0, 0x4680, 0x8641,
    0x8201, 0x42C0, 0x4380, 0x8341, 0x4100, 0x81C1, 0x8081, 0x4040
};
/****************************************************
函数:MakeCrc16()
参数:addr: 进行 CRC16 校验的据块的首地址;len:进行 CRC16 校验的据块的个数
返回:得到的 CRC 校验码
功能:进行 CRC 校验和产生 CRC 代码.这个函数只影响全局变量 crc16
      校验字放在字符串最后,低 8 位在前,高 8 位在后
      msgaddr:进行 CRC16 校验的据块的首地址;datalen:进行 CRC16 校验的据块的个数
      CRC-ITU 的计算算法如下:
      a.寄存器组初始化为全"1"(0xFFFF)
      b.寄存器组向右移动一个字节
      c.刚移出的那个字节与数据字节进行异或运算,得出一个指向值表的索引
      d.索引所指的表值与寄存器组做异或运算
      f.数据指针加 1,如果数据没有全部处理完,则重复步骤 b
      g.寄存器组取反,得到 CRC,附加在数据之后(这一步可省略)
****************************************************/
```

```
uint MakeCrc16(uchar * addr,uchar len)
{
    uchar temp;             //临时变量
    crc16 = 0xffff;          //初始化(已经声明为外部全局变量)
    while(len--)
    {
        temp = crc16 ^ * addr++;
        crc16 >>= 8;
        crc16 ^= crc16_tab[temp];
    }
    return crc16;
}
/*****************************************************
函数:Com_Init()
参数:无
返回:无
功能:对串行端口进行初始化为方式 0
*****************************************************/
void Com_Init(void)
{
    TMOD = 0x20;        //设置定时器 1 工作于方式 2
    TH1 = 0xFD;         //设置方式 2 的溢出值为 0xFD,波特率为 9600
    TR1 = 1;            //启动定时器 1
    SCON = 0x40;        //SM1 = 1,SM0 = 0。串行口工作于方式 1
}
/*****************************************************
函数:Keyscan()
参数:无
返回:按下矩阵按键值
功能:判断矩阵键盘哪个按键被按下,并返回相应的值
*****************************************************/
uchar Keyscan(void)
{
    uchar i,j,k,temp;
    uchar Buffer[4] = {0x0e,0x0d,0x0b,0x07}; //行的某一位为低电平
    for(j = 0;j<4;j++)       //列循环
    {
        temp = 0x10;          //列最低一位为高电平
        for(i = 0;i<4;i++) //行循环
        {
            P1 = Buffer[j]; //分别把某一位为低电平的行码给到 P1 口
            P1 = P1 | temp; //把列码高位和 P1 口相或
```

```
            k = P1 & 0xf0;    //判断列是否被拉低
            if(k = = 0)       //如果为 0,有按键按下
            {
                while(1)
                {
                    if(P1 & 0xf0)         //判断是否释放
                    {
                        Delay_1ms(20); //防止干扰
                        if(P1 & 0xf0)   //再次判断是否释放
                        {
                            break;      //退出循环
                        }
                    }
                }
                return(i + j * 4);        //返回键值
            }
            temp << = 1;                  //如果不是本列被按下,换一列判断
}     }     }
/**************************************************
函数:ComSend()
参数:Key
返回:无
功能:通过串行口发送数据。按下相应的键,就对 Buffer[]数组进行赋值
**************************************************/
uchar ComSend(uchar Key)
{
    uint i;       //用于存储处理后的 CRC 校验码
    uchar j;
    if(Key = = 16)  //没有按键按下,返回
    {
        return 0;
    }
    switch(Key)
    {
        case 0: Buffer[4] = 0x08;Buffer[5] = 0x01; break;//S1 按下,第 8 个数码管加 1
        case 1: Buffer[4] = 0x07;Buffer[5] = 0x01; break;//S2 按下,第 7 个数码管加 1
        case 2: Buffer[4] = 0x06;Buffer[5] = 0x01; break;//S3 按下,第 6 个数码管加 1
        case 3: Buffer[4] = 0x05;Buffer[5] = 0x01; break;//S4 按下,第 5 个数码管加 1
        case 4: Buffer[4] = 0x08;Buffer[5] = 0x10; break;//S5 按下,第 8 个数码管减 1
        case 5: Buffer[4] = 0x07;Buffer[5] = 0x10; break;//S6 按下,第 7 个数码管减 1
        case 6: Buffer[4] = 0x06;Buffer[5] = 0x10; break;//S7 按下,第 6 个数码管减 1
        case 7: Buffer[4] = 0x05;Buffer[5] = 0x10; break;//S8 按下,第 5 个数码管减 1
```

```
        case 8: Buffer[4] = 0x04;Buffer[5] = 0x01; break;//S9 按下,第 4 个数码管加 1
        case 9: Buffer[4] = 0x03;Buffer[5] = 0x01; break;//S10 按下,第 3 个数码管加 1
        case 10: Buffer[4] = 0x02;Buffer[5] = 0x01;break;//S11 按下,第 2 个数码管加 1
        case 11: Buffer[4] = 0x01;Buffer[5] = 0x01;break;//S12 按下,第 1 个数码管加 1
        case 12: Buffer[4] = 0x04;Buffer[5] = 0x10;break;//S13 按下,第 4 个数码管减 1
        case 13: Buffer[4] = 0x03;Buffer[5] = 0x10;break;//S14 按下,第 3 个数码管减 1
        case 14: Buffer[4] = 0x02;Buffer[5] = 0x10;break;//S15 按下,第 2 个数码管减 1
        case 15: Buffer[4] = 0x01;Buffer[5] = 0x10;break;//S16 按下,第 1 个数码管减 1
        default: break;
    }
    i = MakeCrc16(Buffer, 6);        //对前面 6 个字节数据进行 CRC 校验
    Buffer[6] = i % 256;             //把 CRC 校验码的低位给 Buffer[6]
    Buffer[7] = i >> 8;              //把 CRC 校验码的高位给 Buffer[7]
    for(j = 0; j<9; j++)
    {
        SBUF = Buffer[j];            //把数据发送出去
        while(!TI)                   //如果发送完毕,硬件会置位 TI
        {
            _nop_();
        }
        TI = 0;                      //TI 清零
    }
}
//主函数
void Main(void)
{
    uchar i = 0,temp = 0xfe;
    Com_Init();                      //初始化串行口
    while(1)
    {
        P1 = 0xf0;
        if(P1 != 0xf0)               //判断有无按键按下
        {
            Delay_1ms(20);           //按键消抖
            if(P1 != 0xf0)           //第二次判断有无按键按下
            {
                Key_Value = Keyscan();     //矩阵键盘的按键处理
            }
        }
        ComSend(Key_Value);          //通过串行口发送数据
        Key_Value = 16;              //没有按键按下,赋值 16
        Delay_1ms(500);              //按键消抖
```

```
    }
}
```

② 单片机B通过串行口接收数据，程序代码见共享资料"\例 9.4\例 9.4.2"文件夹。

```
uchar Buffer1[8] = {0};          //从串口接收的数据
uchar TAB[8] = {100,100,100,100,100,100,100,100}; //给每位数码管赋值，只取最低位
uint xdata crc16;                //用于循环冗余校验
//定义 256 个字节的 CRC 码表，省略了部分，详见共享资料
const uint code    crc16_tab[256] =
{
    0x0000, 0xC0C1, 0xC181, 0x0140, 0xC301, 0x03C0, 0x0280, 0xC241,
    0xC601, 0x06C0, 0x0780, 0xC741, 0x0500, 0xC5C1, 0xC481, 0x0440,
    ...
    0x4400, 0x84C1, 0x8581, 0x4540, 0x8701, 0x47C0, 0x4680, 0x8641,
    0x8201, 0x42C0, 0x4380, 0x8341, 0x4100, 0x81C1, 0x8081, 0x4040
};
/**************************************************
函数:MakeCrc16()
参数:addr:进行 CRC16 校验的据块的首地址;len:进行 CRC16 校验的据块的个数
返回:得到的 CRC 校验码
功能:进行 CRC 校验和产生 CRC 代码.这个函数只影响全局变量 crc16
      校验字放在字符串最后，低 8 位在前，高 8 位在后
      msgaddr:进行 CRC16 校验的据块的首地址;
      datalen:进行 CRC16 校验的据块的个数
      CRC - ITU 的计算算法如下:
      a.寄存器组初始化为全 1(0xFFFF)
      b.寄存器组向右移动一个字节
      c.刚移出的那个字节与数据字节进行异或运算，得出一个指向值表的索引
      d.索引所指的表值与寄存器组做异或运算
      f.数据指针加 1，如果数据没有全部处理完，则重复步骤 b
      g.寄存器组取反，得到 CRC，附加在数据之后(这一步可省略)
**************************************************/
uint MakeCrc16(uchar *addr,uchar len)
{
    uchar temp;                    //临时变量
    crc16 = 0xffff;                //初始化(已经声明为外部全局变量)
    while(len--)
    {
        temp = crc16^*addr++;
        crc16>>=8;
        crc16^=crc16_tab[temp];
    }
```

```
    return crc16;
}
/*****************************************************
函数:Com_Int()
参数:无
返回:无
功能:串口中断子函数
*****************************************************/
void Com_Int(void) interrupt 4
{
    static uchar j = 0;      //定义为静态变量,重新进入该函数时 i 的值不会发生改变
    uint temp;
    if(RI = = 1)             //当硬件接收到一个数据时,RI 会置位
    {
        Buffer1[j] = SBUF; //把接收到的数据传给 Buffer1[]数组存储
        RI = 0;              //RI 清零
        j + +;
        if(j = =9)           //接收到 9 位数据后进行以下操作
        {
            j = 0;           //i 清零,方便下一帧数据的接收
            temp = MakeCrc16(Buffer1,6);    //对前 6 个字节进行 CRC 校验
            //判断接收到的 CRC 校验码和计算的 CRC 校验码是否一致
            if((Buffer1[6] = = temp % 256) && (Buffer1[7] = = temp>>8))
            {
                switch(Buffer1[4])  //判断哪一位数码管被控制
                {
                    case 0x08:        //第 8 位数码管被控制,最左边一位
                    {
                        if(Buffer1[5] = = 0x01)  //如果 Buffer1[5]为 0X01
                        {
                            TAB[7] + = 1;        //数码管值加 1
                        }
                        if(Buffer1[5] = = 0x10)  //如果 Buffer1[5]为 0X10
                        {
                            TAB[7] - = 1;        //数码管值减 1
                        }
                    }
                    break;
                    //其他数码管的控制和上面 case 语句类似,这里省略了,详见共享资料
                    default:break;
 }     }     }     }     }
/*****************************************************
```

```
函数:ComInit()
参数:无
返回:无
功能:串行口通信初始化
*************************************************************/
void ComInit(void)
{
    TMOD = 0x20;     //定时器 1 的方式 2
    TH1 = 0xFd;      //设置波特率 9 600
    TR1 = 1;         //启动定时器 1
    SCON = 0x50;     //允许接收
    ES = 1;          //开串口中断
    EA = 1;          //开总中断
}
//主函数
void Main(void)
{
    uchar i = 0;
    ComInit();       //串行口初始化
    while(1)
    {
        for(i = 0;i<8;i + +)
        {
            P0 = 0;                      //消影
            P2 = SegPosi[7 - i];         //位码
            P0 = SegCode[TAB[i] % 10];   //段码
            Delay_1ms(1);
        }
    }
}
```

3. 实验现象

按下矩阵键盘上的 S1～S16,通过单片机 B 与单片机 A 进行串行口通信,再利用单片机 A 去控制数码管进行相应的显示,如图 9 - 28 所示。8 个数码管值的加减如表 9 - 7 所列。

图 9 - 28　在 8 位数码管上反应单片机 A 的按键值

第 10 章

单片机的看门狗和电源控制

10.1 单片机看门狗

在单片机系统中，由于单片机的工作有可能会受到电磁场或电脉冲的干扰，造成程序的跑飞，程序的正常运行被打断。此时，单片机系统无法继续工作并造成整个系统陷入停滞状态，发生不可预料的后果，所以出于对单片机运行状态实时监测的考虑，一般单片机内部都含有看门狗(WatchDog)功能。

看门狗定时器(Watchdog Timer)是当系统超过某个设定时间没有动作时，看门狗定时器就自动复位，让系统恢复为正常运作状态。看门狗的工作原理为：单片机系统正常运行时，看门狗定时器也在做加 1 运算。在看门狗定时器溢出之前对看门狗定时器进行“喂狗”(给看门狗定时器复位)操作，那么单片机系统就继续正常工作。一般把“喂狗”操作放在单片机定时器中，当单片机定时器溢出时对看门狗定时器“喂狗”。但是，由于干扰等原因，单片机程序运行混乱后，单片机能让看门狗定时器“喂狗”，那么单片机系统会复位，从程序的最开始执行。

本章会对 AT89S52 和 STC89C52RC 两种单片机的看门狗定时器进行介绍。

(1) AT89S52 的看门狗

AT89S52 单片机的看门狗定时器由一个 14 位定时器和 WDTRST 寄存器构成，而看门狗定时器的预置状态停用。若要启用看门狗功能，则需要依次将 0x1E 和 0xE1 写入 WDTRST 寄存器，此寄存器的地址是 0xA6。启用看门狗后，此计数器将随时钟脉冲的机器周期递增计数。只有复位(RESET 引脚复位或看门狗溢出复位)才会停用看门狗。虽然启用看门狗后不可停用，但是可以复位它，让它重新定时。而复位看门狗的方法和启用看门狗方法一样，只要将 0x1E 和 0xE1 放入 WDTRST 寄存器即可。

当 14 位定时器溢出(达到 0x3FFF)，看门狗将产生一个高电平的复位信号。以 12 MHz 的时钟脉冲为例，每 0x3FFF(16 383)个机器周期时间约为 0.016 383 s。也就是看门狗定时器的“喂狗”时间必须小于 16 ms。比如，可以利用单片机的定时器，设定定时时长为 10 ms，在定时中断函数中对看门狗进行“喂狗”。

(2) STC89C52RC的看门狗

STC89C52RC的看门狗和AT89S52的看门狗的工作原理是一样的，但是使用上稍微复杂一些。STC89C52RC的看门狗名称WDT_COUNT，地址QxE1，各位定义如下：

位7和位6：保留。

END_WDT：位5，看门狗允许位，当设为1时，看门狗启动。

CLK_WDT：位4，看门狗清零位，当设为1时，看门狗将重新计数，硬件将自动清零该位。

IDLE_WDT：位3，看门狗空闲模式位，当设为1时，看门狗定时器在空闲模式时计数；当设置为0时，看门狗定时器在空闲模式时不计数。

PS2，PS1，PS0：位2～0，用于设置预分频值。看门狗的溢出时间 T 为：(12×预分频× 32 768)/晶振值。

当晶振值为11.059 2 MHz时，不同的PS2，PS1，PS0对应的溢出时间如表10-1所列。

表10-1　PS2，PS1，PSB0对应的溢出时间

PS2	PS1	PS0	预分频	溢出时间	PS2	PS1	PS0	预分频	溢出时间
0	0	0	2	71.1 ms	1	0	0	32	1.137 7 s
0	0	1	4	142.2 ms	1	0	1	64	2.275 5 s
0	1	0	8	284.4 ms	1	1	0	128	4.551 1 s
0	1	1	16	568.8 ms	1	1	1	256	9.102 2 s

10.2　实例——手把手讲解看门狗

10.2.1　AT89S52的看门狗

在8位数码管的最右边两位显示两位十进制数据，每隔1 s数据的值加1。在程序中启动看门狗，并在定时器中断函数中每隔10 ms复位看门狗。

(1) 软件设计难点

AT89S52单片机看门狗定时器的地址为0xA6。在标准的reg52.h头文件中，没有声明0xA6这个寄存器，需要在头文件或者C文件开头添加该寄存器，声明的语句如下：

```
sfr WDTRST = 0xA6;
```

进行了如上声明后，即可在程序中用下列命令启动WDT或复位WDT：

```
WDTRST = 0x1E;
WDTRST = 0xE1;
```

(2) 程序代码(见共享资料中例 10.1 文件夹)

```
sfr WDTRST = 0xA6;       //声明看门狗寄存器
uchar Count = 0;         //定义计数值
/***********************************************
函数:Time0Init()
参数:无
返回:无
功能:设置定时器 0 的工作方式 1 定时时长为 10 ms,并打开中断和启动定时器
     该例中使用的单片机晶振为 11.059 2 MHz
***********************************************/
void Time0Init()
{
    TMOD = 0x01;      //设定定时器 0 工作在方式 1 模式
    TH0  = 0xDC;      //重新装载初值高位
    TL0  = 0x00;      //重新装载初值低位
    ET0 = 1;          //打开定时器 0 中断
    EA = 1;           //打开总中断
    TR0 = 1;          //启动定时器
}
/***********************************************
函数:Time0Inter()
参数:无
返回:无
功能:计数溢出后,Count 的值加 1,并重装初值
***********************************************/
void Time0Inter() interrupt 1
{
    TH0  = 0xDC;        //重新装载初值高位
    TL0  = 0x00;        //重新装载初值低位
    Count + + ;         //计数变量加 1
    WDTRST = 0x1E;      //“喂狗”,如果没这两行单片机就会复位,数码管上始终显示 00
    WDTRST = 0xE1;
}
//主函数
void Main(void)
{
    uchar temp = 0;
    Time0Init();            //初始化定时器
    WDTRST = 0x1e;          //启动看门口定时器
    WDTRST = 0xe1;
    while(1)
```

```
    {
        Count = 0;
        while(Count< = 20)     //0.2 s,数码管显示的值加 1
        {
            P0 = 0;
            P2 = 0xfd;
            P0 = SegCode[temp / 10 % 10];
            Delay_1ms(5);
            P0 = 0;
            P2 = 0xfe;
            P0 = SegCode[temp % 10];
            Delay_1ms(5);
        }
        temp + + ;     //显示值加 1
    }
}
```

10.2.2 STC89C52RC 的看门狗

在 8 位数码管的最右边两位显示两位十进制数据，每隔 0.2 s 数据的值加 1。在程序中启动看门狗，并在定时器中断函数中每隔 50 ms 复位看门狗。

(1) 软件设计难点

STC89C52RC 单片机看门狗定时器的地址为 0xE1。在标准的 reg52.h 头文件中，没有声明 0xE1 这个寄存器，需要在头文件或者 C 文件开头添加该寄存器，声明的语句如下：

```
sfr WDTRST =  0xE1;
```

进行了如上声明后，即可在程序中用命令启动 WDT 或复位 WDT，就需要对 WDTRST 进行赋值，将 EN_WDT 和 CLR_WDT 设置为 1，并将 PS2、PS1 和 PS0 都设置为 0，让看门狗溢出时间设置为 2 分频。如果是 11.059 2 MHz 晶振，溢出时间为 71.1 ms(WDTRST 赋值为 0x30)，所以，单片机的定时器的溢出时间可设为 50 ms。

(2) 程序代码(见共享资料中例 10.2 文件夹)

该代码和上一小节代码的区别仅在于对看门狗定时寄存器的赋值，所以这里省略掉代码，详细代码请参考共享资料。

有两处修改的地方：

① AT89S52 单片机的看门狗定时寄存器声明为“sfr WDTRST = 0xA6;”，STC89C52RC 单片机的看门狗定时寄存器地址为 0xE1，所以声明为“sfr WDTRST = 0xE1;”。

② AT89S52 和 STC89C52RC 单片机的启动和复位看门狗定时器的赋值不一

样，AT89S52 中是依次赋值 0x1E 和 0xE1，STC89C52RC 只需给 WDTRST 赋值 0x30 就可以了。

10.3 单片机的电源控制

在单片机系统中，功耗是一个比较重要的参数。为了让系统的功耗更低，常常要让单片机进入空闲模式或掉电模式，以达到省电的目的。PCON 寄存器中的最后两位 IDL 和 PD，用于设定是否进入空闲模式或掉电模式。PCON 寄存器的各位内容如表 10－2 所列。

表 10－2 PCON 寄存器的各位内容

位 7	位 6	位 5	位 4	位 3	位 2	位 1	位 0
SMOD	—	—	—	GF1	GF0	PD	IDL

PD：掉电模式位。当 PD＝1 时，进入掉电模式；PD＝0 时，结束掉电模式。

IDL：空闲模式位。当 IDL＝1 时，进入空闲模式；IDL＝0 时，结束空闲模式。

（1）空闲模式

当单片机进入空闲模式时，除 CPU 处于休眠状态外，其余硬件全部处于活动状态，芯片程序未涉及的数据存储器和特殊功能寄存器中的数据在空闲模式期间都将保持原值。但假定时器正在运行，那么计数器寄存器中的值还将会增加。单片机在空闲模式下可由任一个中断或硬件复位唤醒。需要注意的是，使用中断唤醒单片机时，程序从原来停止处继续运行；当用硬件复位唤醒单片机时，程序将从头开始执行。让单片机进入空闲模式通常是为了降低系统的功耗。举个很简单的例子，大家都用过数字万用表，在正常使用的时候，表内部的单片机处于正常工作模式，当不用且又忘记了关掉万用表的电源，大多数表在等待数分钟后，若没有人为操作，它便会自动将液晶显示关闭，以降低系统功耗，类似这种功能的实现就是使用了单片机的空闲模式或是掉电模式。

（2）掉电模式

当单片机进入掉电模式时，外部晶振停振、CPU、定时器、串行口全部停止工作，只有外部中断继续工作。使单片机进入休眠模式的指令将成为休眠前单片机执行的最后一条指令，进入休眠模式后，芯片中程序未涉及的数据存储器和特殊功能寄存器中的数据都将保持原值。可由外部中断低电平触发或由下降沿触发中断或者硬件复位模式唤醒单片机，需要注意的是，使用中断唤醒单片机时，程序从原来停止处继续运行；当使用硬件复位唤醒单片机时，程序将从头开始执行。

空闲模式和掉电模式都是为了让系统降低功耗。它们之间的区别为：空闲模式，功耗降低一大半，掉电模式功耗几乎为 0，都可通过中断唤醒。空闲模式，代码不再执行，只有定时器工作，能通过定时器中断唤醒；然而掉电模式，只能通过外部中断唤醒。

在编写代码时，要使用掉电模式或空闲模式，首先要定义定时器中断或外部中断。当给 PCON 赋值为 0x01 或者 0x02 时，进入空闲模式或掉电模式。当触发计数器或外部中断时，系统恢复工作。

10.4 实例——手把手讲解电源控制

按下 P3.4 端口所控制的按键后，进入掉电模式或空闲模式，可以通过外部中断 0 的 P3.2 端口恢复正常工作状态。本节仅介绍 AT89S52 的省电模式，STC 系列的省电模式请参考其他使用手册。

(1) 软件设计难点

对 AT89S52 单片机的电源控制很简单，只需要对 PCON 进行赋值。要让系统处于掉电模式时，给 PCON 赋值 0x02；要让系统处于空闲模式时，给 PCON 赋值 0x01。

可以通过外部中断 0 来让系统工作于正常工作模式。

(2) 程序代码(见共享资料中例 10.3 文件夹)

```
sbit KEY = P3^4;
uchar Count;
/*****************************************************
函数:Time0Init()
参数:无
返回:无
功能:设置定时器 0 的工作方式 1 定时时长为 50 ms 并打开中断和启动定时器
     该例中使用的单片机晶振为 11.059 2 MHz
*****************************************************/
void Time0Init()
{
    TMOD = 0x01;      //设定定时器 0 工作在方式 1 模式
    TH0  = 0x3C;      //重新装载初值高位
    TL0  = 0xB0;      //重新装载初值低位
    ET0 = 1;          //打开定时器 0 中断
    TR0 = 1;          //启动定时器
}
/*****************************************************
函数:Time0Inter()
参数:无
返回:无
功能:计数溢出后,Count 的值加 1,并重装初值
*****************************************************/
```

```
void Time0Inter() interrupt 1
{
    TH0   = 0x3C;        //重新装载初值高位
    TL0   = 0xB0;        //重新装载初值低位
    Count + + ;          //计数变量加 1
}
/*************************************************
函数:OutsideInter()
参数:无
返回:无
功能:进入外部中断 0 中断函数后,对 PCON 清零,进入正常工作模式
*************************************************/
void OutsideInter(void) interrupt 0
{
    PCON = 0;
}
//主函数
void Main(void)
{
    uchar temp = 0;
    Time0Init();           //初始化定时器
    EX0 = 1;               //启用外部中断
    EA = 1;                //打开总中断
    while(1)
    {
        Count = 0;
        while(Count< = 20)      //每隔 1 s,数码管显示的值加 1
        {
            P0 = 0;
            P2 = 0xfd;
            P0 = SegCode[temp / 10 % 10];
            Delay_1ms(5);
            P0 = 0;
            P2 = 0xfe;
            P0 = SegCode[temp % 10];
            Delay_1ms(5);
            if(KEY = = 0)
            {
                Delay_1ms(15);
                if(KEY = = 0)
                {
                    PCON = 0x02;        //进入掉电模式
```

```
                }
            }
        }
        temp++;                          //显示值加1
    }
}
```

第 11 章

1602 液晶

11.1 1602 液晶简介

液晶应用十分广泛，如计算机屏幕、手机屏幕、电子手表、电视等都使用到液晶显示。它体积小、功耗低、环保且操作简单。

液晶，即液态 (Liquid Crystal，LC)，因为具有特殊的理化与光电特性，20 世纪中期开始被广泛应用在轻薄型的显示技术上。人们熟悉的物质状态为气、液、固，较为生疏的是等离子和液晶。液晶相要具有特殊形状分子组合才会产生，它们可以流动，又拥有结晶的光学性质。

液晶显示器(Liquid Crystal Display，LCD)是以电流刺激液晶分子产生点、线、面并配合背部灯管构成画面。LCD 的控制必须使用专用的驱动电路，而且 LCD 面板的连线需要特殊的技巧，加上 LCD 面板结构较脆弱，因此一般不会单独使用，而是将 LCD 面板、驱动与控制电路组合而成一个 LCD 模块。

1602 液晶是使用很广泛的一种液晶，它的命名通常是按照显示字符的行数或液晶点阵的行、列数来命名的。1602 液晶可以显示两行的 16 个字符。

(1) 1602 液晶实物图

1602 液晶正反面实物图如图 11-1 和图 11-2 所示。

图 11-1　1602 液晶正面实物图

图 11－2　1602 液晶背面实物图

(2) 引脚说明

1602 液晶引脚接口如表 11－1 所列。

表 11－1　1602 液晶接口信号说明

编　号	符　号	引脚说明	编　号	符　号	引脚说明
1	VSS	电源地	9	D2	数据
2	VDD	电源正极	10	D3	数据
3	VL	液晶显示对比度调节器	11	D4	数据
4	RS	数据/命令选择(H,数据模式;L,命名模式)	12	D5	数据
5	R/W	读/写选择(H,读;L,写)	13	D6	数据
6	E	使能信号端	14	D7	数据
7	D0	数据	15	BLA	背光源正极
8	D1	数据	16	BLK	背光源负极

(3) 电气特性(见表 11.2)

(4) RAM 地址映射图

1602 液晶的控制器内部带有 80 字节的 RAM 缓冲区，它内部 RAM 地址映射表如图 11－1 所列。当向 00H～0FH、40H～4FH 地址中的任何一个地址写入显示数据时，液晶都可以立即显示出来；当写入到 10H～27H 或 50H～67H 地址时，必须通过移屏指令将它们移到正常的区域才能显示。

表 11－2　1602 液晶电气特性

显示字符数	16×2 个字符
正常工作电压	4.5～5.5 V
正常工作电流	2.0 mA(5.0 V)
最佳工作电压	5.0 V
工作温度	－10～＋60℃

LCD
16字×2行

00	01	02	03	04	05	06	07	08	09	0A	0B	0C	0D	0E	0F	10	……	27
40	41	42	43	44	45	46	47	48	49	4A	4B	4C	4D	4E	4F	50	……	67

图 11－3　1602 液晶内部 RAM 地址映射表

1602 液晶只能显示 ASCII 码字符，如数字、大小写字母、各种符号等。ASCII 码在前面串口通信章节已经给大家介绍了，见表 9－6。

11.2 1602 液晶的指令

(1) 显示模式设置

在对 1602 液晶操作时，最开始是设置它的显示模式，如果显示标准的 ACSII 码，应该给它写入 0x38 这个指令，功能为：设置 16×2 显示，5×7 点阵，8 位数据接口。

(2) 清零指令

1602 液晶的清零指令有两种，显示清屏和显示回车，如表 11－3 所列。

表 11－3 1602 液晶的清零指令

指令码	功 能
01H	显示清屏：数据指针清零；所有显示清零
02H	显示回车：数据指针清零

(3) 显示开/关光标设置

1602 液晶显示光标的设置及对应功能如表 11－4 所列。

表 11－4 显示开/关光标设置

指令码								功 能
0	0	0	0	1	D	C	B	D=1，开显示；D=0，关显示； C=1，显示光标；C=0，不显示光标； B=1，光标闪烁；B=0，光标不闪烁
0	0	0	0	0	1	N	S	N=1，当读或写一个字符后地址指针加 1，且光标加 1； N=0，当读或写一个字符后地址指针减 1，且光标减 1； S=1，当写一个字符，正屏显示左移(N=1)或右移(N=0)，以得到光标不移动或屏幕移动的结果； S=0，当写一个字符时，屏幕显示不移动
0	0	0	1	0	0	0	0	光标左移
0	0	0	1	0	1	0	0	光标右移
0	0	0	1	1	0	0	0	整屏左移，同时光标跟随移动
0	0	0	1	1	1	0	0	整屏右移，同时光标跟随移动

(4) 数据指针设置

从 1602 液晶的 RAM 地址映射表(图 11－1)可以知道，每个显示的数据对应一个地址，同时控制器内部设有一个数据地址指针，要显示数据就需要设置好数据指针。用户可以通过它们访问内部的全部 80 字节的 RAM 地址，数据指针如表 11－5 所列。

表 11-5　1602 液晶的数据指针

指针设置	说　明
80H＋地址码(00H～27H)	显示第一行数据
80H＋地址码(40H～67H)	显示第二行数据

(5) 1602 液晶初始化过程

1602 液晶显示初始化过程如下：

① 延时 15ms,写指令 38H；

② 延时 5ms,写指令 38H；

③ 延时 5ms,写指令 38H,延时 5 ms；

(以上都不检测忙信号)

(以下都要检测忙信号)

④ 延写指令 38H；

⑤ 写指令 08H(关闭显示)；

⑥ 写指令 01H(显示清屏)；

⑦ 写指令 06H(光标移动设置)；

⑧ 写指令 0CH(显示开及光标设置)。

11.3　1602 液晶时序

(1) 状态字

在每次对控制器进行读/写操作之前,都必须进行读/写检测(或称忙检测),当 D7 位为 1 时,表明 1602 液晶正在进行读/写操作,所以确保状态字最高位 D7 为 0 才能进行下一步操作。1602 液晶状态字如图 11-4 所示。

D7	D6	D5	D4	D3	D2	D1	D0
1：禁止；0：允许	当前地址指针的数值						

图 11-4　1602 液晶状态字

(2) 基本操作时序

1602 液晶的基本操作有 4 种,如表 11-6 所列。

表 11-6　1602 的基本操作时序

基本操作	输　入	输　出
读状态	RS=L, R/W=H, E=H	D0～D7 即,状态字
读数据	RS=H, R/W=H, E=H	无
写指令	RS=L, R/W=L, E=高脉冲,D0～D7=指令	D0～D7,即数据
写数据	RS=H, R/W=L, E=高脉冲,D0～D7=数据	无

在 1602 液晶的控制中，读操作时序很少用到。在对液晶状态进行忙检测时要用到读操作时序，如图 11－5 所示。

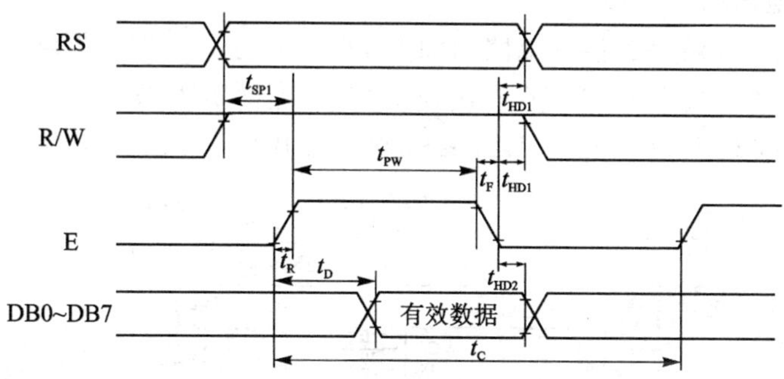

图 11－5　1602 液晶的读时序操作时序图

①当 RS＝0 时，读出的是状态；当 RS＝1 时，读出的是数据。

② R/W 端口置为高电平，为读模式。

③ 给 E 一个高脉冲，让 1602 液晶进行读操作。

④ 在 DB0～DB7 上得到的就是从 1602 液晶中读出的一个字节的数据，忙状态标识在数据位的最高位 DB7。

1602 液晶写操作时序的时序图如图 11－6 所示。

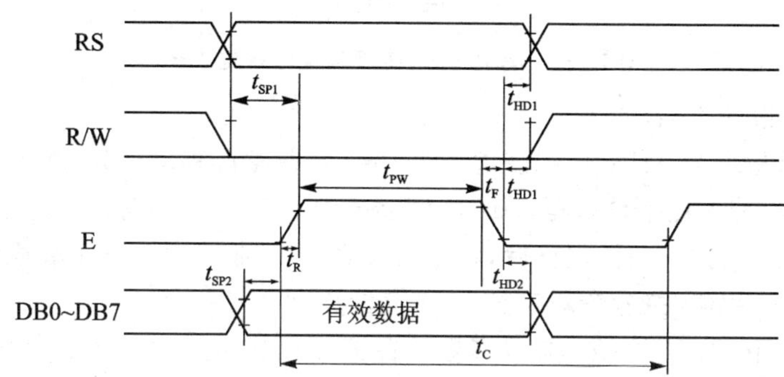

图 11－6　1602 液晶写操作时序图

① 当 RS＝0 时，写入的是指令；当 RS＝1 时，写入的是数据。

② R/W 端口赋为低电平，为写模式。

③ 在 DB0～DB7 上输入要写入一个字节的数据或者指令。

④ 给 E 一个高脉冲将数据送入 1602 液晶，完成写操作。

11.4　实例——手把手讲解 1602 液晶显示字符

在 1602 液晶上显示如下字符串，第一行：“ *　Welcome To　* ”；第二行：“The

MCU World”。显示 2 s 后,让上一行的字符串从 1602 液晶的右边开始显示,每隔 0.5 s 整屏左移一位,左移 16 次后停止并一直显示上一行的字符串。

(1) 硬件电路图

单片机与 1602 液晶连接的电路图如图 11－7 所示,AT89S52 单片机的 P2.7 端口连接到 1602 液晶的 E 端,P2.6 连接到 1602 液晶的 RW 端,P2.5 连接到 1602 液晶的 RS 端。1602 液晶的 DB0～DB7 端连接到单片机的 P0 口。

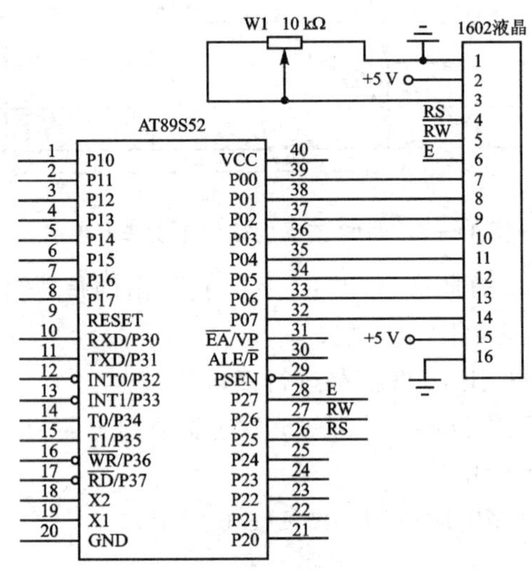

图 11－7 单片机和 1602 液晶连接电路图

(2) 软件设计难点

整屏左移指令为 0x18,用到该指令让 1602 液晶整屏移动十分方便。

在代码里,首先让字符串写入 1602 液晶的内部 RAM 中,写入地址是 90H(第一行)和 D0H(第二行)。整体左移后,就会依次从 1602 液晶的右边开始显示出来。

(3) 程序代码(见共享资料中例 11.1 文件夹)

在该程序中,把 1602 液晶驱动函数放在头文件中,也方便后面在使用 1602 液晶驱动函数的时候可以直接调用该函数。

1602 液晶驱动函数的头文件为:

```
#ifndef __1602_H
#define __1602_H
#define uchar unsigned char
#define uint unsigned int
sbit E = P2^7;             //1602 使能引脚
sbit RW = P2^6;            //1602 读/写引脚
sbit RS = P2^5;            //1602 数据/命令选择引脚
void Delay_6us(void);
void Delay_1ms(uint);
```

```
void Busy(void);
void WriteCmd(uchar);
void WriteData(uchar);
void LcdInit(void);
void SendChar(uchar,uchar,uchar);
void SendString(uchar,uchar,uchar * p);
#endif
```

1602 液晶驱动函数的 C 语言文件为：

```
#include"1602.h"
/*************************************************
函数:Delay_6us()
参数:无
返回:无
功能:延时 6 μs,用在读/写操作时序时作为短暂延时
*************************************************/
void Delay_6us(void)
{
    _nop_();
    _nop_();
}
/*************************************************
函数:Busy()
参数:无
返回:无
功能:这个是一个读状态函数,读出函数是否处在忙状态
*************************************************/
void Busy(void)
{
    bit busy_flag = 0;
    RS = 0;
    RW = 1;
    E = 1;
    Delay_6us();
    while(1)
    {
        P0 = 0xFF;          //给 P0 口赋值,让 P0 口处于确定的电平状态
        E = 0;
        Delay_6us();
        E = 1;
        Delay_6us();
        busy_flag = (bit)(P0 & 0x80);   //判断 D7
        if(! busy_flag)                 //判断 D7 是否为 0
```

```
            {
                break;
            }
        }
        E = 0;
    }
/ ****************************************************
函数:WriteCmd()
参数:Cmdcode:写入的命令
返回:无
功能:1602 液晶写命令函数
****************************************************/
void WriteCmd(uchar Cmdcode)
{
    RS = 0;
    RW = 0;
    E = 0;
    Delay_6us();
    P0 = Cmdcode;          //把命令给 P0 口
    Delay_6us();
    E = 1;
    Delay_6us();
    E = 0;
}
/ ****************************************************
函数:WriteData()
参数:zdata:写入的数据
返回:无
功能:1602 液晶写数据函数
****************************************************/
void WriteData(uchar zdata)
{
    RS = 1;
    RW = 0;
    E = 0;
    Delay_6us();
    P0 = zdata;              //把数据给 P0 口
    Delay_6us();
    E = 1;
    Delay_6us();
    E = 0;
}
```

```
/****************************************************
函数:LcdInit()
参数:无
返回:无
功能:1602 液晶初始化函数
****************************************************/
void LcdInit(void)
{
    Delay_1ms(15);
    WriteCmd(0x38);  //设置显示模式
    Delay_1ms(5);
    WriteCmd(0x38);
    Delay_1ms(5);
    WriteCmd(0x38);
    Busy();
    WriteCmd(0x38);
    Busy();
    WriteCmd(0x08);        //显示关闭
    Busy();
    WriteCmd(0x01);        //显示清屏
    Busy();
    WriteCmd(0x06);        //显示开和光标设置
    Busy();
    WriteCmd(0x0c);        //显示光标移动设置
}
/****************************************************
函数:SendChar()
参数:line,row, * p
返回:无
功能:在 1602 液晶某一个位置显示一个 ASCII 码字符。
      line 为液晶的行参数,row 为液晶的列参数,* p 为要写入的数据。
      比如:在第一行的第一个位置显示一个"A",可以这样调用函数。
      SendChar(1,0,'A');
****************************************************/
void SendChar(uchar line,uchar row,uchar zdata)
{
    uchar addr;
    if(line = = 1)
    {
        addr = 0x80;        //设置液晶第一行数据指针首地址
    }
    if(line = = 2)
```

```
    {
        addr = 0xc0;          //设置液晶第二行数据指针首地址
    }
    addr = addr + row;        //需要控制 1602 液晶的地址
    Busy();
    WriteCmd(addr);           //写入地址
    Busy();
    WriteData(zdata);         //写入数据
}
/*****************************************************
函数:SendString()
参数:line,row,*p
返回:无
功能:在 1602 液晶某一个位置开始显示一串 ASCII 码字符。
     line 为液晶的行参数,row 为液晶的列参数,*p 为要写入的数据。
     比如:在第一行的第 5 个位置开始显示一串数据"123ABC",可以这样调用函数。
     SendString(1,4,"123ABC");
*****************************************************/
void SendString(uchar line,uchar row,uchar *p)
{
    uchar addr;
    if(line == 1)
    {
        addr = 0x80;          //设置液晶第一行数据指针首地址
    }
    if(line == 2)
    {
        addr = 0xc0;          //设置液晶第二行数据指针首地址
    }
    addr = addr + row;        //需要控制 1602 液晶的地址
    while(1)
    {
        Busy();
        WriteCmd(addr);       //写入地址
        Busy();
        WriteData(*p);        //写入数据
        addr++;               //地址加 1
        p++;                  //数据指针加 1
        if(*p == '\0')        //判断是否到字符串末尾
        {
            break;
        }
```

```
    }
}
```

控制 1602 液晶如何显示的 C 语言函数为：

```
//主函数
void Main(void)
{
    uchar i;
    LcdInit();     //初始化 1602 液晶,清屏
    SendString(1,0,"   Welcome To    ");
    SendString(2,0,"  The MCU World ");
    SendChar(1,0,'*');
    SendChar(1,15,'*');
    Delay_1ms(2000);
    LcdInit();   //初始化 1602 液晶,清屏
    SendString(1,16,"   Welcome To    ");
    SendString(2,16,"  The MCU World ");
    SendChar(1,16,'*');
    SendChar(1,31,'*');
    for(i = 0;i<16;i++)
    {
        Busy();
        WriteCmd(0x18);        //整屏左移
        Delay_1ms(500);        //间隔时间 0.5 s
    }
    while(1)                   //停止
    {
    }
}
```

(4) 实验现象

1602 液晶上首先会显示图 11-8 所示字符，2 s 后清屏，然后每隔 0.5 s 1602 液晶的整屏左移一位并在 1602 上显示，最后还是显示图 11-8 所示字符。

图 11-8　1602 液晶显示字符

第 12 章

12864 液晶

12.1　12864 液晶简介

在前一章中学习了 1602 液晶，它是 5×7 的点阵组成一个显示单元，可以显示英文字符、阿拉伯数字和简单的符号。如果要想显示汉字或图像，5×7 的点阵单元显然不够。这一章就为大家介绍一款控制芯片为 ST7920 的带汉字字库的 12864 液晶。

12864 液晶是 128×64 点阵的汉字图形液晶显示模块，可显示汉字及图形，内置国标 GB2312 码简体中文字库(16×16 点阵)、128 个字符(8×16 点阵)及 64×256 点阵显示 RAM(GDRAM)。12864 液晶可与单片机直接连接，可以通过并行方式或串行方式和单片机接口。

(1) 12864 液晶实物图

图 12－1 为 12864 液晶正面图，图 12－2 为 12864 液晶背面图。12864 液晶比 1602 液晶大一些，可以显示更多的内容。

图 12－1　12864 液晶正面图

图 12－2　12864 液晶背面图

(2) 引脚说明

12864 液晶一共有 20 个引脚，在 12864 的背面一般都有引脚顺序的标号。各引脚的功能说明如表 12－1 所列。

表 12-1　12864 液晶引脚说明

编　号	符　号	引脚说明
1	VSS	电源地
2	VDD	电源正极
3	VO	液晶显示对比度调节器
4	RS (CS)	并行模式:数据/命名选择端(H,数据模式;L,命名模式) 串行模式:片选信号
5	R/W (SID)	并行模式:读/写选择端(H,读;L,写) 串行模式:数据口
6	E (SCLK)	并行模式:使能端 串行模式:同步信号
7	D0	数据 0
8	D1	数据 1
9	D2	数据 2
10	D3	数据 3
11	D4	数据 4
12	D5	数据 5
13	D6	数据 6
14	D7	数据 7
15	PSB	发送数据模式(H,并行模式;L 串行模式)
16	NC	空脚
17	$\overline{\text{RST}}$	复位引脚(低电平复位)
18	NC	空脚
19	LEDA	背光电源正极
20	LEDK	背光电源负极

(3) 主要技术参数(见表 12-2)

表 12-2　主要技术参数表

工作电压	4.5～5.5 V
最佳工作电压	5.0 V
显示容量	128 行×64 列
最大字符数	128 个字符(8×16 点阵)
与 MCU 接口	8 位并行口/3 位串行口
工作温度	-10～+60℃

12.2　12864 液晶指令

12864 液晶的指令包括基本指令集和扩展指令集两部分。下面分别对它们进行介绍。

12.2.1 基本指令集

(1) 清除显示

DB7	DB6	DB5	DB4	DB3	DB2	DB1	DB0
0	0	0	0	0	0	0	1

功能：将 DDRAM 填满 20H，即空格，清除屏幕显示，并设定 DDRAM 的地址计数器为 00H。

(2) 位址归位

DB7	DB6	DB5	DB4	DB3	DB2	DB1	DB0
0	0	0	0	0	0	1	X

功能：设定 DDRAM 位址计数器为 00H，并且将游标移到开头原点位置，这个指令并不改变 DDRAM 的内容。

(3) 进入设定点

DB7	DB6	DB5	DB4	DB3	DB2	DB1	DB0
0	0	0	0	0	1	I/D	S

功能：设定光标移动方向并指定整体显示是否移动。I/D＝1，光标右移；I/D＝0，光标左移。S＝1 且 DDRAM 为写状态：整体显示移动，方向由 I/D 决定。S＝0 或 DDRAM 为读状态：整体显示不移动。

(4) 显示状态开关

DB7	DB6	DB5	DB4	DB3	DB2	DB1	DB0
0	0	0	0	1	D	C	B

功能：D＝1，整体显示开；D＝0，整体显示关。C＝1，游标开；C＝0，游标关。B＝1，游标位置开；B＝0，游标位置关。

(5) 游标显示移位控制

DB7	DB6	DB5	DB4	DB3	DB2	DB1	DB0
0	0	0	H	S/C	R/L	X	X

功能：设定游标的移动与显示的移动控制位。S/C、R/L 控制游标显示和移动的功能如表 12－3 所列。

表 12－3　游标或显示移位控制功能表

S/C	R/L	方　向
L	L	游标向左移动
L	H	游标向右移动
H	L	显示向左移动，游标跟着移动
H	H	显示向右移动，游标跟着移动

(6) 功能设定

DB7	DB6	DB5	DB4	DB3	DB2	DB1	DB0
0	0	1	DL	X	RE	G	X

功能:DL=1,8 位并行口;DL=0,4 位并行口。RE=1,应用扩充指令集动作;RE=0,应用基本指令集动作。G=0,绘图显示关闭;G=1,绘图显示打开。

(7) 设定 CGRAM 位址

DB7	DB6	DB5	DB4	DB3	DB2	DB1	DB0
0	1	AC5	AC4	AC3	AC2	AC1	AC0

功能:设定 CGRAM 地址。

(8) 设定 DDRAM 位址

DB7	DB6	DB5	DB4	DB3	DB2	DB1	DB0
0	AC6	AC5	AC4	AC3	AC2	AC1	AC0

功能:设定 DDRAM 地址(显示位置)。

(9) 读取忙碌状态(BF=1,状态忙)和位址

DB7	DB6	DB5	DB4	DB3	DB2	DB1	DB0
BF	AC6	AC5	AC4	AC3	AC2	AC1	AC0

功能:读取忙碌状态(BF)可以确定内部动作是否完成,同时可以读出位址计数器(AC)的值。

(10) 写数据到 RAM

DB7	DB6	DB5	DB4	DB3	DB2	DB1	DB0
D7	D6	D5	D4	D3	D2	D1	D0

功能:写入数据(D7 ~ D0)到内部的 RAM(DDRAM/CGRAM/TRAM/GDRAM)。

(11) 读出 RAM 的值

DB7	DB6	DB5	DB4	DB3	DB2	DB1	DB0
D7	D6	D5	D4	D3	D2	D1	D0

功能:从内部 RAM(DDRAM/CGRAM/TRAM/GDRAM)读出数据。

12.2.2 扩充指令集

(1) 待命模式

DB7	DB6	DB5	DB4	DB3	DB2	DB1	DB0
0	0	0	0	0	0	0	1

功能：进入待命模式，执行其他命令都可终止待命模式。

(2) 反白选择

RW	RS	DB7	DB6	DB5	DB4	DB3	DB2	DB1	DB0
0	0	0	0	0	0	0	1	R1	R0

功能：选择 4 行中的任一行(设置 R0、R1 的值)做反白显示，并可决定反白与否。

(3) 卷动位址或 IRAM 位址选择

RW	RS	DB7	DB6	DB5	DB4	DB3	DB2	DB1	DB0
0	0	0	0	0	0	0	0	1	SR

功能：SR=1，允许输入卷动位址；SR=0，允许输入 IRAM 位址。

(4) 设定 IRAM 位址或卷动地址

RW	RS	DB7	DB6	DB5	DB4	DB3	DB2	DB1	DB0
0	0	0	1	AC5	AC4	AC3	AC2	AC1	AC0

功能：在位址或 IRAM 位址选择中的命名中设置。SR=1，AC5～AC0 为垂直卷动位址；SR=0，AC3～AC0 写 ICONRAM 位址。

(5) 睡眠模式

RW	RS	DB7	DB6	DB5	DB4	DB3	DB2	DB1	DB0
0	0	0	0	0	0	1	SL	X	X

功能：SL=1，脱离睡眠模式；SL=0，进入睡眠模式。

(6) 设定绘图 RAM 地址

DB7	DB6	DB5	DB4	DB3	DB2	DB1	DB0
1	0	0	0	AC3	AC2	AC1	AC0
1	AC6	AC5	AC4	AC3	AC2	AC1	AC0

功能：设定 GDRAM 位址到位址计数器(AC)。

设定 GDRAM 地址到地址计数器(AC)，先设置垂直位置再设置水平位置(连续写入 2 字节数据来完成垂直与水平坐标的设置)。垂直地址范围:AC6～AC0。水平地址范围:AC3～AC0。

12.3 12864 液晶读/写时序

图 12－3 和图 12－4 是 12864 液晶并行方式的读/写时序。对两个图进行对比可以发现,读/写时序仅仅是在 R/W 的时序有所不同,所以在写 12864 液晶读/写时序时,可以把读/写时序放在一个函数中,通过对 R/W 赋值来区别读/写时序即可。

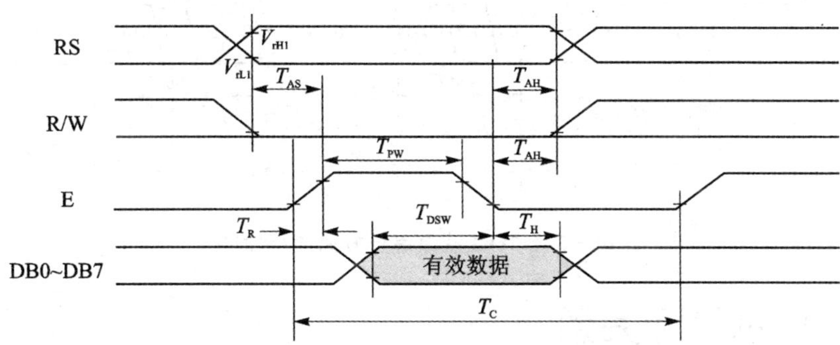

图 12－3 12864 液晶并行方式写时序

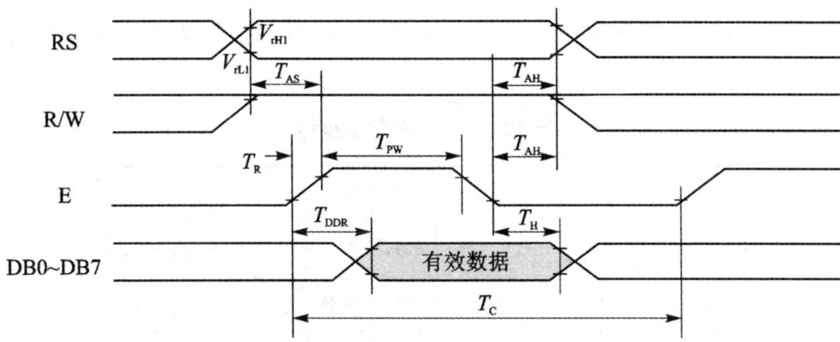

图 12－4 12864 液晶并行方式读时序

12864 液晶并行方式的基本操作时序如表 12－4 所列。可以看到,12864 的时序和 1602 的时序是一样的。

表 12－4 基本操作时序

基本操作	输 入	输 出
读状态	RS=L, R/W=H, E=H	D0～D7 即状态字
读数据	RS=H, R/W=H, E=H	无
写指令	RS=L, R/W=L, E=高脉冲,D0～D7=指令	D0～D7 即数据
写数据	RS=H, R/W=L, E=高脉冲,D0～D7=数据	无

12864液晶的串行方式读/写时序如图12-5所示。通过该时序可知，12864液晶串行方式读/写每次都是发送3个字节信息：第1个字节为命令控制字，第2个字节为命令或数据的高位，第3个字节为命令或数据的低位。

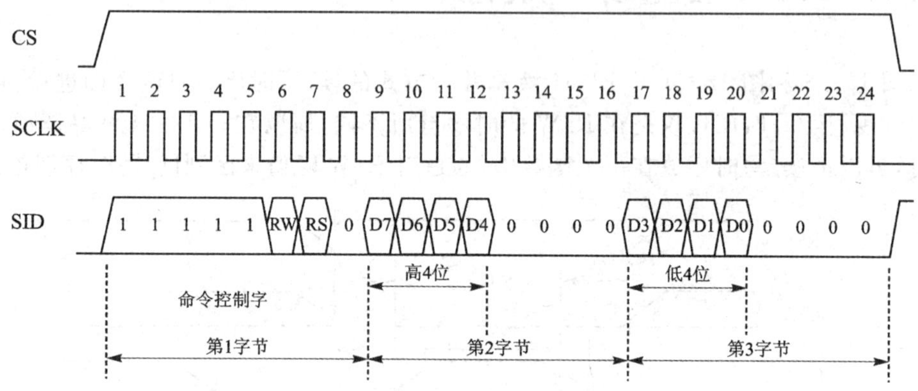

图12-5 12864液晶串行方式读/写时序

12.4 显示坐标关系

(1) 汉字显示坐标

12864液晶最多可以显示4行，每行8个汉字，共32个汉字。汉字显示坐标如表12-5所列。

表12-5 汉字显示坐标

Y坐标	X坐标							
第1行	80H	81H	82H	83H	84H	85H	86H	87H
第2行	90H	91H	92H	93H	94H	95H	96H	97H
第3行	88H	89H	8AH	8BH	8CH	8DH	8EH	8FH
第4行	98H	99H	9AH	9BH	9CH	9DH	9EH	9FH

(2) 图形显示坐标

12864液晶的图形显示坐标如图12-6所示。水平方向(X)和垂直方向(Y)都以字节为单位。绘图显示RAM提供128×8 B的记忆空间，在更改绘图RAM时，先连续写入水平与垂直的坐标值，再写入两个字节的数据，而地址计数器(AC)会自动加1。12864液晶绘图时分为上下半屏，0x80～0x87为上半屏，0x88～0x8F为下半屏。

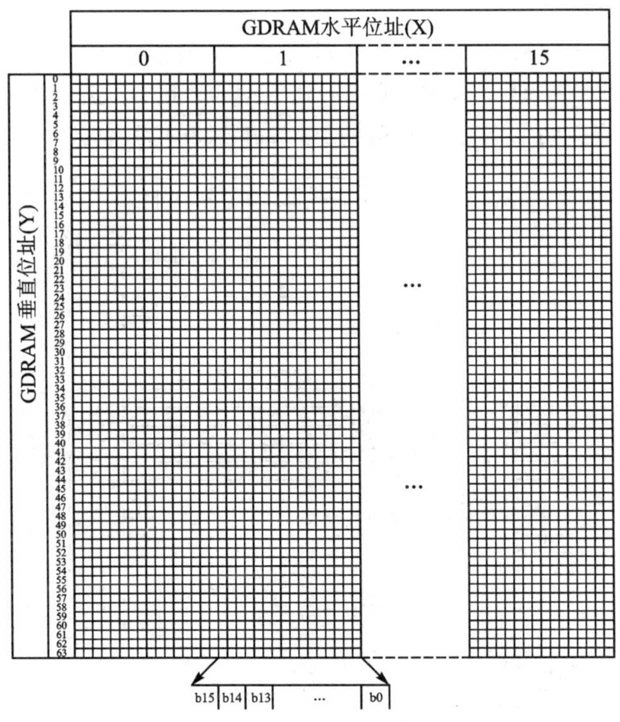

图 12-6 图形显示坐标

12.5 实例——手把手讲解 12864 液晶

12.5.1 并行方式控制 12864 显示

通过 12864 液晶的并行通信方式，首先在 12864 上绘制一个集成块图像，然后两屏内容。两屏内容分别如下：

第 1 行："　　12864　液晶　"
第 2 行："　　并行方式　　　"
第 3 行："　　测试代码　　　"
第 4 行："　　东流电子　　　"

最后再显示一首诗，

第 1 行："　白日依山尽，　"
第 2 行："　黄河入海流。　"
第 3 行："　欲穷千里目，　"
第 4 行："　更上一层楼。　"

这 3 个部分，每个部分显示 2 s。

(1) 硬件电路图

单片机和 12864 液晶并行方式连接如图 12－7 所示。AT89S52 单片机的 P2.2 端口连接到 12864 液晶的 PSB，P2.4 连接到 RST 口，P2.5 连接到 RS 口，P2.6 连接到 RW 口，P2.7 连接到 E 口。单片机的 P0 口和 12864 液晶的数据口连接。

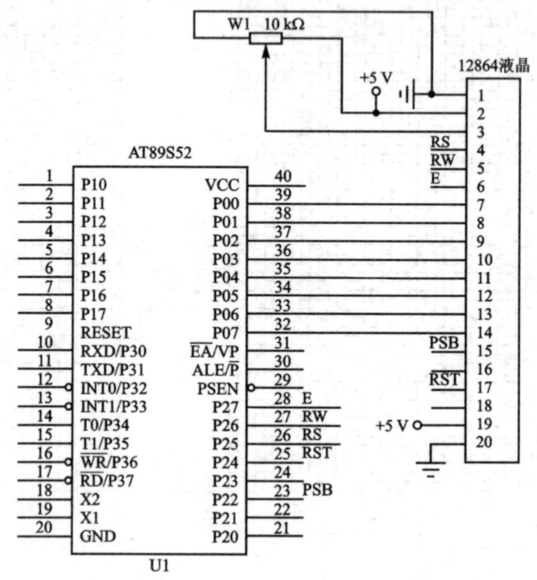

图 12－7　12864 液晶并行连接电路图

(2) 软件设计难点

① 汉字地址对齐。在显示“12864　液晶”时，“12864”中每个数字占用半个字节地址，所以“液晶”两个字前有一个空格，是为了让汉字地址对齐。如果不空格，会出现“液晶”两个字是乱码的情况。

② 12864 液晶绘图时清屏的方式。12864 液晶打开绘图功能后，如需要清屏，最基本的方式是对所有的 GDRAM 写 0x00 才算清屏。但是我们可以借用基本指令集中的清屏功能，对液晶进行清屏后，再进入绘图功能，这样清屏比对所有的 GDRAM 写 0x00 清屏简单很多。

③如何绘制想要在 12864 显示的图片？在这里详细地给大家进行介绍。

还是借助“字模提取 V2.2”这个软件。通过这个软件来对 12864 进行绘图会方便不少。

在“基本操作”界面中，有两种方式可以得到绘图图像数据：新建图像；打开图像图标。

首先，给大家介绍通过新建图形来得到绘图图形数据。单击“新建图像”，在弹出的对话框中设置图像的像素，如图 12－8 所示。在宽度文本框填写 128，在高度文本框填写 64，正好和 12864 液晶的横纵点阵数据相同。

得到图 12－9 所示绘图界面，在白色区域画出想要在 12864 液晶上得到的图像即可，通过单击显示出每个点。

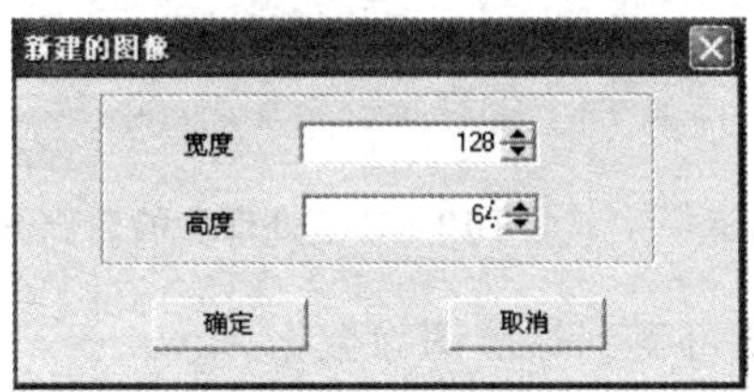

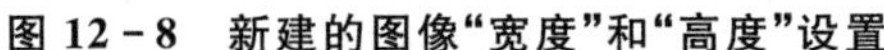

图 12－8　新建的图像“宽度”和“高度”设置

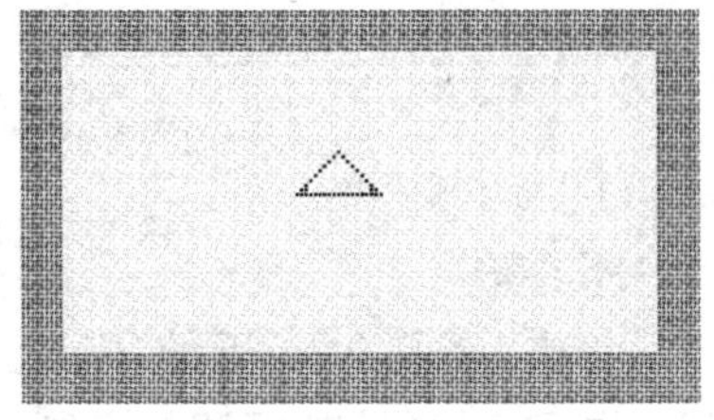

图 12－9　绘图界面

“取模软件”中的选项设置为“横向取模”，“字节倒序”不要勾选，如图 12－10 所示。

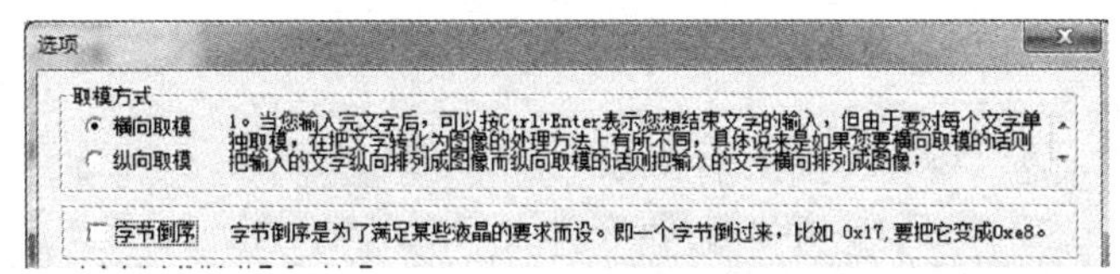

图 12－10　设置选项

绘制好图像后，单击“取模方式”，得到图 12－11 所示界面。

单击“C51　格式”，便可以在软件右下角窗口得到绘图图像数据，如图 12－12 所示。注意数据比较长，可以在数据区域右击，选择“全选”，然后再复制。

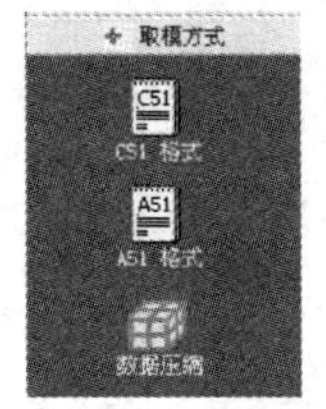

图 12－11　“取模方式”栏

```
/*--  调入了一幅图像：这是您新建的图像  --*/
/*--  宽度x高度=128x64  --*/
0x00, 0x00, 0x00, 0x00, 0x00, 0x00, 0x00, 0x00, 0x00, 0x00, 0x00, 0x00, 0x00, 0x00, 0x00, 0x00,
0x00, 0x00, 0x00, 0x00, 0x00, 0x00, 0x00, 0x00, 0x00, 0x00, 0x00, 0x00, 0x00, 0x00, 0x00, 0x00,
0x00, 0x00, 0x00, 0x00, 0x00, 0x00, 0x00, 0x00, 0x00, 0x00, 0x00, 0x00, 0x00, 0x00, 0x00, 0x00,
0x00, 0x00, 0x00, 0x00, 0x00, 0x00, 0x00, 0x00, 0x00, 0x00, 0x00, 0x00, 0x00, 0x00, 0x00, 0x00,
0x00, 0x00, 0x00, 0x00, 0x00, 0x00, 0x00, 0x00, 0x00, 0x00, 0x00, 0x00, 0x00, 0x00, 0x00, 0x00,
0x00, 0x00, 0x00, 0x00, 0x00, 0x00, 0x00, 0x00, 0x00, 0x00, 0x00, 0x00, 0x00, 0x00, 0x00, 0x00,
```

图 12－12　绘图数据数据

接着，来讲一下利用“打开图像图标”来得到数据。

可以通过计算机的“画图”软件、PHOTOSHOP 等绘图软件设计图像，也可以通过截图软件来得到图像，但是它们的格式都必须是宽为 128，高为 64。因为 12864 液晶的每个点只有亮灭两种表现方式，所以图像最好是黑白分明，如果是彩色图像，取模软件会根据明亮程度自动处理。图 12－13 中，我们截图为宽 128×高 64 格式，图像通过 PHOTOSHOP 等软件处理一下更好，注意后缀格式要保存为.BMP。

然后单击“打开图像图标”，得到图 12－14 所示图标。

接着，可以通过鼠标左键把不需要的点删掉，得到图 12－15 所示图标。

图 12-13　宽 128×高 64 格式图像

图 12-14　图像图标

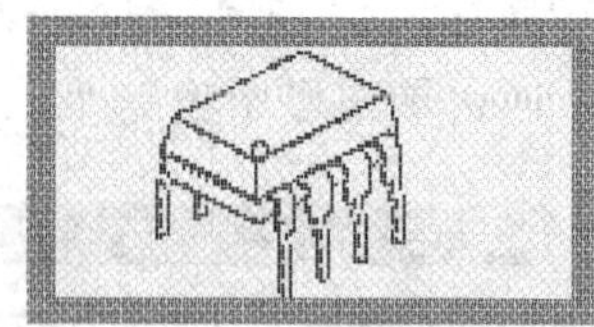
图 12-15　处理后的图像图标

最后单击"取模方式"下的"C51　格式",便可得到绘图图像数据。

(3) 程序代码(见共享资料中例 12.1 文件夹)

```
sbit PSB = P2^2;   //并行、串行选择信号
sbit RST = P2^4;   //复位信号
sbit RS = P2^5;    //数据/命令选择端
sbit RW = P2^6;    //读/写选择端
sbit E = P2^7;     //使能信号
uchar code DAT1[] = {
"    12864  液晶   "      //第 1 行,0x80
"    并口方式      "      //第 2 行,0x88
"    测试代码      "      //第 3 行,0x90
"    东流电子      "      //第 4 行,0x98
};
uchar code DAT2[] = {
"  白日依山尽,  "
"  黄河入海流。  "
"  欲穷千里目,  "
"  更上一层楼。  "
};
//12864 图形编码数组,数据内容较多,省略掉了部分内容,详见共享资料
uchar code pic[] =
{
0x00,0x00,0x00,0x00,0x00,0x00,0x00,0x0F,0x78,0x00,0x00,0x00,0x00,0x00,0x00,0x00,
0x00,0x00,0x00,0x00,0x00,0x00,0x00,0x3C,0x1E,0x00,0x00,0x00,0x00,0x00,0x00,0x00
...
0x00,0x00,0x00,0x00,0x00,0x00,0x00,0x00,0x00,0x00,0x00,0x00,0x00,0x38,0x10,0xAA,
0x00, 0x00, 0x00, 0x00, 0x00, 0x00, 0x00, 0x00, 0x00, 0x00, 0x00, 0x00, 0x00, 0x08,
0x01,0x2E,};
/****************************************************
函数:Delay_100us()
参数:t
返回:无
功能:使用晶振是 11.059 2 MHz。延时时间约为:t * 100 μs
****************************************************/
```

```
void Delay_100us(uint t)
{
    uint i,j;
    for(i = 0; i<t; i + + )
    {
        for(j = 0; j<10; j + + )
        {
        }
    }
}
/*****************************************************
函数:SendByte()
参数:zdata:发送的数据或者命令;DI:是传送命令还是数据
返回:无
功能:传送数据或者命令。当 DI = 0,传送命令;当 DI = 1,传送数据
*****************************************************/
void SendByte(uchar zdata,bit DI)
{
    RW = 0;
    RS = DI;
    Delay_100us(1);
    P0 = zdata;
    E = 1;
    Delay_100us(1);
    E = 0;
}
/*****************************************************
函数:LCDInit1
参数:无
返回:无
功能:对 12864 进行初始化,让它可以显示字符、汉字等
*****************************************************/
void LCDInit1(void)
{
    PSB = 1;                  //设置为并口工作模式
    Delay_100us(1);
    RST = 0;                  //复位
    Delay_1ms(5);
    RST = 1;
    Delay_100us(1);
    SendByte(0x30,0);    //设置为基本指令操作
    Delay_100us(1);
```

```
    SendByte(0x0c,0);  //整体显示打开,不开游标,不打开位置反白允许
    Delay_100us(1);
    SendByte(0x01,0);  //清楚显示
    Delay_100us(1);
}
/***********************************************************
函数:LCDInit2()
参数:无
返回:无
功能:对 12864 进行初始化,让它为图形显示模式
***********************************************************/
void LCDInit2(void)
{
    PSB = 1;                //设置为并口工作模式
    Delay_100us(1);
    RST = 0;                //复位
    Delay_1ms(5);
    RST = 1;
    Delay_100us(1);
    SendByte(0x34,0);       //设置为扩充指令集
    Delay_100us(1);
    SendByte(0x36,0);       //设置为扩充指令集并打开绘图功能
    Delay_100us(1);
}
/***********************************************************
函数:DispChar()
参数:* s
返回:无
功能:12864 显示字符或者汉字
***********************************************************/
void DispChar(uchar * s)
{
    uchar i,j;
    uchar Buffer_Addr[4] = {0x80,0x90,0x88,0x98}; //设置 12864 行地址
    for(j = 0; j<4; j++)
    {
        SendByte(Buffer_Addr[j],0);
        Delay_100us(10);
        for(i = 0; i<16; i++)
        {
            SendByte(*s,1);    //写入显示数据
            s++;               //显示数据地址加 1
```

```
        }
    }
}
/ *****************************************************
函数:DispPic()
参数: * s
返回:无
功能:12864 显示绘图图形
*****************************************************/
void DispPic(uchar * s)
{
    uchar i,j;
//显示上半屏内容设置
    for(i = 0; i<32; i + + )
    {
        SendByte((0x80 + i),0);        //设置垂直地址
        SendByte(0x80,0);              //设置水平地址
        for(j = 0;j<16;j + + )
        {
            SendByte( * s,1);          //显示绘图内容
            s + + ;                    //显示绘图内容地址加 1
        }
    }
//显示下半屏内容设置
    for(i = 0; i<32; i + + )
    {
        SendByte((0x80 + i),0);        //设置垂直地址
        SendByte(0x88,0);              //设置水平地址
        for(j = 0;j<16;j + + )
        {
            SendByte( * s,1);          //显示绘图内容
            s + + ;                    //显示绘图内容地址加 1
        }
    }
}
//主函数
void Main(void)
{
    while(1)
    {
        LCDInit1();                    //初始化汉字字符模式,主要用于清屏
        LCDInit2();                    //调用 LCD 显示图片(扩展)初始化程序
```

```
        DispPic(pic);              //显示图片
        Delay_1ms(2000);
        LCDInit1();                //调用 LCD 字库初始化程序
        DispChar(DAT1);            //显示中文汉字 1
        Delay_1ms(2000);
        LCDInit1();                //调用 LCD 字库初始化程序
        DispChar(DAT2);            //显示中文汉字 2
        Delay_1ms(2000);
    }
}
```

(4) 实验现象

把上面的实验代码下载到单片机开发板，可以在 12864 液晶上显示图 12-16 和图 12-17 所示图像或汉字。

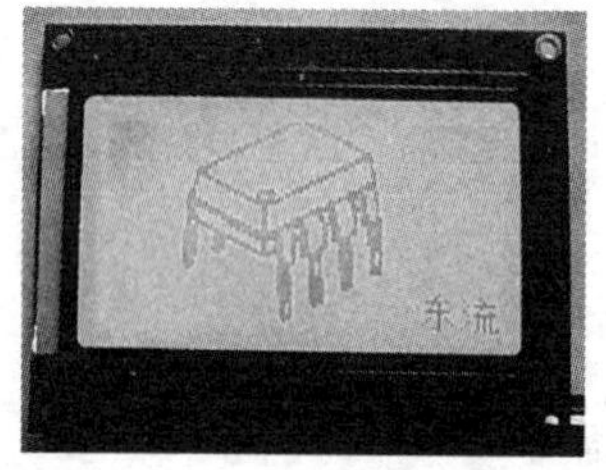

图 12-16　12864 液晶显示图像

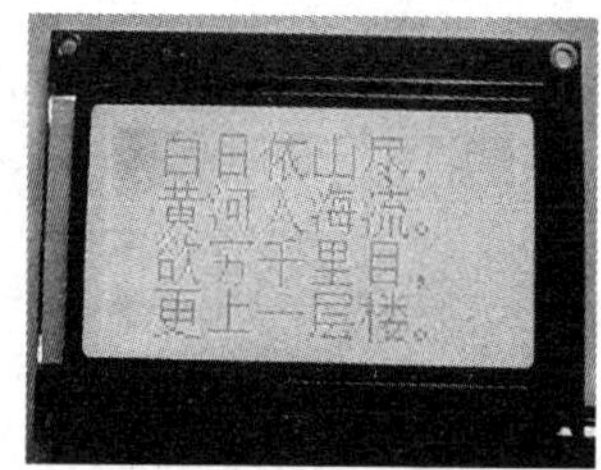

图 12-17　12864 液晶上显示汉字

12.5.2　串行方式控制 12864 显示

通过 12864 液晶的串行通信方式，在 12864 液晶上分别显示：

第 1 行："1234567890abcdef"
第 2 行："12864　汉字液晶　"
第 3 行："　串口演示代码　"
第 4 行："　　东流电子　　"

(1) 硬件电路图

单片机和 12864 液晶串行方式连接如图 12-18 所示。12864 液晶串行方式连接时，单片机占用的端口较少，仅需要 5 个 I/O 端口就可以去控制 12864 液晶显示了。12864 液晶的复位引脚连接到单片机的 P2.2 口，液晶并行/串行选择引脚连接到单片机的 P2.4 口，液晶的片选引脚连接到 P2.5，液晶的数据引脚连接到 P2.6，液晶的时钟引脚连接到 P2.7。

(2) 软件设计难点

12864 液晶在串行通信的时候，读/写时序每次都是发送 3 个字节信息，第 1 个字节为命令控制字，第 2 个字节为命令或数据的高位，第 3 个字节为命令或数据的低位。

(3) 程序代码(见共享资料中例 12.2 文件夹)

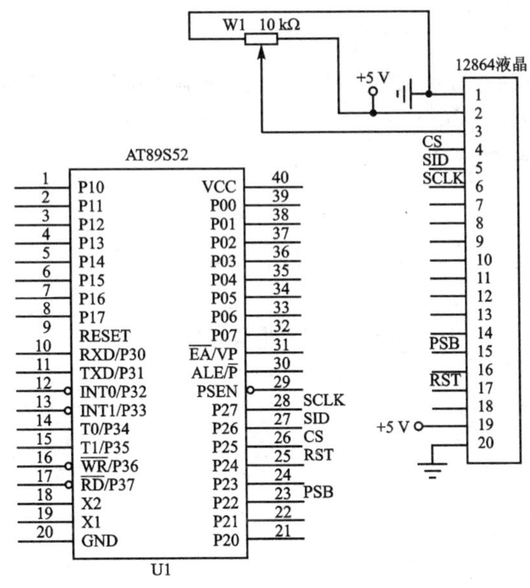

图 12-18 12864 液晶串行连接电路图

```
sbit RST = P2^2;        //复位信号
sbit PSB = P2^4;        //并行、串行选择信号
sbit CS = P2^5;         //片选信号
sbit SID = P2^6;        //数据信号
sbit SCLK = P2^7;       //时钟信号
/****************************************************
函数:Delay_100us()
参数:t
返回:无
功能:使用晶振是 11.059 2 MHz。延时时间约为:t * 100 μs
****************************************************/
void Delay_100us(uint t)
{
    uint i,j;
    for(i = 0; i<t; i + + )
    {
        for(j = 0; j<10; j + + )
        {
        }
    }
}
/****************************************************
函数:SendByte()
```

```
参数:zdata:要写入的数据
返回:无
功能:把参数 zdata 的值的从最高位开始,依次传送到 SID(数据信号)上
*************************************************/
void SendByte(uchar zdata)
{
    uint i;
    for(i = 0; i<8; i + + )
    {
        if((zdata << i) & 0x80)  //取出最高位
        {
            SID = 1;
        }
        else
        {
            SID = 0;
        }
        //时钟信号由低电平变到高电平
        SCLK = 0;
        SCLK = 1;
    }
}
/*************************************************
函数:WriteCom()
参数:cmdcode:写入的命令
返回:无
功能:分别发送 3 个字节信息给 12864 液晶,第 1 个字节是命令控制字,0xf8 是写指令第 2 个
    字节是命令高 4 位,第 3 个字节是命令低 4 位
*************************************************/
void WriteCmd(uchar cmdcode)
{
    CS = 1;
    SendByte(0xf8);                     //命令控制字为写指令
    SendByte(cmdcode & 0xf0);           //发送高 4 位
    SendByte((cmdcode << 4) & 0xf0);    //发送低 4 位
    Delay_100us(1);
}
/*************************************************
函数:WriteData()
参数:zdata(写入的数据)
返回:无
功能:分别发送 3 个字节信息给 12864 液晶,第 1 个字节是命令控制字,0xfa 是写数据
```

```
     第 2 个字节是数据高 4 位,第 3 个字节是数据低 4 位
*****************************************************/
void WriteData(unsigned char zdata)
{
    CS = 1;
    SendByte(0xfa);                     //命令控制字为写数据
    SendByte(zdata & 0xf0);             //发送高 4 位
    SendByte((zdata <<4 ) & 0xf0);      //发送低 4 位
    Delay_100us(1);
}
/*****************************************************
函数:LcdInit()
参数:无
返回:无
功能:初始化 12864 液晶。设置液晶为基本指令操作,
     液晶整体显示打开,不打开游标,不打开位置反白允许
*****************************************************/
void LcdInit(void)
{
    PSB = 0;               //选择 12864 液晶的串行口模式
    Delay_100us(1);
    RST = 0;               //复位 12864 液晶
    Delay_100us(100);
    RST = 1;
    Delay_100us(1);
    WriteCmd(0x30);        //设置为基本指令操作
    Delay_100us(1);
    WriteCmd(0x0c);        //整体显示打开,不开游标,不打开位置反白允许
    Delay_100us(1);
}
/*****************************************************
函数:DispLine()
参数:*s
返回:无
功能:在 12864 上显示一行数据
*****************************************************/
void DispLine(uchar *s)
{
    uchar i = 0;    //防止溢出,一行只能显示 16 个字符
    while(1)
    {
        if((i == 16) || (*s == '\0')) //'\0' 表示字符串末尾
```

```
            {
                break;
            }
            WriteData( * s);  //写数据到液晶显示
            s++;
            i++;
            Delay_100us(1);
        }
}
/*****************************************************
函数:DispLCD()
参数:无
返回:无
功能:在 12864 上显示函数中输入的汉字
*****************************************************/
void DispLCD(void)
{
    WriteCmd(0x03);    //设置为基本指令操作
    Delay_100us(1);
    WriteCmd(0x80);    //设定 DDRAM 地址为第 1 行
    DispLine("1234567890abcdef");
    WriteCmd(0x90);    //设定 DDRAM 地址为第 2 行
    DispLine("12364  汉字液晶  ");
    WriteCmd(0x88);    //设定 DDRAM 地址为第 3 行
    DispLine("  串口演示代码  ");
    WriteCmd(0x98);    //设定 DDRAM 地址为第 4 行
    DispLine("    东流电子    ");
}
//主函数
void Main(void)
{
    LcdInit();      //12864 液晶的初始化
    Delay_100us(10);
    DispLCD();      //显示液晶数据
    while(1)
    {
    }
}
```

(4) 实验现象

把上面的实验代码下载进单片机开发板,可在 12864 液晶上显示图 12 - 20 所示汉字。

图 12 - 20　12864 液晶串行控制显示汉字

第13章

存储芯片 AT24C02

13.1 AT24C02 简介

AT24C02 是美国 Atmel 公司的低功耗 COMS 型 EEPROM，内含 256×8 位存储空间，具有工作电压宽(2.5～5.5 V)，擦写次数多(大于 10 000 次)，写入速度快(小于 10 ms)，抗干扰能力强，数据不易丢失，体积小等特点。并且它是采用 I2C 总线式进行数据读/写的串行操作，只占用很少的资源和 I/O 线。AT24C02 有一个 16 字节页写缓冲器，该器件通过 I2C 总线接口操作。下面就来对 I2C 协议进行介绍。

I2C 总线是由 PHILIPS 公司开发的两线式串行总线，用于连接微控制器及其外围设备，是微电子通信控制领域广泛采用的一种总线标准。它是同步通信的一种特殊形式，具有接口线少、控制方式简单、器件封装形式小、通信速率较高等优点。在主从通信中，可以有多个 I2C 总线器件同时接到 I2C 总线上，所有与 I2C 兼容的器件都具有标准的接口，通过地址来识别通信对象，使它们可以经由 I2C 总线互相直接通信。I2C 总线由时钟信号 SCL 和数据线 SDA 两条线构成通信线路，既可发送数据，也可接收数据。在单片机与被控芯片之间、芯片与芯片之间都可以进行双向传送，最高传送速率为 400 kbps，各种被控器件均并联在总线上，但每个器件都有唯一的地址。在信息传送过程中，I2C 总线上并联的每一个器件既是被控器(或主控器)，又是发送器(或接收器)，这取决于它所要完成的功能。单片机发出的控制信号分为地址码和数据码两部分：地址码用来选址，即接通需要控制的电路；数据码是通信的内容，这样各芯片控制电路虽然挂在同一条总线上，却彼此独立。

(1) AT24C02 特性

① 体积小、性能优、使用灵活和方便。

② 广泛应用在测控系统以及各类智能仪表中，用于保存特征参数和各种检测数据。

③ 让数据得到可靠保护而不会由于停电、干扰等原因使其丢失。

④ 芯片的低功耗、低电压特性，使它更适合在各种便携式智能仪表中使用。

Atmel 公司的 AT24C 系列常用 EEPROM 器件如表 13-1 所列。

表 13-1　AT24C 系列

器　件	容　量
AT24C01	128 字节(128×8 位)
AT24C02	256 字节(256×8 位)
AT24C04	512 字节(512×8 位)
AT24C08	1 024 字节(1 024×8 位)
AT24C16	2 048 字节(2 048×8 位)

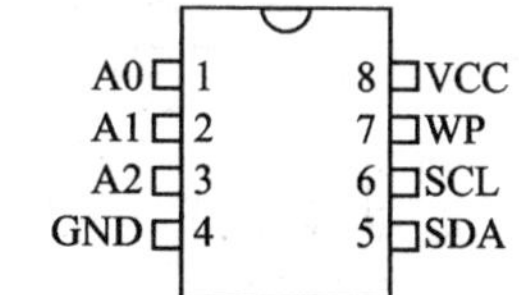

图 13-1　AT24C02 的 PDIP 和 SOIC 封装

(2) AT24C02 引脚和封装

AT24C02 的封装如图 13-1 所示,引脚定义如表 13-2 所列。

表 13-2　AT24C02 引脚定义

引　脚	定　义	引　脚	定　义
A0～A2	地址输入端	WP	写保护
SDA	串行数据/地址端	GND	电源负极
SCL	时钟输入端	VCC	电源正极

SCL:串行时钟线。这是一个输入引脚,用于形成器件所有数据发送或接收的时钟。

SDA:串行数据/地址线。它是一个双向传输线,用于传送地址和所有数据的发送或接收。它是一个漏极开路端,因此要求接一个上拉电阻到 VCC 端(速率为 100 kHz时电阻为 10 kΩ,400 kHz 时为 1 kΩ)。对于一般的数据传输,仅在 SCL 为低电平期间 SDA 才允许变化。SCL 为高电平期间,留给开始信号(START)和停止信号(STOP)。

A0～A2:器件地址输入端。这些输入端用于多个器件级联时设置器件地址,当这些脚悬空时默认值为 0。

WP:写保护。如果 WP 引脚连接到 VCC,所有的内容都被写保护(只能读)。当 WP 引脚连接到 GND 或悬空,允许对器件进行正常的读/写操作。

VCC:电源正极。

GND:电源地。

13.2　AT24C02 内部结构

图 13-2 是 AT24C02 的内部结构图。

“启停逻辑”单元接收数据引脚 SDA 上的电平信号,判断是否进行启动和停止操作“控制逻辑”单元。根据 SCL、SDA 电平信号以及“启停逻辑”单元发出的各种信号进行区分,并排列出有关的寻址、读数据和写数据等逻辑,将它们传送到相应的操作单元。例如:当操作命令为寻址时,它将通知地址计数器加 1,并启动“器件地址比较

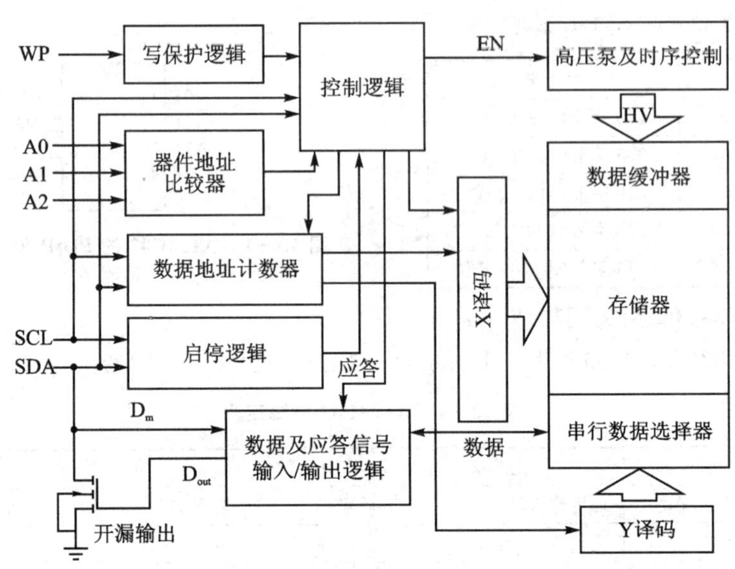

图 13-2　AT24C02 的内部结构

器”单元进行工作。在读数据时，它控制“数据及应答信号输入/输出逻辑”单元；在写数据时，它控制“高压泵及时序控制”单元电路，以便向 EEPROM 电路提供编程所需要的高电压。

“数据地址计数器”单元产生访问 EEPROM 所需要的存储单元的地址，并将其分别送到 X 译码器进行字选，送到 Y 译码器进行位选。

“高压泵及时序控制”单元由于 EEPROM 数据写入时需要向电路施加编程高电压，为了解决单一电源电压的供电问题，芯片生产厂家采用了电压的片内提升电路。电压的提升范围一般可以达 12～21.5 V。

“数据及应答信号输入/输出逻辑”单元地址和数据均以 8 位二进制码串行输入/输出。数据传送时，每成功传送一个字节数据后，接收器都必须产生一个应答信号。在第 9 个时钟周期将 SDA 线置于低电压作为应答信号。

AT24C02 中带有片内地址寄存器。每写入或读出一个数据字节后，该地址寄存器自动加 1，以实现对下一个存储单元的读/写。所有字节均以单一操作方式读取。为降低总的写入时间，一次操作可写入多达 8 个字节的数据。

13.3　AT24C02 基本时序分析(I2C 协议)

(1) 数据位的有效性规定

I2C 总线进行数据传送时，时钟信号 SCL 为高电平器件，数据线 SDA 上的数据必须保持稳定。只有在时钟信号 SCL 为低电平时，数据线 SDA 上的高电平或低电平状态才允许变化，如图 13-3 所示。

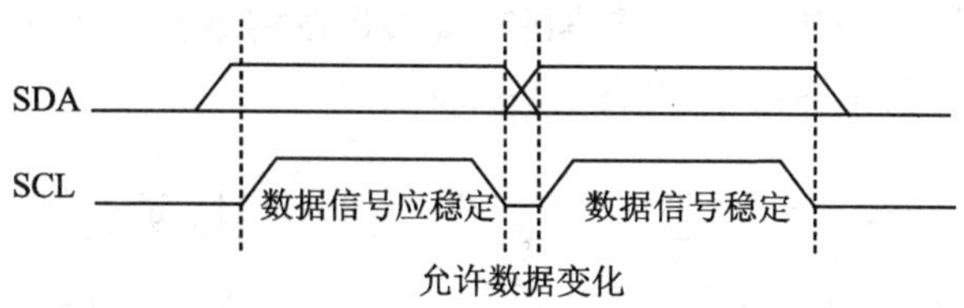

图 13-3　I2C 总线数据位的有限性规定

(2) 起始信号与停止信号

在用 I2C 总线进行数据传送时，首先由主机发出起始信号，启动 I2C 总线。起始和终止信号都是由主机发出的，在起始信号产生后，总线就处于被占用状态；在终止信号产生后，总线就处于空闲状态。在时钟信号 SCL 为高电平时，数据线 SDA 出现下降沿则为起始信号，如图 13-4 所示。此时，具有 I2C 总线接口的从器件会检测到该信号。

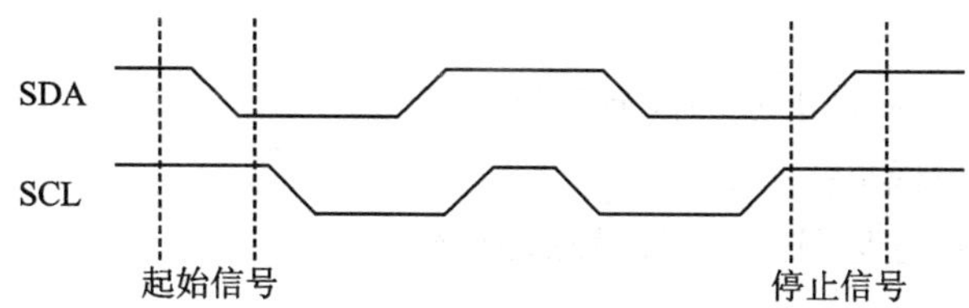

图 13-4　I2C 总线起始信号与停止信号

起始信号的时序分析如下：

① SCL 置为高电平。

② SDA 置为高电平。

③ SDA 赋值为低电平。

④ SCL 赋值为低电平，准备发送数据。

据传送完毕后，在时钟信号 SCL 为高电平时，数据线 SDA 上产生一个上升沿信号则为停止信号，如图 13-4 所示。停止信号的时序分析如下：

① SDA 赋值为低电平。

② SDA 赋值为低电平。

③ SCL 置为高电平。

④ SDA 置为高电平。

(3) 字节传送和应答信号

每一个字节必须保证是 8 位长度。数据传送时，先传送最高位(MSB)，每一个被传送的字节后面都必须跟随一位应答位(即一帧共有 9 位)。

AT24C02 与主机进行信息交换，还需要另外一个应答信号。I2C 总线数据传送时，每传送一个字节数据(包括地址以及命名字)后，都要有一个应答信号，应答的器件在第 9 个时钟周期将 SDA 线拉低，表示其已收到一个 8 位数据。应答信号由接收设备产生，在时钟信号 SCL 为低电平期间，接收设备将数据线 SDA 拉为低电平，表示数据传输正确，产生应答信号，如图 13-5 所示。

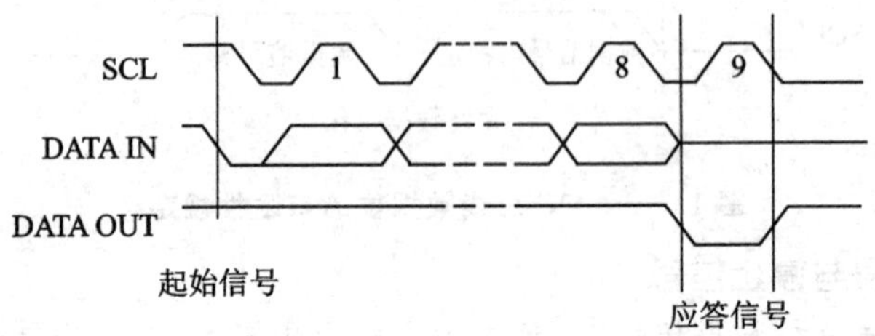

图 13-5　I2C 总线应答时序图

因为应答信号是由接收方产生的，所以这里把应答信号细分为 3 个：AT24C02 的应答（非应答）信号、单片机的应答信号、单片机的非应答信号。

① AT24C02 应答信号的时序分析如下：

- SCL 置为高电平。
- 等待 SDA 返回低电平的返回信号。
- SCL 赋值为低电平。

根据时序分析，这里写出应答信号的函数。

```
void Ack_AT24C02(void)
{
    uchar i = 0;
    SCL = 1;
    Delay_6us();
    while((SDA = = 1)&&(i<200))
    {
        i+ +;
    }
    SCL = 0;
    Delay_6us();
}
```

函数中引入了一个变量 i。这里的作用是：当几百微秒内，如果还没有返回应答信号，则退出应答函数，否则在没有返回应答信号的情况下，程序会一直停在检测 SDA 的这条语句处，这是不合理的。

② 单片机的应答信号分析如下：

- 给 SDA 赋值为低电平，这里低电平是单片机返回给 AT24C02 的应答信号。
- 给 SCL 置高电平。
- 给 SCL 赋值为低电平。
- 给 SDA 置高电平，拉高 SDA 电平，方便下次的数据传送。

根据时序分析，这里写出应答信号的函数。

```
void Ack_MCU(void)
{
    SDA = 0;
    Delay_6us();
    SCL = 1;
    Delay_6us();
    SCL = 0;
    Delay_6us();
    SDA = 1;
    Delay_6us();
}
```

③ 单片机的非应答信号分析如下：

- 给 SDA 置高电平，这里高电平是单片机返回给 AT24C02 的非应答信号。
- 给 SCL 置高电平。
- 给 SCL 赋值为低电平。

根据时序分析，这里写出应答信号的函数。

```
void NoAck_MCU(void)
{
    SDA = 1;
    Delay_6us();
    SCL = 1;
    Delay_6us();
    SCL = 0;
    Delay_6us();
}
```

13.4 AT24C02 的地址传送和数据传送基本规则

(1)AT24C02 的地址传送规则

在 I2C 总线协议有明确的规定：采用 7 位的寻址字节（寻址字节是起始信号后的第一个字节），内容如表 13－3 所列。地址的高 7 位为从机地址，从机地址由固定部分和可编程部分组成。地址中的 D7、D6、D5、D4 这 4 位为固定地址，AT24C02 芯片的该 4 位值为 1010。地址中的 D3、D2、D1 这 3 位为可编程部分地址，这个是 AT24C02 的 A2、A1、A0 引脚，可以通过对 AT24C02 的这 3 个引脚赋不同的高低电平，得到可编程的地址。因为是 3 位可编程位，这时仅能寻址 8 个同样的器件，即可以有 8 个同样的器件接入到该 I2C 总线系统中。地址的最低位 D0 是数据传送方向位，为 0 时表示主机向从机写数据，为 1 时表示主机由从机读数据。

表 13-3 AT24C02 的地址

位 7	位 6	位 5	位 4	位 3	位 2	位 1	位 0
I2C 从机地址				片选			R/W

主机发送地址时，总线上的每个从机都将这 7 位地址码与自己的地址进行比较，如果相同，则认为自己正被主机寻址。

(2)AT24C02 的数据传送规则

主机发送寻址信号并得到从器件应答后，便可进行数据的传输，每次传送一个字节，但每次传送都应在得到应答信号后再进行下一个字节的传送。

当主机为接收数据时，它收到最后一个数据字节后，必须向从机发出一个结束传送的信号。这个信号是由对从机的"非应答"来实现的。然后，从机释放 SDA 线，以允许主机产生终止信号。

13.5 读/写操作时序

写时序操作，包括字节写入方式和页写入方式两种。

(1) 字节写入方式

单片机在一次数据帧中只写入 EEPROM 的一个单元。该方式中，单片机先发送起始信号，然后发送一个字节的写地址的控制字，接着发送一个字节的存储器单元地址，再发送 8 位的数据，最后发送 1 位停止信号。字节写入的过程中，每发送一个字节，从器件 AT24C02 会产生一个应答信号。发送格式如图 13-6 所示。

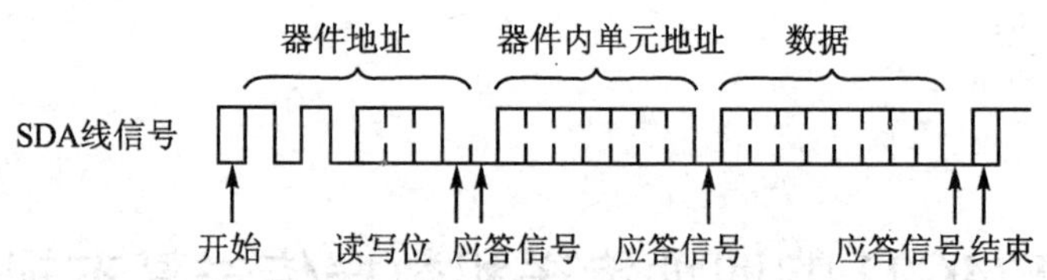

图 13-6 字节写入方式时序图

(2) 页写入方式

单片机在一个数据周期内可以连续访问一页(8 个字节)EEPROM 存储单元。在该方式中，单片机先发送启动信号，然后送一个字节的写地址的控制字，接着发送一个字节的存储器起始单元地址，再把 n 个数据按照顺序存放在以指定起始地址开始的连续单元中，最后以停止信号结束。页写入过程中，每发送一个字节，从器件 AT24C02 会产生一个应答信号。页写入帧格式如图 13-7 所示。

(3) 读指定地址操作

单片机在启动信号后先发送写地址的控制字，然后发送一个字节指定单元的地

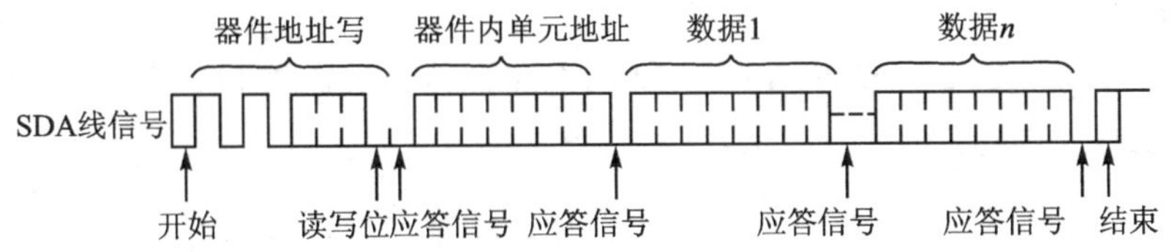

图 13-7　页写入方式的时序图

址，接着发送读地址的控制字，随后便可从从器件中读出数据，最后要注意的是单片机产生“无应答”信号。在读指定地址过程中，前 3 个字节的控制字后都要接一个从器件 AT24C02 产生的应答信号。整个过程如图 13-8 所示。

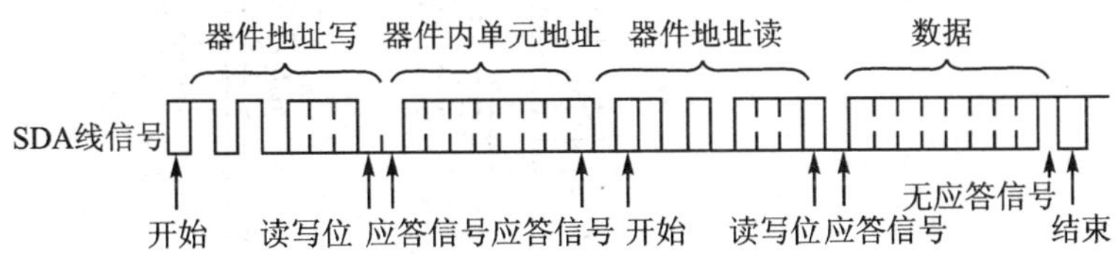

图 13-8　读指定地址操作的时序图

(4) 读连续地址操作

此种方式的读地址控制与前面读指定地址操作是相同的。单片机接收到每个字节数据后应作出应答，然后内部的地址寄存器就自动加 1 指向下一单元。当需要结束读操作时，单片机接收到数据后发送一个非应答信号，接着再发送一个停止信号即可。在读指定地址过程中，除了最后一个读出数据需要一个单片机发送的“非应答信号”外，前面的每个读出数据后面都需要单片机发送一个“应答信号”。整个过程时序图如图 13-9 所示。

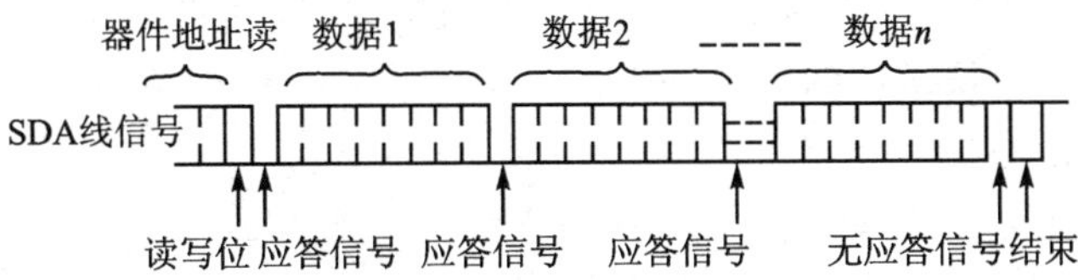

图 13-9　读连续地址操作的时序图

13.6 实例——手把手讲解控制 AT24C02 进行数据的存取

单片机通过 I2C 通信，向 AT24C02 中的 0x80 开始的 8 个字节地址写入数据 1、3、5、7、2、4、6、8，然后从 AT24C02 中的 0x8 开始的 8 个字节地址读出数据，在数码管上的最后两位上每隔 0.4 s 依次显示读出数据的最后两位。接着每隔 1 s 对 AT24C02 的 0x01 地址读/写一次，在数码管的最后两位显示读出数据。每次读出数据以后，让数据值加 1 后再存入 0x01 地址中。

(1) 硬件电路图

图 13－10 是 AT24C02 和 AT89S52 的电路连接。数码管和 AT89S52 单片机的连接参考前面章节电路图。

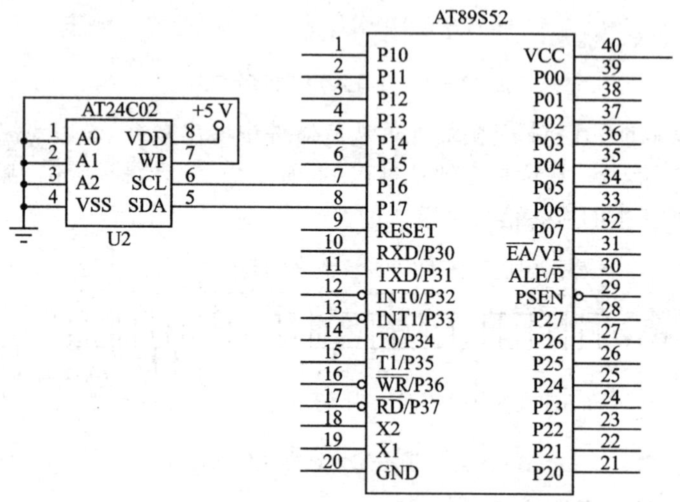

图 13－10 AT24C02 和 AT89S52 连接电路图

(2) 软件设计难点

(非)应答函数的编写。在编写应答函数时，要注意应答信号是接收方发出的，所以在这个代码中，写了 3 个应答函数。在编写读/写操作时序时，还要多注意时序图中，哪里是应答信号，哪里是非应答信号。

(3) 程序代码(见共享资料中例 13.1 文件夹)

在该程序中，把控制 I2C 协议的函数放在头文件中，也方便后面的 I2C 器件可以调用该函数。I2C 协议函数的头文件为：

```
#ifndef __IIC_H
#define __IIC_H
sbit SCL = P1^6;   //AT24C02 的时钟引脚
sbit SDA = P1^7;   //AT24C02 的数据引脚
void Delay_6us(void);
void Init(void);
void Start(void);
void Stop(void);
void AckMCU(void);
void NoAckMCU(void);
void AckIIC(void);
void WriteByte(unsigned char);
unsigned char ReadByte(void);
#endif
```

I2C 协议函数的 C 文件为：

```
#include<reg52.h>
#include<intrins.h>
#include"iic.h"
#define uchar unsigned char
#define uint  unsigned int
/**************************************************
函数:Delay_6us()
参数:无
返回:无
功能:延时。调用该函数,大概为 6 μs。晶振为 11.059 2 MHz
**************************************************/
void Delay_6us(void)
{
    _nop_();
    _nop_();
}
/**************************************************
函数:Init()
参数:无
返回:无
功能:I2C 器件初始化子程序
**************************************************/
void Init(void)
{
    SCL = 1;
    Delay_6us();
    SDA = 1;
    Delay_6us();
}
/**************************************************
函数:Start()
参数:无
返回:无
功能:启动 I2C 总线
**************************************************/
void Start(void)
{
    SCL = 1;
    Delay_6us();
    SDA = 1;
```

```
    Delay_6us();
    SDA = 0;
    Delay_6us();
    SCL = 0;    //钳住低电平,准备发送信号
    Delay_6us();
}
/*****************************************************
函数:Stop()
参数:无
返回:无
功能:停止 I2C 总线
*****************************************************/
void Stop(void)
{
    SCL = 0;
    Delay_6us();
    SDA = 0;
    Delay_6us();
    SCL = 1;
    Delay_6us();
    SDA = 1;
    Delay_6us();
}
/*****************************************************
函数:Ack_MCU()
参数:无
返回:无
功能:I2C 器件从单片机接收到应答信号
*****************************************************/
void AckMCU(void)
{
    SDA = 0;
    Delay_6us();
    SCL = 1;
    Delay_6us();
    SCL = 0;
    Delay_6us();
    SDA = 1;
    Delay_6us();
}
/*****************************************************
函数:NoAck_MCU()
```

```
参数:无
返回:无
功能:I2C 器件从单片机接收到非应答信号
*************************************************/
void NoAckMCU(void)
{
    SDA = 1;
    Delay_6us();
    SCL = 1;
    Delay_6us();
    SCL = 0;
    Delay_6us();
}
/*************************************************
函数:Ack_AT24C02()
参数:无
返回:无
功能:单片机从 I2C 器件接收的应答信号(非应答信号)
*************************************************/
void AckIIC(void)
{
    uchar i = 0;
    SCL = 1;
    Delay_6us();
    while((SDA = = 1)&&(i<200))
    {
        i + +;    //i 的作用是当 SDA 时钟为 1 时,程序不会一直锁死在这里
    }
    SCL = 0;
    Delay_6us();
}
/*************************************************
函数:WriteByte()
参数:zdata:需要写入 I2C 器件的值
返回:无
功能:写一个字节
*************************************************/
void WriteByte(uchar zdata)
{
    uchar i,temp;
    temp = zdata;
    for(i = 0; i<8; i + +)
```

```
    {
        SCL = 0;
        Delay_6us();
        if((bit)(temp & 0x80) = = 0)        //把数据的最高位电平赋值给 SDA
        {
            SDA = 0;
        }
        else
        {
            SDA = 1;
        }
        Delay_6us();
        SCL = 1;
        Delay_6us();
        temp = temp << 1;                   //数据左移一位
    }
    SCL = 0;
    Delay_6us();
    SDA = 1;
    Delay_6us();
}
/****************************************************
函数:Read_byte()
参数:无
返回:无
功能:从 I2C 器件读出的数据
****************************************************/
uchar ReadByte(void)
{
    uchar i, j = 0;
    SCL = 0;
    Delay_6us();
    SDA = 1;
    Delay_6us();
    for(i = 0; i<8; i+ + )
    {
        SCL = 1;
        Delay_6us();
        j << = 1;            //j 左移 1 位
        j | = SDA;
        SCL = 0;             //把 SDA 的值给 j 的最低位
        Delay_6us();
```

```
    }
    return(j);
}
```

控制 AT24C02 芯片读/写部分函数：

```
#include"iic.h"
//共阴数码管编码
uchar sec;                    //定义计数值,每过 1 s,sec 加 1
uchar Buffer[8] = {0};        //读出一页 AT24C02 数据所存放的数组
/**************************************************
函数:WriteData()
参数:addr, zdata
返回:无
功能:向 I2C 器件中写入数据
**************************************************/
void WriteData(uchar addr, uchar zdata)
{
    Start();                  //起始信号
    WriteByte(0xa0);          //写地址的控制字
    AckIIC();
    WriteByte(addr);          //写需要写入 AT24C02 的地址
    AckIIC();
    WriteByte(zdata);         //写需要写入 AT24C02 的数据
    AckIIC();
    Stop();                   //结束信号
}
/**************************************************
函数:ReadData()
参数:无
返回:无
功能:从 I2C 器件中读出的数据
**************************************************/
uchar ReadData(uchar addr)
{
    uchar i;
    Start();                  //起始信号
    WriteByte(0xa0);          //写地址的控制字
    AckIIC();
    WriteByte(addr);          //写需要读出 AT24C02 的地址
    AckIIC();                 //应答信号
    Start();
    WriteByte(0xa1);          //读地址的控制字
```

```
    AckIIC();
    i = ReadByte();          //读出数据并存放到 i 变量
    NoAckMCU();              //非应答信号
    Stop();                  //停止信号
    return(i);
}
/ ***************************************************
函数:Write_Page()
参数:无
返回:无
功能:向 AT24C02 中写入连续的 8 个数据
***************************************************/
void WritePage(uchar addr, uchar * p)
{
    uchar i;
    Start();                    //起始信号
    WriteByte(0xa0);            //写地址的控制字
    AckIIC();
    WriteByte(addr);            //写需要写入数据的首地址
    AckIIC();
    for(i = 0;i<8;i + + )
    {
        WriteByte( * p);        //写入数据到 AT24C02
        AckIIC();
        p + + ;                 //指针地址加 1,为下一个数据写入做准备
    }
    Stop();                     //停止信号
}
/ ***************************************************
函数:ReadPage()
参数:无
返回:无
功能:从 AT24C02 中读出 8 个字节的数据
***************************************************/
void ReadPage(uchar addr)
{
    uchar i;
    Start();                              //起始信号
    WriteByte(0xa0);                      //写地址的控制字
    AckIIC();
    WriteByte(addr);                      //写需要写入数据的首地址
    AckIIC();
```

```
    Start();
    WriteByte(0xa1);                    //读地址的控制字
    AckIIC();
    for(i = 0;i<8;i + + )
    {
        Buffer[i] = ReadByte();         //读出数据到数组中
        if(i! =7)
        {
            AckMCU();                   //应答信号
        }
        else
        {
            NoAckMCU();                 //非应答信号
        }
    }
    Stop();
}
/*****************************************************
函数:DispSeg()
参数:sec:需要显示的数据
返回:无
功能:数码管的最后两位显示数据
*****************************************************/
void DispSeg()
{
    P0 = 0;
    P2 = 0xfd;
    P0 = SegCode[sec / 10 % 10];
    Delay_1ms(5);
    P0 = 0;
    P2 = 0xfe;
    P0 = SegCode[sec % 10];
    Delay_1ms(5);
}
//主函数
void Main(void)
{
    uchar i,j;
    uchar DataPage[8] = {1,3,5,7,2,4,6,8};   //定义要一页写入 AT24C02 的数据
    Init();                                  //初始化 24C02
    WritePage(0x08,DataPage);                //写入一页数据,首地址是 0x08
    ReadPage(0x08);                          //读出一页数据
```

```
    for(j = 0;j<8;j++)
    {
        sec = Buffer[j];                //把读出的一页数据赋值给 sec 变量
        for(i = 0;i<40;i++)
        {
            DispSeg();                  //数码管上显示数据
        }
    }
    sec = ReadData(0x01);               //读出 AT24C01 的 0x01 地址中的数据
    while(1)
    {
        for(i = 0;i<100;i++)
        {
            DispSeg();                  //数码管上显示数据
        }
        sec += 1;                       //数据值加 1
        WriteData(0x01,sec);            //在 AT24C02 的 0x01 地址中写入数据 sec
    }
}
```

第 14 章

温度传感器 DS18B20

14.1 DS18B20 简介

DS18B20 是 DALLS 公司推出的 1-WIRE 接口的数字温度传感器，可以直接将温度转换为 9～12 位串行数字信号供单片机处理。它具有体积小、功耗低、精度高、抗干扰能力强等优点。

(1)DS18B20 性能

① 采用单总线的接口方式与单片机连接。仅需一条线即可实现单片机与 DS18B20 的双向通信。单总线具有经济性好，抗干扰能力强，适合于恶劣环境的现场温度测量，使用方便等优点。用户可轻松地组建传感器网络，为测量系统的构建引入全新概念。

② 适合电压范围宽，电压范围在 3.0～5.5 V，在寄生电源方式可由数据线供电。

③ 测量温度范围宽，测量精度高。DS18B20 的测量范围为-55～125 ℃，在范围 -10～85 ℃内，精度为±0.5 ℃。

④ 电路简单，在使用中不需要任何外围元件。

⑤ 支持多点组网功能。多个 DS18B20 可以并联在唯一的单线上，实现多点测温。

⑥ 供电方式灵活。DS18B20 可以通过内部寄生电路从数据线上获取电源，因此，当数据线上的时序满足一定的要求时，可以不接外部电源，从而使系统结构更简单，可靠性更高。

⑦ 测量参数可配置。DS18B20 的测量分辨率可通过程序设定为 9～12 位。在 9 位分辨率时最多在 93.75 ms 内把温度转换为数字，12 位分辨率时最多在 750 ms 内把温度值转换为数字，速度快。

⑧ 负压保护特性。电源极性接反时，温度计不会因发热而烧毁，但不能正常工作。

⑨ 掉电保护功能。DS18B20 内部含有 EEPROM，在系统掉电以后，它仍可保存分辨率及报警温度的设定值。

(2)DS18B20 引脚和封装

DS18B20 有两种封装：TO－92 封装和 8 引脚的 SOIC 封装。前者因为使用方便，应用更广。引脚封装图见图 14－1。表 14－2 列出了 DS18B20 的引脚功能定义。

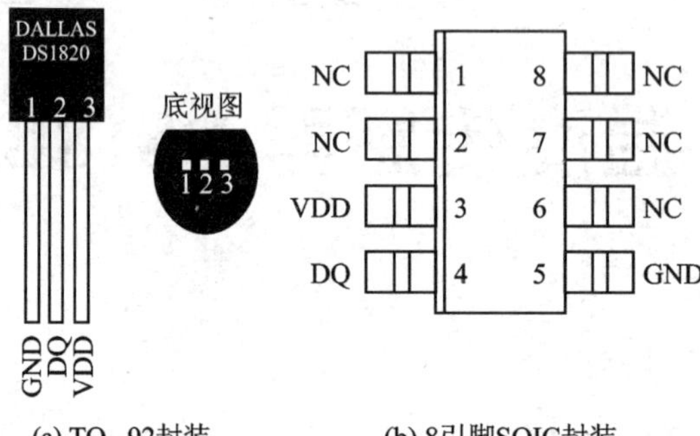

(a) TO－92封装　　(b) 8引脚SOIC封装

图 14－1　DS18B20 的引脚封装

表 14－1　DS18B20 引脚定义

引　脚	定　义
VDD	电源正极
DQ	信号输入输出
GND	电源负极
NC	空

14.2　DS18B20 的内部结构

图 14－2 是 DS18B20 的内部结构框图。它包括一个 64 位的 ROM 编码和一个暂存寄存器。

64 位 ROM 编码：8 位单线系列编码、唯一的 48 位序列号和 8 位 CRC 码。因为每个 DS18B20 有唯一的 48 位序列号，所以在一条总线上可以挂多个 DS18B20 设备。

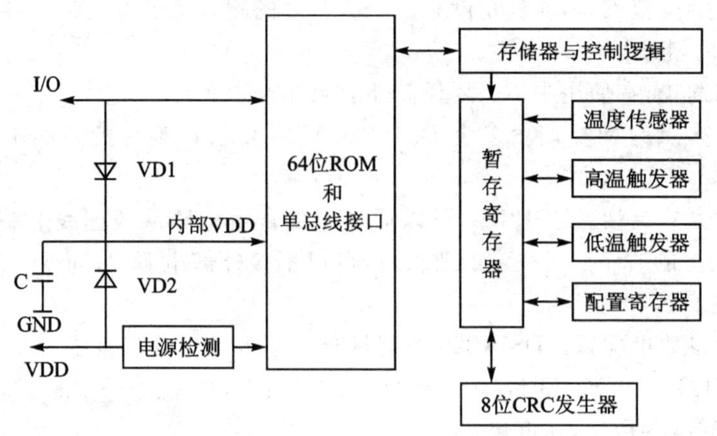

图 14－2　DS18B20 的内部结构

暂存寄存器的内容可以在表 14－2 中看到，一共 9 个字节，第 0、1 字节温度值低位(LSB)和温度值高位(MSB)存的是温度值。第 2、3 字节高温限值(TH)和低温限值(TL)用来存放温度的上、下限值。第 4 字节是配置寄存器,内容列于表 14-3 中。第 5～7 个字节保留。第 8 字节是 CRC 校验。

表 14-2　DS18B20 暂存寄存器

寄存器内容	字节地址	寄存器内容	字节地址
温度值低位(LSB)	0	保留	5
温度值高位(MSB)	1	保留	6
高温限值(TH)	2	保留	7
低温限值(TL)	3	CRC 校验值	8
配置寄存器	4		

表 14-3　配置寄存器结构

位地址	7	6	5	4	3	2	1	0
内　容	TM	R1	R0	1	1	1	1	1

低 5 位一直都是 1,TM 是测试模式位,用于设置 DS18B20 在工作模式还是在测试模式。在 DS18B20 出厂时该位被设置为 0,用户不要去改动。R1 和 R0 用来设置分辨率,如表 14-4 所列。DS18B20 的分辨率出厂时被设置为 12 位。

表 14-4　温度分辨率设置及转换时间

R1	R0	分辨率	最大转换时间/ms
0	0	9	93.75
0	1	10	187.5
1	0	11	375
1	1	12	750

DS18B20 当分辨率为 9、10、11、12 位时,对应的温度增量为:0.5 ℃、0.25 ℃、0.125 ℃、0.062 5 ℃。出厂时分辨率默认值为 12 位。DS18B20 输出的温度值为摄氏温度,以一个 16 位有符号补码数的格式存于暂存寄存器的第 0 和第 1 个字节中。表 14-5 列出了温度数据的存储格式。

表 14-5　温度数据格式

低字节	位 7	位 6	位 5	位 4	位 3	位 2	位 1	位 0
	2^3	2^2	2^1	2^0	2^{-1}	2^{-2}	2^{-3}	2^{-4}
高字节	位 15	位 14	位 13	位 12	位 11	位 10	位 9	位 8
	S	S	S	S	S	2^6	2^5	2^4

假如 DS18B20 的分辨率为 12 位,单片机在读数据时,一次是读 2 个字节,共 16 位。高 5 位如果为 0,读出的温度为正,只要将测得的低 11 位数值乘以增量 0.062 5 便可得到实际温度值。高 5 位如果为 1,读出的温度为负,需要把测得的低 11 位数

值取反加 1 再乘以 0.062 5 才可以得到实际温度值。

假如 DS18B20 的分辨率为 9 位，则只需要按照前面的方法操作，但乘的增量是 0.5。

14.3 DS18B20 的命令

1. ROM 操作命令

(1) 读 ROM——33H

读 DS18B20 的 64 位编码：8 位单线系列编码、唯一的 48 位序列号和 8 位 CRC 码。只有在总线上存在单只 DS18B20 的时候才能使用这个命令。如果总线上不只一个从机，当所有从机试图同时传送信号时就会发生数据冲突。

(2) 匹配 ROM——55H

单片机发出该命令后，接着发送 64 位 ROM 编码，让总线控制器在多点总线上定位一个特定的 DS18B20。只有和 64 位 ROM 编码完全匹配的 DS18B20 才能响应随后的存储器操作命令。所有和 64 位 ROM 编码不匹配的从机都将等待复位脉冲。这条命令在总线上有单个或多个器件时都可以使用。

(3) 跳过 ROM——CCH

单片机不用提供 64 位 ROM 编码就使用存储器操作命令，在单点总线情况下可以节省时间。只有在总线上存在单个 DS18B20 的时候才能使用这个命令。如果总线上不只一个从机，在跳过 ROM 命令之后跟着发一条读命令，由于多个从机同时传送信号，总线上就会发生数据冲突。

(4) 搜索 ROM——F0H

用于搜索单线总线上的 DS18B20 的个数，识别出它们的 64 位 ROM 编码。

(5) 报警搜索 ROM——ECH

用于搜索符合报警条件的 DS18B20。报警条件定义为温度高于 TH 或低于 TL。只要 DS18B20 不掉电，报警状态将一直保持，直到再一次测得的温度值达不到报警条件。

2. 功能命令

(1) 写暂存寄存器命令——4EH

让单片机写 3 个字节到 DS18B20，第 0 个字节被写入高温限值(TH)寄存器，第 1 个字节被写入低温限值(TL)寄存器，第 3 个字节被写入配置寄存器。发送时字节数据的最低位先发。

(2) 读暂存寄存器指令——BEH

让单片机读出 DS18B20 暂存寄存器内的 9 个字节，由最低字节(即地址 0)开始一直读到第 8 字节(即地址 8)。如果只需要读部分数据，则单片机可在读取过程中的任何时间发初始化命令,使该命令中止。

(3) 复制暂存寄存器命令——48H

复制暂存寄存器的高温限值(TH)、低温限值(TL)和配置寄存器的数据到 EEPROM 中。

(4) 启动温度转换命令——44H

启动一次温度转换,随后转换结果被存入暂存寄存器的温度值低位(LSB)和温度值高位(MSB)中,然后 DS18B20 又返回到其低功耗的休闲状态。

(5) 回传 EEPROM 内容指令——B8H

该命令执行由 DS18B20 的 EEPROM 回传到高位限值(TH)、低温限值(TL)和配置寄存器数据到暂存寄存器的第 2、3、4 字节。DS1B820 在上电时会自动进行回传 EERPOM 内容的操作,以便器件在通电之后使暂存寄存器的数据立即有效。

(6) 读电源类型指令——B4H

单片机发出该命令后,在随后紧跟一个读时间隙,如果总线为低电平为寄生电源,总线为高电平为外部电源供电。

3. 要读出 DS18B20 的温度,需要如何写命令

访问一个 DS18B20 必须经过初始化、ROM 命令和功能命令这 3 个步骤,且缺一不可,否则 DS1B820 不会响应主机的任何命令。

(1) 单个 DS18B20 发命令顺序

首先对 DS18B20 进行初始化,接着发送跳过 ROM 命令(CCH),然后再发一个启动温度转换命令(44H)。这时,温度数据已经被存到了暂存寄存器的第 0、1 地址。这时,不能直接发送读暂存寄存器指令(BEH),因为 DS18B20 操作的 3 个步骤缺一不可。

接着,再次而对 DS18B20 进行初始化,如果 DS18B20 有应答,直接发送跳过 ROM 命令(CCH),然后发送一个读暂存寄存器指令(BEH)。这时,DS18B20 的温度数据被取出。

(2) 多个 DS18B20 发命令的方法

① 每个 DS18B20 接不同的单片机引脚,这样就相当于单个 DS18B20 发命令,对每个 DS18B20 轮流读/写。

② 在单线上有多个 DS18B20,使用 DS18B20 的搜索 ROM 命令(F0H),这个命令可以搜索到总线上的所有 DS18B20。但是由于单片机操作代码会相对复杂,故速度慢。而且当需要知道某一个位置的 DS18B20 温度时,这样就比较麻烦。所以,单线上建议用以下方式。

③ 在总线上每次挂接一个 DS18B20,对该 DS18B20 发送读 ROM 命令(33H),这样 DS18B20 就按照从高位到低位的顺序发送 8 字节地址到总线上,单片机依次读取、保存即可得到一个 DS18B20 的序列号。然后,在总线上单独挂接另一个

DS18B20 芯片得到该芯片的序列号。有了这些序列号后，将这些序列号固化在程序中(如数组、查表)，当单片机向总线发送匹配 ROM(55H)命令之后紧跟着发送一个序列号，这样接下去的读取温度操作将只有 ROM 序列号匹配的那个 DS18B20 做出相应的操作，操作方法和单个 DS18B20 测量类似。

14.4 工作时序分析(1－WIRE 协议)

图 14－3 为时序图中各总线状态。

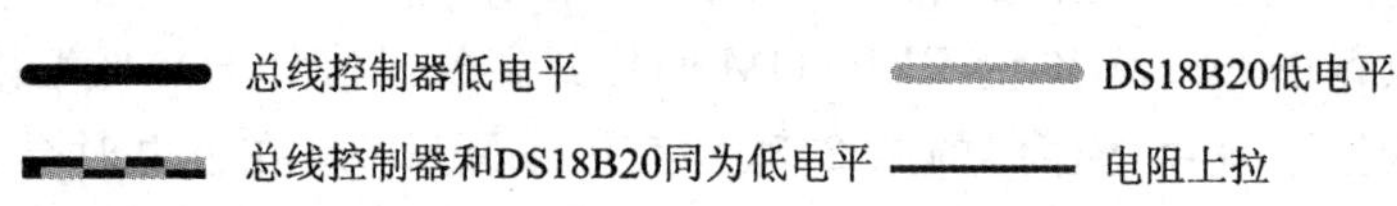

图 14－3　时序图中各总线状态

1. DS18B20 初始化时序图分析

图 14－4 为 DS18B20 的初始化时序图。前半部分为单片机操作，后半部分为 DS18B20 操作。初始化成功的标志就是能否读到 DS18B20 在后半部分的先低后高的操作时序。这里定义单片机控制 DS18B20 的相应引脚为 DQ。初始化过程如下：

① 首先给 DQ 赋值为低电平。

② 延时 600 μs，该时间范围是 480～960 μs。

③ 接着给 DQ 赋值为高电平。

④ 延时 75 μs。超过规定延时的 15～60 μs，准确地检测到 DS18B20 的存在脉冲。

⑤ 这时可以检测 DQ 的高低电平，如果为低电平，则表示 DQ 存在，存在脉冲会持续 60～240 μs；为高电平则复位失败。

⑥ 从第 4 步开始，延时最小 480 μs。这时初始化过程结束。

⑦ 最后给 DQ 赋值为高电平。

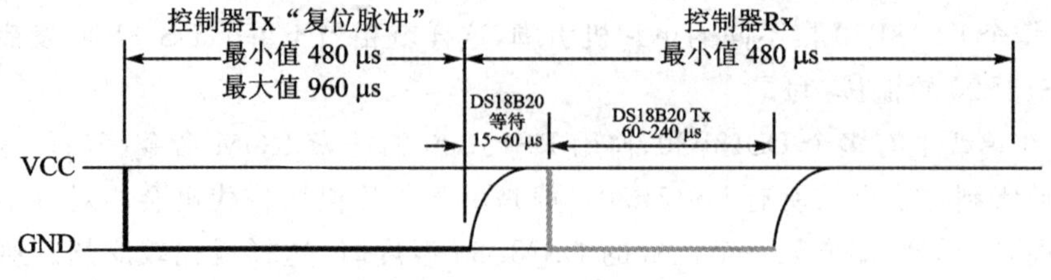

图 14－4　初始化时序图

2. DS18B20 写数据时序图分析

图 14－5 为 DS18B20 的写数据时序图。工作工程如下：

① 首先给 DQ 赋值低电平。

② 延时时间 15 μs。

③ 对 DQ 赋值,向 DS18B20 写入相应的高低电平。

④ 再延时 45 μs。

⑤ 最后给 DQ 置高电平。

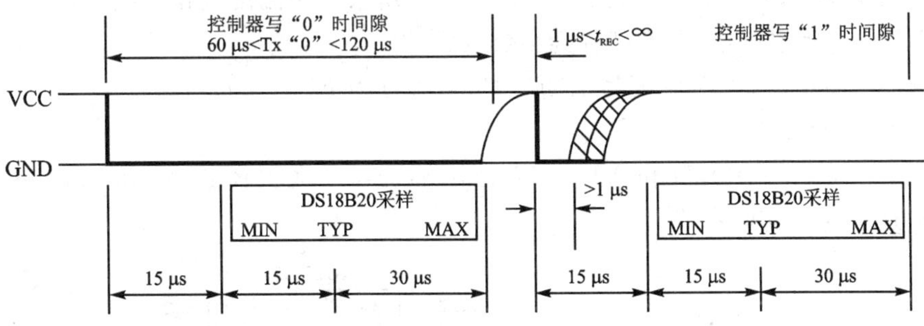

图 14-5 写数据时序图

3. DS18B20 读数据时序分析

由图 14-6 可以看到,读时序的采样是在 15 μs 内完成的,所以在 12 μs 时读取数据就可以得到时序的高低电平。

① 首先给 DQ 赋值为低电平。

② 延时时间 3 μs。

③ 给 DQ 置高电平。

④ 延时 8 μs。

⑤ 在 12 μs 时,读取总线上的电平。

⑥ 延时 60 μs。

⑦ 最后把 DQ 置为高电平。

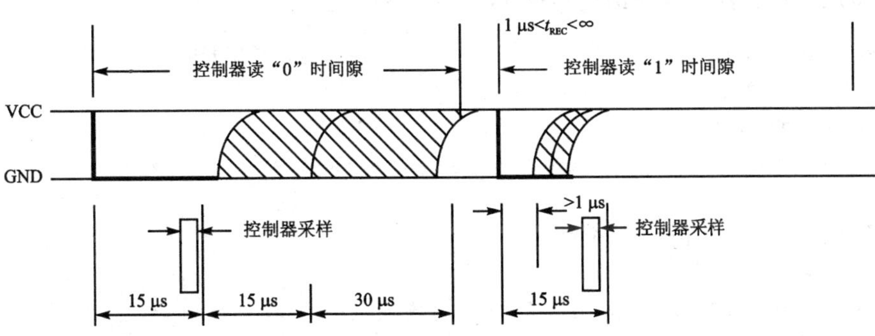

图 14-6 读数据时序图

14.5 实例——手把手讲解利用 DS18B20 测温度并在数码管显示

(1)实验现象

通过对 DS18B20 的控制，读取出 DS18B20 所采集的温度数据，并在数码管的第4、5、6、7 位显示温度值，温度精确到小数点后一位。

显示方式为:020.5(温度为正)或-10.4(温度为负)。

(2)硬件电路图

图 14-7 是 DS18B20 和 AT89S52 的电路连接。8 位共阴数码管和 AT89S52 单片机的连接参考前面章节。

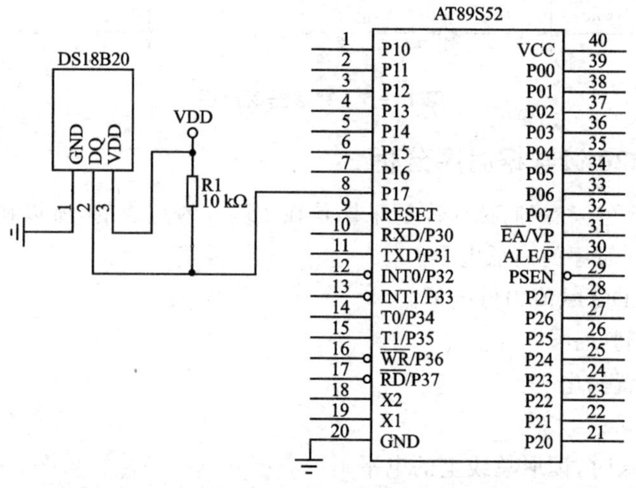

图 14-7 DS18B20 和 AT89S52 连接图

(3)程序代码(见共享资料中例 14.1 文件夹)

```
sbit DQ = P1^7;                                  //定义温度传感器的引脚
//存放温度数据数组
uchar SegBuffer[4] = {0};
/***************************************************
函数:Delay_15us()
参数:temp 为定时单位时间个数
返回:无
功能:用于 DS18B20 以 15 μs 为单位的延时函数,延时公式:15 * temp + 15(近似),晶振 12 MHz
***************************************************/
void Delay_15us(uint temp)
{
    for(temp;temp>0;temp--)
```

```
    {
        _nop_();
        _nop_();
        _nop_();
        _nop_();
    }
    _nop_();
    _nop_();
}
/****************************************************
函数:RST_DS18B20()
参数:无
返回:0:复位成功   1:复位失败
功能:复位 DS18B20,读取存在脉冲并返回
****************************************************/
bit RST_DS18B20()
{
    bit ret = 1;                //复位标志让 ret 为 1
    DQ = 0;                     //总线给低电平
    Delay_15us(39);             //延时 600 μs (这里范围为 480～900 μs)
    DQ = 1;                     //总线给高电平
    Delay_15us(4);              //延时 75 μs
    ret = DQ;                   //读出总线是否被 DS18B20 拉低
    Delay_15us(27);             //延时 420 μs (420 + 75 = 495 μs,超过 DS18B20 要求的
                                //最小时间 480 μs)
    DQ = 1;                     //总线给高电平
    return(ret);                //返回复位标志
}
/****************************************************
函数:WBIT_DS18B20()
参数:data_bit 为待写的位
返回:无
功能:产生一位的写时序,先写最低位
****************************************************/
void WBIT_DS18B20(bit data_bit)
{
    DQ = 0;                     //总线电平拉低
    _nop_();
    _nop_();                    //每写一位时间隙要超过 1 μs
    Delay_15us(0);              //延时 15 μs
    DQ = data_bit;              //向 DS18B20 写入数据
    Delay_15us(2);              //延时 45 μs
```

```
    DQ = 1;                         //总线给高电平
}
/******************************************************
函数:WBYTE_DS18B20()
参数:data_byte 为待写的字节数据
返回:无
功能:向 DS18B20 写入 1 个字节
******************************************************/
void WBYTE_DS18B20(uchar data_byte)
{
    uchar i;
    for(i = 0;i<8;i++)
    {
        WBIT_DS18B20(data_byte & 0x01);     //数据位的最低位发送
        data_byte >>= 1;                    //字节数据右移一位
    }
}
/******************************************************
函数:RBIT_DS18B20()
参数:无
返回:ret
功能:读出一个总线的数据
******************************************************/
bit RBIT_DS18B20(void)
{
    bit data_bit;
    DQ = 0;                                 //总线电平拉低
    _nop_();
    _nop_();
    _nop_();                                //延时 3 μs
    DQ = 1;                                 //总线置高电平
    _nop_();
    _nop_();
    _nop_();
    _nop_();
    _nop_();
    _nop_();
    _nop_();
    _nop_();                                //延时 8 μs
    data_bit = DQ;                          //12 μs 的时候,读取总线的电平状态
    Delay_15us(3);                          //延时 60 μs
    DQ = 1;                                 //总线给高电平
```

```
    return data_bit;
}
/*****************************************************
函数:RBYTE_DS18B20()
参数:无
返回:data_byte 为读出的 1 字节数据
功能:从 DS18B20 读出 1 字节数据,先读最低位
*****************************************************/
uchar RBYTE_DS18B20(void)
{
    uchar data_byte = 0,i,j;
    for(i = 0;i<8;i++)
    {
        j = RBIT_DS18B20();                 //读出的数据赋值给 j
        j = j << i;                         //j 的值左位 i 位
        data_byte |= j;                     //把 j 的值赋值给 data_byte
    }
    return data_byte;
}
/*****************************************************
函数:START_DS18B20()
参数:无
返回:无
功能:启动温度转换
*****************************************************/
void START_DS18B20(void)
{
    DQ = 1;
    _nop_();
    _nop_();
    RST_DS18B20();                          //复位 DS18B20
    WBYTE_DS18B20(0xcc);                    //跳过 ROM
    WBYTE_DS18B20(0x44);                    //启动温度转换
}
/*****************************************************
函数:READ_TEM()
参数:无
返回:两个字节的温度数据值
功能:读取出两个字节,低 12 位为温度值
*****************************************************/
uint READ_TEM(void)
{
```

```
    unsigned long tem = 0;
    DQ = 1;
    _nop_();
    _nop_();
    RST_DS18B20();                              //复位 DS18B20
    WBYTE_DS18B20(0xcc);                        //跳过 ROM
    WBYTE_DS18B20(0xbe);                        //读暂存寄存器
    tem = RBYTE_DS18B20();                      //读出温度低字节数据
    tem |= RBYTE_DS18B20() << 8;                //读出温度高字节数据
    return tem;
}
/****************************************************
函数:Temperature_4()
参数:data_tem
返回:无
功能:对 12 位的温度数据进行处理并把温度数据存到温度值数据中
****************************************************/
void Temperature_4(uint data_tem)
{
    uint dat = 0;
    float temp;
    if(data_tem & 0x0800)                       //判断数据第 12 位,分辨温度的正负
    {
        data_tem = ~data_tem + 1;               //数据取反加 1,得到温度数据
        temp = data_tem * 0.0625;               //分辨率为 12 位
        temp = temp * 10 + 0.5;                 //温度四舍五入
        dat = temp;
        SegBuffer[0] = SegCode[dat % 10];
        SegBuffer[1] = SegCode[dat/10 % 10] | 0x80;     //带点
        SegBuffer[2] = SegCode[dat/100 % 10];
        SegBuffer[3] = 0x40;                    //"-"符号
    }
    else
    {
        temp = data_tem * 0.0625;               //分辨率为 12 位
        temp = temp * 10 + 0.5;                 //温度四舍五入
        dat = temp;
        SegBuffer[0] = SegCode[dat % 10];
        SegBuffer[1] = SegCode[dat/10 % 10] | 0x80;     //带点
        SegBuffer[2] = SegCode[dat/100 % 10];
        SegBuffer[3] = SegCode[dat/1000 % 10];
    }
```

```
}
/*****************************************************
函数:SegDisplay()
参数:无
返回:无
功能:在数码管上显示温度值。如果温度为正,显示格式为:025.3;如果温度为负,显示格式为:-
10.4
*****************************************************/
void SegDisplay(void)
{
    uchar i = 0;
    for(i = 0;i<4;i + + )
    {
        P0 = 0x00;
        P2 = SegPosi[i];
        P0 = SegBuffer[i];
        Delay_1ms(3);
    }
}
//主函数
void Main(void)
{
    uint temp = 0;
    while(1)
    {
        START_DS18B20();       //温度转换
        temp = READ_TEM();     //读温度数据
        Temperature_4(temp); //温度数据进行处理,并存到温度寄存器中
        SegDisplay();          //在数码管上显示温度值
    }
}
```

(4)实验结果

图 14－8 是在数码管上显示所测温度“022.0” ℃。图 14－9 是在数码管上显示所测温度“－02.0” ℃。

图 14－8　测得温度为 22 ℃

图 14－9　测得温度为－02.0 ℃

第 15 章

时钟芯片 DS1302

15.1 DS1302 简介

在许多电子设备中，通常会用到一些与时间有关的控制。如果用单片机的定时器来设计时钟，偶然的掉电或者晶振的误差都会造成时间的错乱。为了克服以上两个缺点，专用的时钟芯片应运而生。时钟芯片的种类非常多，这里给大家介绍一款经典的时钟芯片 DS1302。

DS1302 是美国 DALLAS 公司推出的一种高性能、低功耗、带 RAM 的实时时钟电路。它可以对年、月、日、周日、时、分、秒进行计时，每月的天数和闰年的天数可自动调整，时钟操作可通过 AR/PM 指示决定采用 24 或 12 小时格式。采用三线接口与单片机进行，并可采用突发方式一次传送多个字节的或 RAM 数据。DS1302 内部有一个 31 字节的用于临时性存放数据的 RAM 寄存器。DS1302 可设置备用电源充电方式，提供了对后背电源进行涓细电流充电的能力。

(1)DS1302 特性

① 时钟计数功能，可以对秒、分钟、小时、月、星期、年计数，年计数可达到 2100 年。

② 有 31×8 位的暂存数据寄存器(即 RAM，掉电丢失)

③ 最少 I/O 通过 3 个引脚控制。

④ 宽范围工作电压：2.0～5.5 V。

⑤ 工作电流低：在 2.0 V，小于 300 nA。

⑥ 读/写时钟寄存器或内部暂存数据寄存器 RAM 可以采用单字节模式(一次读/写单个字节)和突发模式(一次读/写多个字节)。

⑦ 与 TTL 兼容(VCC＝5 V)

⑧ 温度范围广：工业级温度为－40～＋85 ℃。

(2)DS1302 的引脚及功能

时钟芯片 DS1302 的常用封装有两种：PDIP 和 SOIC。PDIP 是直插封装，SOIC 是贴片封装。它们的引脚定义都是一样的，如图 15.1 所示，各引脚的简单功能介绍如表 15.1 所列。

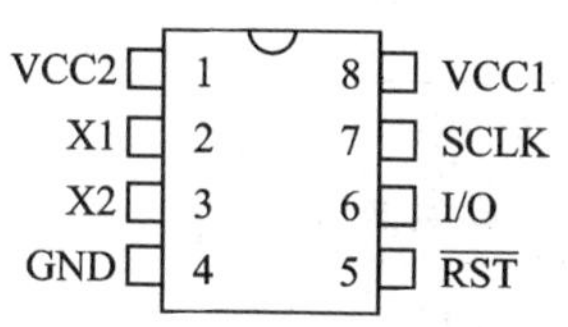

图 15-1 DS1302 的引脚定义

表 15-1 DS1302 引脚功能

引脚	功能	引脚	功能
VCC2	主电源	X1	32.768K 晶振引脚
X2	32.768K 晶振引脚	GND	电源地
VCC1	备用电源	SCLK	时钟输入端
I/O	串行数据输入输出端	$\overline{RST}$	复位端

下面将对 DS1302 的各引脚功能进行详细的介绍：

① VCC1 和 VCC2：VCC1 为后备电源，VCC2 为主电源。有备用电源时，在主电源关闭的情况下，也能保持时钟的连续运行。DS1302 由 VCC1 或 VCC2 两者中的较大者供电。当 VCC2 大于 VCC1+0.2 V 时，VCC2 给 DS1302 供电。当 VCC2 小于 VCC1 时，DS1302 由 VCC1 供电。

② X1 和 X2：振荡源，外接 32.768 kHz 晶振。

③ RST：复位/片选线，通过把 $\overline{RST}$ 输入驱动置高电平来启动所有的数据传送。$\overline{RST}$ 输入有两种功能：首先，$\overline{RST}$ 接通控制逻辑，允许地址/命令序列送入移位寄存器；其次，$\overline{RST}$ 提供终止单字节或多字节数据的传送手段。当 $\overline{RST}$ 为高电平时，所有的数据传送被初始化，允许对 DS1302 进行操作。如果在传送过程中 $\overline{RST}$ 置为低电平，则会终止此次数据传送，I/O 引脚变为高阻态。上电运行时，在 VCC 大于等于 2.5 V 之前，$\overline{RST}$ 必须保持低电平。只有在 SCLK 为低电平时，才能将 $\overline{RST}$ 置为高电平。

④ I/O：串行数据输入/输出端（双向）。

⑤ SCLK：时钟输入端，控制数据的输入与输出。

(3) DS1302 的内部结构

DS1302 由电源控制、输入移位寄存器、通信与控制、晶体振荡器及倒计数链和实时时钟寄存器等组成，如图 15-2 所示。

电源控制用于对 DS1302 的供电进行控制，由它来判断是用主电源还是备用电源，电源控制可以自行进行检测使用哪个电源。这是电路系统掉电后 DS1302 还能计时的关键。它还可以设置对电池进行涓流充电。

晶体振荡器及倒计数链用来连接 32.768 kHz 的晶振。有了晶振提供的振荡电平，DS1302 才会走时运行。推荐大家使用负载电容为 6 pF 的 32.768 kHz 晶振，可以让 DS1302 在恶劣环境下的工作更加稳定。

实时时钟模块主要用于对时间和日期的实时数据进行存储。

输入移位寄存器从 SCLK 得到移位上升沿或者下降沿，方便对 DS1302 的寄存器的命名和数据进行处理。

通信与控制逻辑用来对 DS1302 的整个运行进行控制，向实时时钟模块读/写实时数据等，通过输入移位寄存器来和单片机等控制器进行通信。

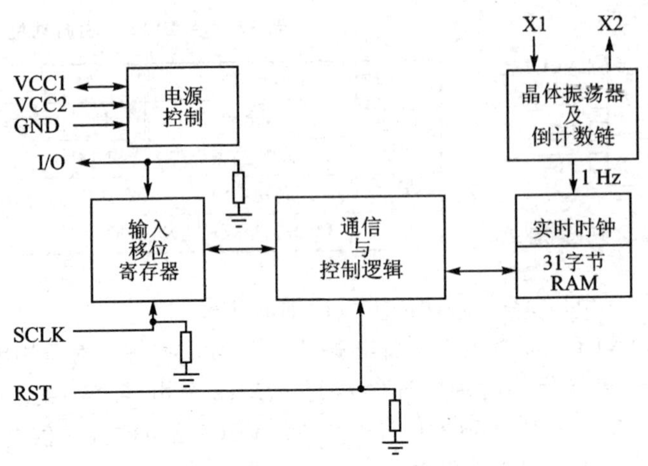

图 15-2　DS1302 的内部结构

15.2　DS1302 的寄存器

DS1302 共有 11 个用于时间控制的寄存器和 31 个 RAM 寄存器。DS1302 的寄存器存放数据的格式为 BCD 码形式，在 DS1302 之后给大家介绍一下 BCD 码。首先介绍 DS1302 用于存放时间、日期和周的数据的寄存器，如表 15-2 所列。

表 15-2　DS1302 用于存放时间和日期的寄存器

寄存器名	命令字		取值范围	各位内容							
	写操作	读操作		7	6	5	4	3	2	1	0
秒寄存器	80H	81H	00~59	CH	10SEC			SEC			
分钟寄存器	82H	83H	00~59	0	10MIN			MIN			
小时寄存器	84H	85H	01~12或00~23	12/24	0	AP	HR	HR			
日期寄存器	86H	87H	28，29，30，31	0	0	10DATE		DATE			
月期寄存器	88H	89H	01~12	0	0	0	10M	MONTH			
周日寄存器	8AH	8BH	01~07	0	0	0	0	0	DAY		
年份寄存器	8CH	8DH	00~99		10YEAR			YEAR			

秒寄存器(81H、80H)的位 7 定义时钟暂停标志(CH)。当该位为 1 时，时钟振荡器停止，DS1302 处于低功耗状态；当该位为 0 时，时钟开始运行。位 4～6 是秒的十位数据，位 0～3 是秒的个位为数据。

分寄存器(83H、82H)的位 4～6 是分的十位数据，位 0～3 是分的个位为数据。

小时寄存器(85H、84H)的位 7 用于定义 DS1302 是运行于 12 小时模式还是 24 小时模式：为 1 时，选择 12 小时模式；为 0 时，选择 24 小时模式。在 12 小时模式时，位 5 是上午/下午标志位：为 0 时，表示 AM(上午)；为 1 时，表示 PM(下午)。在 24 小时模式时，当小时值大于 20 时，位 5 为 1，否则为 0。位 0～3 是小时的个位。

日寄存器(87H、86H)的位 4 和位 5 用于表示日的十位，位 0～3 用于表示日的个位。

月寄存器(89H、88H)的位 4 用于表示月的十位,位 0～3 用于表示月的个位。

周寄存器(8BH、8AH)的位 0～2 用于表示是周几。

年寄存器(8DH、8CH)的位 4～7 是年的十位,位 0～3 是年的个位。

控制寄存器(8FH、8EH):它的位 7 是写保护位(WP),其他 7 位均置为 0。在任何的对时钟和 RAM 的写操作之前,WP 位必须为 0。当 WP 位为 1 时,写保护位防止对任一寄存器的写操作。

DS1302 的工作模式寄存器如表 15-3 所列。

表 15-3 DS1302 的工作模式寄存器

工作模式寄存器	读寄存器	写寄存器
时钟突发模式寄存器(CLOCK BURST)	BFH	BEH
RAM 突发模式寄存器(RAM BURST)	FFH	FEH

突发模式可以指定为任何时钟/日历或 RAM 的寄存器。由时钟/日历指令字节来指定其突发模式操作。在该模式下,其中的 8 个时钟/日历寄存器将被连续读和写。由 RAM 控制指令字节来指定其突发模式操作。31 个 RAM 静态寄存器将可以被连续地读和写。

如果这些保护位被置 1,则在突发模式下,无任何字节将会被读/写,涓流充电不可以在突发模式下选择。

DS1302 的充电寄存器(91H、90H):该寄存器决定了 DS1302 的充电特性。该寄存器如表 15-4 所列。

表 15-4 充电寄存器

位	7	6	5	4	3	2	1	0
符　号	TCS	TCS	TCS	TCS	DS	DS	RS	RS

涓流充电选择位为位 4～7,TCS 置为 1010 时使涓流充电,其他选择将禁止涓流充电。DS1302 刚上电时无涓流充电,二极管选择位为位 2～3,将在 VCC1 和 VCC2 之间选择 1 或 2 个二极管。如果 DS 是 01,只有一个二极管被选择;如果 DS 是 10,将选择两个二极管;如果 DS 是 00 或者 11,即使 TCS=1010,充电功能也被禁止。

电阻选择位 RS 为位 0 和位 1,将选择 VCC1 和 VCC2 之间的电阻,如表 15-5 所列。

DS1302 中附加 31 字节静态 RAM 的地址如表 15-6 所列。

表 15-5 充电寄存器的 RS 的选择

RS 位	电　阻	典型值
00	没有	没有
01	R1	2 kΩ
10	R2	4 kΩ
11	R3	8 kΩ

表 15-6 静态 RAM 地址

读地址	写地址	数据范围
C1H	C0H	00H～FFH
C3H	C2H	00H～FFH
C5H	C4H	00H～FFH
…	…	…
FDH	FCH	00H～FFH
FFH	FEH	00H～FFH

15.3 DS1302 的控制字和数据读/写

1. DS1302 的控制字

DS1302 芯片不仅要向寄存器写入控制字，还需要读取相应寄存器的数据。要与 DS1302 进行通信，首先要了解 DS1302 的控制字。DS1302 的控制字如表 15-7 所列。

表 15-7 DS1302 的控制字

位	D7	D6	D5	D4	D3	D2	D1	D0
定 义	1	RAM/$\overline{\text{CK}}$	A4	A3	A2	A1	A0	RD/$\overline{\text{W}}$

位 7：控制字节的最高有效位（位 7）必须是逻辑 1，如果它为 0，则不能把数据写入 DS1302 中。RAM/$\overline{\text{CK}}$：如果为 0，则表示存取日历时钟数据，为 1 表示存取 RAM 数据。A0～A0：指示操作单元的地址。RD/$\overline{\text{W}}$：为 0 表示要进行写操作，为 1 表示进行读操作。控制字节总是从最低位开始输出。

2. DS1302 的数据写入和读出

在控制字指令输入后的下一个 SCLK 时钟的上升沿时，数据被写入 DS1302，数据输入从最低位（0 位）开始。同样，在紧跟 8 位的控制字指令后的下一个 SCLK 脉冲的下降沿，读出 DS1302 的数据，读出的数据也是从最低位开始的。

经过 8 个时钟周期的控制字节的写入，一个字节的写入将在下 8 个时钟周期的上升沿完成，数据传输从字节最低位开始，如图 15-3 所示。

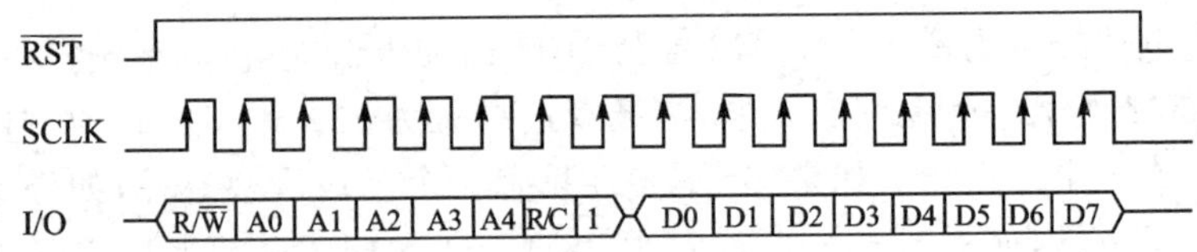

图 15-3 DS1302 的写数据时序

经过 8 个时钟周期的控制读指令的写入，控制指令串行写入后，一个字节的数据将在下 8 个时钟周期的下降沿被读出，注意第 1 位读出是在最后一位控制指令所在脉冲的下降沿被输出，要求 RST 保持高电平，如图 15-4 所示。

同理，8 个时钟周期的控制读指令如果指定的是突发模式，将会在脉冲的上升沿写入数据，下降沿读出数据，突发模式一次可进行多字节数据的一次性读/写，只要控制好脉冲就行了。

3. BCD 码简介

在数字系统中，各种数据要转换为二进制代码才能进行处理，而人们习惯于使用

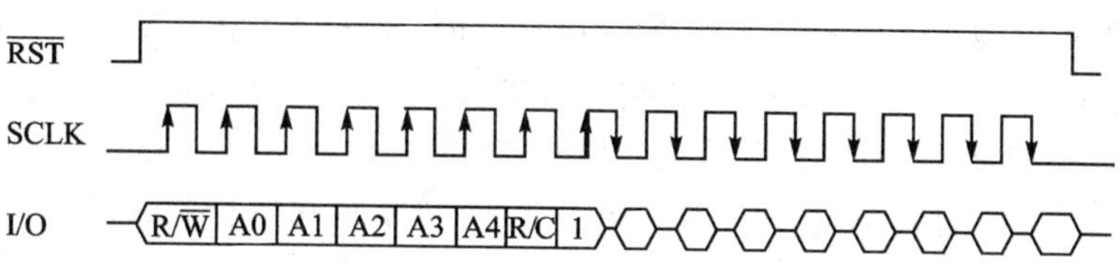

图 15-4 DS1302 的读数据时序

十进制数，所以在数字系统的输入/输出中仍采用十进制数，这样就产生了用 4 位二进制数表示 1 位十进制数的方法，这种用于表示十进制数的二进制代码称为二-十进制代码(Binary Coded Decimal)，简称为 BCD 码。它具有二进制数的形式以满足数字系统的要求，又具有十进制的特点(只有 10 种有效状态)。在某些情况下，计算机也可以对这种形式的数直接进行运算。

BCD 码也分为几种格式。DS1302 的寄存器存放数据的格式为 8421BCD 码形式，这是一种使用最广的 BCD 码，是一种有权码，其各位的权分别是(从最有效高位开始到最低有效位)8、4、2、1。通过表 15-8 对十进制、十六进制和 BCD 码进行对比，让大家对 8421BCD 码理解更清楚。

表 15-8 十进制、十六进制和 8421BCD 码值对应表

十进制	十六进制	BCD 码	十进制数	十六进制	BCD 码
0	0	0000	1	1	0001
2	2	0010	3	3	0011
4	4	0100	5	5	0101
6	6	0110	7	7	0111
8	8	1000	9	9	1001
10	A	0001 0000	11	B	0001 0001
12	C	0001 0010	13	D	0001 0011
14	E	0001 0100	15	F	0001 0101

15.4 实例——手把手讲解控制 DS1302 在 1602 上显示日期和时间

在 1602 液晶的第 1 行显示日期，第 2 行显示时间，如下所示：

第 1 行："DAYS 2013-01-04"；

第 2 行："TIME 12-00-00"。

其中，初始时间为"11-59-55"，时间每秒钟加 1。

(1) 硬件电路图

DS1302 芯片和 AT89S52 单片机的电路图如图 15-5 所示。DS1302 的 1 端是主电源端口，8 端是备用电源端口。DS1302 的电源端口较特殊，不像其他都是芯片右上角为电源端口。DS1302 的主电源端口连接+5 V 电源，8 端连接 J1 跳线

帽开关和 3 V 电池电源正极，当 J1 跳线帽短路时，3 V 电源正极和 DS1302 的备用电源端口连接。DS1302 的 2 端和 3 端连接的是 32.768 kHz 晶振，尽量选择负载电容为 6 pF 的晶振，DS1302 更容易起振，工作更加稳定。DS1302 的 SCLK 和 AT89S52 的 P1.6 端口连接，I/O 和 AT89S52 的 P3.5 端口连接，$\overline{RST}$和 AT89S52 的 P1.7 端口连接。

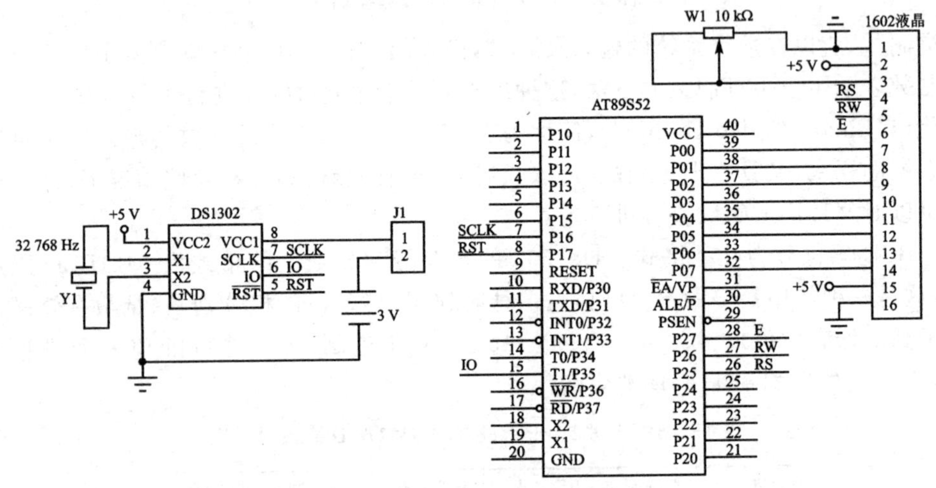

图 15-5　DS1302 和 AT89S52 连接电路图

(2) 程序设计难点

① DS1302 读/写时序。DS1302 是在时钟信号的上升沿写入数据，在时钟信号的下降沿读出数据。

② DEC 码(十进制)和 BCD 码。DS1302 的数据写入和读出都是 BCD 码格式，在写入和读出的时候，都需要把 BCD 码转换为 DEC 码。

③ 突发写模式中的数据依次写入的是“秒，分，小时，日期，月，星期，年，控制”。

(3) 程序代码(见共享资料中例 15.1 文件夹)

1602 液晶驱动函数在前面介绍过，其头文件和 C 语言文件这里不列出，在该代码中直接调用 1602.h 头文件即可。

```
#include"1602.h"
sbit CLK = P1^6;    //DS1302 时钟线引脚
sbit IO = P3^5;     //DS1302 数据线引脚
sbit RST = P1^7;    //DS1302 复位线引脚
//突发模式时写入的时间数据
uchar Burst_W[8] = {55,59,11,4,1,5,13,0};
/*************************************************
函数:Dectobcd()
参数:dec 码
```

```
返回:bcd 码
功能:DEC 码转换为 BCD 码
*****************************************************/
uchar Dectobcd(uchar dec)
{
    uchar i,j,bcd;
    i = (dec / 10) << 4;            //十进制十位的 DEC 码
    j = (dec % 10) & 0x0f;          //十进制个位的 DEC 码
    bcd = i + j;                    //组合成 BCD 码
    return bcd;
}
/*****************************************************
函数:Bcdtodec()
参数:bcd 码
返回:dec 码
功能:BCD 码转换为 DEC 码
*****************************************************/
uchar Bcdtodec(uchar bcd)
{
    uchar i,j,dec;
    i = bcd & 0x0f;                  //取 BCD 低 4 位
    j = ((bcd & 0xf0) >> 4) * 10; //取 BCD 码的高 4 位并乘以 10
    dec = j + i;                     //合并成 DEC 码
    return dec;
}
/*****************************************************
函数:WriteByte()
参数:zdata:需要写入的数据
返回:无
功能:往 DS1302 写入 1 个字节数据
*****************************************************/
void WriteByte(uchar zdata)
{
    uchar i;
    for(i = 0; i<8; i++)
    {
        IO = (bit)(zdata & 0x01);
        zdata >>= 1;
        CLK = 0;
        CLK = 1;
    }
}
```

```
/*****************************************************
函数:ReadByte()
参数:无
返回:zdata:读出数据
功能:从 DS1302 读取 1 个字节数据
*****************************************************/
uchar ReadByte(void)
{
    uchar i,j,zdata;
    for(i = 0; i<8; i+ + )
    {
        CLK = 1;
        CLK = 0;
        j = IO;
        zdata | = (j << i);
    }
    return(zdata);
}
/*****************************************************
函数:W1302()
参数:addr:DS1302 地址;zdata:要写入的数据
返回:无
功能:往 DS1302 中写入数据
*****************************************************/
void W1302(uchar addr, uchar zdata)
{
    RST = 0;
    CLK = 0;
    RST = 1;
    WriteByte(addr);                        //写地址
    _nop_();
    _nop_();
    WriteByte(Dectobcd(zdata));             //写 1 个字节数据
    CLK = 1;
    RST = 0;
}
/*****************************************************
函数:R1302()
参数:addr:DS1302 的地址
返回:zdata:读出数据
功能:读取 DS1302 某地址的数据
*****************************************************/
```

```
uchar R1302(uchar addr)
{
    uchar zdata;
    RST = 0;
    CLK = 0;
    RST = 1;
    WriteByte(addr);                  //写地址,命令
    _nop_();
    _nop_();
    zdata = Bcdtodec(ReadByte());     //读 1 个字节数据
    CLK = 1;
    RST = 0;
    return(zdata);
}
/****************************************************
函数:BurstW1302()
参数:p: 时钟数据地址 格式为:  秒  分  时  日  月  星期  年  控制
            8Byte (BCD 码)  1B  1B  1B  1B  1B  1B    1B  1B
返回:无
功能:往 DS1302 写入时钟数据(多字节方式)
****************************************************/
void BurstW1302(uchar * p)
{
    uchar i;
    W1302(0x8e, 0x00);                    //控制命令,WP = 0,写操作
    RST = 0;
    CLK = 0;
    RST = 1;
    WriteByte(0xbe);                      //0xbe:时钟多字节写命令
    for(i = 0; i<8; i + + )               //7 个字节时钟数据 + 1 个字节控制
    {
        WriteByte(Dectobcd( * p));        //写 1 个字节数据
        p + + ;
    }
    CLK = 1;
    RST = 0;
}
/****************************************************
函数:DS1302Init
参数:无
返回:无
功能:对 DS1302 数据进行初始化设置。最开始显示的数据就是在这里设置的
```

```
    可以通过两种方式对 DS1302 进行初始化,屏蔽部分是逐个字节对 DS1302 数据
    进行初始化,BurstW1302()是通过突发模式来一次性写入 8 个字节数据
***********************************************************/
void DS1302Init(void)
{
/*
    W1302(0x8e,0);
    W1302(0x80,55);     //写入秒
    W1302(0x8e,0);
    W1302(0x82,59);     //写入分
    W1302(0x8e,0);
    W1302(0x84,11);     //写入小时
    W1302(0x8e,0);
    W1302(0x86,4);      //写入日
    W1302(0x8e,0);
    W1302(0x88,1);      //写入月
    W1302(0x8e,0);
    W1302(0x8a,5);      //写入星期
    W1302(0x8e,0);
    W1302(0x8c,13);     //写入年
*/
    BurstW1302(Burst_W);
}
/***********************************************************
函数:RunDS1302
参数:无
返回:无
功能:读出 DS1302 中的实时数据,并在液晶 1602 上进行显示
***********************************************************/
void RunDS1302(void)
{
    uchar sec, min, hour, day, month, year;
    while(1)
    {
        //从 DS1302 中读出实时数据
        W1302(0x8f, 0);
        sec = R1302(0x81);              //读出 DS1302 中的秒
        W1302(0x8f, 0);
        min = R1302(0x83);              //读出 DS1302 中的分
        W1302(0x8f, 0);
        hour = R1302(0x85);             //读出 DS1302 中的小时
        W1302(0x8f, 0);
```

```
        day = R1302(0x87);              //读出 DS1302 中的日
        W1302(0x8f, 0);
        month = R1302(0x89);            //读出 DS1302 中的月
        W1302(0x8f, 0);
        year = R1302(0x8d);             //读出 DS1302 中的年
        //1602 液晶显示部分
        SendChar(2, 6, hour / 10 % 10 + 48);
        SendChar(2, 7, hour % 10 + 48);
        SendChar(2, 9, min / 10 % 10 + 48);
        SendChar(2, 10, min % 10 + 48);
        SendChar(2, 12, sec / 10 % 10 + 48);
        SendChar(2, 13, sec % 10 + 48);
        SendChar(1, 8, year / 10 % 10 + 48);
        SendChar(1, 9, year % 10 + 48);
        SendChar(1, 11, month / 10 % 10 + 48);
        SendChar(1, 12, month % 10 + 48);
        SendChar(1, 14, day / 10 % 10 + 48);
        SendChar(1, 15, day % 10 + 48);
    }
}
//主函数
void Main(void)
{
    LcdInit();     //1602 液晶初始化
    SendString(1,1,"DAYS 20");
    SendString(2,1,"TIME");
    SendChar(2, 8, '-');
    SendChar(2, 11, '-');
    SendChar(1, 10, '-');
    SendChar(1, 13, '-');
    DS1302Init();  //DS1302 初始化
    RunDS1302();   //读取 DS1302 实时数据并在 1602 液晶上显示
}
```

(4) 实验现象

DS1302 运行时在 1602 液晶上显示时间和日期,如图 15-6 所示。

图 15-6　1602 液晶上显示时间和日期

第 16 章

模/数(数/模)转换芯片 PCF8591

16.1 PCF8591 简介

PCF8591 芯片含一个多路模拟输入、内置跟踪保持、8 位模/数转换和 8 位数/模转换器。它的最大转化速率由 I2C 总线的最大速率决定。它具有 4 个模拟输入、1 个模拟输出和 1 个串行 I2C 总线接口。它的 3 个地址引脚 A0、A1 和 A2 可用于硬件地址编程,允许在同个 I2C 总线上接入 8 个 PCF8591 器件。在 PCF8591 器件上输入/输出的地址、控制和数据信号都是通过双线双向 I2C 总线以串行的方式进行传输。

(1)主要特性

- 单独供电,PCF8591 的操作电压范围 2.5～6 V。
- 低待机电流。
- 通过 I2C 总线串行输入/输出。
- PCF8591 通过 3 个硬件地址引脚寻址。
- PCF8591 的采样率由 I2C 总线速率决定。
- 4 个模拟输入可编程为单端型或差分输入。
- 自动增量频道选择。
- PCF8591 的模拟输入电压范围从 VSS 到 VDD。
- PCF8591 内置跟踪保持电路。
- 8 位逐次逼近 A/D 转换器。
- 通过 1 路模拟输出实现 DAC 增益。

(2) PCF8591 引脚和封装

PCF8591 常见的有两种封装:DIP16 封装和 SO16 封装。引脚的排列图见图 16－1。表 16－1 列出了 PCF8591 的引脚功能定义。

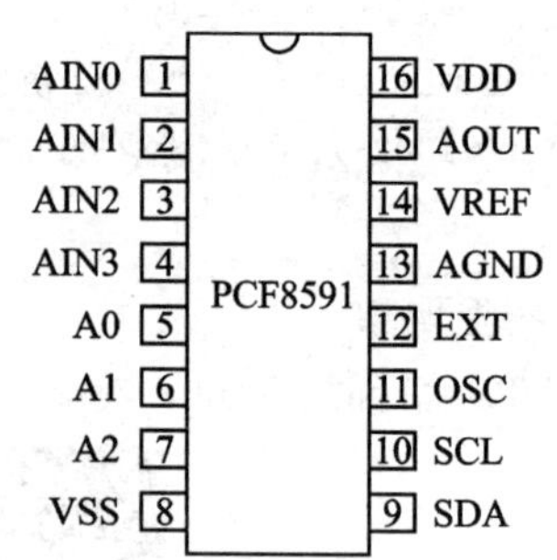

图 16－1 PCF8591 的引脚封装

表 16-1　PCF8591 的引脚功能定义

引　脚	功能定义	引　脚	功能定义
AIN0	模拟信号输入端 0	VDD	电源正极
AIN1	模拟信号输入端 1	AOUT	数/模转换电压输出端
AIN2	模拟信号输入端 2	VREF	基准电压输入端
AIN3	模拟信号输入端 3	AGND	模拟信号地
A0	地址输入端	EXT	内外部时钟选择端
A1	地址输入端	OSC	振荡器端口
A2	地址输入端	SCL	I2C 时钟端
VSS	电源地	SDA	I2C 数据端

(3) PCF8591 芯片内部结构

PCF8591 芯片的内部结构如图 16-2 所示。

PCF8591 芯片有 4 路输入通道 A0～A3。4 路输入通道由模拟多路开关进行配置,可以配置成差分输入、单通道输入等模式,并通过采样/保持器件送到比较器与逐次比较器/逻辑单元进行比较,从而得出相应的 A/D 值,再通过 ADC 数据寄存器存储,最后通过 I2C 通信可以把 A/D 值给到单片机等控制器。

单片机通过 I2C 协议发送 D/A 数据,再经过 DAC 数据寄存器与逐次比较寄存器/逻辑单元进行比较,再通过 DAC 输出单元输出电压值。

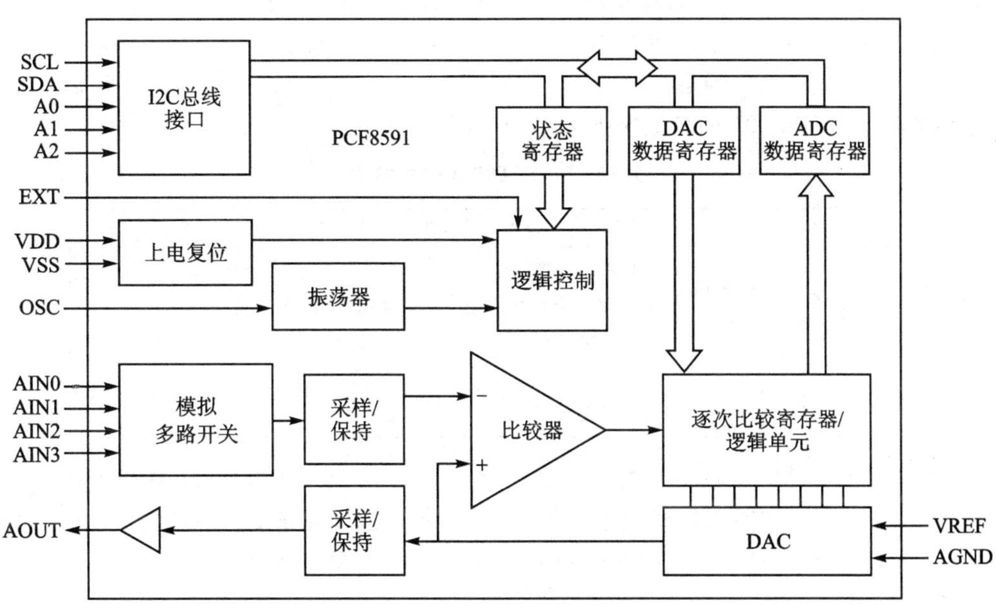

图 16-2　PCF8591 内部结构图

16.2 PCF8591 芯片控制

16.2.1 PCF8951 的地址

I2C 总线系统中的每一片 PCF8591 通过单片机发送有效地址进行选择。该地址包括固定地址和可编程地址。可编程地址必须根据地址引脚 A0、A1 和 A2 来设置。在 I2C 总线协议中第一个字节发送需要控制的器件的地址。地址字节的最后一位是用于设置数据传输方向的读/写位。PCF8591 芯片的地址如表 16－2 所列。

表 16－2 PCF8591 芯片的地址

位	7	6	5	4	3	2	1	0
描　述	1	0	0	1	A2	A1	A0	$R/\overline{W}$

在配套单片机实验板上，A0、A1 和 A2 都是接电源地，所以实验板上的 PCF8951 的读地址为 0x91，写地址为 0x90。

16.2.2 PCF8951 的控制字

单片机发送到 PCF8591 的第 2 个字节将被存储在控制寄存器，用于控制器件实现相应功能。控制寄存器的高 4 位用于允许模拟输出和将模拟输入编程为单端或差分输入。低 4 位用于选择一个由高 4 位中定义的模拟输入通道。如果自动增量标志置 1，每次 A/D 转换后通道号将自动加 1。控制寄存器的所有位在上电复位后被复位为逻辑 0。PCF8591 的控制字如表 16－3 所列。

表 16－3 PCF8591 的控制字

位	D7	D6	D5	D4	D3	D2	D1	D0
描　述	0	D/A 输出允许位 0:禁止 1:允许	A/D输入方式选择位 00:4 路单端输入 01:3 路差分输 10:单端与差分 11:2 路差分输入		0	自动增益选择位 0:禁用 1:启用	A/D 通道选择位	

D1 位和 D0 位：A/D 通道选择位。D1＝0，D0＝0，选择通道 0；D1＝0，D0＝1，选择通道 1；D1＝1，D0＝0，选择通道 2；D1＝1，D0＝1，选择通道 3。如果选择不存在的输入通道将导致分配最高可用的通道号。如果自动增量被置 1，下一个被选择的通道将总是通道 0。

D2 位：自动增益选择位。当为 1 时启用，每次 A/D 转换后通道号将自动加 1；当为 0 时，每次 A/D 转换后通道号不会变化。

D3：保留，必须赋值为低电平。

D5 位和 D4 位：输入方式选择位。D5＝0，D4＝0，输入方式为 4 路单通道输入，AIN0 对应通道 0，AIN1 对应通道 1，AIN2 对应通道 2，AIN3 对应通道 3；D5＝0，D4＝1，输入方式为 3 路差分输入，AIN0、AIN1 和 AIN2 分别是 3 路差分输入的同相输入端，AIN3 接到 3 路差分输入的反相输入端，并且通过通道 0、通道 1 和通道 2 输出；D5＝1，D4＝0，输入方式为 2 路单通道输入和 1 路差分输入，AIN0 对应通道 0，AIN1 对应通道 1，AIN2 和 AIN3 分别是差分的同相/反向输入端，并通过通道 2 输出；D5＝1，D4＝1，输入方式为 2 路差分输入，AIN0 和 AIN2 为 2 路差分输入的同相输入端，AIN1 和 AIN3 为 2 路差分输入的反向输入端，它们通过通道 0 和通道 1 输出。

D5 和 D4 位详细功能如图 16－3 所示。

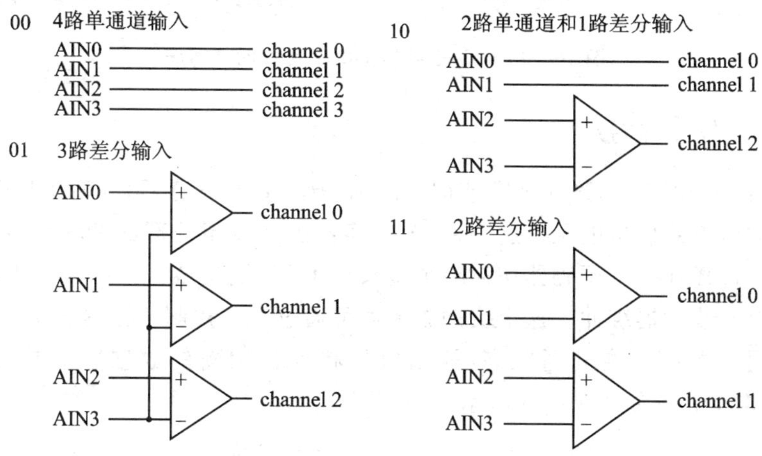

图 16－3 D5 和 D4 位功能介绍

D6 位：D/A 输出允许位。D6＝0，禁止数/模输出端输出电压，为高阻态；D6＝1，允许数/模输出端输出电压。模拟输出允许标志可以在其他时候复位以降低静态功耗。D/A 转换器和振荡器在此时被禁止。模拟输出被切换到高阻态。

D7：保留，必须赋值为低电平。

16.2.3 A/D 转换

PCF8591 的 A/D 转换器采用逐次逼近转换技术。一个 A/D 转换周期总是开始于发送一个有效通道地址给 PCF8591 之后，A/D 转换周期在应答时钟脉冲的后边沿触发，所选通道的输入电压采样保存到芯片并被转换为对应的 8 位二进制码。

取自差分输入的采样将被转换为对应的 8 位二进制码，转换结果被保存在 ADC 数据寄存器等待传输。如果自动增量标志被置 1，将选择下一个通道。

I2C 总线协议的读周期如图 16－4 所示，在读周期传输的第一个字节包含前一个读周期的转换结果代码。比如：这次读地址是通道 1，但是读出的数据是通道 0。

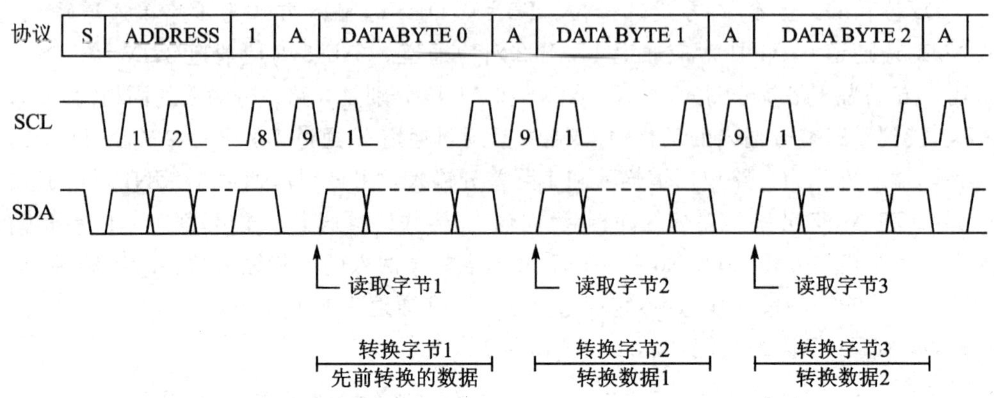

图 16-4　I2C 控制 PCF8591 芯片的读时序

16.2.4　D/A 转换

发送给 PCF8591 的第 3 个字节被存储到 DAC 数据寄存器，并使用片上 D/A 转换器转换成对应的模拟电压。这个 D/A 转换器由连接至外部的 256 个接头的电阻分压电路和选择开关。译码器切换一个接头至 DAC 输出线。模拟输出电压由自动清零单位增益放大器缓冲。这个缓冲放大器可通过设置控制寄存器的模拟输出允许标志来开通或关闭。在开通状态，输出电压将保持到新的数据字节被发送出去。DAC 的结构示意图如图 16-5 所示。

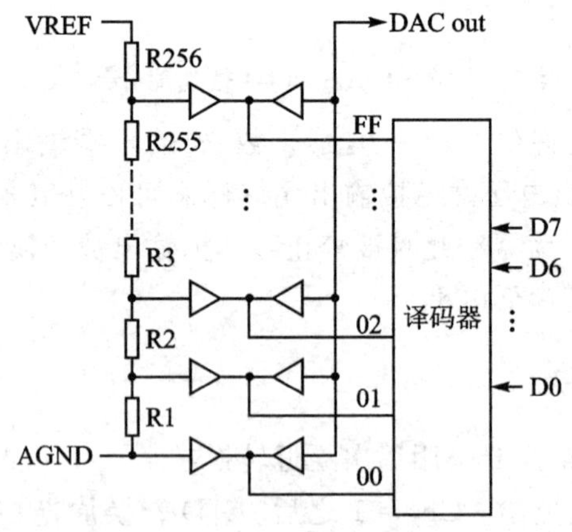

图 16-5　DAC 的结构示意图和工作过程

通过 I2C 协议去控制 PCF8591 芯片进行 D/A 转换的写时序如图 16-6 所示。第 1 个字节是 PCF8591 芯片的地址，第 2 个字节是控制字节，第 3 个字节是发送给 PCF8591 的 DAC 数据值。

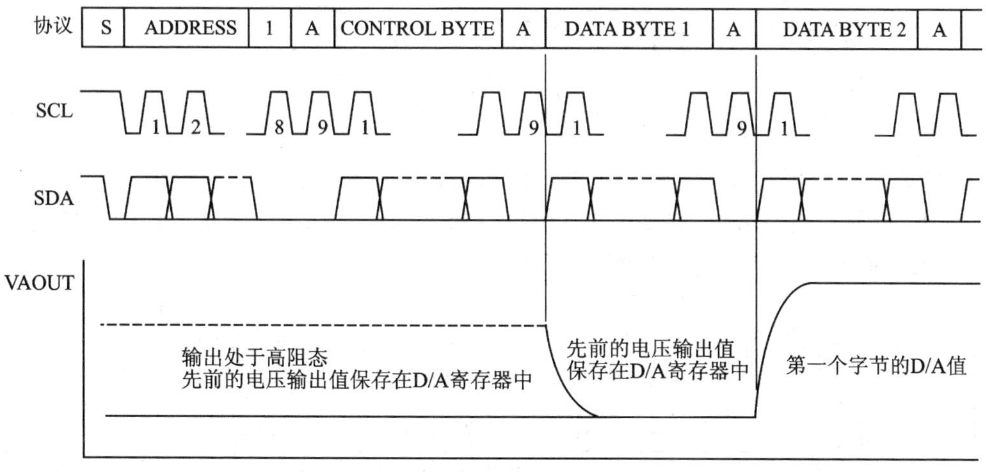

图 16-6 I2C 控制 PCF8591 进行 D/A 转换时序

16.2.5 参考电压和振荡器

(1) 参考电压

对 D/A 和 A/D 转换,稳定的参考电压和电源电压要提供给电阻分压电路(引脚 VREF 和 AGND)模拟输入电压除以参考电压,其结果被转换为二进制码。在这过程中,用户必须保证转换周期的参考电压处于稳定状态。

(2) 振荡器

片上振荡器产生 A/D 转换周期和缓冲放大器所需要的时钟信号。使用振荡器时,EXT 引脚必须连接到 VSS,可以在 OSC 引脚输出振荡频率。如果 EXT 引脚连接到 VDD,振荡输出 OSC 将切换到高阻态以允许用户连接外部时钟信号至 OSC。

16.2.6 PCF8591 芯片读/写时序

(1) 写时序

利用 I2C 协议向 PCF8591 芯片写入数据的格式见表 16-4,写入时高位在前。

表 16-4 向 PCF8591 芯片写入数据格式

第 1 字节	第 2 字节	第 3 字节
写入器件地址	写入控制字节	要写入的数据

(2) 读时序

利用 I2C 协议从 PCF8591 芯片读取数据的格式见表 16-5,读出时高位在前。

表 16-5 从 PCF8591 芯片读取数据格式

第 1 字节	第 2 字节	第 3 字节	第 4 字节
写入器件地址	写入控制字节	写入器件地址	读出一字节数据

16.3 实例——手把手讲解 PCF8591

PCF8591 的电路图如图 16－7 所示。AIN0～AIN3 为 PCF8591 的模拟输入端口。4 路信号分别连接的是精密可调电阻 R1、精密可调电阻 R2、热敏电阻和光敏电阻。数/模转换输出端口为 AOUT，该端口串联了简单的 LED 电路，通过数/模转换输出电压值，控制 LED 灯的亮度。PCF8591 的基准电压为＋5 V。

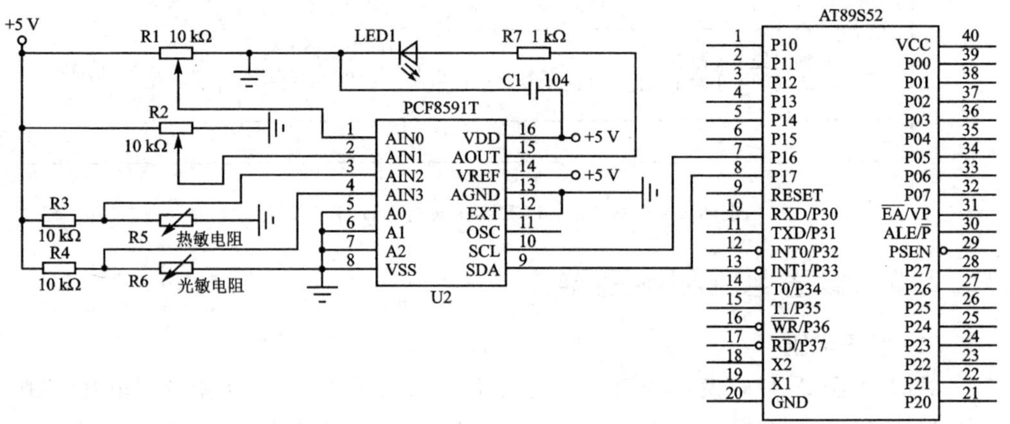

图 16－7 PCF8591 控制电路图

通过 AIN0～AIN3 采集 4 路模拟电压信号，并通过 8 位数码管显示。8 位数码管每次显示 2 路模拟电压值。可以通过 S19 和 S21 按键，选择显示哪 2 路模拟电压值。在数/模转换输出端输出一个锯齿波信号。该电压连接到 LED，可以让 LED 进行渐亮显示。

(1) 软件设计难点

因为 PCF8591 芯片是 8 位的 A/D 和 D/A。所以 A/D 信号最大值为 255，在程序中将模/数转换值乘以 2，这样最大值为 510。基准电压为 5 V，所以显示值为 2.32，电压值约等于 2.32 V。有一些地方在处理 8 位 A/D 值时，是先乘以 98％再乘以 2，也是同样的道理。

(2) 程序代码(见共享资料中例 16.1 文件夹)

I2C 协议的函数在前面介绍过其头文件和 C 语言文件这里不列出，在该代码中直接调用 iic.h 头文件即可。

```
#include"iic.h"
#define ADDR 0x90            //PCF8591 地址,A0、A1 和 A2 接 GND
sbit KEY1 = P3^2;            //独立按键 S19
sbit KEY2 = P3^4;            //独立按键 S21
uchar AD_CHANNEL;            //A/D 通道
```

```
uchar SegBuf[8] = {0};        //数码管显示暂存数组
uint AD_Buf[5] = {0};         //A/D 转换值暂存数组
/***************************************************
函数:DACconver
参数:addr:PCF8591 芯片地址;control:控制命令;zdata:发送 DAC 的数值
返回:无
功能:DAC 转换函数
***************************************************/
void DACconver(uchar addr,uchar control,uchar zdata)
{
    Start();                  //启动总线
    WriteByte(addr);          //发送器件地址
    AckIIC();                 //PCF8591 芯片发送应答信号
    WriteByte(control);       //发送控制字节
    AckIIC();                 //PCF8591 芯片发送应答信号
    WriteByte(zdata);         //发送 DAC 的数值
    AckIIC();                 //PCF8591 芯片发送应答信号
    Stop();                   //结束总线
}
/***************************************************
函数:SendByte
参数:addr:PCF8591 芯片地址;control:控制命令
返回:无
功能:ADC 发送命令函数,让哪一路 A/D 工作
/***************************************************
void SendByte(uchar addr,uchar zdata)
{
    Start();                  //启动总线
    WriteByte(addr);          //发送器件地址
    AckIIC();                 //PCF8591 芯片发送应答信号
    WriteByte(zdata);         //发送控制字节
    AckIIC();                 //PCF8591 芯片发送应答信号
    Stop();                   //结束总线
}
/***************************************************
函数:ReceiveByte()
参数:addr:PCF8591 芯片地址;control:控制命令
返回:temp:返回 A/D 值
功能:读出 A/D 值
***************************************************/
uchar ReceiveByte(uchar addr)
{
```

```
    uchar temp;
    Start();                //启动总线
    WriteByte(addr + 1);    //发送器件地址,0x90 为写地址,0x91 为读地址
    AckIIC();               //PCF8591 芯片发送应答信号
    temp = ReadByte();      //读取数据
    NoAckMCU();             //发送非答位
    Stop();                 //结束总线
    return(temp);
}
//主函数
void Main(void)
{
    uchar i,temp = 1;
    Init();          //初始化 I2C 总线
    while(1)
    {
        switch(AD_CHANNEL)
        {
            case 0:
                SendByte(ADDR, 0x41);
                //A/D 值乘以 2,最大值为 510,方便显示电压值。如 2.74,约为 2.74 V
                AD_Buf[0] = ReceiveByte(ADDR) * 2;      //ADC0 模/数转换 1
                break;
             case 1:
                SendByte(ADDR, 0x42);
                AD_Buf[1] = ReceiveByte(ADDR) * 2;      //ADC1 模/数转换 2
                break;
            case 2:
                SendByte(ADDR, 0x43);
                AD_Buf[2] = ReceiveByte(ADDR) * 2;      //ADC2 模/数转换 3
                break;
            case 3:
                SendByte(ADDR, 0x40);
                AD_Buf[3] = ReceiveByte(ADDR) * 2;      //ADC3 模/数转换 4
                break;
            case 4:
                DACconver(ADDR, 0x40, AD_Buf[4]);       //DAC 数/模转换
                break;
        }
        if(++AD_CHANNEL > 4)        //通道等于 4 时
        {
            AD_CHANNEL = 0;         //让通道再选择到 0
```

```
}
if(KEY1 = = 0 || KEY2 = = 0)      //哪个按键被按下
{
    Delay_1ms(20);                //20 ms 软件防抖
    if(KEY1 = = 0)
    {
        temp = 1;

    }
    if(KEY2 = = 0)
    {
        temp = 2;
    }
}
if(temp = = 1)  //按下 KEY1,显示通道 0 和通道 1 的值
{
    SegBuf[0] = SegCode[AD_Buf[0] % 10000/1000];
    SegBuf[1] = SegCode[AD_Buf[0] % 1000/100]|0x80;//0x80 是显示数码管的点
    SegBuf[2] = SegCode[AD_Buf[0] % 100/10];
    SegBuf[3] = SegCode[AD_Buf[0] % 10];
    SegBuf[4] = SegCode[AD_Buf[1] % 10000/1000];
    SegBuf[5] = SegCode[AD_Buf[1] % 1000/100]|0x80;//0x80 是显示数码管的点
    SegBuf[6] = SegCode[AD_Buf[1] % 100/10];
    SegBuf[7] = SegCode[AD_Buf[1] % 10];
}
if(temp = = 2)   //按下 KEY1,显示通道 1 和通道 2 的值
{
    SegBuf[0] = SegCode[AD_Buf[2] % 10000/1000];
    SegBuf[1] = SegCode[AD_Buf[2] % 1000/100]|0x80;//0x80 是显示数码管的点
    SegBuf[2] = SegCode[AD_Buf[2] % 100/10];
    SegBuf[3] = SegCode[AD_Buf[2] % 10];
    SegBuf[4] = SegCode[AD_Buf[3] % 10000/1000];
    SegBuf[5] = SegCode[AD_Buf[3] % 1000/100]|0x80;//0x80 是显示数码管的点
    SegBuf[6] = SegCode[AD_Buf[3] % 100/10];
    SegBuf[7] = SegCode[AD_Buf[3] % 10];
}
AD_Buf[4] + = 1;     //D/A 值每隔 16 ms 加 1,让对应的 LED 灯渐亮
for(i = 0; i<8; i + + )
{
    P0 = 0x00;
    P2 = SegPosi[i];
    P0 = SegBuf[i];
```

```
            Delay_1ms(2);
        }
    }
}
```

(3) 实验现象

通过 PCF8591 采集电压实验现象如图 16－8 所示。数码管上显示了两路 A/D 采集值，电压分别为 2.56 V 和 2.66 V，并通过 D/A 端口输出一个锯齿波型电压，让 LED15 循环进行渐亮显示。

图 16－8　PCF8591 进行模/数和数/模转换实验现象

第 17 章

电　机

17.1　直流电机

17.1.1　直流电机简介

直流电机是指能将直流电能转换成机械能或将机械能转换成直流电能的旋转电机。它是能实现直流电能和机械能互相转换的电机。当它作为发电机运行时是直流发电机，将机械能转换为电能；作为电机运行时是直流电机，将电能转换为机械能。这节中给大家介绍的是直流电机，由于其具有良好的调速性能，在许多调速性能要求较高的场合，仍得到广泛使用。直流电机的实物图如图 17－1 所示。

图 17－1　直流电机实物图

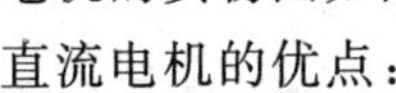

直流电机的优点：

① 调速范围宽广，调速特性平滑。

② 过载能力较强，拖动和制动转矩较大。

③ 易于控制，可靠性高。

17.1.2　直流电机的结构和工作原理

直流电机的物理模型结构如图 17－2 所示。

其中，固定部分有磁铁，这里称作主磁极，固定部分还有电刷。转动部分有环形铁心和绕在环形铁心上的绕组(其中 2 个小圆圈是为了方便表示该位置上的导体电势或电流的方向而设置的)。

图 17－2 是一台最简单的两极直流电机模型，它的固定部分(定子)上，装设了一对直流励磁的静止的主磁极 N 和 S，在旋转部分(转子)上装设电枢铁心。定子与转子之间有气隙。在电枢铁心上放置了由两根导体连成的电枢线圈，线圈的首端和末端分别连到两个圆弧形的铜片上，此铜片称为换向片。换向片之间互相绝缘，由换向片构成的整体称为换向器。换向器固定在转轴上，换向片与转轴之间亦

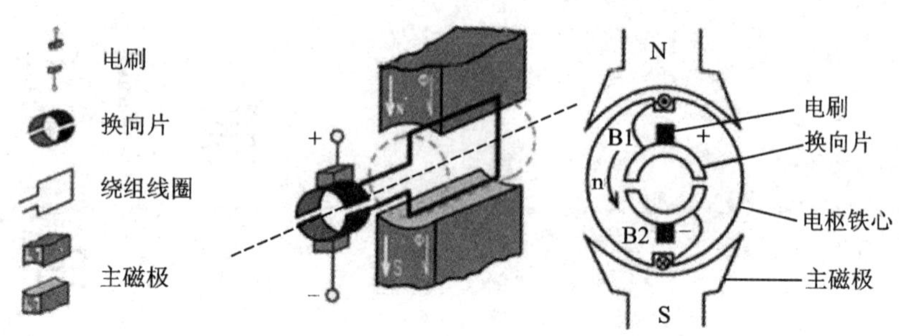

图 17－2　直流电机的物理模型结构图

互相绝缘。在换向片上放置着一对固定不动的电刷 B1 和 B2，当电枢旋转时，电枢线圈通过换向片和电刷与外电路接通。

直流电机的工作原理图如图 17－3 所示。将外部直流电源加于电刷 A(正极)和 B(负极)上，则线圈 abcd 中流过电流，在导体 ab 中，电流由 a 指向 b，在导体 cd 中，电流由 c 指向 d。导体 ab 和 cd 分别处于 N、S 极磁场中，受到电磁力的作用。用左手定则可知导体 ab 和 cd 均受到电磁力的作用，且形成的转矩方向一致，这个转矩称为电磁转矩，为逆时针方向。这样，电枢就顺着逆时针方向旋转，如图 17－3(a)所示。当电枢旋转 180°，导体 cd 转到 N 极下，ab 转到 S 极下，如图 17－3(b)所示，由于电流仍从电刷 A 流入，使 cd 中的电流变为由 d 流向 c，而 ab 中的电流由 b 流向 a，从电刷 B 流出，用左手定则判别可知，电磁转矩的方向仍是逆时针方同。

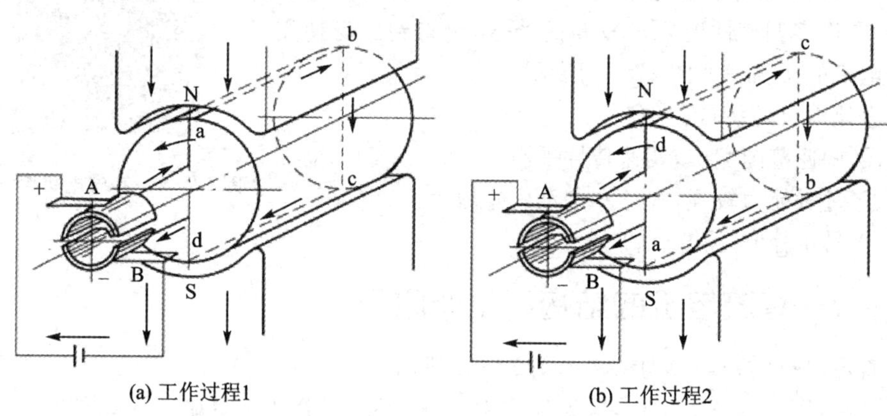

(a) 工作过程1　　(b) 工作过程2

图 17－3　直流电机的工作原理

由此可见，加于直流电机的直流电源，借助于换向器和电刷的作用，使直流电机电枢线圈中流过的电流方向是交变的，从而使电枢产生的电磁转矩的方向恒定不变，确保直流电机朝确定的方向连续旋转。这就是直流电机的基本工作原理。

实际的直流电机，电枢圆周上均匀地嵌放许多线圈，相应地换向器由许多换向片组成，使电枢线圈所产生的总的电磁转矩足够大并且比较均匀，电机的转速也就比较均匀。

17.1.3 直流电机的参数

转矩：电机得以旋转的力矩，单位为 kg. m 或 N. m。

转矩系数：电机所产生转矩的比例系数，一般表示每安培电枢电流所能产生的转矩大小。

摩擦转矩：电刷、轴承、换向单元等因摩擦而引起的转矩损失。

启动转矩：电机启动时所产生的旋转力矩。

转速：电机旋转的速度，工程单位为 r/min，即转每分，在国际单位制中为 rad/s，即弧每秒。

电枢电阻：电枢内部的电阻，在有刷电机里一般包括电刷与换向器之间的接触电阻，由于电阻中流过电流时会发热，因此总希望电枢电阻尽量小些。

电枢电感：因为电枢绕组是由金属线圈构成，必然存在电感，从改善电机运行性能的角度来说，电枢电感越小越好。

电气时间常数：电枢电流从零开始达到稳定值的 63.2%时所经历的时间。测定电气时间常数时，电机应处于堵转状态并施加阶跃性质的驱动电压。电气时间常数工程上常常利用电枢绕组的电阻 Ra 和电感 La 求出：

$$Te = La/Ra$$

机械时间常数：电机从启动到转速达到空载转速的 63.2%时所经历的时间。测定机械时间常数时，电机应处于空载运行状态并施加阶跃性质的阶跃电压。机械时间常数工程上常常利用电机转子的转动惯量 J 和电枢电阻 Ra 以及电机反电动势系数 Ke、转矩系数 Kt 求出：

$$Tm = (J \times Ra)/(Ke \times Kt)$$

转动惯量：具有质量的物体维持其固有运动状态的一种性质。

反电动势系数：电机旋转时，电枢绕组内部切割磁力线所感应的电动势相对于转速的比例系数，也称为发电系数或感应电动势系数。

功率密度：电机每单位质量所能获得的输出功率值，功率密度越大，电机的有效材料的利用率就越高。

17.1.4 如何控制直流电机

单片机控制直流电机时，需要加驱动电路才能对其控制。在配套单片机实验板中带有一个小型的普通直流电机。因为单片机的 I/O 端口的灌电流一般就几毫安，而直流电机转动则需要大概 200 mA 的电流，显然直接用单片机的 I/O 是不能驱动直流电机的。通常用以下几种方式去驱动电机：利用三极管电流放大驱动直流电机；利用电机专用驱动芯片（比如 L298）；达林顿驱动芯片（ULN2003）等。

在配套单片机实验板中，用的是达林顿阵列驱动芯片 ULN2003 去驱动。这里，先来介绍一下 ULN2003 芯片。

(1) ULN2003 芯片简介

ULN2003 由 7 组达林顿晶体管阵列和相应的电阻网络以及钳位二极管网络构成，具有同时驱动 7 组负载的能力，是单片双极型大功率高速集成电路。ULN2003 芯片的每一对达林顿都串联一个 2.7 kΩ 的基极电阻，在 5 V 的工作电压下能与 TTL 和 CMOS 电路直接相连，可以直接处理原先需要标准逻辑缓冲器来处理的数据。ULN2003 工作电压高，工作电流大，灌电流可达 500 mA，最大驱动电压为 50 V，输出还可以在高负载电流下并行运行。

① ULN2003 电路具有以下特点：电流增益高（大于 1 000）；带负载能力强（输出电流大于 500 mA）；温度范围宽（－40～85 ℃）；工作电压高（大于 50 V）。

② ULN2003 功能示意图如图 17－4 所示。

③ 引脚定义如表 17－1 所列。

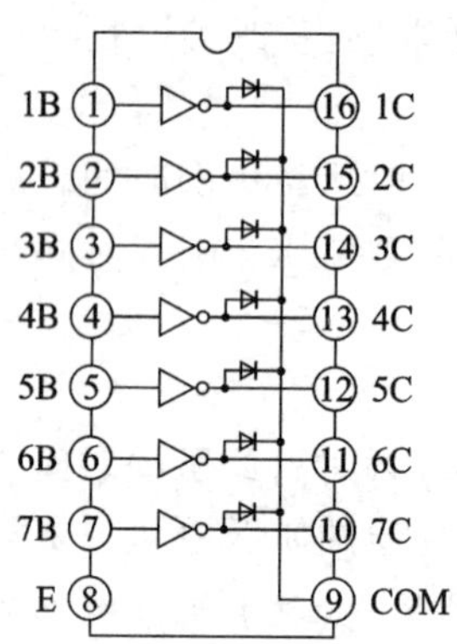

图 17－4　ULN2003 功能示意图

表 17－1　ULN2003 的引脚功能定义表

引脚序号	符　号	功　能	引脚序号	符　号	功　能
1	1B	输入	9	COM	公共端
2	2B	输入	10	7C	输出
3	3B	输入	11	6C	输出
4	4B	输入	12	5C	输出
5	5B	输入	13	4C	输出
6	6B	输入	14	3C	输出
7	7B	输入	15	2C	输出
8	E	发射极	16	1C	输出

1B～7B：ULN2003 的输入端。1C～7C：ULN2003 的输出端。E：一般把 E 端口接地。COM：该引脚是内部 7 个续流二极管负载的公共端，各二极管的正极分别接各达林顿管的集电极。用于感性负载时，该引脚接负载电源正极，实现续流作用。如果该引脚接地，实际上就是达林顿管的集电极对地接通。

(2) 直流电机常用驱动方式——PWM

脉冲宽度调制（PWM）是英文 Pulse Width Modulation 的缩写，简称脉宽调制，是利用微处理器的数字输出来对模拟电路进行控制的一种非常有效的技术，广泛应用在测量、通信等功率控制与变换的领域中。随着电子技术的发展，出现了多种 PWM 技术，其中包括：相电压控制 PWM、脉宽 PWM 法、随机 PWM、SPWM 法、线电压控制 PWM 等。

这节给大家介绍的是脉宽 PWM 调制法去控制直流电机，它是把脉冲宽度均相等的脉冲列作为 PWM 波形，通过改变脉冲列的周期、脉宽或占空比可以调节直流电机的转速。本节介绍固定周期，改变 PWM 占空比的方式去改变直流电机的转速。

PWM 占空比定义:一个脉冲周期内高电平在整个周期占的比例。比如图17-5中,上部分的占空比为60%,因为一个周期中,高电平占整个周期的60%;下部分的高电平占整个周期的40%,所以占空比为40%。

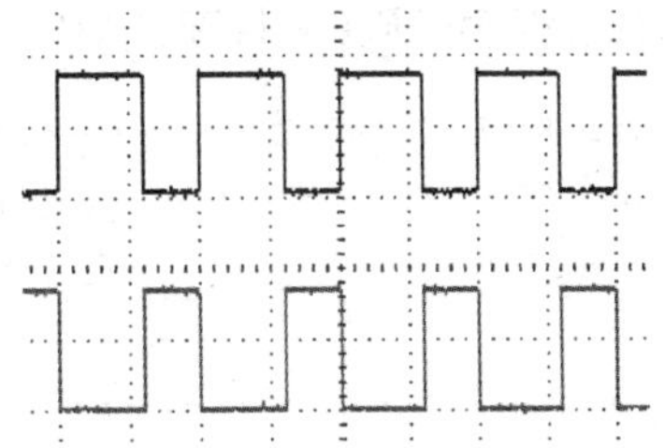

图 17-5 占空比

(3) 驱动直流电机电路图

驱动直流电机电路图如图17-6所示。AT89S52单片机的P1.0口连接到ULN2003的输入端7B。ULN2003的输出端7C连接到直流电机的一端。直流电机的另一端连接到+5 V电源。这样当P1.0端口输入高电平,ULN2003会输出低电平,直流电机会转动;当P1.0端口输入低电平,ULN2003会输出为高阻态,直流电机不会转动。

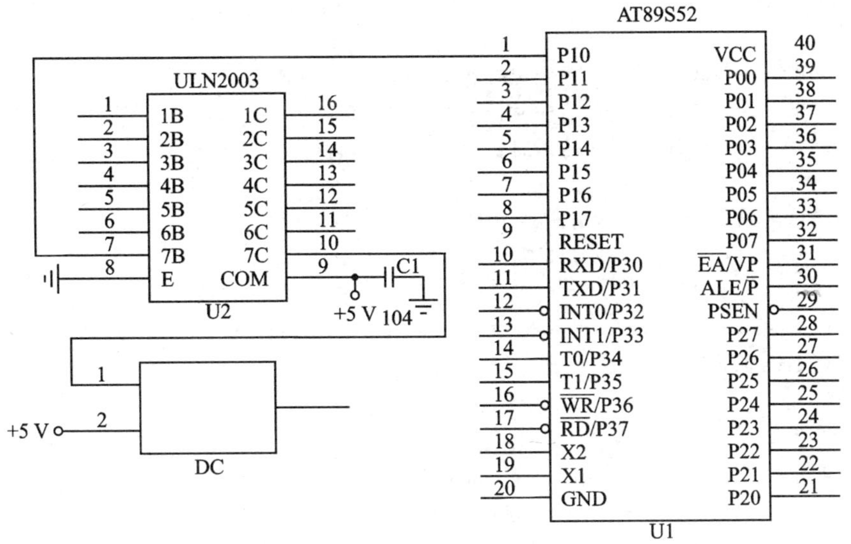

图 17-6 驱动直流电机电路图

17.1.5 实例——手把手讲解利用PWM驱动直流电机调速

按键控制直流电机进行挡位的选择,挡位分为4挡(1挡速度最快,4挡速度最慢)。挡位的状态由8位数码管的最右边数码管显示。

(1) 软件设计难点

按键由AT89S52的P3.2端口控制,为配套实验板的S19按键。8位数码管的电路连接和前面章节相同。

定义一个周期常量CYCLE,在本例中定义为10 ms。再定义在一个周期中低电平时长值PWM,当PWM为0时,占空比为100%;当PWM为1时,占空比为90%。在该例中,设定一个定时器来计时,定时时长为1 ms,并在定时器中去判断低电平时间是否结束。

(2) 程序代码(见共享资料中例 17.1 文件夹)

```
sbit KEY1 = P3^2;          //定义调速的按键
sbit DC = P1^0;            //定义直流电机的控制端口
uchar CYCLE;               //定义周期
uchar PWM;                 //定义低电平时间
/*************************************************
函数:Time0Init()
参数:无
返回:无
功能:设置定时器 0 的工作方式 0 定时时长为 1 ms,并打开中断和启动定时器
     该例中使用的单片机晶振为 11.059 2 MHz
*************************************************/
void Time0Init(void)
{
    TMOD = 0x00;           //设定定时器 0 工作在方式 0 模式
    TH0  = 0xE3;           //定时时长为 1 ms 的初值高位
    TL0  = 0x06;           //定时时长为 1 ms 的初值低位
    ET0 = 1;               //打开定时器 0 中断
    EA = 1;                //打开总中断
    TR0 = 1;               //启动定时器
}
/*************************************************
函数:Time0Int()
参数:无
返回:无
功能:定时器 0 中断函数。用于处理 PWM 的信号
*************************************************/
void Time0Int(void) interrupt 1 using 1
{
    static uchar Count; //当前处于周期的什么时刻
    TH0  = 0xE3;        //定时时长为 1 ms 的初值高位
    TL0  = 0x06;        //定时时长为 1 ms 的初值低位
    if(Count == PWM)    //判断低电平时间是否结束
    {
        DC = 1;         //直流电机转
    }
    Count++;
    if(Count == CYCLE)//一个周期结束
    {
        Count = 0;
        if(PWM != 0) //如果左右时间是 0,保持原来状态
```

```
        {
            DC = 0;   //直流电机不转
}    }    }
/*******************************************************
函数:Key()
参数:无
返回:无
功能:判断 KEY1 是否按下并让数码管显示和给 PWM 提供低电平时长
*******************************************************/
void Key(void)
{
    static uchar Number = 1;            //定义挡位,初始化为 1 挡
    if(KEY1 = = 0)                      //判断是否有按键按下
      {
          Delay_1ms(15);                //延时抗干扰信号
          if(KEY1 = = 0)                //再次判断是否有按键按下
         {
            Number + + ;                //按一下 P3.2 口,就给直流电机换一个挡位
            if(Number = = 5)            //等于 5 时,给挡位重新赋值 1
           {
              Number = 1;
           }
           switch(Number)               //根据挡位给数码管和 PWM 值赋值
           {
              case 1:
              {
                  P0 = 0x06;            //数码管显示 1
                  PWM = 0;              //低电平值为 0(占空比 100%)
                  break;
              }
                case 2:
              {
                  P0 = 0x5B;            //数码管显示 2
                  PWM = 1;              //低电平值为 1(占空比 90%)
                  break;
              }
                case 3:
              {
                  P0 = 0x4F;            //数码管显示 3
                  PWM = 2;              //低电平值为 2(占空比 80%)
                  break;
                }
```

```
                case 4:
                {
                    P0 = 0x66;          //数码管显示 4
                    PWM = 3;            //低电平值为 3(占空比 70 %)
                    break;
                }
                 default:
                    break;
            }
        while(1)                        //按键释放
        {
            if(KEY1 = = 1)              //判断是否释放
            {
                Delay_1ms(10);          //延时防止干扰信号
                if(KEY1 = = 1)          //再次判断是否释放
                {
                    break;
}   }   }   }   }   }
//主函数
void Main(void)
{
    Time0Init();                        //定时器 0 初始化
    CYCLE = 10;                         //定义 PWM 周期
    P2 = 0xfe;                          //数码管最后一位亮
    while(1)
    {
        Key();                          //调用按键处理函数
    }
}
```

(3) 实验现象

控制直流电机 PWM 调速的实验过程如图 17-7 所示。按下 S19 按键可以进行挡位的选择,挡位的状态在 8 位数码管的最右边一个。按键控制 PWM 的占空比变化,进而调节直流电机的转速。

17.2 步进电机

17.2.1 步进电机简介

步进电机是将电脉冲信号转变为角位移或线位移的开环控制元步进电机件。在非超载的情况下,电机的转速、停止的位置只取决于脉冲信号的频率和脉冲数,而不

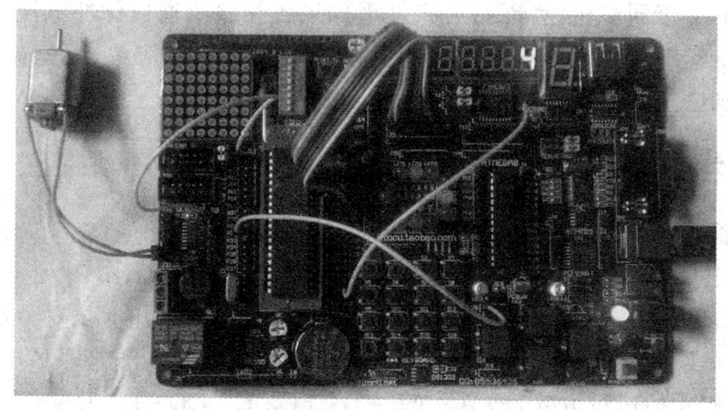

图 17－7 控制直流电机 PWM 调速的实验过程图

受负载变化的影响。当步进驱动器接收到一个脉冲信号，它就驱动步进电机按设定的方向转动一个固定的角度，称为“步距角”，它的旋转是以固定的角度一步一步运行的。可以通过控制脉冲个数来控制角位移量，从而达到准确定位的目的；同时可以通过控制脉冲频率来控制电机转动的速度和加速度，从而达到调速的目的。

步进电机作为执行元件，是机电一体化的关键产品之一，广泛应用在各种自动化控制系统中。随着微电子和计算机技术的发展，步进电机的需求量与日俱增，在各国民经济领域都有应用。

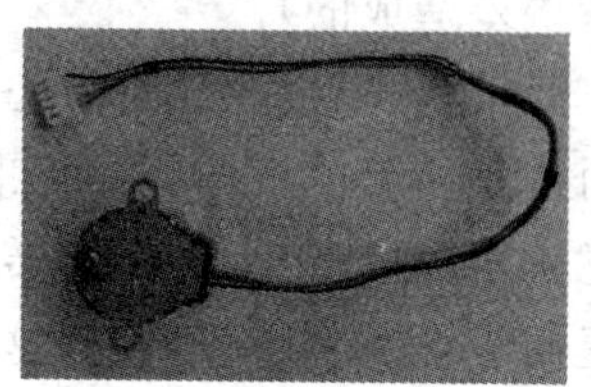

图 17－8 步进电机实物图

本书配套的步进电机实物图如图 17－8 所示。

步进电机的种类很多，从广义上讲，分为机械式、电磁式和组合式三大类型。按结构特点电磁式步进电机可分为反应式(VR)、永磁式(PM)和混合式(HB)三大类；按相数则可分为单相、两相和多相三种。

① 反应式步进电机(Variable Reluctance，简称 VR)，它的转子由软磁材料制成，转子中没有绕组。它的结构简单，成本低，步距角可以做得很小，但动态性能较差。反应式步进电机有单段式和多段式两种类型。

② 永磁式步进电机(Permanent Magnet，简称 PM)，它的转子用永磁材料制成，转子本身就是一个磁源。转子的极数和定子的极数相同，所以一般步距角比较大。它输出转矩大，动态性能好，消耗功率小(相比反应式)，但启动运行频率较低，还需要正负脉冲供电。

③ 混合式步进电机(Hybrid，简称 HB)，它综合了反应式和永磁式两者的优点。混合式与传统的反应式相比，结构上转子加有永磁体，以提供软磁材料的工作点，而定子激磁只需提供变化的磁场而不必提供磁材料工作点的耗能，因此该电机效率高，电流小，发热低。因为永磁体的存在，该电机具有较强的反电势，其自身阻尼作用比较好，使其在运转过程中比较平稳、噪声低、低频振动小。这种电机最初是作为一种

低速驱动用的交流同步机设计的，后来发现如果各相绕组通以脉冲电流，这种电机也能做步进增量运动。由于能够开环运行以及控制系统比较简单，因此这种电机在工业领域中得到广泛应用。

17.2.2 步进电机的技术指标

(1) 静态指标术语

相数：产生不同对极 N、S 磁场的激磁线圈对数，常用 m 表示。

拍数：完成一个磁场周期性变化所需脉冲数或导电状态用 n 表示，或指电机转过一个齿距角所需脉冲数，以四相电机为例，有四相四拍运行方式，即 AB－BC－CD－DA－AB，四相八拍运行方式，即 A－AB－B－BC－C－CD－D－DA－A。

步距角：对应一个脉冲信号，电机转子转过的角位移用 θ 表示。$\theta=360°/(转子齿数\times运行拍数)$，以常规二、四相，转子齿为 50 齿电机为例。四拍运行时步距角为 $\theta=360°/(50\times4)=1.8°$（俗称整步），八拍运行时步距角为 $\theta=360°/(50\times8)=0.9°$（俗称半步）。

定位：电机在不通电状态下，电机转子自身的锁定力矩（由磁场齿形的谐波以及机械误差造成的）。

静转矩：电机在额定静态电作用下，电机不作旋转运动时，电机转轴的锁定力矩。此力矩是衡量电机体积的标准，与驱动电压及驱动电源等无关。虽然静转矩与电磁激磁安匝数成正比，与定齿转子间的气隙有关，但过分采用减小气隙、增加激磁安匝来提高静力矩是不可取的，这样会造成电机的发热及机械噪声。

(2) 动态指标术语

步距角精度：步进电机每转过一个步距角的实际值与理论值的误差。用百分比表示：误差/步距角×100%。不同运行拍数其值不同，四拍运行时应在 5%之内，八拍运行时应在 15%以内。

失步：电机运转时运转的步数，不等于理论上的步数。

失调角：转子齿轴线偏移定子齿轴线的角度，电机运转必存在失调角，由失调角产生的误差，采用细分驱动是不能解决的。

最大空载起动频率：电机在某种驱动形式、电压及额定电流下，在不加负载的情况下，能够直接起动的最大频率。

最大空载的运行频率：电机在某种驱动形式、电压及额定电流下，电机不带负载的最高转速频率。

运行矩频特性：指电机在某种测试条件下测得运行中输出力矩与频率关系的曲线，这是电机诸多动态曲线中最重要的，也是电机选择的根本依据。它还有惯频特性、起动频率特性等。电机一旦选定，电机的静力矩确定，而动态力矩却不一定，电机的动态力矩取决于电机运行时的平均电流（而非静态电流），平均电流越大，电机输出力矩越大，即电机的频率特性越硬。要使平均电流大，尽可能提高驱动电压，采用小电感大电流的电机。

电机的共振点：步进电机均有固定的共振区域，二、四相感应子式的共振区一般在 180～250 pps 内（步距角 1.8°）或在 400 pps 左右（步距角为 0.9°），电机驱动电压越高，电机电流越大，负载越轻，电机体积越小，则共振区向上偏移，反之亦然。为使电机输出电矩大，不失步和整个系统的噪声降低，一般工作点均应偏移共振区较多。

电机正反转控制：当电机绕组通电时序为 AB－BC－CD－DA 时为正转，通电时序为 DA－CD－BC－AB 时为反转。

17.2.3 步进电机的主要特性和特点

(1) 主要特性

① 步进电机必须加驱动才可以运转，驱动信号必须为脉冲信号，没有脉冲的时候，步进电机静止，如果加入适当的脉冲信号，就会以一定的角度（称为步角）转动。转动的速度和脉冲的频率成正比。

② 步进电机具有瞬间启动和急速停止的优越特性。

③ 改变脉冲的顺序，可以方便地改变转动的方向。

因此，打印机、绘图仪、机器人等设备都以步进电机为动力核心。

(2) 主要特点

① 一般步进电机的精度为步进角的 3～5%，且不累积。

② 步进电机温度过高首先会使电机的磁性材料退磁，从而导致力矩下降乃至于失步，因此电机外表允许的最高温度应取决于不同电机磁性材料的退磁点。一般来讲，磁性材料的退磁点都在 130 ℃以上，有的甚至高达 200 ℃以上，所以步进电机外表温度在 80～90 ℃完全正常。

③ 步进电机的力矩会随转速的升高而下降。当步进电机转动时，电机各相绕组的电感将形成一个反向电动势；频率越高，反向电动势越大。在它的作用下，电机随频率（或速度）的增大而相电流减小，从而导致力矩下降。

④ 步进电机低速时可以正常运转，但若高于一定速度就无法启动，并伴有啸叫声。步进电机有一个技术参数：空载启动频率，即步进电机在空载情况下能够正常启动的脉冲频率，如果脉冲频率高于该值，电机不能正常启动，可能发生丢步或堵转。在有负载的情况下，启动频率应更低。如果要使电机达到高速转动，脉冲频率应该有加速过程，即启动频率较低，然后按一定加速度升到所希望的高频（电机转速从低速升到高速）。

以其显著的特点，在数字化制造时代发挥着重大的作用。伴随着不同的数字化技术的发展以及步进电机本身技术的提高，步进电机将会在更多的领域得到应用。

17.2.4 步进电机的工作原理

步进电机除了外壳和托架外，就是转子与定子，比较特殊的是转子和定子上有许多细小的齿。其转子是永久磁铁,线圈绕在定子上。步进电机的动作是靠定子线圈励磁后将临近转子上相异磁极吸引过来实现的。因此,线圈排列的顺序和励磁信号的顺序就很重要。步进电机的励磁方式分为全步励磁和半步励磁两种。其中全步励磁又分为一相励磁和二相励磁,它们的区别在于同一时刻的通电流的线圈数量是一个或者两个;半步励磁在驱动时通电流的线圈数量依次是一个和两个交替。下面以五线四相电机为例来讲解这三种驱动方式。步进电机的内部结构图如图 17 - 9 所示。图中一共有两个线圈,其中两个线圈的中间引出线让两个线圈接在一起。这样相当于是 4 个线圈。把 E 接到电源正极,那么,当 A、B、C 和 D 为任一引脚接到低电平时,对应的线圈将有电流流过。

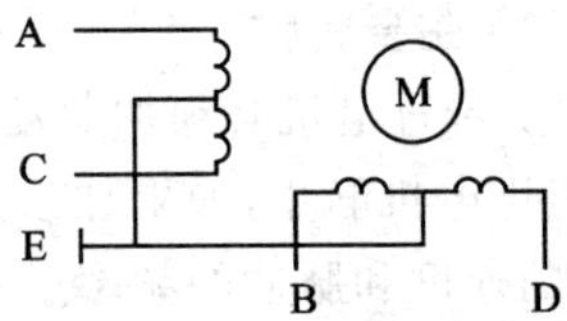

常用的四相步进电机驱动方式有以下 3 种:单四拍,双四拍和单双八拍。

图 17 - 9　步进电机的内部结构图

(1) 单四拍

该种驱动方式就是前面说的一相励磁,在同一时刻,只有一个线圈通过电流。在该种方式下,驱动方式如表 17 - 2 所列。

(2) 双四拍

该种驱动方式就是前面说的二相励磁,在同一时刻有两个线圈通过电流。在该种方式下,驱动方式如表 17 - 3 所列。

表 17 - 2　四相步进电机单四拍驱动方式

端　口	时刻 1	时刻 2	时刻 3	时刻 4
E	H	H	H	H
A	L			
B		L		
C			L	
D				L

表 17 - 3　四相步进电机双四拍驱动方式

端　口	时刻 1	时刻 2	时刻 3	时刻 4
E	H	H	H	H
A	L			L
B	L	L		
C		L	L	
D			L	L

(3) 单双八拍

该种驱动方式就是前面说的半步励磁,在同一时刻有两个线圈通过电流。在该种方式下,驱动方式如表 17 - 4 所例。

表 17 - 4　四相步进电机单双八拍驱动方式

端　口	时刻 1	时刻 2	时刻 3	时刻 4	时刻 5	时刻 6	时刻 7	时刻 8
E	H	H	H	H	H	H	H	H
A	L	L						L
B		L	L	L				
C				L	L	L		
D						L	L	L

单四拍和双四拍容易发送失步现象。所以在实际应用中，最常使用的是单双八拍的方式驱动，该方式最为稳定。

17.2.5 实例——手把手讲解步进电机

本书使用步进电机型号为 28BYJ48。它是＋5 V 驱动的四相五线步进电机，而且减速比为 1∶64，步进角为 5.625/64°。如果需要转动一圈，那么需要 360/5.625×64＝4 096 个脉冲信号。

步进电机的驱动电路图如图 17－10 所示。步进电机和 AT89S52 单片机通过 ULN2003 芯片连接。单片机的 P1.3～P1.6 连接到 ULN2003 的输入端 1B～4B。ULN2003 的输出端 1C～4C 连接到步进电机的 ABCD 端。步进电机的公共端连接到＋5 V。当单片机的 P1.3～P1.6 中某一个引脚为高电平，ULN2003 的输出端将会为低电平，步进电机线圈中将有电流流过。

用单双八拍的驱动方式去发送信号，即可让步进电机转动。

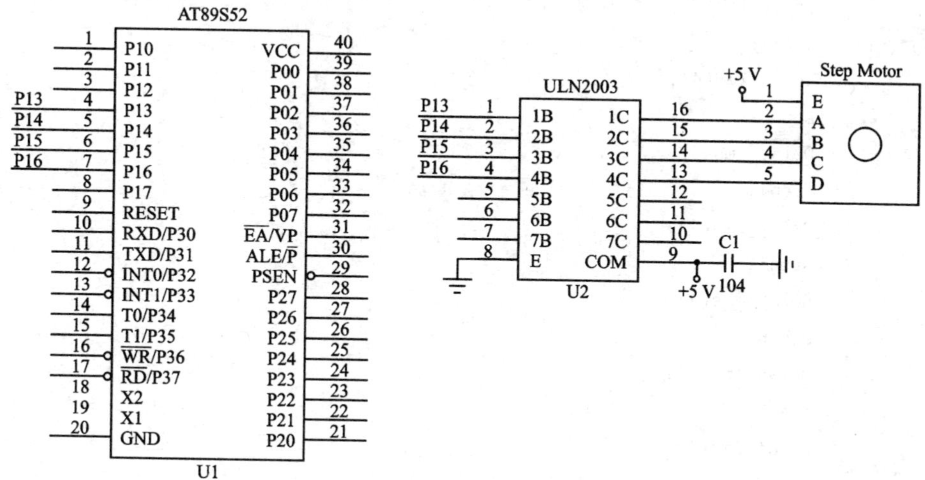

图 17－10 步进电机的驱动电路图

1. 步进电机基本驱动实验

(1) 软件设计难点

利用单双八拍的方式去驱动步进电机转动。28BYJ48 步进电机每个驱动脉冲间隔时间为 3～10 ms 才能转动，否则会造成失步。

(2) 程序代码(见共享资料中例 17.2 文件夹)

```
sbit StepA = P1^3;   //步进电机 A 端
sbit StepB = P1^4;   //步进电机 B 端
sbit StepC = P1^5;   //步进电机 C 端
sbit StepD = P1^6;   //步进电机 D 端
```

```
//单双八拍方式驱动步进电机
#define step1 {StepA = 1;StepB = 0;StepC = 0;StepD = 0;}   //步骤 1
#define step2 {StepA = 1;StepB = 1;StepC = 0;StepD = 0;}   //步骤 2
#define step3 {StepA = 0;StepB = 1;StepC = 0;StepD = 0;}   //步骤 3
#define step4 {StepA = 0;StepB = 1;StepC = 1;StepD = 0;}   //步骤 4
#define step5 {StepA = 0;StepB = 0;StepC = 1;StepD = 0;}   //步骤 5
#define step6 {StepA = 0;StepB = 0;StepC = 1;StepD = 1;}   //步骤 6
#define step7 {StepA = 0;StepB = 0;StepC = 0;StepD = 1;}   //步骤 7
#define step8 {StepA = 1;StepB = 0;StepC = 0;StepD = 1;}   //步骤 8
//主函数
void Main(void)
{
    while(1)
     {
        step1;
        Delay_1ms(4);  //延时 4 ms
        step2;
        Delay_1ms(4);
        step3;
        Delay_1ms(4);
        step4;
        Delay_1ms(4);
        step5;
        Delay_1ms(4);
        step6;
        Delay_1ms(4);
        step7;
        Delay_1ms(4);
        step8;
        Delay_1ms(4);
     }
}
```

2. 步进电机的正反转和调速

当按下 S19 按键(P3.2 端口控制),步进电机顺时针转。当按下 S21 按键(P3.4 端口控制),步进电机逆时针旋转。当按下 S20 按键(P3.3 端口控制),步进电机的速度改变。步进电机的速度设定为 4 个等级(1 挡最快,4 挡最慢)。

(1) 软件设计难点

该实验需要设定一个正反转的变量和挡位的变量。在按键函数中,对该变量进行修改。步进电机的单双八拍可以用一个数组来定义,这样更简便,也更容易控制。

(2) 程序代码(见共享资料中例 17.3 文件夹)

```
sbit KEY1 = P3^2;    //步进电机顺时针方向转
sbit KEY2 = P3^4;    //步进电机逆时针方向转
sbit KEY3 = P3^3;    //步进电机调速
uchar  Step = 1;     //挡位变量(范围为 1～4)
bit FB_flag = 0;     //正反转变量(0 为顺时针,1 为逆时针)
//顺时针转表格
uchar code F_Rotation[8] = {0x08,0x18,0x10,0x30,0x20,0x60,0x40,0x48};
//逆时针转表格
uchar code B_Rotation[8] = {0x48,0x40,0x60,0x20,0x30,0x10,0x18,0x08};
//检测函数 KEY()这里省略了,它和第 6 章的函数类似,详见共享资料
/****************************************
函数:Control()
参数:Val
返回:无
说明:通过按键值实现步进电机的转动和调速
****************************************/
void Control(uchar Val)
{
    if(Val == 1)
    {
        FB_flag = 0;    //顺时针
    }
    if(Val == 2)
    {
        FB_flag = 1;  //逆时针
    }
    if(Val == 3)
    {
        Step++;
        if(Step == 5)
        {
            Step = 1;
        }
    }
}
//主函数
void Main(void)
{
    uchar i;
    while(1)
```

```
    {
        Control(KEY());                          //按键处理函数
          for(i = 0;i<8;i + + )                  //因为有 8 路的控制时序
        {
            if(FB_flag = = 0)
            {
                P1 = F_Rotation[i];    //顺时针转动
            }
            else
            {
                P1 = B_Rotation[i];      //逆时针转动
            }
            Delay_1ms(3 + Step);         //改变这个参数可以调整电机转速
        }
    }
}
```

3. 让步进电机旋转规定角度

在 8 位数码管的右边 3 位显示需要转动的角度。通过 S20 和 S22 按键调整步进电机的旋转角度。通过 S19 和 S21 按键设置步进电机的旋转方向。步进电机转按照规定方向转了相应角度后,停止转动。

(1) 软件设计难点

配套步进电机为+5 V 驱动的四相五线电机。它的减速比为 1:64,步进角为 5.625/64°。如果需要转动一圈,那么需要 360/5.625×64=4 096 个脉冲信号。用单双八拍的方式进行驱动,每一轮有 8 个脉冲信号。每 8 个脉冲芯片的角度为0.703 °。

(2) 程序代码(见共享资料中例 17.4 文件夹)

```
sbit KEY1 = P3^2;   //步进电机顺时针方向转
sbit KEY2 = P3^3;   //设定角度减 1°
sbit KEY3 = P3^4;   //步进电机逆时针方向转
sbit KEY4 = P3^5;   //设定角度加 1°
bit FB_flag = 0;    //正反转变量(0 为顺时针,1 为逆时针)
uint Angle = 90;    //旋转角度
//顺时针转表格
unsigned char code F_Rotation[8] = {0x08,0x18,0x10,0x30,0x20,0x60,0x40,0x48};
//逆时针转表格
unsigned char code B_Rotation[8] = {0x48,0x40,0x60,0x20,0x30,0x10,0x18,0x08};
/*****************************************************
函数:Delay_Seg()
参数:t
```

```
返回:无
功能:显示转动角度
************************************************************/
void Delay_Seg(uchar t)
{
    uchar i;
    for(i = 0;i<t;i + + )
    {
        P0 = 0;
        P2 = SegPosi[0];
        P0 = SegCode[Angle % 10];
        Delay_1ms(1);
        P0 = 0;
        P2 = SegPosi[1];
        P0 = SegCode[Angle / 10 % 10];
        Delay_1ms(1);
        P0 = 0;
        P2 = SegPosi[2];
        P0 = SegCode[Angle / 100 % 10];
        Delay_1ms(1);
    }
}
/************************************************************
函数:KEY()
参数:无
返回:无
功能:按键处理程序。按下 KEY1 顺时针转动,按下 KEY2 逆时针转动,
     按下 KEY3 和 KEY4 按键调整步进电机的转动角度
************************************************************/
void KEY(void)
{
    if(KEY1 = = 0)          //按 P3.2,实现步进电机的顺时针转动
    {
        Delay_Seg(5);       //在延时函数中调用了数码管显示,避免了数码管闪烁
        if(KEY1 = = 0)
        {
            FB_flag = 0;
        }
        Delay_Seg(20);
    }
    if(KEY3 = = 0)          //按 P3.3,实现步进电机的逆时针转动
    {
```

```
        Delay_Seg(5);
        if(KEY3 = = 0)
        {
            FB_flag = 1;
        }
        Delay_Seg(20);
    }
    if((KEY2 = = 0) && (Angle > 0))     //按 P3.4,减小步进电机旋转角度
    {
        Delay_Seg(5);
        if((KEY2 = = 0) && (Angle > 0))
        {
            Delay_Seg(80);              //0.24 s 后,设定角度加大 1°
            Angle - - ;
            while(1)
            {
                if((KEY2 = = 0) && (Angle > 0))
                {
                    Angle - - ;
                    Delay_Seg(30);     //0.09 s 后,设定角度加大 1°
                }
                else    //按键释放或者等于 0°了,退出循环
                {
                    break;
                }
            }
        }
    }
    if((KEY4 = = 0) && (Angle < 360))   //按 P3.4,加大步进电机旋转角度
    {
        Delay_Seg(5);
        if((KEY4 = = 0)&& (Angle < 360))
        {
            Delay_Seg(80);              //0.24 s 后,设定角度加大 1°
            Angle + + ;
            while(1)
            {
                if((KEY4 = = 0) && (Angle < 360))
                {
                    Angle + + ;
                    Delay_Seg(30);     //0.09 s 后,设定角度加大 1°
                }
```

```
                else      //按键释放或者等于 360 °了,退出循环
                {
                    break;
}     }     }     }     }
//主函数
void Main(void)
{
     uchar i;
    uint k = 0;
    float temp = 0;
    while(1)
    {
        KEY();   //进行按键步进电机旋转角度的设置
        if(KEY1 = = 0 || KEY3 = = 0)        //当按下 KEY1 或 KEY3 后,退出该循环
        {
            break;
        }
        Delay_Seg(1);
    }
    while(1)
    {
        temp = Angle;                        //把角度值给 temp
        while(1)
        {
            if(FB_flag = = 0)                //判断正反转
            {
                  for(i = 0;i<8;i + + )      //因为有 8 路的控制时序
                   {
                     P1 = F_Rotation[i]; //顺时针转动
                     Delay_Seg(1);
                  }
            }
            else
            {
                for(i = 0;i<8;i + + )        //因为有 8 路的控制时序
                {
                     P1 = B_Rotation[i]; //逆时针转动
                     Delay_Seg(1);
                }
            }
            //转动 360°,需要 4 096 个脉冲,那么,8 个脉冲,转动角度为 0.703°
            temp = temp - 0.703;
```

```
                Angle = (uint)temp;
                if(Angle = = 0)
                {
                    break;
                }
            }
            if(Angle = = 0)
            {
                break;
            }
        }
        while(1)
        {
            Delay_Seg(1);  //步进电机停止,并显示剩余角度为 0
        }
    }
```

(3) 实验现象

按 S20 和 S22 选择要旋转的角度,并通过数码管显示需要旋转的角度。角度范围在 0～360°。

按下 S19 按键,步进电机开始顺时针旋转;按下 S21 按键,步进电机开始逆时针旋转。

当旋转角度达到设定角度后,步进电机停止。

整个过程如图 17-11 所示。

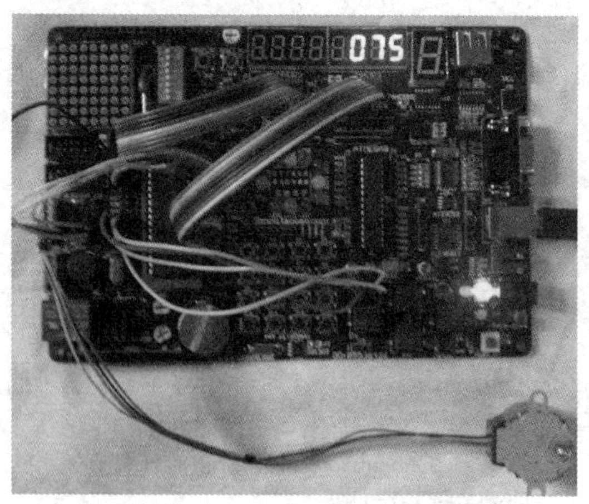

图 17-11 控制步进电机旋转规定角度

17.3 舵 机

17.3.1 舵机简介

舵机是一种位置(角度)伺服的驱动器,适用于那些需要角度不断变化并可以保持的控制系统。目前在高档遥控玩具,如航模(包括飞机模型)、潜艇模型、遥控机器人中已经广泛使用。舵机可以在微机电系统和航模中作为基本的输出执行机构,其简单的控制和输出使得单片机系统非常容易与之接口。

舵机的特点:体积紧凑,便于安装;输出力矩大,稳定性好;控制简单,便于和数字系统接口。

正是因为舵机有很多优点,所以,现在不仅应用在航模运动中,且已经扩展到各种机电产品中来,在机器人控制中的应用也越来越广泛。

(1) 舵机的结构和工作原理

一般来讲,舵机主要由以下几个部分组成:舵盘、减速齿轮组、位置反馈电位计、直流电机、控制电路板等。舵机的基本结构是这样,但实现起来有很多种。例如电机就有有刷和无刷之分,齿轮有塑料和金属之分,输出轴有滑动和滚动之分,壳体有塑料和铝合金之分,速度有快速和慢速之分,体积有大中小 3 种之分等,组合不同,价格也千差万别。例如,其中小舵机一般称作微舵,同种材料的条件下是中型的一倍多,金属齿轮是塑料齿轮的一倍多。需要根据需要选用不同类型。配套舵机的实物图如图 17-12 所示。舵机的输入线共有 3 条:红线(电源正极)、黑线(电源负极)和白线(信号线)。

舵机工作原理:控制电路板接收来自信号线的控制信号,控制电机转动。电机带动一系列齿轮组,减速后传动至输出舵盘。舵机的输出轴和位置反馈电位计是相连的,舵盘转动的同时带动位置反馈电位计,电位计将输出一个电压信号到控制电路板进行反馈,然后控制电路板根据所在位置决定电机的转动方向和速度,从而达到目标停止。

舵机的控制信号是用 PWM 的方式来控制。调节 PWM 的占空比,可以设置舵机转动的角度。本节中设定为周期是 20 ms 的脉宽调制(PWM)信号,其中脉冲宽度 0.5～2.5 ms,相对应舵盘的位置为 0～180°,呈线性变化。也就是说,给它提供一定的脉宽,它的输出轴就会保持在一个相对应的角度上,无论外界转矩怎样改变,直到给它提供一个另外宽度的脉冲信号,它才会改变输出角度到新的对应的位置上。舵机内部有一个基准电路,产生周期 20 ms、宽度 1.5 ms 的基准信号,有一个比较器,将外加信号与基准信号相比较,判断出方向和大小,从而产生电机的转动信号。由此可见,舵机是一种位置伺服的驱动器,转动范围不能超过 180°,适用于那些需要角度不断变化并可以保持的驱动当中。比方说机器人的关节、飞机的舵面等。舵机控制的脉冲宽度和舵机输出轴转角的关系如图 17－13 所示。

图 17－12　舵机实物图

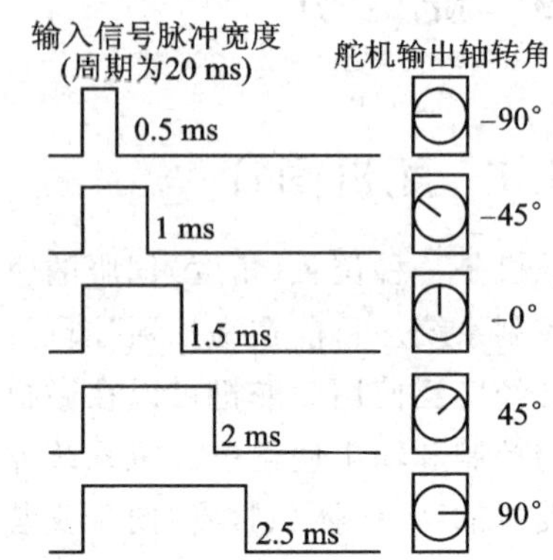

图 17－13　舵机控制的脉冲宽度和舵机输出轴转角的关系

(2) 用单片机控制舵机

舵机的控制信号是一个脉宽调制信号，所以很方便和数字系统进行接口。只要能产生标准的控制信号的数字设备都可以用来控制舵机。这里介绍 AT89S52 单片机产生舵机的控制信号来进行控制。

可以利用单片机定时器的方式 2，设定一个溢出时间为 100 μs 的定时器。本小节中，控制舵机的周期为 20 ms，也就是可以定义一个计数变量，当计数到 200 时，为 20 ms。根据图 17－10 可知，高电平脉冲宽度为 0.5～2.5 ms，计数周期分别为 5～25次，就可以让舵机旋转 180°。当然，舵机旋转是线性的，高电平在 0.5～2.5 ms 内，每隔 0.1 ms 旋转的角度为 9°。

17.3.2　实例——手把手讲解舵机

通过单片机的 P1.0 端口去控制舵机进行旋转。通过 S19 按键设定舵机需要旋转的角度。旋转角度设置为 5 挡，并在 8 位数码管的最后 1 位显示。舵机显示的角度为-90°、-45°、0°、+45°和+90°。

(1) 软件设计难点

因为直流电机调速时也是用 PWM 来控制，所以可以借用直流电机调速的代码，进行少许修改，便可控制舵机。

设定定时器的溢出时间为 100 μs，周期值设置为 200，这样周期时间为 20 ms。按键后对整个周期的高电平进行设置。比如定时变量达到 175 时，让 P1.0 端口为高电平，那么高电平时间为 25×100 μs＝2.5 ms。这样，舵机的旋转角度为＋90°。

(2) 实验代码(见共享资料中例 17.5 文件夹)

```
sbit KEY1 = P3^2;       //定义调速的按键
sbit DC = P1^0;         //定义直流电机的控制端口
uchar CYCLE;            //定义周期
```

```
uchar PWM;               //定义低电平时间
/*****************************************************
函数:Time0Init()
参数:无
返回:无
功能:设置定时器 0 的工作方式 2 定时时长为 100 μs,并打开中断和启动定时器该例中使用
     的单片机晶振为 11.059 2 MHz
*****************************************************/
void Time0Init(void)
{
    TMOD = 0x02;         //设定定时器 0 工作在方式 0 模式
    TH0  = 0xA4;         //定时时长为 100 μs 的初值自动重载
    TL0  = 0xA4;         //定时时长为 100 μs 的初值
    ET0 = 1;             //打开定时器 0 中断
    EA = 1;              //打开总中断
    TR0 = 1;             //启动定时器
}
/*****************************************************
函数:Time0Int()
参数:无
返回:无
说明:定时器 0 中断函数。用于处理 PWM 的信号
*****************************************************/
void Time0Int(void) interrupt 1 using 1
{
    static uchar Count;          //当前处于周期的什么时刻
    if(Count = = PWM)            //判断低电平时间是否结束
    {
        DC = 1;                  //直流电机转
    }
    Count + + ;
    if(Count = = CYCLE)          //一个周期结束
    {
        Count = 0;
        if(PWM ! = 0)            //如果左右时间是 0,保持原来状态
        {
            DC = 0;              //直流电机不转
        }
    }
}
/*****************************************************
函数:Key()
```

```
参数:无
返回:无
功能:判断 KEY1 是否按下并让数码管显示和给 PWM 提供低电平时长
**************************************************/
void Key(void)
{
    static uchar Number = 1;            //定义挡位,初始化为 1 挡
    if(KEY1 == 0)                       // 判断是否有按键按下
     {
          Delay_1ms(15);                //延时抗干扰信号
          if(KEY1 == 0)                 //再次判断是否有按键按下
         {
              Number++;                 //按一下 P3.2 口,就给直流电机换一个挡位
            if(Number == 6)             //等于 6 时,给挡位重新赋值 1
           {
               Number = 1;
          }
           switch(Number)
           {
                  case 1:
               {
                   P0 = 0x06;           //数码管显示 1
                   PWM = 175;           //高电平 2.5 ms,舵机旋转到右极限(为+90°)
                   break;
               }
                  case 2:
               {
                   P0 = 0x5B;           //数码管显示 2
                   PWM = 180;           //高电平 2 ms,舵机旋转角度为+45°
                   break;
               }
                  case 3:
               {
                   P0 = 0x4F;           //数码管显示 3
                   PWM = 185;           //高电平 1.5 ms,舵机旋转角度为 0°
                   break;
                 }
              case 4:
               {
                   P0 = 0x66;           //数码管显示 4
                   PWM = 190;           //高电平 1 ms,舵机旋转角度为-45°
                   break;
```

```
                }
                case 5:
                {
                    P0 = 0x6d;          //数码管显示 5
                    PWM = 195;          //高电平 0.5 ms,舵机旋转角度为 - 90°
                    break;
                   }
                default:
                    break;
               }
            while(1)                    //按键释放
            {
                if(KEY1 = = 1)          //判断是否释放
                {
                    break;
                }
            }
          }
    }
}
//主函数
void Main(void)
{
    Time0Init();        //定时器 0 初始化
    CYCLE = 200;        //定义 PWM 周期为 20 ms
    P2 = 0xfe;          //数码管最后一位亮
    while(1)
    {
        Key();
    }
}
```

第 18 章

红外线发射和接收

18.1 红外线简介

红外线遥控是目前使用很广泛的一种通信和遥控技术。由于红外线遥控装置具有体积小、功耗低、功能强、成本低等特点，因而在电视、音响设备、空调移机玩具等其他小型电器装置上纷纷采用红外遥控。在工业设备中，如高压、辐射、有毒气体、粉尘等环境下，采用红外线遥控技术更是一个不错的选择。红外线抗干扰能力强，且不会对周围的无线电设备产生干扰电波，同时红外发射接收范围窄，安全性较高。

什么是红外线？红外线是太阳光线中众多不可见光线中的一种，由德国科学家霍胥尔于 1800 年发现，又称为红外热辐射，他将太阳光用三棱镜分解开，在各种不同颜色的色带位置上放置了温度计，试图测量各种颜色的光的加热效应。结果发现，位于红光外侧的那支温度计升温最快。因此得到结论：太阳光谱中，红光的外侧必定存在看不见的光线，这就是红外线。太阳光谱上红外线的波长大于可见光线，波长为 0.75～1 000 μm。红外线可分为 3 部分，即近红外线，波长为 0.75～1.50 μm；中红外线，波长为 1.50～6.0 μm；远红外线，波长为 6.0～1 000 μm。

红外线发射和接收时所需要的常用器件有红外发射管、红外接收管、红外线一体化接收头等。

(1) 红外线发射管和红外线接收管

常用的红外线发射管和红外线接收管如图 18－1 所示，外形和发光二极管 LED 相似。

① 红外发光二极管（如 SE303、UIR333C 等）在工作时，管压降约 1.4 V，工作电流一般小于 20 mA。为了适应不同的工作电压，回路中常常串有限流电阻。

发射红外线去控制相应的受控装置时，其控制的距离与发射功率成正比。为了增加红外线的控制距离，红外发光二极管工作于脉冲状态，因为脉动光（调制光）的有效传送距离与脉冲的 成正比，只需尽量提高峰值 Ip，就能增加红外光的发射距离。提高 Ip 的方法是减小脉冲占空比，即压缩脉冲的宽度 T，一些彩电红外遥控器，其红外发光管的工作脉冲占空比约为 1/4～1/3。一些电器产品红外遥控器，其占空比是

1/10。减小脉冲占空比还可使小功率红外发光二极管的发射距离大大增加。常见的红外发光二极管,其功率分为小功率(1～10 mW)、中功率(20～50 mW)和大功率(50～100 mW 以上)3 大类。要使红外发光二极管产生调制光,只需在驱动管上加上一定频率的脉冲电压。最常用的就是 38 kHz 的红外信号。

② 红外线接收管是一种光敏二极管,使用时要给红外接收二极管加反向偏压,它才能正常工作而获得高的灵敏度。由于红外发光二极管的发射功率较小,红外接收二极管收到的信号很弱,所以接收端就要增加高增益放大电路。因为红外线接收管使用时要制作接收放大电路等,所以现在多用红外线一体化接收头来接收红外信号。

(2) 红外线一体化接收头

常用红外线一体化接收头如图 18－2 所示。

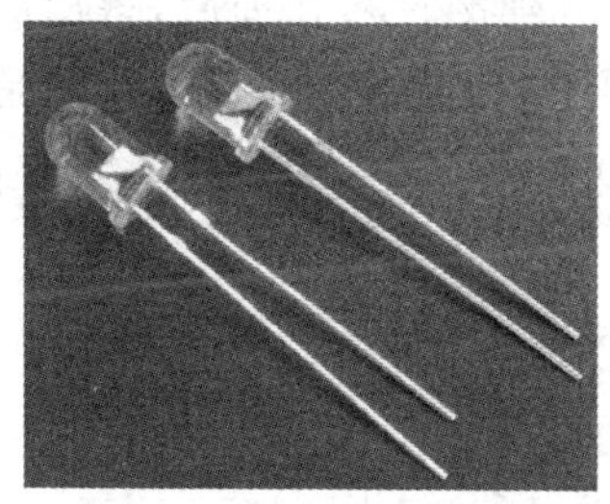

图 18－1　红外线发射管和红外线接收管

图 18－2　红外线一体化接收头

红外接收电路通常被厂家集成在一个元件中,成为一体化红外接收头。内部电路包括红外监测二极管、放大器、限副器、带通滤波器、积分电路、比较器等。红外监测二极管监测到红外信号,然后把信号送到放大器和限幅器,限幅器把脉冲幅度控制在一定的水平,而不论红外发射器和接收器的距离远近。交流信号进入带通滤波器,带通滤波器可以通过 30～60 kHz 的负载波,通过解调电路和积分电路进入比较器,比较器输出高低电平,还原出发射端的信号波形。注意:输出的高低电平和发射端是反相的,这样是为了提高接收的灵敏度。

红外接收头的种类很多,引脚定义也不相同,一般都有 3 个引脚:电源正极,接地和信号输出脚。根据发射端调制载波的不同应选用相应解调频率的接收头。红外接收头内部放大器的增益很大,很容易引起干扰,因此在接收头的供电脚上必须加上滤波电容,一般在 22 μF 以上。有的厂家建议在供电脚和电源之间接入 330 Ω 电阻,进一步降低电源干扰。

18.2　实例——手把手讲解红外线发射与接收

这个实验是红外发射和接收的一个基础实验。该实验讲述如何用红外线发射管发射 38 kHz 红外线信号，然后让 38 kHz 的红外线一体化接收头接收所发送的红外线信号。用示波器来查看红外发射端和接收端的电平信号。实验结果是让接收头收到一个 10 ms 的低电平，接着 10 ms 高电平，接着依次是 8 个脉宽为 5 ms 周期的高低电平。

(1) 实验电路图

电路图如图 18-3 所示。图 18-3(a)是红外线信号发射部分，LED1 是红外线发射管。通过单片机的 P1.0 端口去控制 NPN 三极管的基极。当 P1.0 端口为高电平时，三极管的发射极和集电极导通，红外线发射管就会导通，发射红外信号。三极管集电极和发射极的电压为 0.3 V，D1 压降为 1.4 V，那么通过 D1 的电流为：$I=U/R=(5-0.3-1.4)/150=0.022\ \text{A}=22\ \text{mA}$。

图 18-3(b)是红外线芯片的接收部分。红外线接收部分用的是红外线一体化接收头 PC838 做接收电路。PC838 的 1 端是红外线信号接收和处理后，得出的红外线数据输出端，它和单片机的 P3.2 端口相连。2 端是接的电源地。3 端接的是电源正极，从+5 V 串联了一个 330 kΩ 的电阻到 VCC，并且在 VCC 端并联了 0.1 μF 和 22 μF 的电容，这样可以降低电源的干扰。

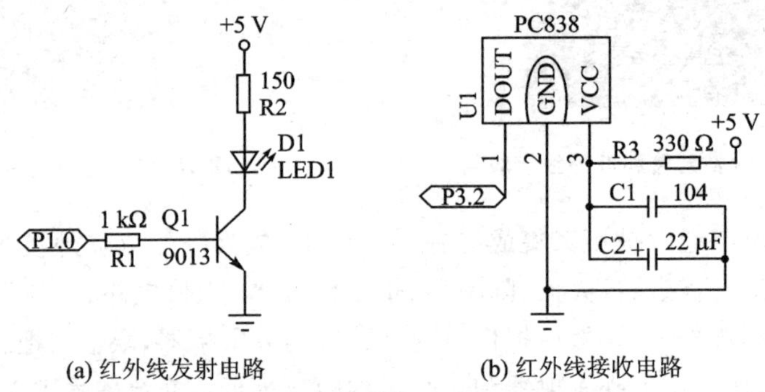

图 18-3　红外线发射和接收电路图

(2) 实验原理分析

红外线发射电路中，让单片机 P1.0 端口输出一个占空比为 1/2 的 38 kHz 方波信号。1 s 等于 1 000 000 μs，那么方波的高低电平时间 $t=1\ 000\ 000/38\ 000/2\approx 13\ \mu s$。如果要用单片机来产生 13 μs 的高低电平信号，最好是用单片机的定时器来处理，定时器的方式 2 适合用于这样比较精确的脉冲信号发生器。

方式 2 计算初值 X：

$$X = 256 - t \times f_{OSC} / 12(\text{或}\ 6)$$

12 和 6 是分频，这里选择 12；t 为所设计时时间单位为 26 μs；f_{OSC} 为晶振单位为 11.059 2 MHz。

$$X = 256 - 0.000\ 013 \times 11\ 059\ 200/12 \approx 244$$

我们已经算出了要得到 13 μs 的方波，给定时器方式 2 的初始值为 244(F4H)，下面要写满足实验目的的代码就很简单了。发送 38 kHz 的方波信息只需让定时器中断溢出时给红外线发射端口取反即可。

(3) 程序代码(见共享资料中例 18.1 文件夹)

```
sbit IR_TX = P1^0;        //红外信号发射端
sbit IR_OUT = P3^2;        //红外信号接收端
/**************************************************
函数:Time0Init()
参数:无
返回:无
功能:定时器的初始化,11.059 2 MHz 晶振,定时器 0 设置为方式 2,定时溢出时间为 13 μs
**************************************************/
void Time0Init()
{
    TMOD = 0x02;     //设置定时器 0 为方式 2
    TH0   = 0xF4;    //设置定时时间
    TL0   = 0xF4;
    ET0 = 0;         //打开定时器 0 中断
    EA = 1;          //打开总中断
}
/**************************************************
函数:Time0Int()
参数:无
返回:无
功能:定时器 0 中断,让 IR_TX 变量高低电平转换
**************************************************/
void Time0Int() interrupt 1
{
    IR_TX = ! IR_TX;
}
//主函数
void Main()
{
    uchar i;
    Time0Init();    //初始化定时器 0
    TR0 = 1;        //打开定时器 0
    Delay_1ms(10);
    TR0 = 0;        //关闭定时器 0
    Delay_1ms(10);
    for(i = 0;i<8;i + +)
    {
        TR0 = 1;    //打开定时器 0
```

```
        Delay_1ms(5);
        TR0 = 0;    //关闭定时器 0
        Delay_1ms(5);
    }
    while(1)
    {
    }
}
```

(4) 实验现象

单片机通过定时器 0 的方式 2 产生了一个 38K 的方波信号,从 P1.0 端口输出。如图 18-4 所示,方波的脉宽约为 13 μs。

图 18-5 是红外线发射管所发射的红外线信号波形。在定时器运行期间,P1.0 口会一直产生 38 kHz 的方波信号。在定时器停止期间,P1.0 端口则不会产生 38 kHz方波信号。在主函数中,我们调用了延时函数,让定时器工作 10 ms,然后停止 10 ms,最后再让定时器每隔 5 ms 工作或停止 8 次。从图 18-5 中可以看到,调用延时函数让定时器工作 10 ms 时,实际工作时间在 15 ms 左右。造成时间不准的原因是定时器在工作时,每隔 13 μs 进行一次中断,主函数的延时函数在工作的过程中被定时器打断了。这里,我们不对延时不准的情况进行深究,主要分析红外线的工作原理。

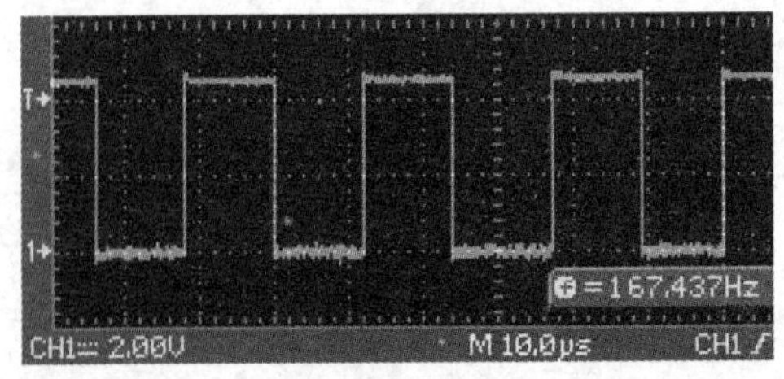

图 18-4　红外线发射控制端 P1.0 端口发送的 38K 红外线信号

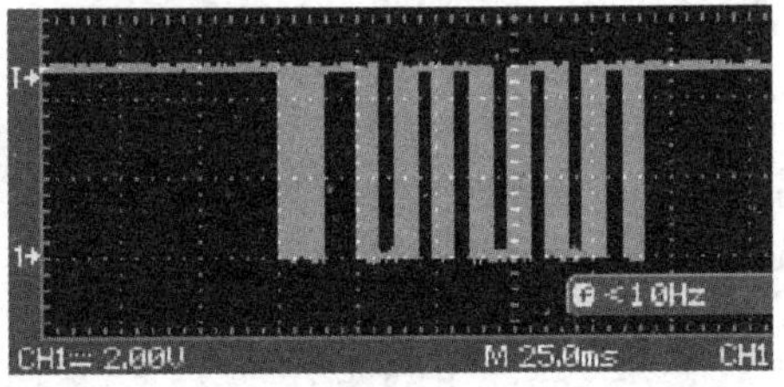

图 18-5　红外线发射管发射的红外线信号

图 18-6 是在单片机的 P3.2 端口测得的经过红外线一体化接收头处理后的红外线信号图。将图 18-6 和图 18-5 进行对比,可以得出这样的结果:当红外线发射管发出 38 kHz 的红外线信号时,红外线一体化接收头为低电平;而红外线发射管没有发送红外线信号时,红外线一体化接收头为高电平。

经过这一节的学习可以让大家对红外线的发射和接收基础有一定的了解。在这一节讲了 38K 的红外线信号该如何产生,红外线信号要如何进行发射等。另外,红外线信号的发送是必须要有间隔的,每一组红外线信号最好要间隔 100 ms 以上再发送一次,否则红外线一体化接收头会接收不了红外线信号。

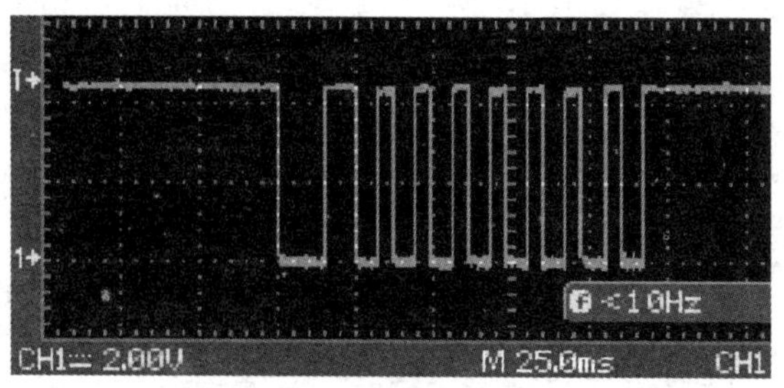

图 18-6　经过红外线一体化接收头处理后的红外信号

18.3　实例——手把手讲解红外线避障

在以往的大学生电子竞赛中的壁障小车等项目中，经常要用到红外线避障这个功能。另外，红外线避障功能的产品在市面上应用也很广泛，主要用于红外线报警、红外线测距等。该实验中要保证红外线发射管发射的红外信号不能直接被红外线一体化接收头接收到。两个红外线发射管分别在不同时刻发射红外线信号，当红外线接收头接收到红外线信号时，此时红外线发射管发出的红外光线肯定被遮挡物反射回来并被红外接收头所接收，这样就检测到了障碍物，最后再通过 LED 灯来指示障碍物方向。

(1) 实验电路图

在图 18-7 中，有两路红外线信号发射电路、一个红外线接收电路和两路 LED 灯显示电路。用单片机的 P1.0 和 P1.1 端口控制发送红外线信号，从单片机的 P3.2 端口接收红外线信号。当红外线接收头接收到单片机 P1.0 口所发射的红外线信号时，让 D3 发光；当红外线接收头接收到单片机 P1.1 口所发射的红外线信号时，让 D4 发光。

(2) 实验原理分析

红外避障实验发射和接收实验过程如图 18-8 所列。这里对红外避障实验的原理进行分析：在 t1 时刻让红外线发射管 D1 发射 38K 的红外信号，如果有障碍物 A，则红外线一体化接收头会接收到红外线信号，让图 18-7 中的发光二极管 D3 点亮，没有障碍物 A，则不会接收到红外线信号，发光二极管 D3 熄灭；在 t2 时刻让红外线发射管 D2 发射 38K 的红外信号，如果有障碍物 B，则红外线一体化接收头会接收到红外线信号，让图 18-7 中的发光二极管 D4 点亮，没有障碍物 B，则不会接收到红外线信号，发光二极管 D4 熄灭。t1 和 t2 是两个不同的时刻，所以当障碍物 A 和 B 同时存在的时候，D3 和 D4 也有可能同时点亮。红外线一体化接收头不能让红外线信号直接照射到，所以要注意把红外线一体化接收头周围挡好。

(3) 程序代码(见共享资料中例 18.2 文件夹)

在这个实验中，我们用到两个定时器去产生 38 kHz 的红外线信号。单片机的

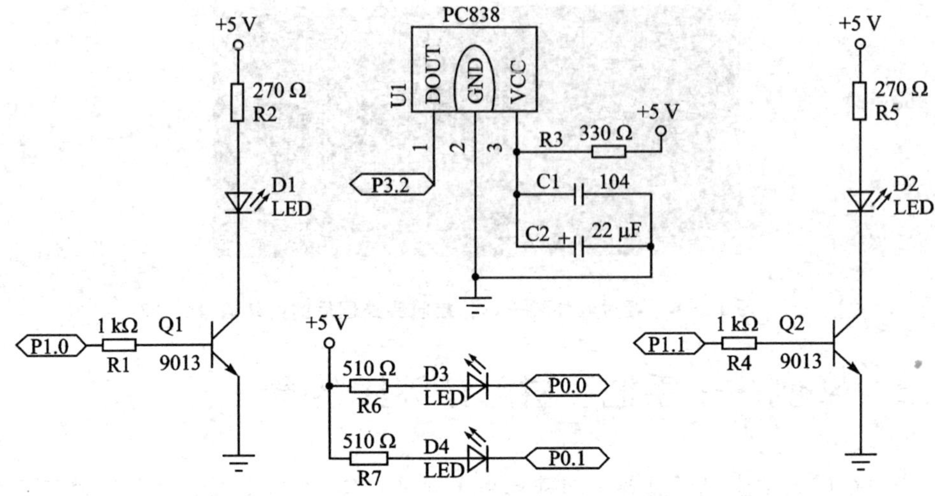

图 18－7　红外避障实验电路图

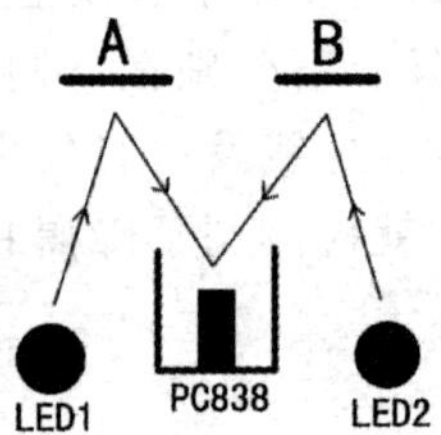

图 18－8　红外避障实验原理分析

P1.0 和 P1.1 端口去控制两路红外线信号的发射，然后通过单片机的 P3.2 端口接收到相应的红外信号，最后在 P0.0 和 P0.1 端口控制的 LED 指示出是否有障碍物。

```
sbit IR_TX0 = P1^0;     //红外发射端 1
sbit IR_TX1 = P1^1;     //红外发射端 2
sbit IR_OUT = P3^2;     //红外接收端
sbit LED1 = P0^0;       //有障碍物指示 1
sbit LED2 = P0^1;       //有障碍物指示 2
/*****************************************************
函数:Time0Init
参数:无
返回:无
功能:定时器 0 的初始化为方式 2,晶振 11.059 2 MHz,定时时长为 13 μs
*****************************************************/
void Time0Init(void)
{
    TMOD | = 0x02;          //设置定时器 0 为方式 2
```

```
    TH0 = 0xF4;          //设置初值
    TL0 = 0xF4;          //设置重载时的初值
    ET0    = 1;          //打开定时器 0 中断
}
/************************************************
函数:Time1Init
参数:无
返回:无
功能:定时器 1 的初始化为方式 2,晶振 11.0592 MHz,定时时长为 13 μs
************************************************/
void Time1Init(void)
{
    TMOD |= 0x20;          //设置定时器 1 为方式 2
    TH1 = 0xF4;            //设置初值
    TL1 = 0xF4;            //设置重载时的初值
    ET1    = 1;            //打开定时器 1 中断
}
/************************************************
函数:Time0Int
参数:无
返回:无
功能:定时器 0 中断,每中断一次, IR_TX0 的电平就取反
************************************************/
void Time0Int(void) interrupt 1 using 2
{
    IR_TX0 = ! IR_TX0;  //IR_TX0 取反
}
/************************************************
函数:Time1Int()
参数:无
返回:无
功能:定时器 1 中断,每中断一次,IR_TX1 的电平就取反
************************************************/
void Time1Int(void) interrupt 3 using 3
{
    IR_TX1 = ! IR_TX1;  //IR_TX1 取反
}
//主函数
void Main(void)
{
    Time0Init();               //初始化定时器 0
    Time1Init();               //初始化定时器 1
```

```
        EA = 1;                         //开总中断
        while(1)
        {
            TR0 = 1;                    //启动定时器 0
            Delay_1ms(2);
            if(IR_OUT = = 0)            //判断是否收到红外线信号
            {
                LED1 = 0;
            }
            else
            {
                LED1 = 1;
            }
            Delay_1ms(2);
            TR0 = 0;                    //停止定时器 0
            IR_TX0 = 1;
            Delay_1ms(200);
            TR1 = 1;                    //启动定时器 1
            Delay_1ms(2);
            if(IR_OUT = = 0)            //判断是否收到红外线信号
            {
                LED2 = 0;
            }
            else
            {
                LED2 = 1;
            }
            Delay_1ms(2);
            TR1 = 0;                    //停止定时器 1
            IR_TX1 = 1;
            Delay_1ms(200);
        }
    }
```

(4) 实现现象及结果

首先要保证红外线发射管发射的红外信号不会直接射到红外线一体化接收头，所以红外线一体化接收头要遮挡好。用一个障碍物在某一个红外线发射管上面大概 2 cm 的距离，这样红外线信号会经过反射后被红外线一体化接收头收到，最后再通过发光二极管进行指示。

18.4 红外线遥控解码实验

18.4.1 NEC 编码简介

红外遥控发射器专用芯片很多，这里以运用比较广泛、解码比较容易的 NEC 红外编码来进行讲解。WD6122 芯片内含通用红外遥控发射集成电路，发射的红外信号属于 NEC 红外编码信号，采用 COMS 工艺制造，最多可外接 64 个按键，并有 3 组双重按键。WD6122 芯片的资料这里不做详细的说明。这里要给大家重点讲的是 NEC 红外编码及解码。

当 WD6122 芯片做成的红外遥控发射器按键按下后，即有遥控码发出，所按的键不同，遥控编码也不同。这种遥控码具有以下特征：采用脉宽调制的串行码，以脉宽为 0.56 ms、间隔 0.56 ms、周期为 1.125 ms 的组合表示二进制的“0”；以脉宽为 0.56 ms、间隔 1.68 ms、周期为 2.24 ms 的组合表示二进制的“1”，其波形如图 18－9 所示。

上述“0”和“1”组成的 32 位二进制码经 38 kHz 的载频进行二次调制以提高发射效率，达到降低电源功耗的目的，然后再通过红外发射二极管产生红外线进行发射。编码的 38 kHz 的脉冲调制如图 18－10 所示。

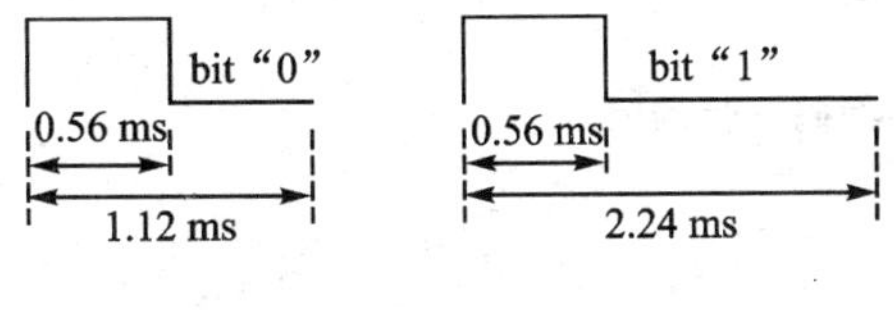

图 18－9 NEC 红外编码的“0”和“1”

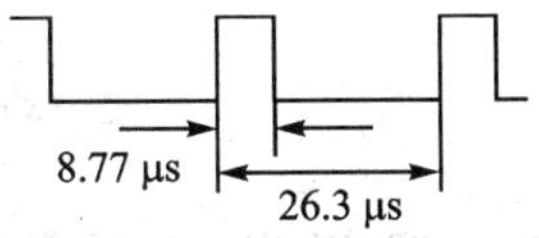

8.77 μs
26.3 μs

图 18－10 WD6122 芯片的红外线 38 kHz 的脉冲调制

NEC 红外编码的 32 位数据如图 18－11 所列。

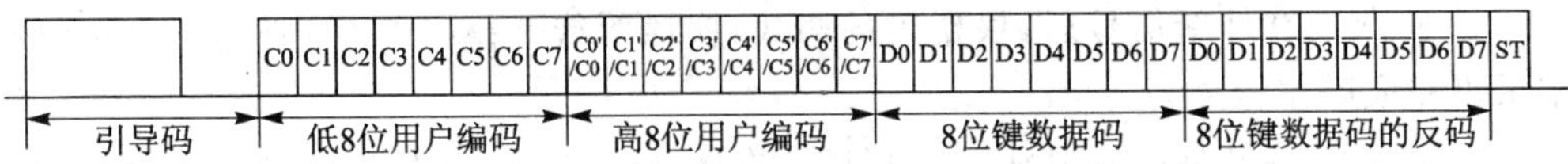

图 18－11 NEC 编码一帧的格式

如果按着红外遥控按键某一按键不放，连发波形如图 18－12 所示。

WD6122 产生的遥控编码是连续的 32 位二进制码组，其中前 16 位为用户识别码，能区别不同的电器设备，防止不同机种遥控码互相干扰。后 16 位为 8 位操作码（功能码）及其反码。

当遥控器按键按下后，周期性地发出同一种 32 位二进制码，周期约为108 ms。一组码本身的持续时间随它包含的二进制“0”和“1”的个数不同而不同，加上引导码，

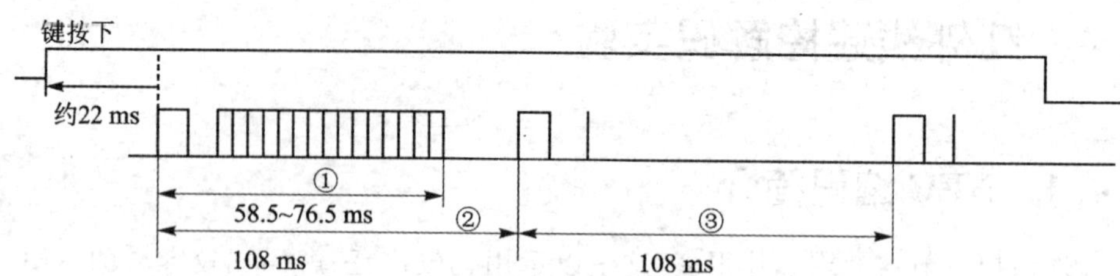

图 18－12　NEC 红外编码的连发格式

大约在 58.5～76.5 ms，如图 18－13 所示。当一个键按下超过 36 ms，振荡器使芯片激活，将发射一组 108 ms 的编码脉冲，108 ms 发射代码由一个起始码(9 ms)，一个结果码(4.5 ms)，低 8 位地址码(9～18 ms)，高 8 位地址码(9～18 ms)，8 位数据码(9～18 ms)和这 8 位数据的反码(9～18 ms)组成。如果键按下超过 108 ms 仍未松开，接下来发射的代码(连发代码)将仅由起始码(9 ms)和结束码(2.5 ms)组成。

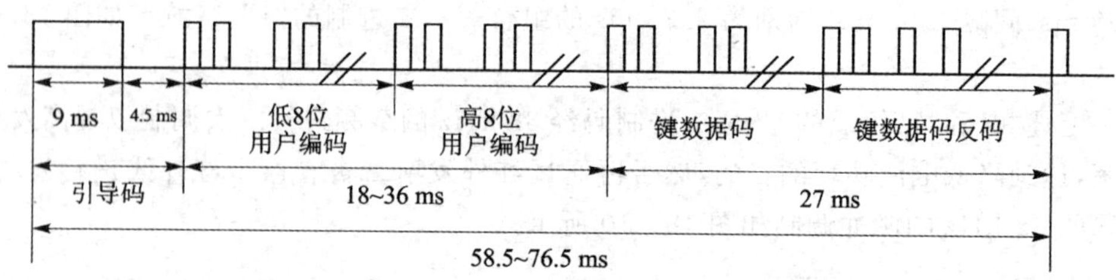

图 18－13　NEC 红外编码一帧的时间

18.4.2　红外遥控器解码

前面已经对 NEC 编码的相关知识进行了讲解，如果要把 NEC 编码的红外线信号解码出来，需要注意以下两点：

① 在收到红外新信号后，根据码的格式，应该等待 9 ms 的起始码和 4.5 ms 的结果码完成后才能读码。

② 解码的关键是如何识别“0”和“1”。在图 18－9 中，给大家介绍了 NEC 编码的“0”和“1”时如何表示的。通过红外线接收头接收后，NEC 编码发射和单片机 I/O 口接收的数据高低电平刚好相反。“0”、“1”均以 0.56 ms 的低电平开始，不同的是高电平的宽度不同，“0”为 0.56 ms，“1”为 1.68 ms，所以必须根据高电平的宽度区别“0”和“1”。如果从 0.56 ms 低电平过后开始延时，0.56 ms 以后，若读到的电平为低，说明该位为“0”，反之则为“1”，为了可靠起见，延时必须比 0.56 ms 长些，但又不能超过 1.12 ms，否则如果该位为“0”，读到的已是下一位的高电平，因此取(1.12 ms＋0.56 ms)/2＝0.84 ms 最为可靠，一般取 0.84 ms 左右均可。

18.5 实例——手把手讲解红外线遥控器解码

通过单片机对 WD6122 芯片的"0～9"按键进行解码,并在最右端的数码管上进行显示,按遥控上的"0",便在数码管上显示"0",按遥控上的"5",便在数码管上显示"5"等。实验所用的遥控照片如图 18－14所示。

图 18－14　红外线遥控器

(1) 硬件电路图

红外接收头 PC838 和 AT89S52 连接电路图如图 18－15 所示。数码管和 AT89S52 的连接电路图和前面讲解数码管章节的电路图一样。

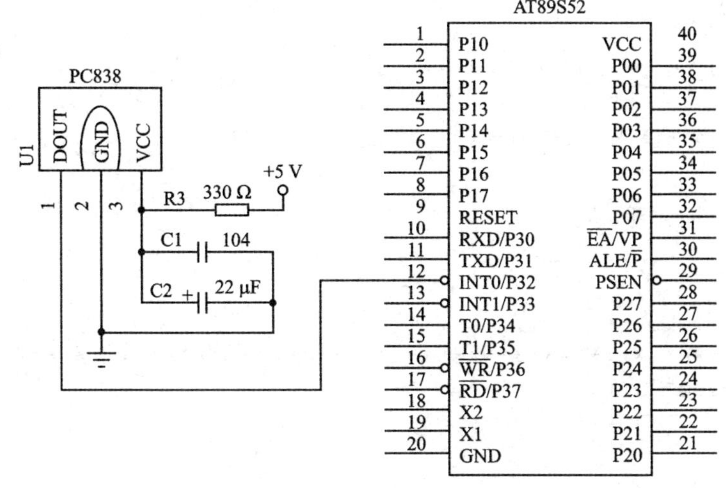

图 18－15　PC838 和 AT89S52 连接电路图

(2) 软件设计难点

① 对 NEC 红外编码的高低电平的判断是通过下降沿后延时 0.84 ms 得到的。当延时 0.84 ms 后,P3.2 端口上是低毫秒电平,那么编码电平为 0;当延时 0.84 ms 后,P3.2 端口上是低电平,那么编码电平为 1。

② 数据接收的正确与否判断。NEC 编码会一次发送 4 个字节的数据,第 1 个字节为低 8 位用户编码,第 2 个字节为高 8 位用户编码,第 3 个字节为 8 位键数据码,第 4 个字节为 8 位键数据码反码。第 3 个字节和第 4 个字节为反码。所以,要判断接收是否正确,可以判断第 3 个字节和第 4 个字节是否为反码即可。

③ 按键值。我们介绍的这款遥控器应用十分广泛,但是不一样的遥控,它们键

值的安排不一定完全一样。类似的遥控基本都是基于 WD6122 芯片或者类似芯片设置,大多都是 NEC 红外编码。在我们的这个红外遥控中,键值 0x16 是键“0”,键值 0x0c 是键“1”。

(3) 程序代码(见共享资料中例 18.3 文件夹)

```
sbit IRIN = P3^2;        //红外线一体化接收头接收端
uchar IRTemp;            //红外线按键数据存放变量
uchar IRCOM[7] = {0};    //存放红外解码后的 32 位数据
/*************************************************
函数:Delay_140us()
参数:t
返回:无
功能:延时子程序,延时时间为 0.14 ms * t。使用晶振是 11.059 2 MHz
*************************************************/
void Delay_140us(uchar t)
{
    uchar i,j;
    for(j = 0; j<t; j + + )
    {
        for (i = 0; i<27; i + + )
        {
            _nop_();
        }
    }
}
/*************************************************
函数:OutsideInit()
参数:无
返回:无
功能:外部中断 0 的初始化
*************************************************/
void OutsideInit(void)
{
    EX0 = 1;     //开外部中断 0
    IT0 = 1;     //负边沿触发
    EA = 1;      //开总中断
}
/*************************************************
函数:IRReceive()
参数:无
返回:无
功能:接收 NEC 红外编码并对其进行解码
```

```
**********************************************************/
void IRReceive(void) interrupt 0 using 2
{
    uchar i, j, count = 0;
    EX0 = 0;                    //关闭外部中断 1
    Delay_140us(20);
    if(IRIN = = 1)              //确认红外线信号出现
    {
        EX0 = 1;
        return;
    }
    while(! IRIN)               //等 IR 变为高电平,跳过 9 ms 的前导低电平信号
    {
        Delay_140us(1);
    }
      while(IRIN)               //等 IR 变为低电平,跳过 4.5 ms 的前导高电平信号
    {
        Delay_140us(1);
    }
    for (i = 0;i<4;i + + )                  //收集 4 组数据
    {
        for(j = 0;j<8;j + + )               //每组数据有 8 位
        {
            while (! IRIN)                  //等 IR 变为高电平
            {
                Delay_140us(1);
            }
            while(IRIN)                     //计算 IR 高电平时长
              {
                Delay_140us(1);
                count + + ;
                if(count > = 30)            //计数过长自动离开
                {
                    EX0 = 1;
                    return;
                }
            }
            IRCOM[i] = IRCOM[i] >> 1;       //数据右移 1 位,最高位补 0
            if(count > = 6 )
            {
                IRCOM[i] = IRCOM[i] | 0x80;     //数据最高位或上 1
            }
```

```
            count = 0;
        }
    }
    if(IRCOM[2] ! = ~IRCOM[3])                    //不相等,则红外遥控解码错误
    {
        EX0 = 1;
        return;
    }
    switch(IRCOM[2])                              //得到的按键值进行判断
    {
        case 0x16:
            IRTemp = 0;
            break;
        case 0x0c:
            IRTemp = 1;
            break;
        case 0x18:
            IRTemp = 2;
            break;
        case 0x5e:
            IRTemp = 3;
            break;
        case 0x08:
            IRTemp = 4;
            break;
        case 0x1c:
            IRTemp = 5;
            break;
        case 0x5a:
            IRTemp = 6;
            break;
        case 0x42:
            IRTemp = 7;
            break;
        case 0x52:
            IRTemp = 8;
            break;
        case 0x4a:
            IRTemp = 9;
            break;
        default:
            break;
```

```
    }
    EX0 = 1;
}
//主函数
void Main(void)
{
    IRIN = 1;                   //接收端口初始化
    OutsideInit();              //初始化外部中断
    P2 = 0xfe;                  //最后一个数码管点亮
    while(1)
    {
        P0 = table[IRTemp];     //显示解码出的遥控按键
        Delay_1ms(20);
    }
}
```

(4) 实验现象

按了遥控上的按键以后，在红外一体化接收头端口(P3.2 端口)接收到的电平信号通过示波器显示，如图 18-16 所示。

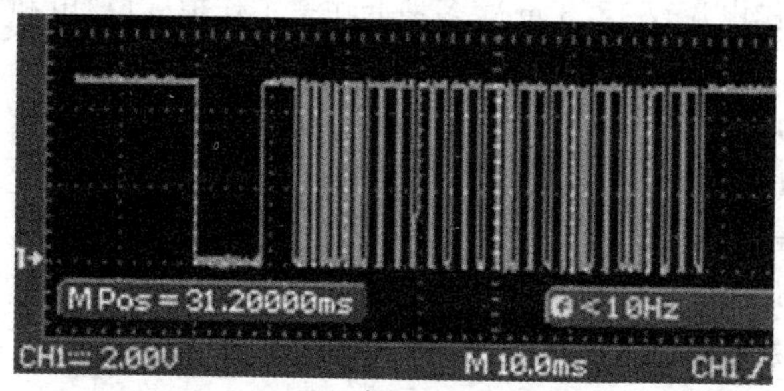

图 18-16　红外遥控编码通过示波器显示

按遥控上的“0～9”会在数码管的最后一位有所显示。如图 18-17 所示，按遥控器的“2”会在单片机开发板的最后一位显示“2”。

图 18-17　按红外遥控并通过数码管显示

第19章

2.4 GHz 无线通信芯片nRF24L01

19.1 nRF24L01 芯片简介

nRF24L01 是一款工业级内置硬件链路层协议的低成本无线收发器。它工作于2.4 GHz 全球开放 ISM 频段，内置频率合成器、功率放大器、晶体振荡器、调制器等功能模块，并融合增强型 ShockBurst 技术，其输出功率和通信频道可通过程序配置。拥有 ShockBurst 和增强型 ShockBurst 两种数据传输模式。可直接与单片机 I/O 连接，外接元件数目少。nRF24L01 功耗低，以-6 dBm 的功率发射时，工作电流仅9 mA；接收时，工作电流仅 12.3 mA，多种低功率工作模式(掉电和空闲模式)更利于节能设计。

(1) nRF24L01 主要特性

- 真正的 GFSK 单片式收发芯片；
- 内置硬件链路层；
- 增强型 ShockBurst 功能；
- 自动应答及自动重发功能；
- 无线速率：1 或 2 Mbps；
- SPI 接口速率：0～8 Mbps；
- 125 个可选工作频道；
- 很短的频道切换时间，可用于跳频；
- 与 nRF24XX 系列完全兼容；
- I/O 可接受 5 V 电平的输入；
- 20 脚 QFN 4 mm×4 mm 封装；
- 使用低成本电感和双面 PCB 板；
- 低工作电压：1.9～3.6 V。

(2) 引脚功能及描述

nRF24L01 芯片的引脚图如图 19-1 所示。

nRF24L01 芯片引脚的详细说明如表 19-1 所示。

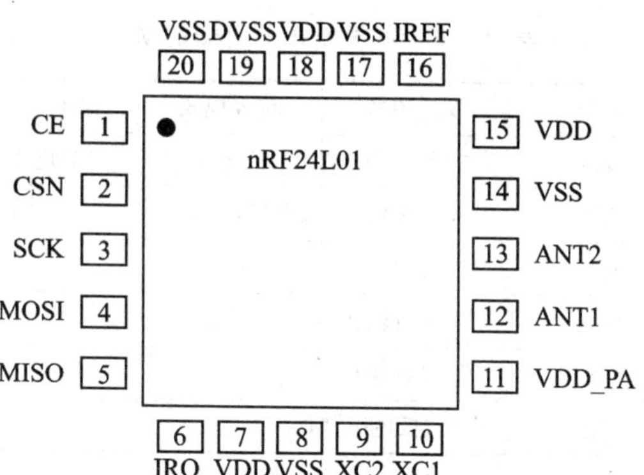

图 19-1 nRF24L01 芯片引脚图

表 19-1 nRF24L01 芯片引脚的详细说明

编号	名称	说明	编号	名称	说明
1	CE	RX 或 TX 模式选择	11	VDD_PA	给功率放大器的 1.8 V 电源
2	CSN	SPI 片选信号	12	ANT1	天线接口 1
3	SCK	SPI 时钟	13	ANT2	天线接口 2
4	MOSI	从 SPI 数据输入脚	14	VSS	接地
5	MISO	从 SPI 数据输出脚	15	VDD	电源正极
6	IRQ	可屏蔽中断脚	16	IREF	参考电流
7	VDD	电源正极	17	VSS	接地
8	VSS	接地	18	VDD	电源正极
9	XC2	晶振振荡器 2 脚	19	DVDD	去耦电路电源正极端
10	XC1	晶振振荡器 1 脚/外部时钟	20	VSS	接地

19.2 nRF24L01 的功能描述

19.2.1 工作模式

nRF24L01 芯片的工作模式由 PWR_UP 寄存器、PRIM_RX 寄存器和 CE 决定，详见表 19-2，不同模式下引脚的功能见表 19-3。

表 19-2 nRF24L01 的工作模式

模式	PWR_UP 寄存器	PRIM_RX 寄存器	CE	FIFO
接收模式	1	1	1	—
发射模式 1	1	0	1	数据已在发射堆栈里
发射模式 2	1	0	↓	当 CE 有下降沿跳变时，数据发射
待机模式 2	1	0	1	发射堆栈空
待机模式 1	1	—	0	此时没有数据发射
掉电	0	—	—	—

表 19-3 不同模式下引脚的功能

引脚名称	方向	发送模式	接收模式	待机模式	掉电模式
CE	输入	高电平＞10 μs	低电平	高电平	—
CSN	输入	SPI 片选使能,低电平使能			
SCK	输入	SPI 时钟			
MOSI	输入	SPI 串行输入			
MISO	三态输出	SPI 串行输出			
IRQ	输出	中断,低电平使能			

待机模式 1 在保证快速启动的同时减小系统平均消耗电流,但晶振仍然在工作。

待机模式 2 下部分时钟缓冲器处于工作模式。当发送端 TX FIFO 寄存器为空并且 CE 为高电平时进入待机模式 2。在两种待机模式期间,寄存器配置字内容保持不变。

在掉电模式下,nRF24L01 芯片各功能关闭,保持最低的电流消耗。进入掉电模式后,nRF24L01 停止工作,但寄存器内容保持不变。

19.2.2 nRF24L01 收发模式

收发模式有增强型 ShockBurst 收发模式、ShockBurst 收发模式和直接收发模式。收发模式由器件配置字决定,具体配置将在器件配置部分详细介绍。

(1) ShockBurst 收发模式

ShockBurst 模式下,nRF24L01 可以与成本较低的低速单片机相连。高速信号处理是由芯片内部的射频协议处理的,nRF24L01 提供 SPI 接口,数据率取决于单片机本身接口速度。ShockBurst 模式通过允许与单片机低速通信,而无线部分高速通信,减小了通信的平均消耗电流。

在 ShockBurst 接收模式下,当接收到有效的地址和数据时,IRQ 通知单片机,随后 MCU 可将接收到的数据从 RX FIFO 寄存器中读出。

在 ShockBurst 发送模式下,nRF24L01 自动生成前导码及 CRC 校验。数据发送完毕后,IRQ 通知 MCU,减少了单片机的查询时间,也就意味着减小了 MCU 的工作量,同时减小了软件的开发时间。nRF24L01 内部有 3 个不同的 RX FIFO 寄存器(6 个通道共享此寄存器)和 3 个不同的 TX FIFO 寄存器。

在掉电模式、待机模式和数据传输的过程中,单片机可以随时访问 FIFO 寄存器。这就允许 SPI 接口可以低速进行数据传送,并且可应用于单片机硬件上没有 SPI 接口的情况下。

(2) 增强型 ShockBurst 收发模式

在增强型 ShockBurst 收发模式下,使用片内的先入先出堆栈区,数据低速从微控制器送入,但高速(1 Mpbs)发射,这样可以尽量节能。因此,使用低速控制器也可以得到很高的射频数据发射速率。与射频协议相关的所有高速信号处理都在片内进行,这种做法有 3 大好处:尽量节能;低的系统费用(低速控制器也能进行高速的射频发射);数据在空中停留时间短,抗干扰性高。增强型 ShockBurst 技术同时也减小了整个系统的平均工作电流。

nRF24L01 在接收模式下可以接收 6 路不同通道的数据,如图 19-2 所示。每一个数据通道使用不同的地址,但是公用相同的频率。也就是说 6 个不同的 nRF24L01 设置为发送模式后,可以与同一设置为接收模式的 nRF24L01 进行通信,而设置为接收模式的 nRF24L01 可以对这 6 个发射端进行识别。数据通道 0 是唯一的一个可以配置为 40 位自身地址的数据通道。1~5 数据通道都为 8 位自身地址和 32 位公用地址。所有的数据通道都可以设置为增强型 ShockBurst 模式。

nRF24L01 在确认收到数据后记录地址,并以此地址为目标地址发送应答信号。在发送端,数据通道 0 被用作接收应答信号,因此,数据通道 0 的接收地址要与发送端地址相等,以确保接收到正确的应答信号。

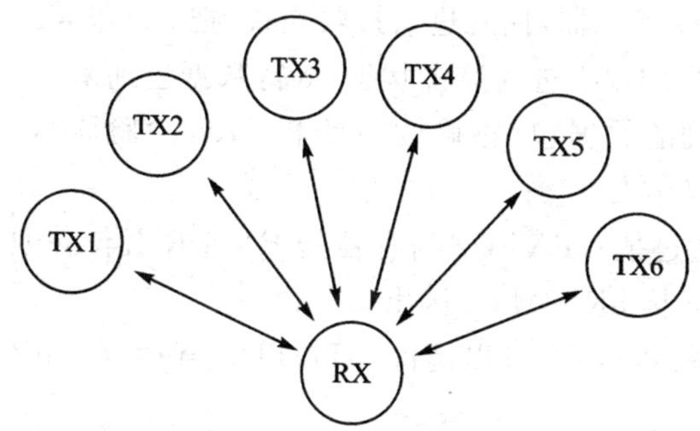

图 19-2 nRF24L01 的网络结构图

在增强型 ShockBurst 收发模式下,nRF24L01 自动处理字头和 CRC 校验码。在接收数据时,自动把字头和 CRC 校验码移去。在发数据时,自动加上字头和 CRC 校验码,在发送模式下,置 CE 为高至少 10 μs。

nRF24L01 配置为增强型的 ShockBurst 发送模式下,只要 MCU 有数据要发送,nRF24L01 就会启动增强型 ShockBurst 模式来发送数据。在发送完数据后 nRF24L01 转到接收模式并等待终端的应答信号。如果没有收到应答信号,nRF24L01 将重发相同的数据包,直到收到应答信号或重发次数超过设置的值为止。

只要收到确认信号,nRF24L01 就认为最后一包数据已经发送成功(接收方已经收到数据),把 TX FIFO 中的数据清除掉并产生中断(IRQ 引脚置高)。

在增强型 ShockBurst 模式下,nRF24L01 有如下的特性:

① 当工作在应答模式时,快速的空中传输及启动时间急大地降低了电流消耗。

② 低成本。nRF24L01 集成了所有高速链路层操作,比如:重发丢失数据包和

产生应答信号。无需单片机硬件上一定有 SPI 接口与其连接。SPI 接口可以利用单片机通用 I/O 口进行模拟。

③ 由于链路层完全集成在芯片上，非常便于软硬件的开发。

增强型 ShockBurst™发射流程：

① 把接收的地址和要发送的数据按时序送给 nRF24L01。

② 配置 CONFIG 寄存器，使之进入发射模式。

③ 单片机把 CE 置高（至少 10 μs），让 nRF24L01 进入增强型 ShockBurst 发射。

④ 此时 nRF24L01 要做的工作是：首先，给高频前端供电；其次，射频数据打包（加字头和 CRC 校验码）；再次，高速发送数据包；最后，发射完成，nRF24L01 进入空闲模式。

增强型 ShockBurst 的接收流程：

① 配置本机地址和接收的数据包的大小。

② 配置 CONFIG 寄存器，使之进入接收模式，把 CE 置高。

③ 130 μs 后 nRF24L01 进入监视状态，等待数据包到来。

④ 当接收到正确的数据包（正确的地址和 CRC 检验码），nRF24L01 自动把字头、地址、CRC 检验码移去。

⑤ nRF24L01 通过把 STATUS 寄存器的 RX_DR 置位并通知单片机。

⑥ 单片机把数据从 nRF24L01 读出。

⑦ 所有数据读取完毕后，可以清除 STATUS 寄存器。nRF24L01 可以进入 4 种主要的模式之一。

19.2.3 收发过程中的重要概念

(1) 自动应答 RX

自动应答功能减少了外部单片机的工作量。在自动应答使能的情况下收到有效的数据包后，系统将进入发送模式并发送确认信号发送完确认信号，后系统进入正常工作模式。自动应答使得接收端和发送端都是在发送与接收模式自动切换。

(2) 自动重发功能 ART(TX)

自动重发功能是针对自动应答系统的发送方。在每次发送结束后，系统都会自动进入接收模式并在设定的时间范围内等待应答信号，接收到应答信号后系统自动转入正常发送模式。如果 TX FIFO 中没有待发送的数据且 CE 脚电平为低，则系统将进入待机模式 I。如果没有收到确认信号，则系统返回到发送模式，并重发数据直到收到确认信号或重发次数超过设定值或达到最大的重发次数。

每一帧数据包都包括了两位的 PID(数据包识别)来判断接收的数据时新数据包还是重发的数据包。PID 识别可以防止接收端同一数据包多次送入单片机。在发送方，每次发送一包新数据后 PID 值加 1。PID 和 CRC 校验应用在接收方识别接收的数据是重发的数据包还是新的数据包。如果在链接中有一些数据丢失了，则 PID 值与上一包数据的 PID 值相同。如果一包数据拥有与上一包数据相同的 PID 值，nRF24L01 将对两包数据的 CRC 值进行比较。如果 CRC 值也相同的话就认为后面一包是前一包的重发数据包而被舍弃。

接收方对新接收数据包得 PID 值与上一包进行比较：如果 PID 值不同，则认为接收的数据包是新数据包；如果 PID 值与上一包相同，则新接收的数据包有可能与前一包相同。接收方必须确认 CRC 值是否相等，如果 CRC 值与前一包数据的 CRC 值相同，则认为是同一包数据并将其舍弃。每发送一包新的数据则发送方的 PID 值加 1。

图 19-3 为判断 PID 以确认是否是新的数据包。

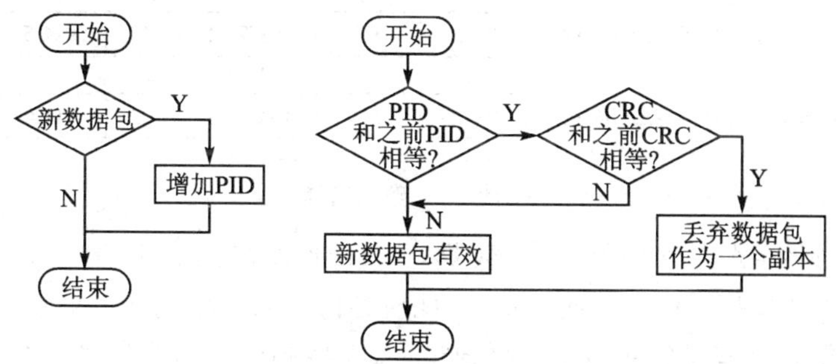

图 19-3　判断 PID 以确认是否是新的数据包

CRC 校验的长度是通过 SPI 接口进行配置。一定要注意 CRC 计算范围包括整个数据包：地址、PID 和有效数据等。若 CRC 校验错误等则不会接收数据包。

(3) 载波检测

当接收端检测到射频范围内的信号时将 CD 置高，没有接收到信号时 CD 为低。内部的 CD 信号在写入寄存器之前是经过滤波的，内部 CD 高电平状态至少要保持 128 μs 以上。

在增强型 ShockBurst 模式中，只有当发送模块没有成功发送数据时，推荐使用 CD 检测功能。如果发送端数据包丢失率太高时，可将其设置为接收模式检测 CD 值。如果 CD 为高（通道出现了拥挤现象），需要更改通信频道；如果 CD 为低电平状态（距离超出通信范围），可保持原有通信频道，但需做其他调整。

(4) 数据通道

nRF24L01 配置为接收模式时可以接收 6 路不同地址相同频率的数据。每个数据通道拥有自己的地址并且可以通过寄存器来进行分别配置。数据通道是通过寄存器 EN_RXADDR 来设置的。每一个数据通道的地址是通过寄存器 RX_ADDR_Px 来配置的。通常情况下不允许不同的数据通道设置完全相同的地址。

数据通道 0 有 40 位可配置地址。数据通道 1～5 的地址为：32 位共用地址＋各自的地址(最低字节)。图 19－4 是数据通道 1～5 的地址设置方法的举例。所有数据通道可以设置为多达 40 位,但是 1～5 数据通道的最低位必须不同。

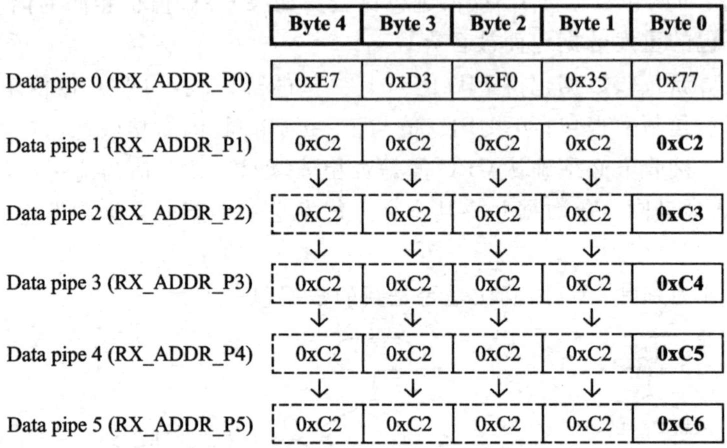

	Byte 4	Byte 3	Byte 2	Byte 1	Byte 0
Data pipe 0 (RX_ADDR_P0)	0xE7	0xD3	0xF0	0x35	0x77
Data pipe 1 (RX_ADDR_P1)	0xC2	0xC2	0xC2	0xC2	**0xC2**
Data pipe 2 (RX_ADDR_P2)	0xC2	0xC2	0xC2	0xC2	**0xC3**
Data pipe 3 (RX_ADDR_P3)	0xC2	0xC2	0xC2	0xC2	**0xC4**
Data pipe 4 (RX_ADDR_P4)	0xC2	0xC2	0xC2	0xC2	**0xC5**
Data pipe 5 (RX_ADDR_P5)	0xC2	0xC2	0xC2	0xC2	**0xC6**

图 19－4　数据通道

当从一个数据通道中接收到数据,并且此数据通道设置为应答方式,则 nRF24L01 在接收数据后产生应答信号,此应答信号的目标地址为接收通道地址。

寄存器配置有些是针对所有数据通道的,有些则是针对个别的。如下设置举例是针对所有数据通道的:CRC 使能/禁止,CRC 计算,接收地址宽度,频道设置,无线数据通信速率,LNA 增益,射频输出功率。

19.2.4　配置字

SPI 口为同步串行通信接口,最大传输速率为 10 Mbps,传输时先传送低位字节,再传送高位字节。但针对单个字节而言,要先送高位再送低位。与 SPI 相关的指令共有 8 个,使用时这些控制指令由 nRF24L01 的 MOSI 输入,相应的状态和数据信息是从 MISO 输出给单片机。

nRF24L0l 所有的配置字都由配置寄存器定义,这些配置寄存器可通过 SPI 协议访问,共有 30 字节的配置字。推荐让 nRF24L0l 工作于增强型 ShockBurst 收发模式,这种工作模式下,系统的程序编制会更加简单,并且稳定性也会更高。

SPI 协议的指令格式:

命令字:由高位到底位(每字节)。

数据字节:低字节到高字节,每一字节高位在前。

利用 SPI 协议操作 nRF24L01 的时序图如图 19－5 和图 19－6 所示。

配置字可以分为以下 4 个部分:

① 数据宽度:声明数据包中数据占用的位数。这使得 nRF24L01 能够区分接收数据包中的数据和 CRC 校验码。

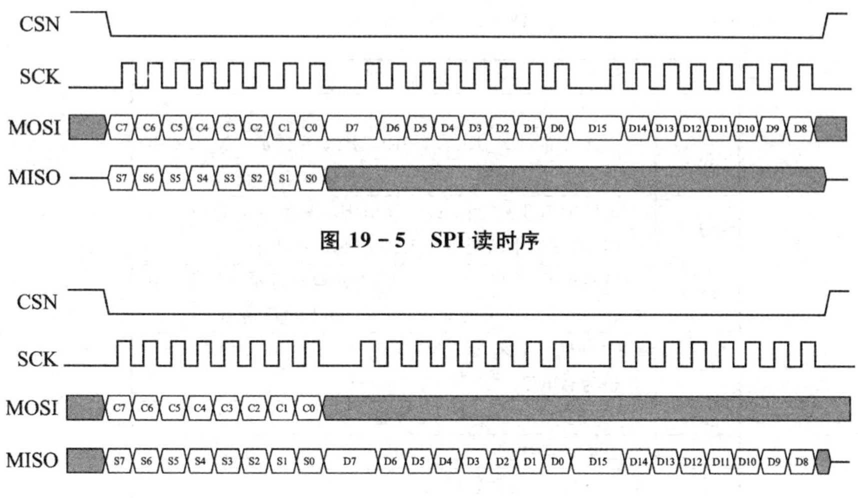

图 19－5　SPI 读时序

图 19－6　SPI 写时序

② 地址宽度:声明数据包中地址占用的位数,以便能区分地址和数据。

③ 地址:接收数据的地址,有通道 0～5 的地址。

④ CRC:使 nRF24L01 能够生成 CRC 校验码和解码。

当使用 nRF24L01 片内的 CRC 技术时,要确保在配置字(CONFEN_CRC)中 CRC 校验被使能,并且发送和接收使用相同的协议。

nRF24L01 常用配置字如表 19－4 所列。

表 19－4　nRF24L01 配置字

地　址	寄存器名称	功　　能
00H	CONFIG	设置 24L01 工作模式
01H	EN_AA	设置接收通道及自动应答
02H	EN_RXADDR	使能接收通道地址
03H	SETUP_AW	设置地址宽度
04H	SETUP_RETR	设置自动重发数据时间和次数
07H	STATUS	状态寄存器,用来判定工作状态
0AH～0FH	RX_ADDR_P0～P5	设置接收通道地址
10H	TX_ADDR	设置发送地址
11H～16H	RX_PW_P0～P5	设置接收通道的有效数据宽度
17H	FIFO	FIFO 状态寄存器

接着,详细的介绍每一个寄存器的功能。

CONFIG(00H):设置 nRF24L01 工作模式,见表 19－5。

表 19－5　CONFIG 描述

位	描　述
位 7	默认为 0
位 6	可屏蔽中断 RX_RD。1:IRQ 引脚不显示 RX_RX 中断;0:RX_RD 中断产生时 IRQ 引脚电平为低
位 5	可屏蔽中断 TX_DS。1:IRQ 引脚不显示 TX_DS 中断;0:MAX_RT 中断产生时 IRQ 引脚电平为低
位 4	可屏蔽中断 MAX_RT。1:IRQ 引脚不显示 TX_DS 中断;0:MAX_RT 中断产生时 IRQ 引脚电平为低
位 3	CRC 使能。如果 EN_AA 中任意一位为高,则 EN_CRC 强迫为高电平
位 2	CRC 模式。1:16 位 CRC 校验;0:8 位 CRC 校验
位 1	1:上电;0:掉电
位 0	1:接收模式;0:发射模式

EN_AA(01H):设置接收通道及自动应答,见表 19－6。

表 19－6　EN_AA 描述

位	描　述	位	描　述
位 7	默认为 0	位 3	数据通道 3 自动应答允许
位 6	默认为 0	位 2	数据通道 2 自动应答允许
位 5	数据通道 5 自动应答允许	位 1	数据通道 1 自动应答允许
位 4	数据通道 4 自动应答允许	位 0	数据通道 0 自动应答允许

EN_RXADDR(02H):使能接收通道地址,见表 19－7。

表 19－7　EN_RXADDR 描述

位	描　述	位	描　述
位 7	默认为 0	位 3	接收数据通道 3 允许
位 6	默认为 0	位 2	接收数据通道 2 允许
位 5	接收数据通道 5 允许	位 1	接收数据通道 1 允许
位 4	接收数据通道 4 允许	位 0	接收数据通道 0 允许

SETUP_AW(03H):设置地址宽度,见表 19－8。

表 19－8　SETUP_AW 描述

位	描　述
位 2～7	默认为 0
位 1 位 0	接收/发射地址宽度。00:无效;01:3 字节宽度;02:4 字节宽度;03:5 字节宽度

SETUP_RETR(04H):设置自动重发数据时间和次数,见表 19－9。

表 19 - 9　SETUR_RETR 描述

位	描　述
位 7 位 6 位 5 位 4	自动重发延时。0000：等待(250＋86) μs；0001：等待(500＋86) μs；0010：等待(750＋86) μs；……；1111：等待(4 000＋86) μs
位 3 位 2 位 1 位 0	自动重发计数。0000：禁止自动重发；0001：自动重发一次；……；1111：自动重发 15 次

RF_CH(05H)：射频通道。位 7，默认为 0；位 0～6，设置 nRF24L01 工作通道频率。RF_SETUP(06H)：射频寄存器，见表 19 - 10。

表 19 - 10　RF_SETUP 描述

位	描　述
位 5～7	默认为 0
位 4	PLL_LOCK 允许，仅应用于测试模式
位 3	数据传输率：1：2 Mbps；0：1 Mbps
位 1 和位 2	发射功率：00：- 18 dBm；01：- 12 dBm；10：- 6 dBm；11：- 0 dBm
位 0	低噪声放大器增益

STATUS(07H)：状态寄存器，用来判定工作状态，见表 19 - 11。

表 19 - 11　STATUS 描述

位	描　述
位 7	默认 0
位 6	接收数据中断。当接收到有效数据后置高电平。写 1 清除中断。
位 5	数据发送完成中断。当数据发送完成后产生中断。如果工作在自动应答模式下，只有当接收到应答信号时该位被设置为高电平。可以通过写 1 清除中断。
位 4	达到最多次重发中断。写 1 清除中断。 如果 MAX_RT 中断产生则必须清楚后，系统才能进行通信
位 1～3	接收数据通道号。000～101：数据通道号；110：未使用；111：RX FIFO 寄存器为空
位 0	TX FIFO 寄存器满标志。1：TX FIFO 寄存器满；0：TX FIFO 寄存器未满

OBSERVE_TX(08H)：发送检测寄存器，见表 19 - 12。

表 19-12 OBSERVE_TX 描述

位	描 述
位 4～7	数据包丢失计数器。当写 RF_CH 寄存器时此寄存器复位。当丢失 15 个数据包后此寄存器重启
位 0～3	重发计数器。发送新数据包时此寄存器复位

CD(09):载波检测。位 1～7,默认为 0。

RX_ADDR_P0～P5(0AH～0FH):设置接收通道地址。数据通道 0～5 接收地址。0AH 和 0BH 最大长度为 5 个字节(先写低字节,所写字节数量由 SETUP_AW 设定)。0CH～0FH 的最低字节可以设置。高字节部分必须与 RX_ADDR_P1 的第 8～39 位相等。

TX_ADDR(10H):发送地址(先写低字节)。在增强型 ShockBurst 模式下,RX_ADDR_P0 与此地址相等。

RX_PW_P0～P5(11H～16H):设置接收通道的有效数据宽度。接收数据通道 0～5 有效数据宽度(1～32 字节)1:1 字节有效数据宽度;2:2 字节有效数据宽度;……;32:32 字节有效数据宽度。

FIFO_STATUS(17H):FIFO 状态寄存器,见表 19-13。

表 19-13 FIFO_STATUS 描述

位	描 述
位 7	默认为 0
位 6	若 TX_REUSE=1,则当 CE 位高电平状态时不断发送上一数据。TX_REUSE 通过 SPI 指令 REUSE_TX_PL 设置,通过 W_TX_PALOAD 或 FLUSH_TX 复位
位 5	TX FIFO 寄存器满标志。1:TX FIFO 寄存器满;0:TX FIFO 寄存器未满,有可用空间
位 4	TX FIFO 寄存器空标志
位 2～3	默认为 0
位 1	RX FIFO 寄存器满标志;1:RX FIFO 寄存器满;0:RX FIFO 寄存器未满
位 0	RX FIFO 寄存器空标志。1:RX FIFO 寄存器空;0:RX FIFO 寄存器非空

另外,还有以下两个寄存器:TX_PLD 和 RX_PLD。用于发送和接收有效数据,每个寄存器有 32 个字节。

19.2.5 nRF24L01 的一帧数据形式

增强型 ShockBurst 和 ShockBurst 两者的数据帧格式有少许差别,下面分别列出两种数据帧的数据包形式。

增强型 ShockBurst 模式下的数据包形式:

前导码	地址(3～5 字节)	9 位(标志位)	数据(1～32 字节)	CRC 校验(0/1/2 字节)

ShockBurst 模式下的数据包形式：

前导码	地址(3～5 字节)	数据(1～32 字节)	CRC 校验(0/1/2 字节)

增强型 ShockBurst 模式的数据内容如表 19-14 所列。

表 19-14　增强型 ShockBurst 模式的数据包内容

项　目	描　述
前导码	前导码用来检测 0 和 1。芯片在接收模式下去除前导码，在发送模式下加入前导码
地址	地址内容为接收机地址。地址宽度可以是 3、4 或 5 个字节宽度，地址可以对接收通道及发送通道分别进行配置，从接收的数据包中自动去除地址
标志位	PID：数据包识别。其中两位是用来每当接收到新的数据包后加 1
数据	1～32 字节宽度
CRC	CRC 校验是可选的。0～2 字节宽度的 CRC 校验 8 位 CRC 校验的多项式：X8＋X2＋X＋1 16 位 CRC 校验的多项式：X16＋X12＋X5＋1

19.3　实例——手把手讲解 nRF24L01

两个 nRF24L01 模块分别接于两个配套单片机实验板上。两个实验板分别命名为 A 板和 B 板。A 板和 B 板通过按键和 LED 用来指示 nRF24L01 模块的发射和接收。

A 板按键 S19 按键被按下后，B 板的 LE1 会被点亮(熄灭)。

A 板按键 S20 按键被按下后，B 板的 LE2 会被点亮(熄灭)。

A 板按键 S21 按键被按下后，B 板的 LE3 会被点亮(熄灭)。

B 板按键 S19 按键被按下后，A 板的 LE1 会被点亮(熄灭)。

B 板按键 S20 按键被按下后，A 板的 LE2 会被点亮(熄灭)。

B 板按键 S21 按键被按下后，A 板的 LE3 会被点亮(熄灭)。

当 LED 处于熄灭状态时，接收到信号后 LED 会点亮；当 LED 处于点亮状态时，接收到信号后 LED 会熄灭。

(1) 软件设计难点

nRF24L01 芯片是用 SPI 协议进行通信，可以利用单片机模拟 SPI 协议于 nRF24L01 芯片进行控制。在对 nRF24L01 芯片进行初始化时，要多参考 19.2.4 小节的设置。

在发送和接收时，只需要调用 TxPacket()和 RxPacket()这两个函数即可。本例中，nRF24L01 模块既可以发送，也可以接收，在接收和发送模式之间转换时，需要对芯片的模式进行设置并加一定的延时让其转换完成。

(2) 程序代码(见共享资料中例 19.1 文件夹)

```
//nRF24L01 端口定义
sbit CE = P1^0;                 //RX 或 TX 模式选择
sbit CSN = P1^1;                //SPI 片选信号
sbit SCK = P1^2;                //SPI 时钟
sbit MOSI = P1^3;               //从 SPI 数据输入端
sbit MISO = P1^4;               //从 SPI 数据输出端
sbit IRQ = P1^5;                //可屏蔽中断
//LED 端口定义
sbit LED1 = P0^0;               //LED1
sbit LED2 = P0^1;               //LED2
sbit LED3 = P0^2;               //LED3
//按键定义
sbit KEY1 = P3^2;               //按键 1
sbit KEY2 = P3^3;               //按键 2
sbit KEY3 = P3^4;               //按键 3
//nRF24L01
#define TxAddrWidth 5           //发射地址字节数
#define RxAddrWidth 5           //接收地址字节数
#define TxLoadWidth 20          //装载发送数据字节数
#define RxLoadWidth 20          //装载接收数据字节数
uchar const TxAddress[TxAddrWidth] = {0x01,0x23,0x45,0x67,0x89};     //本地地址
uchar const RxAddress[RxAddrWidth] = {0x01,0x23,0x45,0x67,0x89};     //接收地址
//nRF24L01 寄存器指令
#define READ_REG 0x00           //读寄存器指令
#define WRITE_REG 0x20          //写寄存器指令
#define RD_RX_PLOAD 0x61        //读取接收数据指令
#define WR_TX_PLOAD 0xA0        //写待发数据指令
#define FLUSH_TX 0xE1           //重新发送 FIFO 指令
#define FLUSH_RX 0xE2           //重新接收 FIFO 指令
#define REUSE_TX_PL 0xE3        //定义重复装载数据指令
#define NOP 0xFF                //保留
//SPI(nRF24L01)寄存器地址
#define CONFIG 0x00             //配置收发状态,CRC 校验模式以及收发状态响应方式
#define EN_AA    0x01           //自动应答功能设置
#define EN_RXADDR 0x02          //可用信道设置
#define SETUP_AW 0x03           //收发地址宽度设置
#define SETUP_RETR 0x04         //自动重发功能设置
#define RF_CH 0x05              //工作频率设置
#define RF_SETUP 0x06           //发射速率、功耗功能设置
#define STATUS 0x07             //状态寄存器
```

```
#define OBSERVE_TX 0x08        //发送监测功能
#define CD 0x09                //地址检测
#define RX_ADDR_P0 0x0A        //频道 0 接收数据地址
#define RX_ADDR_P1 0x0B        //频道 1 接收数据地址
#define RX_ADDR_P2 0x0C        //频道 2 接收数据地址
#define RX_ADDR_P3 0x0D        //频道 3 接收数据地址
#define RX_ADDR_P4 0x0E        //频道 4 接收数据地址
#define RX_ADDR_P5 0x0F        //频道 5 接收数据地址
#define TX_ADDR 0x10           //发送地址寄存器
#define RX_PW_P0 0x11          //接收频道 0 接收数据长度
#define RX_PW_P1 0x12          //接收频道 0 接收数据长度
#define RX_PW_P2 0x13          //接收频道 0 接收数据长度
#define RX_PW_P3 0x14          //接收频道 0 接收数据长度
#define RX_PW_P4 0x15          //接收频道 0 接收数据长度
#define RX_PW_P5 0x16          //接收频道 0 接收数据长度
#define FIFO_STATUS 0x17       //FIFO 栈入栈出状态寄存器设置
/**************************************************
函数:SPI_RW()
参数:zdata
返回:temp
功能:读/写一个字节数据。zdata 是需要写入的数据,读出的数据通过 temp 返回。
    读/写数据时首先读/写最高位
**************************************************/
uchar SPI_RW(uchar zdata)
{
   uchar i,temp = 0;
     for(i = 0; i<8; i++)
     {
      MOSI = (bit)(zdata & 0x80);      //数据的最高位赋值给 MOSI
      _nop_();
      zdata = (zdata << 1);            //数据左移一位
      SCK = 1;                         //SCK 置高
      _nop_();
      temp = (temp << 1);              //数据左移一位
      temp |= MISO;                    //从 MISO 读出的数据存到 temp 的最低一位
      _nop_();
      SCK = 0;                         //SCK 清零
      _nop_();
     }
   return(temp);                       //返回读出数据
}
/**************************************************
```

```
函数:SPI_Read()
参数:reg
返回:temp
功能:读取寄存器的一个字节数据。reg 是需要读出数据的寄存器,读出的数据通过 temp 返
    回。读数据时首先读/写最高位
***************************************************/
uchar SPI_Read(uchar reg)
{
    uchar temp;
    CSN = 0;                              //CSN 清零
    SPI_RW(reg);                          //需要从哪个寄存器读取数据
    temp = SPI_RW(0);                     //读取寄存器的值
    CSN = 1;                              //CSN 置高
    return(temp);                         //返回读出的寄存器的值
}
/***************************************************
函数:SPI_Write()
参数:reg,value
返回:status
功能:写入寄存器一个字节数据。reg 是选择需要操作的寄存器,value 是要写的数据,
    status是寄存器返回的状态值
***************************************************/
uchar SPI_Write(uchar reg, uchar value)
{
    uchar status;
    CSN = 0;                              //CSN 清零
    status = SPI_RW(reg);                 //选择寄存器并得到状态值
    SPI_RW(value);                        //写入数据
    CSN = 1;                              //CSN 置高
    return(status);                       //返回 nRF24L01 的状态
}
/***************************************************
函数:SPI_Read_Buf()
参数:reg, * p, zdata
返回:status
功能:从 nRF24L01 芯片读出数据并存放到指针指向的缓冲数组。reg 是选择需要操作的寄存
    器, * p 是让读出的数据存到所指向的数组中,zdata 是读出数据的字节数
***************************************************/
uchar SPI_Read_Buf(uchar reg, uchar * p, uchar zdata)
{
    uchar status,i;
    CSN = 0;                              //CSN 清零
```

```
    status = SPI_RW(reg);                       //选择寄存器并得到状态值
    for(i = 0; i<zdata; i++)
    {
        p[i] = SPI_RW(0);                       //把数据值存到指针 * p 所指向的数组
    }
    CSN = 1;                                    //CSN 置高
    return(status);                             //返回 nRF24L01 的状态
}
/*****************************************************
函数:SPI_Write_Buf()
参数:reg, * p, zdata
返回:status
功能:向 nRF24L01 芯片写入数据。reg 是选择需要操作的寄存器, * p 是指向的是要写入
    nRF24L01 芯片的数据数组,zdata 是写入数据的字节数
*****************************************************/
uchar SPI_Write_Buf(uchar reg, uchar * p, uchar zdata)
{
    uchar status,i;
    CSN = 0;                                    //CSN 清零
    status = SPI_RW(reg);                       //选择寄存器并得到状态值
    for(i = 0; i<zdata; i++)
    {
        SPI_RW( * p++);                         //把指针 * p 指向的数据的值写入 nRF24L01
    }
    CSN = 1;                                    //CSN 置高
    return(status);                             //返回 nRF24L01 的状态
}
/*****************************************************
函数:SetRX_Mode()
参数:无
返回:无
功能:设置接收模式。nRF24L01 在接收和发射模式转换时,需要一定时间
*****************************************************/
void SetRX_Mode(void)
{
    CE = 0;                                     //CE 清零
    SPI_Write(WRITE_REG + CONFIG, 0x0f);//配置接收模式
    CE = 1;                                     //CE 置高
    Delay_1ms(5);                               //延时 5 ms,以便接收模式转换完成
}
/*****************************************************
函数:RxPacket()
```

```
参数:无
返回:flag
功能:数据读取后放入 RxBuf 接收缓冲区中
*************************************************/
uchar RxPacket(uchar * RxBuf)
{
    uchar temp, flag = 0;                    //flag 用于标识是否成功收到数据
    temp = SPI_Read(STATUS);                 // 读取状态寄存其来判断数据接收状况
    if(temp & 0x40)                          // 判断是否接收到数据
    {
        CE = 0;                              //SPI 使能
        SPI_Read_Buf(RD_RX_PLOAD, RxBuf, TxLoadWidth);//从 RX_FIFO 缓冲区读取数据
        flag = 1;                            //读取数据完成标志
    }
    //RX_DR,TX_DS,MAX_PT 置高,清除中断标志
    SPI_Write(WRITE_REG + STATUS, temp | 0x70);
    return flag;
}
/*************************************************
函数:TxPacket()
参数:* TxBuf
返回:无
功能:把数据缓冲区的数据发射出去
*************************************************/
void TxPacket(uchar * TxBuf)
{
    CE = 0;                //CE 清零
    SPI_Write_Buf(WRITE_REG + RX_ADDR_P0, TxAddress, TxAddrWidth);//装载接收地址
    SPI_Write_Buf(WR_TX_PLOAD, TxBuf, TxLoadWidth);  //装载数据
    SPI_Write(WRITE_REG + CONFIG, 0x0e);             //16 位 CRC,发射模式
    CE = 1;               //CE 置高
    Delay_1ms(5);         //延时 5 ms,以便发射模式转换完成
}
/*************************************************
函数:InitNRF24L01()
参数:无
返回:无
功能:初始化 nRF24L01 芯片
*************************************************/
void InitNRF24L01(void)
{
     CE = 0;     //CE 清零
```

```
    CSN = 1;    //SPI 使能
    SCK = 0;    //初始化 SPI 时钟线
    SPI_Write_Buf(WRITE_REG + TX_ADDR, TxAddress, TxAddrWidth); //写发射端地址
    SPI_Write_Buf(WRITE_REG + RX_ADDR_P0, RxAddress, RxAddrWidth);//写接收端地址
    SPI_Write(WRITE_REG + EN_AA, 0x01);        //频道 0 自动,ACK 应答允许
    SPI_Write(WRITE_REG + EN_RXADDR, 0x01);  //允许接收地址只有频道 0
    SPI_Write(WRITE_REG + SETUP_RETR, 0x1a); //自动重发 10 次
    SPI_Write(WRITE_REG + RF_CH,40);      //设置信道工作为 2.4 GHz,收发必须一致
    SPI_Write(WRITE_REG + RX_PW_P0, RxLoadWidth); //设置接收数据长度 20 字节
    //设置发射速率为 1 MHz,发射功率为最大值 0 dB
    SPI_Write(WRITE_REG + RF_SETUP, 0x03);
    CE = 1;                //CE 置高
}
/*****************************************************
函数:Key()
参数:无
返回:无
功能:按键处理函数,通过 nRF24L01 芯片发送数据,也可以通过 nRF24L01 芯片接收数据
*****************************************************/
void Key(void)
{
    static uchar TFlag = 0;           //发送标志
    uchar TxBuf[20] = {0};            //发送缓冲数据
    uchar RxBuf[20] = {0};            //接收缓冲数据
    if(KEY1 = = 0)                    //按键 1 是否按下
    {
        Delay_1ms(15);
        if(KEY1 = = 0)
        {
            while(1)
            {
                if(KEY1 = = 1)
                {
                    Delay_1ms(2);
                    if(KEY1 = = 1)              //按键 1 确认释放
                    {
                        TxBuf[0] = 1;           //给发送数组 TxBuf[0]赋值 1
                        TFlag = 1;              //发送标志置高
                        break;
    }    }    }    }    }
    if(KEY2 = = 0)                              //按键 2 是否按下
    {
```

```
    Delay_1ms(15);
    if(KEY2 = = 0)
    {
        while(1)
        {
            if(KEY2 = = 1)
            {
                Delay_1ms(2);
                if(KEY2 = = 1)                    //按键 2 确认释放
                {
                    TxBuf[1] = 2;                 //给发送数组 TxBuf[1]赋值 2
                    TFlag = 1;                    //发送标志置高
                    break;
}     }     }     }     }
if(KEY3 = = 0)                                    //按键 3 是否按下
{
    Delay_1ms(15);
    if(KEY3 = = 0)
    {
        while(1)
        {
            if(KEY3 = = 1)
            {
                Delay_1ms(2);
                if(KEY3 = = 1)                    //按键 3 确认释放
                {
                    TxBuf[2] = 3;                 //给发送数组 TxBuf[2]赋值 3
                    TFlag = 1;                    //发送标志置高
                    break;
}     }     }     }     }
if(TFlag = = 1)                                   //发送标志为高时,发送数据
{
    TxPacket(TxBuf);                              //发送数据包
    TxBuf[0] = 0;                                 //给发送数据数组清零
    TxBuf[1] = 0;
    TxBuf[2] = 0;
    TFlag = 0;                                    //发射标志清零
}
SetRX_Mode();                                     //设置为接收模式
RxPacket(RxBuf);                                  //从 nRF24L01 中读出数据
    if(RxBuf[0] | RxBuf[1] | RxBuf[2])
{
```

```
        if(RxBuf[0] = = 1)
        {
            LED1 = ! LED1;                            //让 LED1 亮灭取反
        }
        if(RxBuf[1] = = 2)
        {
            LED2 = ! LED2;                            //让 LED1 亮灭取反
        }
        if(RxBuf[2] = = 3)
        {
            LED3 = ! LED3;                            //让 LED1 亮灭取反
        }
    }
    RxBuf[0] = 0;                                     //接收数据清零
    RxBuf[1] = 0;
    RxBuf[2] = 0;
}
//主函数
void Main(void)
{
    InitNRF24L01();                                   //初始化 NRF24L01
    while(1)
    {
        Key();                                        //按键处理函数
    }
}
```

第20章

超声波测距

20.1 超声波测距原理

20.1.1 超声波简介

超声波是频率高于 20 000 Hz 的声波，它方向性好，穿透能力强，易于获得较集中的声能，在水中传播距离远，可用于测距、测速、清洗、焊接、碎石、杀菌消毒等。在医学、军事、工业、农业上有很多的应用。超声波因其频率下限大约等于人的听觉上限而得名。科学家们将每秒钟振动的次数称为声音的频率，它的单位是赫兹(Hz)。人类耳朵能听到的声波频率为 20～20 000 Hz。当声波的振动频率小于 20 Hz 或大于 20 kHz 时，我们便听不见了。因此，把频率高于 20 000Hz 的声波称为“超声波”。

声波是物体机械振动状态(或能量)的传播形式。所谓振动是指物质的质点在其平衡位置附近进行的往返运动形式。比如，鼓面经敲击后，它就上下振动，这种振动状态通过空气媒质向四面八方传播，这便是声波。超声波是指振动频率大于 20 000 Hz，超出了人耳听觉的上限，将这种听不见的声波叫作超声波。超声和可闻声本质上是一致的，它们的共同点都是一种机械振动模式，通常以纵波的方式在弹性介质间来回传播，是一种能量的传播形式；其不同点是超声波频率高，波长短，在一定距离内沿直线传播具有良好的束射性和方向性。目前腹部超声成像所用的频率范围在 2～5 MHz，常用为 3～3.5 MHz。

超声波在媒质中的反射、折射、衍射，散射等传播规律，与可闻声波的规律没有本质上的区别。但是超声波的波长很短，只有几厘米，甚至千分之几毫米。

超声波具有以下特性：

① 声速特性。超声波速度受介质温度、压力等因素的影响，但在相同外部环境下，超声波在同一介质中的传播速度是一常数。这是所有超声仪表进行测量的基础。

② 反射特性。超声波从一种介质进入另一种介质时，由于两种介质密度不同，在两种介质分界面，其传播方向会发生改变，其中一部分折射入另一种介质，另一部分被反射回来。当超声波从固体传播到液体(或反过来)时，声波因为传播的介质密度相近而几乎全部折射；当超声波从气体传播到固体或液体时，由于两种介质密度相

差悬殊，声波几乎全部被反射，超声波测距仪充分利用了这一特性。

③ 衰减特性。超声波在传播过程中，由于受介质和介质中杂质的阻碍或吸收，声波强度会产生衰减。

④ 超声波为直线传播方式，频率越高，绕射能力越弱，但反射能力越强，为此，利用超声波的这种性质就可制成超声波传感器。另外，超声波在空气中传播速度较慢，为 340 m/s，这就使得超声波传感器使用变得非常简单。

20.1.2 超声波测距原理

(1) 超声波测距简介

超声波测距主要应用于倒车雷达、建筑施工工地以及一些工业现场，例如：液位、井深、管道长度等场合。超声波传感器以其价格低廉、硬件容易实现的优点，被广泛用作测距传感器、实现定位以及环境建模。超声波测距作为辅助视觉系统与其他视觉系统(如 CCD 图像传感器)配合使用，可实现整个视觉功能，具有自动探测前方障碍物、自动减速或刹车的功能，是未来高级小汽车和载重车辆必备的安全行驶辅助装置。日本、美国和欧洲等各大汽车公司都已投入了相当的人力、物力开发在高级汽车上使用防撞与安全预警系统，包括毫米雷达、CCD 摄像机、GPS、和高档微机等。

(2)超声波测距计算方法

由于超声波属于声波范围，其波速 C 与温度有关。表 20－1 列出了几种不同温度下的波速。在测距时由于温度变化，可通过温度传感器自动探测环境温度确定计算距离时的波速 C，较精确地得出该环境下超声波经过的路程，提高了测量精确度。如果测距精度要求很高，则应通过温度补偿的方法加以校正。超声波测距适用于高精度的中长距离测量。波速确定后，只要测得超声波往返的时间，即可求得距离。

表 20－1　温度与波速的关系表

温度/(℃)	－20	－10	0	10	20	30	100
波速/(m/s)	319	325	323	338	344	349	386

单片机发出超声波测距是通过不断检测超声波发射后遇到障碍物所反射的回波，从而测出发射和接收回波的时间差 t，然后求出距离：

$$S = C \times t / 2$$

式中的 C 为超声波波速。该系统的可测距离和 4 个因素有关：超声波的幅度、反射的质地、反射和入射声波之间的夹角以及接收换能器的灵敏度。接收换能器对声波脉冲的直接接收能力将决定最小的可测距离。为了增加所测量的覆盖范围、减小测量误差，可采用多个超声波换能器分别作为多路超声波发射/接收的设计方法。

超声波测距过程如图 20－1 所示。

(3) 超声波传感器

超声波传感器主要有电致伸缩和磁致伸缩两类，电致伸缩采用双压电陶瓷晶片制成,具有可逆特性。压电陶瓷片具有如下特性:当在其两端加上大小和方向不断变化的交流电压时,就会产生压电效应,使压电陶瓷也产生机械变形,这种机械变形的大小以及方向与外加电压的大小和方向成正。也就是说,若在压电晶片两边加以一定频率的交流电电压时,它就会产生同频率的机械振动,这种机械振动推动空气的张弛,当频率在音频范围内时便会发出声音。反之,如果由超声波机械振动作用于陶瓷片使其发生微小的形变时,那么压电晶片也会产生与振动频率相同的微弱的交流信号。

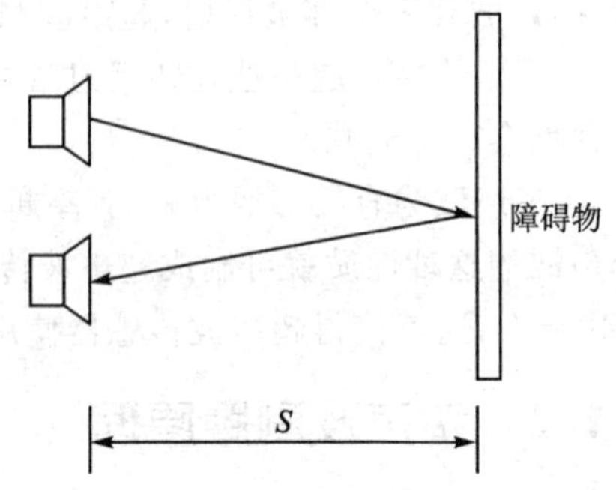

图 20-1　超声波测距过程图

超声波传感器结构如图 20-2 所示。

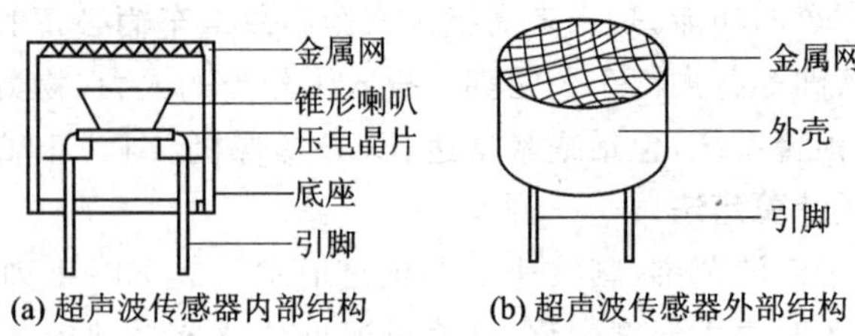

图 20-2　超声波传感器结构图

压电式超声波接收器和发射器是利用压电晶体的谐振来工作的。它有两个压电晶片和一个共振板。当它的两极外加脉冲信号,其频率等于压电晶片的固有振荡频率时,压电晶片将会发生共振,并带动共振板振动产生超声波,这时它就是一个超声波发射器;反之,如果两电极间未外加电压,当共振板接收到超声波时,将压迫压电晶片作振动,将机械能转为电信号,这时它就成为超声波接收器了。超声波发射器与超声波接收器其结构上稍有不同,使用时应分清器件上的标志。

20.2　超声波测距电路图

20.2.1　常用发射和接收电路

(1) 由 74HC04 构成的振荡器发射电路

图 20-3 是由 74HC04 构成的一个振荡器发送电路,用非门构成的电路简单,调试容易,很容易通过软件控制。发射电路主要由反向器 74HC04 和超声波换能器 T 构成,单片机某一端口输出的 40 kHz 方波信号经一级反向器后送到超声波发射器的一个电极,另一路经两级反向器后送到超声波发射器的另一个电极。用这种推挽形式将方波

信号加到超声波发射器两端，可以提高超声波的发射强度。输出端采用两个反向器并联，用以提高驱动能力。两个上拉电阻一方面可以提高反向器 74HC04 输出高电平的驱动能力，另一方面可以增加超声波换能器的阻尼效果，缩短其自由振荡的时间。

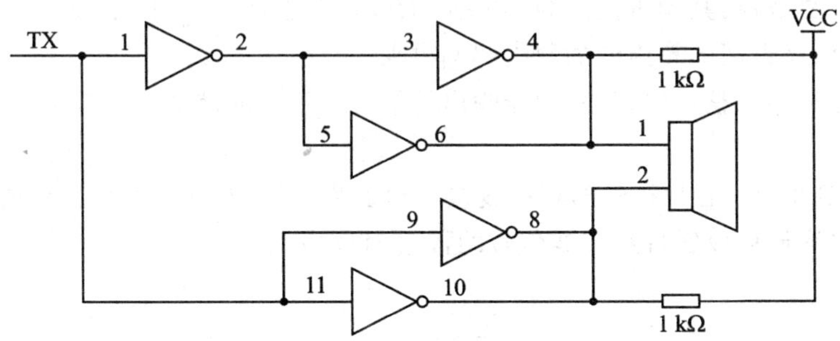

图 20－3　由非门构成的超声波发射电路

(2) CX20106 构成的接收电路

CX20106 芯片是一款红外线检波接收的专用芯片，常用于电视机红外遥控接收器。考虑到红外遥控常用的载波频率 38 kHz 与测距的超声波频率 40 kHz 较为接近，可以利用它制作超声波检测接收电路。适当更改电容 C4 的大小，可以改变接收电路的灵敏度和抗干扰能力。

CX20106 芯片是日本索尼公司生产的彩电专用红外遥控接收器，采用单列 8 脚直插式，超小型封装，＋5 V 供电。它的内部方框图如图 20－4 所示。

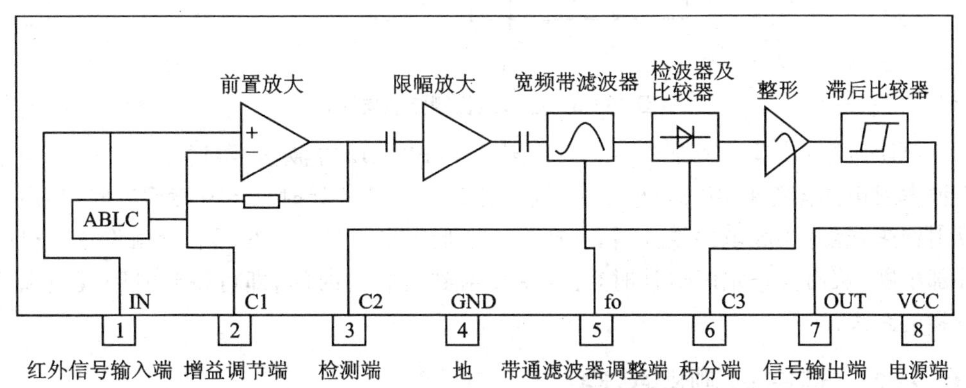

图 20－4　CX20106 芯片内部方框图

它的内部结构由具有受自动电平限制控制的前置放大器、限幅放大器、宽频带滤波器、检测器、积分滤波器与整形器等部分组成。

前置放大器：它是高增益的放大器，由于超声波在空气中直线传输时，传输距离越大，能量的衰减越厉害，故反射回来的超声波信号的幅值会有很大的变化。为了不使放大器的输出信号过强而产生失真，集成块内部有自动电平限制电路，对前置放大器的增益进行自动限制。通过反馈将放大器设定于适当的状态，再由限制电平电路进行自动控制。

限幅放大器：当信号太强时为了防止放大器过载，限制高电平振幅，同时也可消除寄生调幅干扰。

宽频带滤波器：其频带范围为 30～60 Hz，其中心频率可调。

检测器：将返回的超声波的包络解调出来。

积分滤波器与整形电路：检测器输出的信号经积分滤波器送到整形电路，输出较好的矩形波。

利用 CX20106 芯片搭建的超声波接收电路图如图 20－5 所列。利用简单的几个电阻和电容便可以实现超声波信号的接收，非常方便。

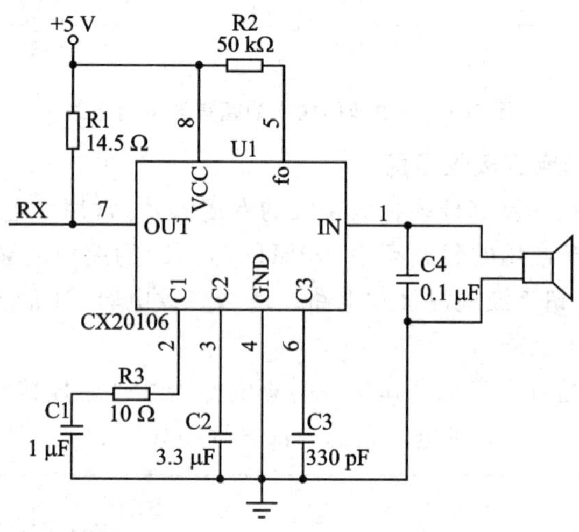

图 20－5　超声波检测接收电路图

测距过程：让单片机某一个引脚发射一个 40 kHz 方波信号，通过图 20－4 的超声波发射电路图把超声波发射出去，同时让定时器开始计时。当有障碍物时，超声波反射回来，经过接收电路放大后，会产生一个低电平信号。该信号将会触发单片机的外部中断，从而停止定时器计时，计算从发射到接收的时间，即可得到测距模块和障碍物的距离。

20.2.2　超声波测距模块

前一小节给大家介绍了常用的超声波发射和接收电路，电路很简单，方便自己焊接和实验。本例中给大家介绍的是超声波测距模块。该模块实物图如图 20－6 和图 20－7所列。该模块上有 3 个集成芯片，分别是 EM78P153、MAX232 和 OP07。EM78P153 用于控制超声波信号的发射和接收，通过模块的 Trig 和 Echo 两个引脚输出信号。MAX232 芯片可以把 TTL 电平转换成 RS－232 电平。超声波发射器接到 MAX232 的 RS－232 电平输出端，这样可以加大超声波发射器两端的电压差，使超声波发射器发射出超声波信号。OP07 芯片运算放大器，用于处理超声波信号的接收。接收信号后，经过信号放大、控制，再把信号输出给 EM78P153，最后会在 Echo 端输出一个低电平。

图 20-6　超声波模块正面图

图 20-7　超声波模块背面图

(1) 超声波模块特性

工作电压：5 V；超小静态工作电流：小于 2 mA；感应角度：不大于 15°；探测距离：2～400 cm；高精度：可达 3 mm；盲区：低于 2 cm 时。

(2) 接口定义

VCC：电源正极；Trig：控制端；Echo：接收端；Gnd：电源地。

用单片机给控制端(Trig)发送一个 10 μs 以上的高电平。超声波模块上的单片机就会发送一个 40 kHz 的方波信号给超声波的发射电路。发送完毕后，就会在接收端(Echo)置高电平，此时让定时器计时。当超声波接收电路收到返回的超声波信号后，接收端(Echo)会变为低电平。这时，就可以读出定时器的计数寄存器的值，通过该值就可以算出超声波模块距离障碍物的距离。

(3) 超声波模块工作时序图

超声波模块工作时序图如图 20-8 所列。根据工作时序图可以知超声波测距的过程如下：

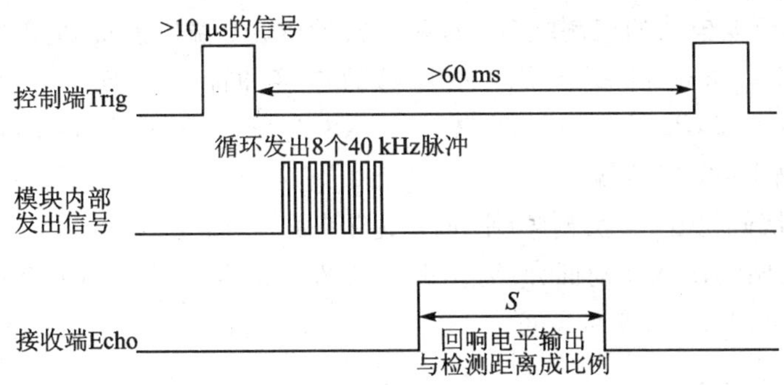

图 20-8　超声波模块工作时序图

① 在超声波模块的控制端 Trig 提供一个 10 μs 以上的脉冲触发信号。

② 超声波模块内部检测到触发信号后，将在模块内部发出 8 个 40 kHz 方波信号。发送完毕后，让超声波模块接收端 Echo 处于高电平状态。

③ 检测超声波发射信号，通过运算放大器对信号进行处理，最后再让超声波模块接收端 Echo 处于低电平状态。

④ 检测超声波模块接收端 Echo 的高电平时长便可计算出超声波模块距离障碍物距离。

20.3 实例——手把手讲解超声波测距

利用 HC-SR04 模块实现超声波测距功能，并在 1602 液晶上显示与障碍物的距离。

(1) 软件设计难点

在前面介绍超声波原理的时候，给大家介绍了超声波测距的公式为：

$$S = C \times t / 2$$

C 为超声波在空气中的传播速度，这里取值为 340 m/s。得到超声波传输的时间，便可计算出距离。

在设计程序代码时，当超声波信号发射完后，单片机定时器开始计时。当检测到反射回来的超声波信号时，去读取定时器的计数寄存器的值。建议单片机系统用 12 MHz的晶振，因为计数寄存器值每加 1 代表 1 μs，这样计算十分方便。

比如超声波发射到接收到的间隔时间为 300 μs。计算一下测距距离为：

$$S = 340 \times 300 \times 10^{-6} / 2$$

$$S = 0.51 \text{ m}$$

(2) 电路图

超声波模块和 AT89S52 单片机连接的电路图如图 20-9 所示。单片机的 P1.0 端口连接到超声波模块的控制端 Trig，单片机的 P1.1 端口连接到超声波模块的接收端 Echo。1602 液晶和 AT89S52 单片机的连接和前面章节一样，P0 口去控制 1602 液晶的数据口，P2.5 端口控制 1602 的 RS 端，P2.6 端口控制 1602 的 RW 端，P2.7 端口控制 1602 的 E 端。

(3) 程序代码(见共享资料中例 20.1 文件夹)

1602 液晶驱动函数在前面介绍过，其头文件和 C 语言文件这里不列出，在该代码中直接调用 1602.h 头文件即可。

```
#include"1602.h"
sbit TX = P1^0;    //超声波发送端口
sbit RX = P1^1;    //超声波接收端口
uchar code ASCII[13] = {'0','1','2','3','4','5','6','7','8','9','.','-','M'};
```

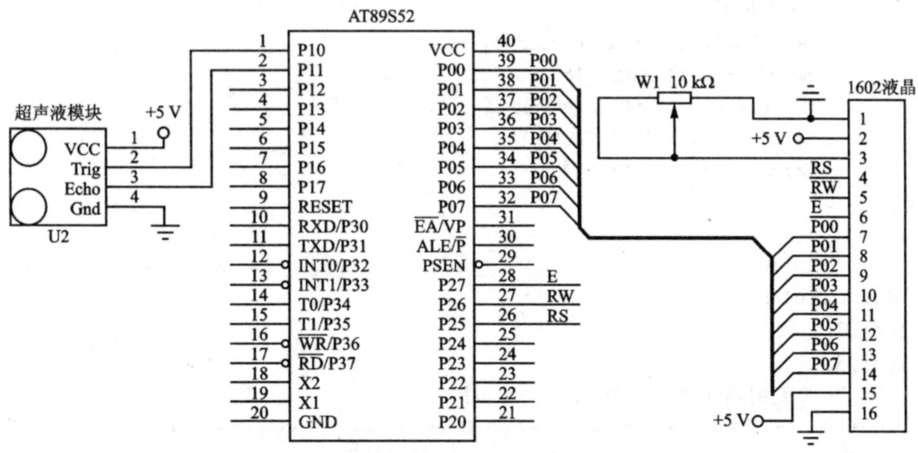

图 20-9 超声波模块和 AT89S52 单片机电路图

```
uint Time = 0;              //超声波发射和接收所间隔时间
unsigned long S = 0;        //计算出的超声波测距距离
bit Flag = 0;               //定时器中断溢出标志,表示测距超过范围
uchar Buffer[3] = {0};      //用于存放计算出的超声波测距距离
/*****************************************************
函数:Conut()
参数:无
返回:无
功能:用于计算超声波距离障碍物的距离。用计算公式进行计算:S = (t * 340) / 2。
     t在该函数中,单位是μs。S在函数中,需要精确到厘米。在1602液晶上显示所得到
     的距离
*****************************************************/
void Conut(void)
{
    Time = TH0 * 256 + TL0;
    TH0 = 0;
    TL0 = 0;
    S = (Time * 17) / 1000; //算出来是CM
    if((S>= 700) || Flag == 1) //判断是否超出测量范围
    {
        Flag = 0;
        SendChar(2,10,ASCII[11]);   //显示'-'
        SendChar(2,11,ASCII[10]);   //显示'.'
        SendChar(2,12,ASCII[11]);   //显示'-'
        SendChar(2,13,ASCII[11]);   //显示'-'
        SendChar(2,14,ASCII[12]);   //显示'M'
    }
    else
    {
        Buffer[0] = S / 100 % 10;         //米
        Buffer[1] = S / 10 % 10;          //分米
```

```
        Buffer[2] = S % 10;              //厘米
        SendChar(2,10,ASCII[Buffer[0]]);
        SendChar(2,11,ASCII[10]);        //显示点
        SendChar(2,12,ASCII[Buffer[1]]);
        SendChar(2,13,ASCII[Buffer[2]]);
        SendChar(2,14,ASCII[12]);        //显示 M
    }
}
/***************************************************
函数:Time0Inter()
参数:无
返回:无
功能:当 T0 定时器中断溢出时,超过测距范围
***************************************************/
void Time0Inter(void) interrupt 1
{
    Flag = 1;              //中断溢出标志
}
/***************************************************
函数:Send()
参数:无
返回:无
功能:启动模块,启动模块时间要大于 10 μs。本例使用晶振是 12 MHz
***************************************************/
void Send(void)            //启动模块
{
    TX = 1;    //开启超声波发射
    //延时 15 μs
    _nop_();_nop_();_nop_();_nop_();_nop_();
    _nop_();_nop_();_nop_();_nop_();_nop_();
    _nop_();_nop_();_nop_();_nop_();_nop_();
    TX = 0;    //关闭超声波发射
}
//主函数
void Main(void)
{
    uchar i;
    Delay_1ms(100);      //启动等待,等 LCM 进入工作状态
    LcdInit();           //初始化 1602 液晶
    SendString(1, 0, " The ultrasonic ");
    SendString(2, 0, " ranging:       ");
    for(i = 0; i<20; i + + )
    {
        Delay_1ms(100);          //延时 2 s,让超声波传感器稳定
    }
    while(1)
    {
```

```
        TMOD = 0x01;              //定时器工作于方式 1
        TH0 = 0;
        TL0 = 0;
        ET0 = 1;                  //允许 T0 中断
        EA = 1;                   //开启总中断
        while(1)
        {
            Send();               //超声波发射
            while(! RX);          //当 RX 为零时等待
            TR0 = 1;              //开启计数
            while(RX);            //当 RX 为 1 计数并等待
            TR0 = 0;              //关闭计数
            Conut();              //计算
            Delay_1ms(100);       //延时 0.1 s
        }
    }
}
```

(4) 实现现象

超声波测距实验现象如图 20-10 所列。通过图中的尺子可以看到,超声波模块距离障碍物 8 cm。在配套单片机实验板的 1602 液晶上显示的距离为 0.08 m。

图 20-10 超声波测距实验现象

第21章

蜂鸣器和语音芯片

21.1 蜂鸣器

蜂鸣器是一种一体化结构的电子讯响器，采用直流电压供电，广泛应用于计算机、打印机、复印机、报警器、电子玩具、汽车电子设备、电话机等电子产品中作发声器件。

21.1.1 蜂鸣器的分类

① 根据蜂鸣器的结构，可分为压电式蜂鸣器和电磁式蜂鸣器。

压电式蜂鸣器：主要由多谐荡器、压电蜂鸣片、阻抗匹配器及共鸣箱、外壳等组成。有的压电式蜂鸣器外壳上还装有发光二极管。多谐振荡器由晶体管或集成电路构成。当接通电源后（1.5～15 V 直流工作电压），多谐振荡器起振，输出 1.5～2.5 kHz的音频信号，阻抗匹配器推动压电蜂鸣片发声。压电蜂鸣片由锆钛酸铅或铌镁酸铅压电陶瓷材料制成。在陶瓷片的两面镀上银电极，经极化和老化处理后，再与黄铜片或不锈钢片粘在一起。

电磁式蜂鸣器：由振荡器、电磁线圈、磁铁、振动膜片及外壳等组成。接通电源后，振荡器产生的音频信号电流通过电磁线圈，使电磁线圈产生磁场。振动膜片在电磁线圈和磁铁的相互作用下，周期性地振动发声。

② 根据蜂鸣器的驱动方式，又可以分为有源蜂鸣器和无源蜂鸣器。

有源蜂鸣器：内部装有集成电路，它不需要外加任何音频驱动电路，只要接通直流电源就能直接发出声响。

无源蜂鸣器：需要一定频率的交替变化的高低电平才可以发声。

蜂鸣器实物图如图 21－1 所示。左图为无源蜂鸣器，右图为有源蜂鸣器。

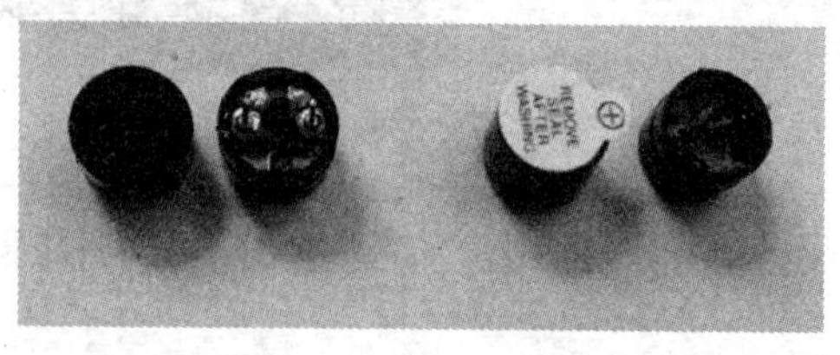

图 21－1　蜂鸣器实物图

21.1.2 蜂鸣器驱动电路

(1) 三极管驱动蜂鸣器

蜂鸣器发声原理是电流通过电磁线圈，使电磁线圈产生磁场来驱动振动膜发声的，因此需要一定的电流才能驱动它。单片机 I/O 引脚输出的电流较小，单片机输出的 TTL 电平驱动不了蜂鸣器发声，因此需要增加一个电流放大的电路。最常用的是用三极管放大电路去驱动蜂鸣器。三极管驱动蜂鸣器电路如图 21－2 所示。在本小节中，我们选用的是无源蜂鸣器。

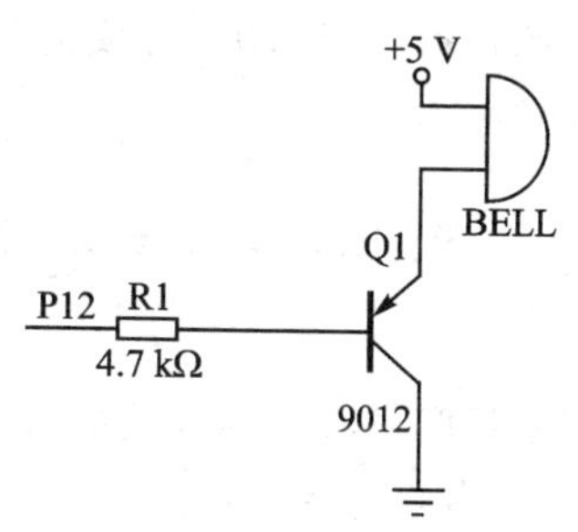

图 21－2 三极管驱动蜂鸣器电路图

在图 21－2 中，蜂鸣器的一端接到 VCC(＋5 V)电源上面，蜂鸣器的另一端接到三极管的发射极，三极管的基级经限流电阻 R1 后由单片机的 P1.2 引脚控制。当 P1.2 输出高电平时，三极管 Q1 截止，没有电流流过蜂鸣器线圈；当 P1.2 输出低电平时，三极管 Q1 导通，这样蜂鸣器的电流形成回路，蜂鸣器线圈中有电流流过。当给P1.2 端口一定频率的高低交替的电平信号时，无源蜂鸣器才会发声。通过代码改变单片机 P1.2 引脚输出波形的频率，就可以调整控制蜂鸣器音调，产生各种不同的音色、音调。另外，改变 P1.2 输出电平的高低电平占空比，则可以控制蜂鸣器的声音大小，这些都可以通过编程实验来验证。

(2) ULN2003 驱动

本例中，将利用 ULN2003 芯片去驱动蜂鸣器发声，电路图如图 21－3 所列。因为在配套单片机实验板上设计了 ULN2003 芯片，正好可以驱动蜂鸣器。单片机的

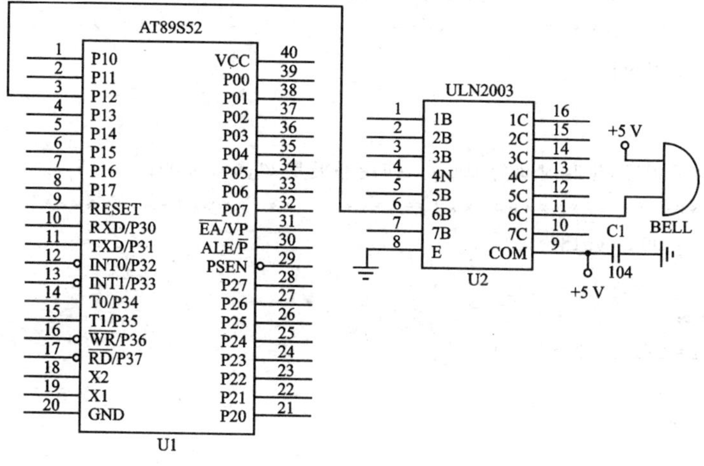

图 21－3 ULN2003 芯片驱动蜂鸣器

P1.2 端口连接到 ULN2003 的输入端 6B，ULN2003 的输出端 6C 连接到蜂鸣器的一端。当 P1.2 输出高电平时，ULN2003 输出低电平，有电流流过蜂鸣器线圈；当 P1.2 输出高电平时，ULN2003 输出端处于高阻状态，蜂鸣器线圈中没有电流流过。当给 P1.2 端口一定频率的高低交替电平信号，无源蜂鸣器才会发声。蜂鸣器的另一端连接到电源正极（+5 V）。在实际设计电路时，建议利用三极管去驱动蜂鸣器，这样简单而且省成本。

21.2 实例——手把手讲解蜂鸣器每隔 1 s 间断发声

控制蜂鸣器每隔 1 s 间断发声，发声驱动频率为 5 kHz，占空比为 50%。

(1) 软件设计难点

无源蜂鸣器的发声需要一个交替变化的高低电平信号。在不发声时，只要给控制端口一个低电平即可。控制蜂鸣器每隔 1 s 间断发声的流程图如图 21-4 所示。

蜂鸣器发声控制信号周期为 200 μs。每隔 200 μs 变量 i 加 1，判断变量 i 是否等于 5 000，当等于 5 000 时，即蜂鸣器发声时间为 1 s 了。再给 P1.2 端口低电平，延时 1 s，蜂鸣器不会发声。这样便可以得到蜂鸣器每隔 1 s 间断发声的效果。

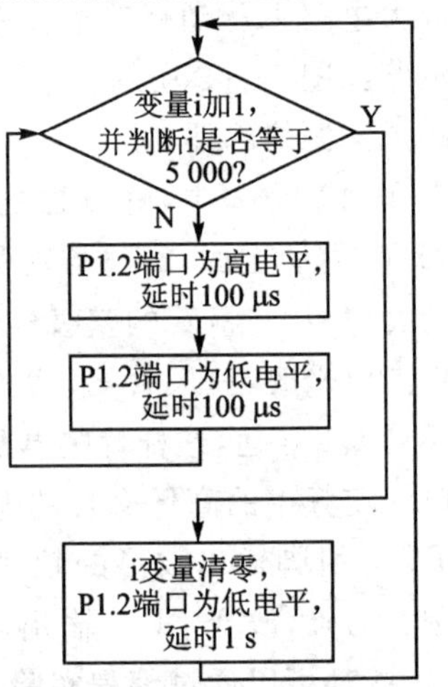

变量i加1，
并判断i是否等于
5 000?
Y
N
P1.2端口为高电平，
延时100 μs
P1.2端口为低电平，
延时100 μs
i变量清零，
P1.2端口为低电平，
延时1 s

图 21-4 控制蜂鸣器每隔 1 s 间断发声的流程图

(2) 程序代码（见共享资料中例 21.1 文件夹）

```
sbit BELL = P1^2;          //设置蜂鸣器的控制端口
/**************************************************
函数:Delay_100us()
参数:无
返回:无
说明:延时子程序,延时时间为 100 μs,使用晶振是 11.059 2 MHz
**************************************************/
void Delay_100us(void)
{
    uint i;
    for(i = 0;i< = 9;i + + )
    {
        _nop_();
    }
}
/**************************************************
```

```
函数:Delay_1s()
参数:无
返回:无
功能:延时子程序,延时时间为 1 s。使用晶振是 11.059 2 MHz
**************************************************/
void Delay_1s(void)
{
    uint i,j;
    for(j = 0;j<1000;j + + )
{
    for(i = 0;i< = 100;i + + )
    {
        _nop_();
}   }     }
/**************************************************
函数:Main()
参数:无
返回:无
功能:主函数
**************************************************/
void Main(void)
{
    uint i;
    while(1)
    {
        for(i = 0; i<5000; i + + )
        {
            BELL  =  0;         //蜂鸣器线圈无电流
            Delay_100us();      //延时 100 μs
            BELL  =  1;         //蜂鸣器线圈有电流
            Delay_100us();      //延时 100 μs
        }
        BELL  =  0;       //蜂鸣器线圈无电流
        Delay_1s();      //延时 1 s
    }
}
```

21.3 语音芯片 ISD4004

ISD 系列语音芯片是美国 ISD 公司推出的产品。该系列语音芯片采用多电平直接接模拟存储专利技术,声音不需要 A/D 转换和压缩,每个采样值直接存储在片内的闪烁存储器中，没有 A/D 转换误差，因此能够真实、自然地再现语音、音乐及效果声。

ISD4004 系列工作电压 3 V，ISD4004 系列单片录放时间 8～16 分钟，音质好，适用于移动电话及其他便携式电子产品中。ISD4004 系列语音芯片采用 CMOS 技术，内含振荡器、防混淆滤波器、平滑滤波器、音频放。芯片设计是基于所有操作由微控制器进行控制，操作命令通过串行通信接口(SPI 或 Microwire)送入。采样频率可为 4.0 Hz、5.3 Hz、6.4 Hz、8.0 kHz，频率越低，录放时间越长，但音质则有所下降。

21.3.1 ISD4004 芯片简介

(1) ISD400X 系列语音芯片特性

ISD400X 系列语音芯片特性为：ISD4002 系列单片 2～4 分钟；ISD4003 系列单片 4～8 分钟；ISD4004 系列单片 8～16 分钟语音录放；内置微控制器串行通信接口；3 V 单电源工作；工作电流 25～30 mA，维持电流 1 μA；多段信息处理；不耗电信息保存 100 年(典型值)；高质量、自然的语音还原技术；10 万次录音周期(典型值)；自动静噪功能；片内免调整时钟，可选用外部时钟。

ISD4004 芯片型号也有 4 种，具体芯片型号录放时间等参数如表 21－1 所列。在本节中，用的是 ISD4004－08MP，也就是最长可以录制 8 分钟。

表 21－1 ISD4004 芯片具体型号参数

型　号	时　间	输入采样	典型带宽	最大段数	最小段长	外部钟频
ISD4004－08	8 分钟	8.0 kHz	3.4 kHz	1 200	200 ms	1 024.0 kHz
ISD4004－10	10 分钟	6.4 kHz	2.7 kHz	1 200	250 ms	819.2 kHz
ISD4004－12	12 分钟	5.3 kHz	2.3 kHz	1 200	300 ms	682.7 kHz
ISD4004－16	16 分钟	4.0 kHz	1.7 kHz	1 200	400 ms	512.0 kHz

(2) ISD4004 芯片引脚定义(图 21－5)

电源(VCCA，VCCD)：为使噪声最小，芯片的模拟和数字电路使用不同的电源总线，并且分别引到外封装的不同引脚上，模拟和数字电源端最好分别走线，尽可能在靠近供电端处相连，而去耦电容应尽量靠近器件。

地线(VSSA，VSSD)：芯片内部的模拟和数字电路也使用不同的地线。

同相模拟输入(ANA IN＋)：这是录音信号的同相输入端。输入放大器可用单端或差分驱动。单端输入时，信号由耦合电容输入，最大

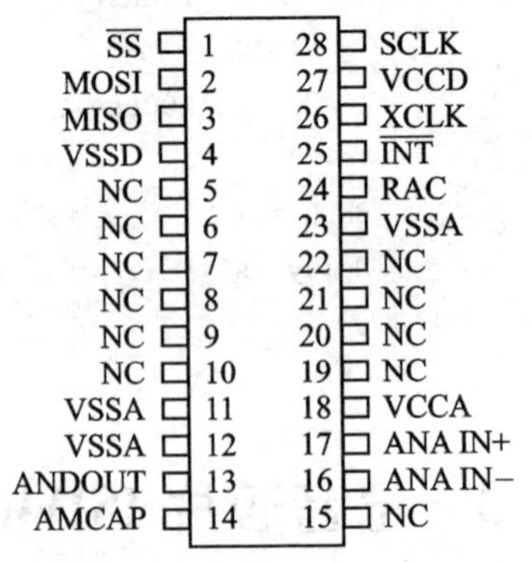

图 21－5 ISD4004 芯片引脚图

幅度为峰峰值 32 mV,耦合电容和本端的 3 kΩ 电阻输入阻抗决定了芯片频带的低端截止频率。差分驱动时,信号最大幅度为峰峰值 16 mV。

反相模拟输入(ANA IN -):差分驱动时,这是录音信号的反相输入端。信号通过耦合电容输入,最大幅度为峰峰值 16 mV。

音频输出(AUD OUT):提供音频输出,可驱动 5 kΩ 的负载。

片选(SS):此端为低,即向该 ISD4004 芯片发送指令,两条指令之间为高电平。

串行输入(MOSI):此端为串行输入端,主控制器应在串行时钟上升沿之前半个周期将数据放到本端,供 ISD4004 芯片输入。

串行输出(MISO):串行输出端。ISD4004 芯片未选中时,本端呈高阻态。

串行时钟(SCLK):时钟输入端,由主控制器产生,用于同步 MOSI 和 MISO 的数据传输。数据在 SCLK 上升沿锁存到 ISD4004 芯片,在下降沿移出。

中断(INT):本端为漏极开路输出。ISD4004 芯片在任何操作(包括快进)中检测到 EOM 或 OVF 时,本端变低并保持。中断状态在下一个 SPI 周期开始时清除。中断状态也可用 RINT 指令读取。OVF 标志:指示 ISD 的录、放操作已到达存储器的末尾。EOM 标志:只在放音中检测到内部的 EOM 标志时,此状态位才置 1。

行地址时钟(RAC):漏极开路输出。每个 RAC 周期表示 ISD 存储器的操作进行了一行(ISD4004 系列中的存储器共 2 400 行)。该信号 175 ms 保持高电平,低电平为 25 ms,如图 21-6 所示。快进模式下,RAC 的 218.75 μs 是高电平,31.25 μs 为低电平。该端可用于存储管理技术。

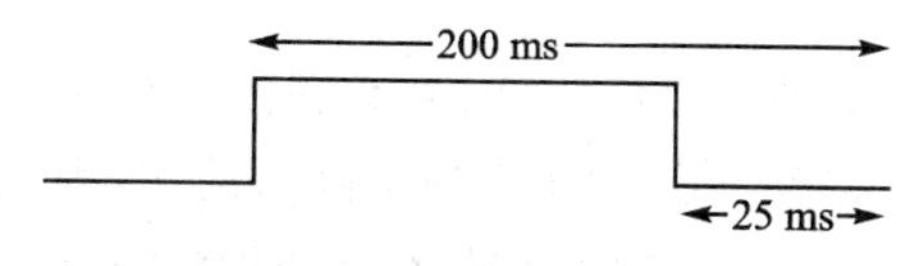

图 21-6　RAC 周期

外部时钟(XCLK):本端内部有下拉元件。芯片内部的采样时钟在出厂前已调校,误差在+1%内。商业级芯片在整个温度和电压范围内,频率变化在+2.25%内。工业级芯片在整个温度和电压范围内,频率变化在-6%～+4%,此时建议使用稳压电源。若要求更高精度,可从本端输入外部时钟。由于内部的防混淆及平滑滤波器已设定,故上述推荐的时钟频率不应改变。输入时钟的占空比无关紧要,因内部首先进行了分频。在不外接地时钟时,此端必须接地。

自动静噪(AM CAP):当录音信号电平下降到内部设定的某一阈值以下时,自动静噪功能使信号衰弱,这样有助于养活无信号(静音)时的噪声。通常本端对地接 1 mF的电容,构成内部信号电平峰值检测电路的一部分。检出的峰值电平与内部设定的阈值作比较,决定自动静噪功能的翻转点。大信号时,自动静噪电路不衰减,静音时衰减 6 dB。1 mF 的电容也影响自动静噪电路对信号幅度的响应速度。本端接 VCCA 则禁止自动静噪。

(3) ISD4004 芯片内部结构

ISD4004 芯片内部结构如图 21-7 所列。音频信号由 ANA IN -和 ANA IN+

输入，经过"放大器"放大，通过"5 级快速抗混叠滤波器"进行滤波，然后把数据送到"3840K 易失多级存储阵列"进行存储。同样也可以通过"3840K 易失多级存储阵列"取出数据给"5 级快速平滑滤波器"，然后进过"自动降噪"模块，再放到"放大器"还原所存储的音频信号。在"控制器件"模块，有 SCLK、SS、MOSI、MISO、INT 和 RAC 引脚，用于对 ISD4004 芯片的控制。

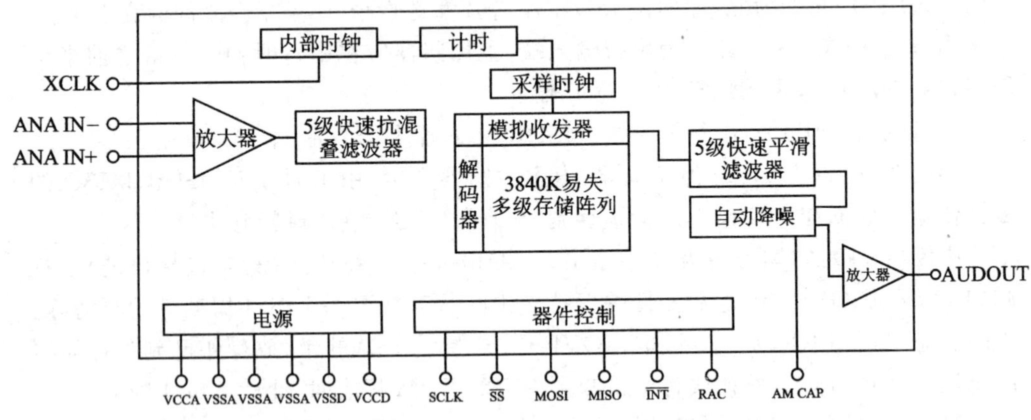

图 21－7　ISD4004 芯片内部结构图

21.3.2　单片机利用 SPI 协议控制 ISD4004 芯片

(1) ISD4004 芯片控制协议

ISD4004 芯片通过 SPI 串行接口与单片机进行通信。SPI 协议是一个同步串行数据传输协议，协议假定单片机的 SPI 移位寄存器在 SCLK 的下降沿动作，因此对 ISD4004 语音芯片而言，在时钟止升沿锁存 MOSI 引脚的数据，在下降沿将数据送至 MISO 引脚。

协议的具体内容为：

① 所有串行数据传输开始于 SS 下降沿。

② SS 在传输期间必须保持为低电平，在两条指令之间则保持为高电平。

③ 数据在时钟上升沿移入，在下降沿移出。

④ SS 变低，输入指令和地址后，ISD4004 芯片才能开始录放操作。

⑤ 指令格式是 8 位控制码加 16 位地址码。

⑥ ISD4004 芯片的任何操作(含快进)如果遇到 EOM(到达停止位置)或 OVF(存储器末尾)，则产生一个中断，该中断状态在下一个 SPI 周期开始时被清除。

⑦ 使用读指令使中断状态位移出 ISD4004 芯片的 MISO 引脚时，控制及地址数据也应同步从 MOSI 端移入。因此要注意移入的数据是否与器件当前进行的操作兼容。当然，也允许在一个 SPI 周期里，同时执行读状态和开始新操作(即新移入的数据与器件当前的操作可以不兼容)。

⑧ 所有操作在运行位(RUN)置 1 时开始,置 0 时结束。

⑨ 所有指令都在 SS 端上升沿开始执行。

(2) ISD4004 芯片指令表(表 21-2)

表 21-2 ISD4004 芯片指令表

指　令	8 位控制码<16 位地址>	功能描述
POWERUP	00100XXX<XXXXXXXXXXXXXXXX>	上电:等待 25 ms 后器件可以工作
SET PLAY	11100XXX< A15-A0>	从指定地址开始放音。必须后跟 PLAY 指令使放音继续
PLAY	11110XXX< XXXXXXXXXXXXXXXX >	从当前地址开始放音(直至 EOM 或 OVF)
SET REC	10100XXX<A15-A0>	从指定地址开始录音。必须后跟 REC 指令录音继续
REC	10110XXX< XXXXXXXXXXXXXXXX >	从当前地址开始录音(直至 OVF 或停止)
SET MC	11101XXX<A15-A0>	从指定地址开始快进。必须后跟 MC 指令快进继续
MC	11111XXX< XXXXXXXXXXXXXXXX >	执行快进,直到 EOM。若再无信息,则进入 OVF 状态
STOP	0X110XXX< XXXXXXXXXXXXXXXX >	停止当前操作
STOP WRDN	0X01XXXX< XXXXXXXXXXXXXXXX >	停止当前操作并掉电
RINT	0X110XXX< XXXXXXXXXXXXXXXX >	读状态:OVF 和 EOM

注:快进只能在放音操作开始时选择。

(3) 上电顺序

上电后延时约 25 ms(ISD4004-08MP 芯片,8 kHz 采样时)才能开始操作。因此,用户发完上电指令后,必须等待 25 ms 才能发出一条操作指令。

例如,从 00 从处发音,应遵循如下时序:发 POWERUP 命令→等待上电延时→发地址值为 00 的 SETPLAY 命令→发 PLAY 命令。

器件会从此 00 地址开始放音,当出现 EOM 时,立即中断,停止放音。

如果从 00 处录音,则按以下时序:发 POWER UP 命令→等待上电延时→发 POWER UP 命令→等待 2 倍于上电延时时间→发地址值为 00 的 SETREC 命令→发 REC 命令。

器件便从 00 地址开始录音,一直到出现 OVF 时,录音停止。

(4)SPI 控制寄存器

ISD4004 芯片通过 SPI 接口和单片机进行通信。ISD4004 芯片的 SPI 通信格式如图 21-8 所示。

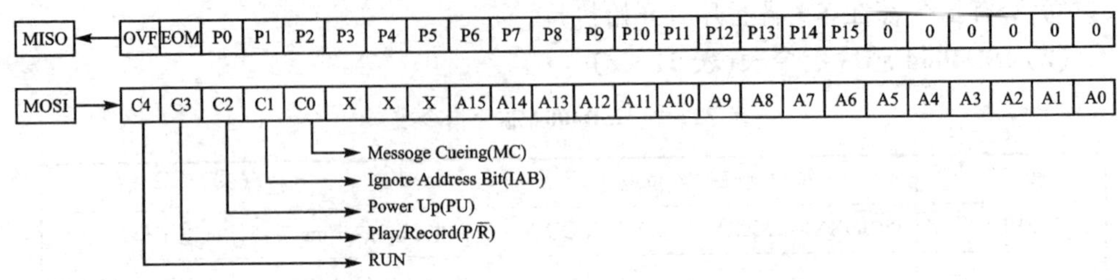

图 21-8 ISD4004 芯片的 SPI 通信格式

SPI 控制寄存器控制器件的每个功能,如录放、录音、信息检索(快进)、上电/掉电、开始和停止操作、忽略地址指针等,详见表 21-3。

表 21-3 ISD4004 芯片控制寄存器功能表

位	值	功 能	位	值	功 能
RUN	1	允许操作	PU	1	上电
	0	禁止操作		0	掉电
P/R	1	播放模式	IAB	1	忽略输入地址寄存的内容
	0	录音模式		0	使用输入地址寄存的内容
MC	1	允许快进	P0～P15		行指针寄存器输出
	0	禁止快进	A0～A15		输入地址寄存器

IAB 置 0 时,录、放操作从 A0～A9 地址开始。为了能连贯地录、放到后续的存储空间,在操作到达该行末之前,应发出第 2 个 SPI 指令将 IAB 置 1,否则器件在同一地址上反复循环。这个特点对语音提示功能很有用。RAC 脚和 IAB 位可用于信息管理。SPI 协议操作的简单框图如图 21-9 所示。

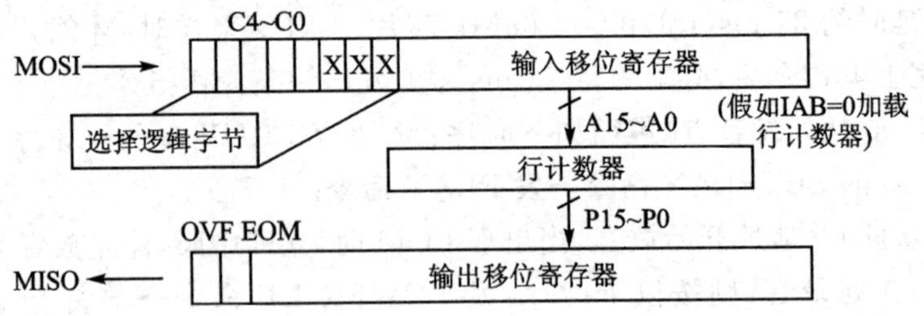

图 21-9 SPI 端口简单框图

(5) ISD4004 芯片工作时序图

ISD4004 芯片 8 位命令模式工作时序图如图 21-10 所示。

ISD4004 芯片 24 位命令模式工作时序图如图 21-11 所示。

ISD4004 芯片的播放/录音和停止周期工作时序图如图 21-12 所示。

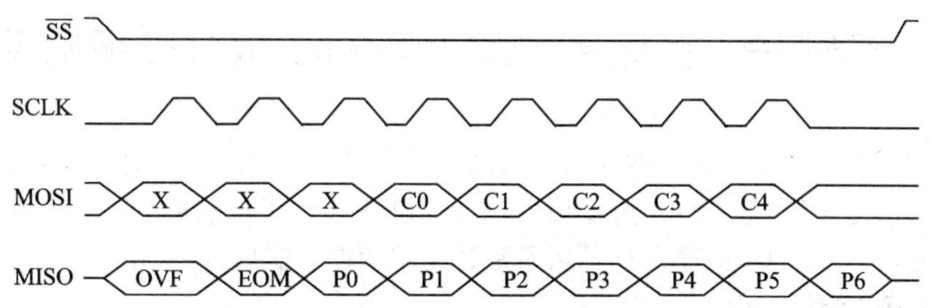

图 21-10　8 位命令模式工作时序图

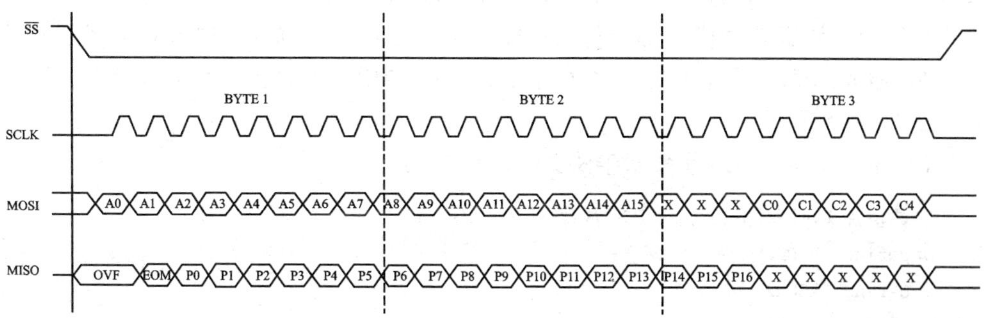

图 21-11　24 位命令模式工作时序图

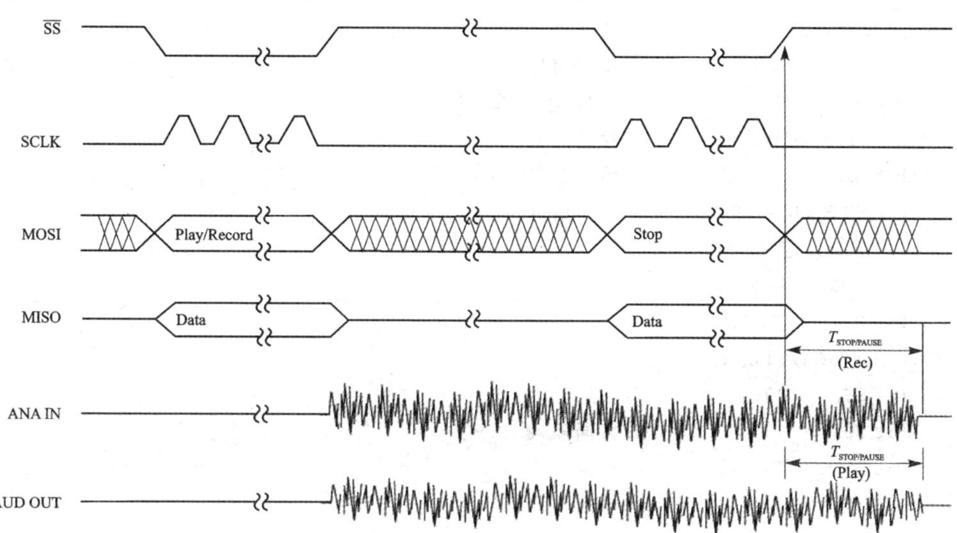

图 21-12　播放/录音和停止周期工作时序图

21.4 实例——手把手讲解 ISD4004 做公交报站系统

利用 ISD4004 语音芯片制作公交报站系统。可以通过录音按键录入 4 个公交站到站提醒信息。每到一个站，通过播放按键可以播放出所录制的这 4 个公交站到站提醒信息，并在 12864 液晶上显示出所到公交站和提示信息。

(1) 软件设计难点

软件设计包括 12864 液晶显示函数部分和 ISD4004 语音芯片函数控制部分。12864 液晶显示函数部分在前面章节详细介绍过，请参考 12864 液晶章节。

ISD4004 语音芯片函数部分包括传输 8 位数据函数、传输 16 位 ISD4004 芯片地址函数、播放函数和录音函数。这些编写较简单，希望大家自已看代码注释和上面的时序图自行分析。

(2) 程序代码(见共享资料中例 21.2 文件夹)

```
//数值加 1，时间加 200 ms。200 数值，表示 40 s
#define   ADDR1    0
#define   ADDR2    200
#define   ADDR3    400
#define   ADDR4    600
uchar RecordAddr[4] = {ADDR1,ADDR2,ADDR3,ADDR4};  //定义 ISD4004 芯片读/写开始地址
//12864 接口定义
sbit RST = P2^2;          //复位信号
sbit PSB = P2^4;          //并行、串行选择信号
sbit CS = P2^5;           //片选信号
sbit SID = P2^6;          //数据信号
sbit SCLKLCD = P2^7;      //时钟信号
//按键接口定义
sbit RECORD = P3^2;
sbit PLAY = P3^3;
//ISD4004 接口定义
sbit SS = P1^0;           //片选
sbit MOSI = P1^1;         //数据输入
sbit SCLK = P1^2;         //时钟
sbit INT = P1^3;          //中断
/****************************************************
函数:Delay_6us()
参数:无
返回:无
功能:延时，延时时间大概为 6 μs
****************************************************/
```

```
void Delay_6us(void)
{
    _nop_();
    _nop_();
}
/**************************************************
函数:Delay_100us()
参数:t
返回:无
功能:延时时间约为:t * 100 μs。使用晶振是 11.059 2 MHz
**************************************************/
void Delay_100us(uint t)
{
    uint i,j;
    for(i = 0; i<t; i + + )
    {
        for(j = 0; j<10; j + + )
        {
}   }   }
//12864 液晶的基本驱动函数省略,详见共享资料或者第 12 章
/**************************************************
函数:DispLCD()
参数:temp
返回:无
功能:在 12864 上显示函数中输入的汉字。
     当 temp = 0,在 0x91 这个地址开始显示"天津街";
     当 temp = 1,在 0x91 这个地址开始显示"和平路";
     当 temp = 2,在 0x91 这个地址开始显示"火车站";
     当 temp = 3,在 0x91 这个地址开始显示"公园街"
**************************************************/
void DispLCD(uchar temp)
{
    WriteCmd(0x03);     //设置为基本指令操作
    Delay_100us(1);
    WriteCmd(0x91);     //设定 DDRAM 地址为第二行
    switch(temp)
    {
        case 0: DispLine("天津街");break;
        case 1: DispLine("和平路");break;
        case 2: DispLine("火车站");break;
        case 3: DispLine("公园街");break;
        default: break;
```

```
    }
}
/***************************************************
函数:DispLCDInit()
参数:无
返回:无
功能:在 12864 上显示函数中输入的汉字
***************************************************/
void DispLCDInit(void)
{
    WriteCmd(0x03);     //设置为基本指令操作
    Delay_100us(1);
    WriteCmd(0x80);     //设定 DDRAM 地址为第一行
    DispLine("  内江城市公交  ");
    WriteCmd(0x90);     //设定 DDRAM 地址为第二行
    DispLine("       到了    ");
    WriteCmd(0x88);     //设定 DDRAM 地址为第三行
    DispLine("  请注意下车      ");
    WriteCmd(0x98);     //设定 DDRAM 地址为第四行
    DispLine("  欢迎下次乘坐  ");
}
/***************************************************
函数:SPISend()
参数:zdata
返回:无
功能:通过 SPI 协议发送 8 位数据
***************************************************/
void SPISend(uchar zdata)
{
    uchar i;
    MOSI = 0;
    for(i = 0; i<8; i++)
    {
        SCLK = 0;
        if((zdata >> i) & 0x01)        //最开始发送数据的最低位
        {
            MOSI = 1;                  //传送"1"
        }
        else
        {
            MOSI = 0;                  //传送"0"
        }
```

```
        Delay_6us();
        SCLK = 1;
        Delay_6us();
    }
}
/*****************************************************
函数:SPISend16()
参数:addr
返回:无
功能:传送 16 位地址到 ISD4004
*****************************************************/
void SPISend16(uint addr)
{
    uchar i;
    MOSI = 0;
    for(i = 0; i<16; i++)
    {
        SCLK = 0;
        if((addr >> i) & 0x01)          //最开始发送地址的最低位
        {
            MOSI = 1;                   //传送"1"
        }
        else
        {
            MOSI = 0;                   //传送"0"
        }
        Delay_6us();
        SCLK = 1;
        Delay_6us();
    }
}
/*****************************************************
函数:AutoPlay()
参数:addr
返回:无
功能:自动播放
*****************************************************/
void AutoPlay(uint addr)
{
    SS = 0;
    SPISend(0x20);      //上电
    SS = 1;
```

```
    Delay_1ms(25);
    SS = 0;
    SPISend16(addr);  //放音地址
    SPISend(0xe0);    //ISD4004 从指定地址开始放音
    SS = 1;
    SS = 0;
    SPISend(0xf0);    //ISD4004 从当前地址开始放音
    SS = 1;
}
/**************************************************
函数:AutoRecord()
参数:addr
返回:无
功能:自动录音
**************************************************/
void AutoRecord(uint addr)
{
    SS = 0;
    SPISend(0x20);        //上电
    SS = 1;
    Delay_1ms(25);
    SS = 0;
    SPISend(0x20);        //二次上电
    SS = 1;
    Delay_1ms(50);        //是第一次上电时间的两倍
    SS = 0;
    SPISend16(addr);      //录音地址
    SPISend(0xA0);        //ISD4004 从指定地址开始录音
    SS = 1;
    SS = 0;
    SPISend(0xB0);        //ISD4004 从当前地址开始录音
    SS = 1;
}
/**************************************************
函数:Stop()
参数:无
返回:无
功能:停止
**************************************************/
void Stop(void)
{
    SS = 0;
```

```
    SPISend(0x30);     //ISD4004 停止当前操作
      SS = 1;
}
/*************************************************
函数:RecordPlay()
参数:无
返回:无
功能:播放或者录音功能
*************************************************/
void RecordPlay(void)
{
    static uchar RecordNum = 0,PlayNum = 0;
    if(RECORD == 0)                    //录音按键是否按下
    {
        Delay_1ms(20);
        if(RECORD == 0)                //再次确认
        {
            while(1)
            {
                if(RECORD == 1)        //等待按键释放
                {
                    Delay_1ms(5);
                    if(RECORD == 1)
                    {
                        break;
            }   }   }
            Stop();         //停止
            Delay_1ms(50);
            AutoRecord(RecordAddr[RecordNum]); //从指定的地址开始录音
            RecordNum++;
            if(RecordNum == 4)     //录到第四段,返回开始录第一段
            {
                RecordNum = 0;
    }   }   }
    if(PLAY == 0)                      //播放按键是否按下
    {
        Delay_1ms(20);
        if(PLAY == 0)                  //再次确认
        {
            while(1)
            {
                if(PLAY == 1)      //等待按键释放
```

```
            {
                Dclay_1ms(5);
                if(PLAY = = 1)
                {
                    break;
                }
            }
        }
        Stop();                             //停止
        Delay_1ms(50);
        AutoPlay(RecordAddr[PlayNum]);      //从指定的地址开始放音
        DispLCD(PlayNum);                   //在 12864 液晶上显示相应的站名
        PlayNum + + ;
        if(PlayNum = = 4)
        {
            PlayNum = 0;                    //再从第一个站开始显示
}    }    }    }
/ ****************************************************
函数:Init()
参数:无
返回:无
功能:初始化
****************************************************/
void Init(void)
{
    //ISD4004 语句芯片引脚
    SS = 1;
    SCLK = 1;
    MOSI = 1;
    //录音和播放按键
    RECORD = 1;
    PLAY = 1;
}
//主函数
void Main(void)
{
    Init();                 //初始化
    LcdInit();              //液晶初始化
    WriteCmd(0x03);         //设置为基本指令操作
    Delay_100us(1);
    WriteCmd(0x80);         //设定 DDRAM 地址为第一行
    DispLine("  内江城市公交  ");
```

```
    WriteCmd(0x88);          //设定 DDRAM 地址为第三行
    DispLine("  欢迎您的乘坐  ");
    while(1)                 //播放按键按下进行下一步
    {
        if(PLAY = = 0)
        {
            DispLCDInit();            //12864 显示初始化
            break;
        }
        if(RECORD = = 0)
        {
            WriteCmd(0x03);           //设置为基本指令操作
            Delay_100us(1);
            WriteCmd(0x80);           //设定 DDRAM 地址为第一行
            DispLine("    录音状态    ");
            WriteCmd(0x88);           //设定 DDRAM 地址为第三行
            DispLine("按录音键开始录音");
            break;
        }
    }
    while(1)
    {
        RecordPlay();                 //录音和播放处理
    }
}
```

(3) 实验现象

系统刚上电后，12864 液晶显示如图 21-13 所示信息。如果需要录音，那么按下录音按键后开始录音，并在 12864 液晶上显示如图 21-14 所示信息。在公交运行到站时，司机按下播放按键，可以在 12864 液晶上显示如图 21-15 所示信息。整个公交报站系统如图 21-16 所示。其中包括了配套单片机实验板、12864 液晶、ISD4004 语音芯片模块和喇叭。

图 21-13　系统上电后液晶显示信息

图 21-14　录音状态时 12864 液晶显示信息

图 21-15 公交系统报站并在 12864 上显示到站信息

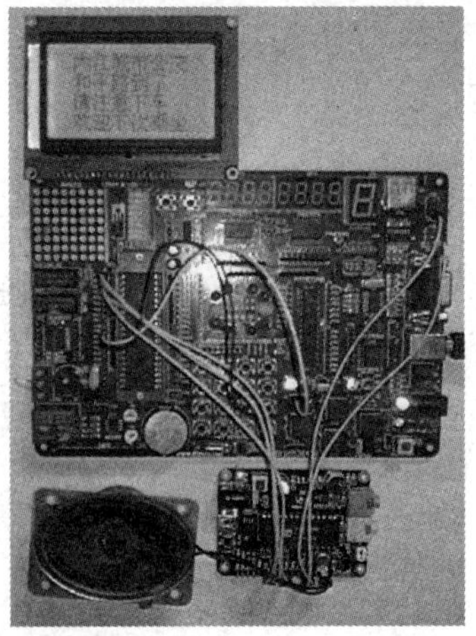

图 21-16 公交车报站系统

第22章 FM收音机

22.1 TEA5767芯片简介

调频收音机(FM Radio)一直在人们的生活娱乐中占有非常重要的地位,从老式的晶体管收音机到今天的网络收音机,说明通过广播享受生活一直是人们喜欢的生活方式。如今,随着消费类电子的兴起和繁荣以及数字电子技术的发展,广大从事消费类电子设计的厂商都依然在诸如 MP3、智能手机、便携式 Video 播放器等产品中添加了 FM 功能。

目前提供数字 FM Radio 解决方案的厂商很多,其中市场反响非常好的就有 NXP 公司提供的 TEA5767 及 TEA5768 数字 FM 处理芯片,该芯片为低电压、低功耗和低价位的全集成单芯片立体声无线电产品。它只需要极少的外部元器件,并且基本上不需要外部对高频信号手动调准,并且其频带范围宽,可以完全免费调到欧洲、美国和日本的调频波段。它可通过 I2C 系统总线进行各种功能控制,并通过 I2C 总线输出 7 位 IF 计数值。立体声解调器完全免调,可用软件控制 SNC、HCC、暂停和静止功能。它具有两个可编程 I/O 口,可用于系统的其他相关功能。

(1)TEA5767 芯片特性

TEA5767 芯片特性为:含有高灵敏、低噪声高频射频输入放大器;收音频率范围 87.6～108 MHz,支持频率范围在 76～87.5 MHz 的校园收音频道;LC 调谐振荡器使成本更低;具有射频自动增益控制电路 RF AGC;具有内部实现的 FM 中频选择性;具有完全集成的 FM 鉴频器,无需外部解调;具有与 PLL 合成调谐解码;可通过寄存器设置选择 32.768 kHz 和 13 MHz 的晶体振荡器或者 6.5 MHz 的外部时钟参考频率;引脚 BUSMODE 可选择 I2C 和 3 - Wire 总线,当采用 3 - Wire 总线方式时,总线使能线可选择输入和输出;总线可以输出 7 位中频计数器和 4 位信号电平信息;具有软件静音功能、立体声噪声消除功能和高音频切割控制功能;具有免调整立体声解调功能;具有电台自动搜索功能;具有待机模式;具有两个软件可编程 I/O 口(SW-PORT);具有自适应的温度范围。

(2) TEA5767 的引脚和封装

TEA5767 引脚图如图 22 - 1 所列。TEA5767 采用 HVQFN40 超薄平面塑料封

装，这种封装散热好，尺寸很小，仅有 6 mm×6 mm×0.85 mm，非常适合袖珍型数码产品使用。

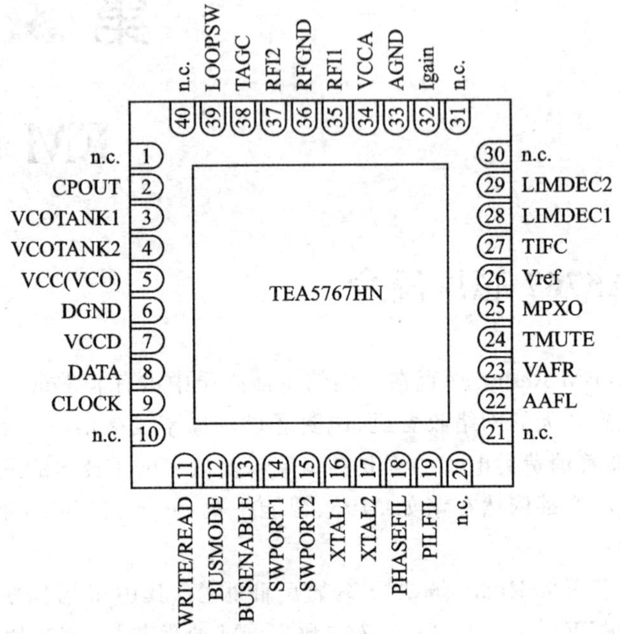

图 22－1　TEA5767 的引脚图

TEA5767 芯片的引脚功能如表 22－1 所列。

表 22－1　TEA5767 芯片的引脚功能表

编　号	符　号	功　能	编　号	符　号	功　能
1	n. c.	空脚	21	n. c.	空脚
2	CPOUT	PLL 合成器电荷泵输出	22	VAFL	左声道输出
3	VCOTANK1	压控振荡器调谐电路输出 1	23	VAFR	右声道输出
4	VCOTANK2	压控振荡器调谐电路输出 2	24	TMUTE	软件静音时间常数
5	VCC(VCO)	压控振荡器电源	25	MPXO	MPX 信号输出
6	DGND	数字地	26	Vref	参考电压
7	VCCD	数字电源	27	TIFC	中频计数器时间常数
8	DATA	总线数据输入输出	28	LIMDEC1	中频滤波器去耦 1
9	CLOCK	总线时钟输入	29	LIMDEC2	中频滤波器去耦 2
10	n. c.	空脚	30	n. c.	空脚
11	WRITE/READ	3－wire 总线时写/读控制	31	n. c.	空脚
12	BUSMODE	总线类型选择输入	32	Igain	中频滤波器增益控制电流

续表 22-1

编　号	符　号	功　能	编　号	符　号	功　能
13	BUSENABLE	总线使能输入	33	AGND	模拟地
14	SWPORT1	软件可编程口 1	34	VCCA	模拟电源
15	SWPORT2	软件可编程口 2	35	RFI1	射频输入 1
16	XTAL1	晶振输入 1	36	RFGND	射频地
17	XTAL2	晶振输入 2	37	RFI2	射频输入 2
18	PHASEFIL	相位检波器环路滤波	38	TAGC	射频 AGC 时间常数
19	PILFIL	导频检波器环路滤波	39	LOOPSW	PLL 环路滤波器开关输出
20	n. c.	空脚	40	n. c.	空脚

(3) TEA5767 芯片的内部结构和功能

TEA5767 的内部结构和典型应用如图 22-2 所示。硬件结构可分为 FM 收音机和总线控制接口两大部分。

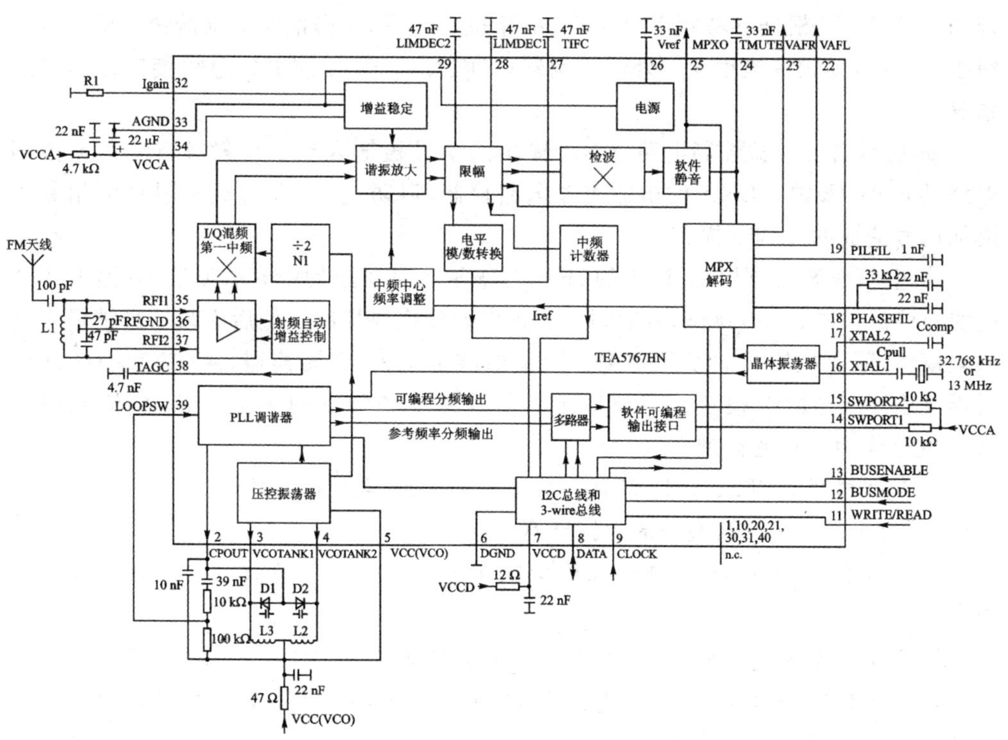

图 22-2　TEA5767 的内部结构和典型应用图

收音机部分的原理和普通的 FM 收音机原理基本相似，但还有以下特性：

① 低噪声射频放大器：天线接收的信号经电容耦合到由 LC 组成的射频平衡输

入电路中，该电路与LNA的输入阻抗一起组成FM带通滤波器，然后射频信号被输入到一个平衡低噪声放大器(LNA)中进行放大。

② I/Q混频器：放大后的射频信号与本振信号(LO)在混频器中被叠加，并将76～108 MHz的射频信号转换为225 kHz的中频(IF)信号。这与过去采用的10.7 MHz中频的调频收音机有很大不同。

③ 压控振荡器：由变容二极管调谐的LC压控振荡器(VCO)提供本振信号(LO)给I/Q混频器，该信号须在N1分频器中进行适当分频，然后再进入混频器。VCO的频率由PLL同步系统控制。VCO的频率范围是150～217 MHz。

④ 晶振振荡器：可使用32.768 kHz或13 MHz晶体工作，前者的工作温度范围是-10～+60 ℃。PLL调谐器可通过引脚XTAL2使用外部的32.768 kHz、6.5 MHz或13 MHz的时钟信号。晶体振荡器产生的参考频率可供给：PLL调谐器；定时中频计数器；免频率调整的立体声解码压控振荡器；中频滤波器的中心频率调整。

⑤ PLL调谐系统：PLL调谐系统可实现电台的自动搜索功能。该系统基于传统的PLL技术，根据参考频率及VCO的相位和频率，使得偏移的调谐频率持续得到纠正，直至目标频率被锁定。外部控制器可通过3-Wire或I2C总线接口控制调谐系统。

⑥ 射频自动增益控制电路：LNA输出的信号被输入到一个射频自动增益控制电路(RF AGC)中。LNA的增益由该电路控制，以防止LNA过载和限制由相邻频道强信号造成的互调干扰。

⑦ 中频滤波器：混频器输出的IF信号被输入到集成的中频滤波器中(谐振放大模块)，该滤波器的中心频率由中频中心频率调整模块控制。然后中频信号被输入到限幅模块，截取掉信号的变化幅度。限幅器与电平模/数转换器(ADC)和中频计数器模块相连。这两个模块提供RF输入信号幅度和频率的正确信息，该信息将被PLL电路作为停止的标准。

⑧ FM解调器：TEA5767带有一个集成了调谐器的正交调谐器，这一集成的正交调谐器省去了IF电路或外部的调谐器。

⑨ 电平模/数转换器：FM中频模拟电压可被转换为4位数字信号并通过总线输出。

⑩ 中频计数器：可通过总线输出一个7位数据。

⑪软件静音：在低射频输入电平时，低通滤波器电压可驱动衰减器实现软件静音，软件静音功能可通过总线控制。

⑫立体声解调器：集成的立体声解调器是免调整的，立体声解调器可通过总线切换到单声道。

⑬立体声噪声消除电路：在微弱输入信号时，SNC电路能将立体声调节器从全立体声逐渐转为单声道模式。输入信号电平决定了立体声到单声道的转换。随着射

频输入信号电平的衰减，立体声解调器可由立体声转换为单声道以减小输出噪声。由于 SNC 功能在微弱输入信号时刻改善音频质量，因此，该功能对于手持式设置来说非常有用。当信号跌至低电平时，这种软噪声消除电路可抑制串频噪声，以避免收听多余的噪声；另外，还可以通过总线编程设定一个射频信号电平开关来控制从单声道到立体声的转换，立体声噪声消除电路(SNC)也可通过总线进行控制。

⑭射频输入信号电平决定音频相应：音频宽带随射频输入信号电平的衰减而降低，该功能可由总线控制。

⑮软件可编程接口：两个开集电极的软件可编程输出接口 SWPORT1 和 SWPORT2 可通过总线被访问。

22.2 TEA5767 芯片的总线接口和控制寄存器

TEA5767 芯片必须要由单片机通过控制总线向芯片内的寄存器写入控制字才能正常工作。TEA5767 的控制总线有 I2C 和 3 - Wire 两种，引脚 BUSMODE 为低时选用 I2C 总线，其最高时钟频率可达 400 kHz；引脚 BUSMODE 为高时选用 3 - Wire总线，其最高时钟频率可达 1 MHz。

(1) TEA5767 芯片的 I2C 总线

TEA5767 芯片的 I2C 总线的地址是 COH，是可收发的从器件结构，无内部地址。I2C 总线最大时钟频率为 400 kHz，不能连接 TEA5767 到一个高时钟的总线上。向 TEA5767 写入数据时，地址的最低位是 0，即写地址是 C0H。读出数据时地址的最低位是 1，即读地址是 C1H。TEA5767 芯片遵循通用的 I2C 总线通信协议，它的读模式和写模式格式分别如图 22 - 3 所示。

写模式					
开始	写地址	应答位	数据字节	应答位	停止
读模式					
开始	读地址	应答位	数据字节	非应答位	停止

图 22 - 3 I2C 总线的读/写模块

(2) TEA5767 芯片的 3 - Wire 总线

3 - Wire 总线包括写/读、时钟和数据 3 根信号线，最高时钟频率为 1 MHz。用 Standby 位可使芯片进入待机模块，但此时芯片必须为写模式；若芯片为读模式，则当进入待机模式时，数据线被拉低。与 I2C 总线模式类似，当引脚 BUSENABLE 正跳变时，可以减小芯片的待机电流，同时若不使用编程待机模式，则芯片内部的工作可正常进行，只是时钟和数据线被隔离停止工作。

(3) 写数据

TEA5767 内部有一个 5 字节的控制寄存器，在芯片上电复位后必须通过总线接口向其中写入适当的控制字,它才能够正常工作。通过 I2C 协议可以写入 5 字节控制寄存器的值,I2C 协议的写时序图参考 AT24C02 章节。图 22-4 为 3-Wire 写数据的时序图。TEA5767 的写入地址为 C0H。

控制字的格式及其各位的功能含义如表 22-2~表 22-6 所列。每次写入控制字时必须严格按照“地址→数据字节 1→数据字节 2→数据字节 3→数据字节 4→数据字节 5”的顺序进行。首先发送每个字节的最高位。在时钟下降沿后写入的数据才有效。

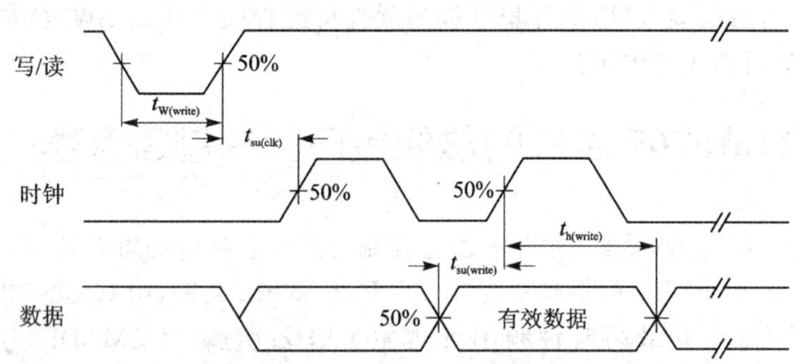

图 22-4 3-wire 写数据时序图

表 22-2 数据字节 1 的格式

位	位 7	位 6	位 5	位 4	位 3	位 2	位 1	位 0
描 述	MUTE	SM	PLL13	PLL12	PLL11	PLL10	PLL9	PLL8

MUTE:若 MUTE=1,左右声道静音;若 MUTE=0 左右声道非静音。SM:若 SM=1,搜索模式;若 SM=0,非搜索模式。PLL8~PLL13:预置或搜索电台的频率数据高 6 位。

表 22-3 数据字节 2 的格式

位	位 7	位 6	位 5	位 4	位 3	位 2	位 1	位 0
描 述	PLL7	PLL6	PLL5	PLL4	PLL3	PLL2	PLL1	PLL0

PLL0~PLL7:预置或搜索电台的频率数据低 8 位。

表 22-4 数据字节 3 的格式

位	位 7	位 6	位 5	位 4	位 3	位 2	位 1	位 0
描 述	SUD	SSL1	SSL0	HLSI	MS	ML	MR	SWP1

SUD:若 SUD=1,向上搜索;若 SUD=0,向下搜索。

SSL1、SSL0:搜索停止电平。SSL1=0,SSL0=0,不搜索;SSL1=0,SSL0=1,

低电平ADC,output=5;SSL1=1,SSL0=0,中电平ADC,output=7;SSL1=1,SSL0=1,高电平ADC,output=10。

HLSI:若 HLSI=1,高端本振注入;若 HLSI=0,低端本振注入。

MS:若 MS=1,强制单声道;若 MS=0,开立体声。

ML:若 ML=1,左声道静音强制单声道;若 ML=0,左声道非静音。

MR:若 MR=1,右声道静音强制单声道;若 MR=0,右声道非静音。

SWP1:若 SWP1=1,SWPOR1 为高;若 SWP1=0,SWPOR1 为低。

SWP2:若 SWP2=1,SWPOR2 为高;若 SWP2=0,SWPOR2 为低。

STBY:若 STBY=1,待机模式;若 STBY=0,非待机模式。

BL:若 BL=1,日本 FM 波段;若 BL=0,美/欧 FM 波段。

XTAL:若 XTAL=1,f=32.768 kHz;若 XTAL=0,f=13 MHz。

SMUTE:若 SMUTE=1,软件静音开;若 SMUTE=0,软件静音关。

HCC:若 HCC=1,高音切割开;若 HCC=0,高音切割关。

SNC:若 SNC=1,立体声噪声消除开;若 SNC=0,立体声噪声消除关。

SI:若 SI = 1,引脚 SWPORT1 作 Ready Flag 输出标志;若 SI = 0,引脚 SWOPRT1 作软件可编程输出口。

表 22-5　数据字节 4 的格式

位	位 7	位 6	位 5	位 4	位 3	位 2	位 1	位 0
描　述	SWP2	STBY	BL	XTAL	SMUTE	HCC	SNC	SI

PLLREF:若 PLLREF=1,则 6.5 MHz 参考频率 PLL 可用;若 PLLREF=0,则 6.5 MHz 参考频率 PLL 不可用。

DTC:若 DTC=1,去加重时间常数为 75 μs;若 DTC=0,去加重时间常数为 50 μs。

表 22-6　数据字节 5 的格式

位	位 7	位 6	位 5	位 4	位 3	位 2	位 1	位 0
描　述	PLLREF	DTC	—	—	—	—	—	—

(4) 读数据

通过 I2C 协议可以读出 5 个字节控制寄存器的值,I2C 协议的读时序图参考 AT24C02 章节。图 22-4 为 3-Wire 读数据的时序图。

TEA5767 的读地址是 C1H。和写数据类似,从 TEA5767 读出数据时,也要按照"地址→数据字节 1→数据字节 2→数据字节 3→数据字节 4→数据字节 5"的顺序读出。读出的 5 个字节的含义见表 22-7～表 22-11 中的说明。

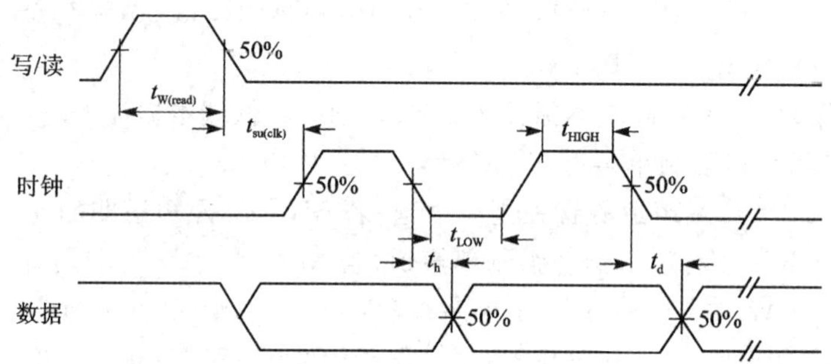

图 22-5　5-wire 读数据时序图

RF:若为1,则发现了一个电台或搜索到头;若为0,未找到电台。

BLF:若为1,搜索到头;若为0,未搜索到头。

PLL8～PLL13:搜索或预置的电台频率值的高6位(需换算)。

表 22-7　数据字节1的格式

位	位7	位6	位5	位4	位3	位2	位1	位0
描　述	RF	BLF	PLL13	PLL12	PLL11	PLL10	PLL9	PLL8

PLL0～PLL7:搜索或预置的电台频率值的低8位(需换算)。

表 22-8　数据字节2的格式

位	位7	位6	位5	位4	位3	位2	位1	位0
描　述	PLL7	PLL6	PLL5	PLL4	PLL3	PLL2	PLL1	PLL0

STEREO:若STEREO=1,为立体声;若STEREO=0,为单声道。

IF0～IF6:中频计数结果。

表 22-9　数据字节3的格式

位	位7	位6	位5	位4	位3	位2	位1	位0
描　述	STEREO	IF6	IF5	IF4	IF3	IF2	IF1	IF0

LEV0～LEV3:信号电平ADC 输出。

CI0～CI3:芯片标记,这些位必须设置为0。

表 22-10　数据字节4的格式

位	位7	位6	位5	位4	位3	位2	位1	位0
描　述	LEV3	LEV2	LEV1	LEV0	CI3	CI2	CI1	0

表 22-11　数据字节5的格式

位	位7	位6	位5	位4	位3	位2	位1	位0
描　述	0	0	0	0	0	0	0	0

该字节设置为 0,供以后备用。

22.3 FM 收音机模块

市面上有很多集成了 TEA5767 芯片的模块,如图 22-6 所示。模块采用了 NXP 公司推荐的典型应用电路,外围没有需要调整的元件,使用非常方便,电路图如图 22-2 所示。在模块上的电阻、电容等器件都是采用 0402 的贴片封装,该模块体积小,面积为 10 mm×11 mm。该模块只有 10 个引脚引出来,如图 22-7 所示,供用户嵌入在自己的数码产品中。如果用 3-Wire 总线方式,3 个信号线 DATA、CLK 和 W/R 都必须有,但是对于 I2C 总线来说则不需要 W/R 线,LO 和 RO 分别为左右音频输出端,ANT 为天线端,其余几个端为正负电源端。

介绍完 TEA5767 模块,接着再介绍一下配套的 FM 收音机模块,该模块实物图如图 22-8 所示。FM 收音机模块上不仅集成了前面讲到的 TEA5767 模块,还集成了 3.3 V 稳压芯片 ASM1117(TEA5767 工作电源为 3.3 V)、TDA1308 功放电路、音频输出接口和调节音量的可调电阻。该模块设计时,只留了 I2C 总线通信方式。下面也会利用 I2C 总线来对 TEA5767 芯片进行控制。图 22-7 中左边排针的 4 个端口分别为:SDA、SCL、GND 和 VCC。

图 22-6　TEA5767 模块

引脚	名称	名称	引脚
1	DATA	GND	10
2	CLK	VCC	9
3	W/R	GND	8
4	LO	ANT	7
5	RO	GND	6

TEA5767模块

图 22-7　TEA5767 模块引出引脚

图 22-8　FM 收音机模块

22.4 实例——手把手讲解 TEA5767 芯片播放收音机电台

通过配套单片机实验板来实现对 TEA5767 芯片的控制输出对应的电台。

单片机实验板的 S22 和 S20 按键用来调存入单片机的电台频道，按下 S22 按键可以播放下一个频道，按下 S20 按键可以播放上一个频道。

单片机实验板的 S19 和 S21 按键用来微调电台频率，每按一下按键，频率增加或者减小 0.05 MHz。这两个按键可以用来手动搜台，搜到对应的电台后，记录下对应的频率，可以在编写代码的时候写入数据 Channel[10]中。这样通过 S22 和 S20 按键便可实现调台。

对应的频率信息在 8 位数码管的右边 6 位显示，频率的单位为 kHz。

(1) 软件设计难点

① 电台频率和 PLL 控制字节的换算。

如果已经知道一个调频广播的频率，就可将该频率值写入 TEA5767 中，让调谐系统直接调谐到这个频率位置，接收该电台的信号。频率值是通过控制字的第 1、2 字节写入的，第 1 字节的位 0～5 加上第 2 字节的 8 位，一共 14 位的二进制组成了内部 PLL 合成器的控制字，电台的频率值需经过公式计算才能得到其二进制数。

在给出计算公式之前，先要了解一下高本振注入和低本振注入的概念。在 FM 接收机内有一个本机振荡器，其作用是与接收到的外来信号通过混频器产生中频信号 f_F。当接收到的信号频率 f_F 确定后，有两个本机振荡频率可以满足产生固定中频的要求，即本振频率高出一个中频，或者本振频率低出一个中频。

若本振频率低一个中频，则称之为低本振注入 f_L：

$$f_L = f_{RF} - f_F$$

若本振频率高一个中频，则称之为高本振注入 f_H：

$$f_H = f_F - f_{RF}$$

写入 TEA5767 控制寄存器的第 3 个字节的位 4(HLSI)就是用来设定高、低本振频率的。当 HLSI＝1 时，为高本振频率；当 HLSI＝0 时，为低本振频率。

PLL 控制字可由以下公式计算：

$$N = 4 \times (f_{RF} \pm f_F)/f_{REF}$$

N＝ PLL 内的频率合成参数；f_{RF}＝要接收的电台频率；f_{IF}＝ 225 kHz；f_{REF}＝参考频率。

晶振为 32.768 kHz 时参考频率为 32.768 kHz，晶振为 13 MHz 或 6.5 MHz 时参考频率为 50 kHz。例如要接收 87.5 MHz 的频率，频率合成参数：

$$N = 4 \times (87\ 500\ 000 + 225\ 000)\ /\ 32\ 768 = 10\ 708.6 \approx 10\ 709 = 29D5H$$

往 PLL 寄存器写 29D5H 就能收到 87.5 MHz 的频率，写数据的第 1 个字节写入 29H，第 2 个字节写入 D5H。对应的单片机程序函数为：

```
void GetPll(void)
{
    uchar Temp;
    Temp = WriteBuff[2] & 0x10;    //判断是高本振模式还是低本振模式
    if(Temp ! = 0)
    {    //频率单位为 kHz
        PLL = (uint)((float)((Frequency + 225) * 4) / (float)32.768);
    }
    else
    {
        PLL = (uint)((float)((Frequency - 225) * 4) / (float)32.768);
    }
}
```

同理，知道 PLL 的参数也可以计算模块正在接收的频率：

$$f_{RF} = 8\ 192 \times N - 225\ 000$$

对应的单片机程序函数为：

```
void GetFreq(void)
{
    uchar Temp;
    uint TempPll = 0;
    TempPll = PLL;
    Temp = WriteBuff[2] & 0x10;    //判断是高本振模式还是低本振模式
    if(Temp ! = 0)
    {  //频率单位为 kHz
        Frequency = (unsigned long)((float)(TempPll) * (float)8.192 - 225);
    }
    else
    {
        Frequency = (unsigned long)((float)(TempPll) * (float)8.192 + 225);
    }
}
```

② 电路图。

FM 收音机模块的具体电路图这里不讲解，只关心 FM 收音机模块上的 4 个 I/O 端口，VCC、GND、SDA 和 SCL。FM 收音机模块的 SCL 和单片机的 P1.6 端口连接，SDA 和单片机的 P1.7 端口连接。AT89S52 单片机的 P3.2、P3.3、P3.4 和 P3.5 端口分别连接到独立按键的 S19、S20、S21 和 S22 按键。数码管显示部分的电路图和前面章节的电路图一致，请参考前面章节电路图。

(2) 程序代码(见共享资料中例 22.1 文件夹)

I2C 协议的函数在前面给大家介绍过，其头文件和 C 语言文件这里不列出，在该代码中直接调用 iic.h 头文件即可。

```
#include"iic.h"
#define MaxFreq 108000                    //最高频率
#define MinFreq 87500                     //最低频率
sbit ChannelUp = P3^5;                    //频道加 1 按键
sbit ChannelDown = P3^3;                  //频道减 1 按键
sbit FreqUp = P3^4;                       //频率微调加 0.05 MHz
sbit FreqDown = P3^2;                     //频率微调减 0.05 MHz
uchar WriteBuff[5] = {0};                 //要写入 TEA5767 的数据数组
uchar ReadBuff[5] = {0};                  //TEA5767 读出的状态
uint Channel[10] = {912,1017,1027};       //频道对应的频率,单位为 0.1 MHz
uchar Freq[4] = {0};                      //写入电台频率
uint PLL = 0;                             //频率对应的 PLL
float Frequency = 0;                      //频率变量,这里定义的时浮点变量
/*****************************************************
函数:SegPlay()
参数:k
返回:无
功能:在数码管上显示现在的频率
*****************************************************/
void SegPlay(float k)
{
    unsigned long temp;
    temp = k;                             //把频率信息转换为长整数数据
    P0 = SegCode[temp / 100000 % 10];
    P2 = SegPosi[2];
    Delay_1ms(2);
    P0 = SegCode[temp / 10000 % 10];
    P2 = SegPosi[3];
    Delay_1ms(2);
    P0 = SegCode[temp / 1000 % 10] | 0x80;  //加上点
    P2 = SegPosi[4];
    Delay_1ms(2);
    P0 = SegCode[temp / 100 % 10];
    P2 = SegPosi[5];
    Delay_1ms(2);
    P0 = SegCode[temp / 10 % 10];
    P2 = SegPosi[6];
    Delay_1ms(2);
    P0 = SegCode[temp % 10];
    P2 = SegPosi[7];
```

```
    Delay_1ms(2);
}
/*************************************************
函数:GetPll
参数:无
返回:无
功能:由频率计算 PLL
*************************************************/
void GetPll(void)
{
    uchar Temp;
    Temp = WriteBuff[2] & 0x10;    //判断是高本振模式还是低本振模式
    if(Temp ! = 0)
    {//频率单位:kHz
        PLL = (uint)((float)((Frequency + 225) * 4) / (float)32.768);
    }
    else
    {//频率单位:kHz
        PLL = (uint)((float)((Frequency - 225) * 4) / (float)32.768);
    }
}
/*************************************************
函数:GetFreq()
参数:无
返回:无
功能:由 PLL 计算频率
*************************************************/
void GetFreq(void)
{
    uchar Temp;
    uint TempPll = 0;
    TempPll = PLL;
    Temp = WriteBuff[2] & 0x10;    //判断是高本振模式还是低本振模式
    if(Temp ! = 0)
    {//频率单位:kHz
        Frequency = (unsigned long)((float)(TempPll) * (float)8.192 - 225);
    }
    else
    {//频率单位:kHz
        Frequency = (unsigned long)((float)(TempPll) * (float)8.192 + 225);
    }
}
```

```
/**************************************************
函数:WriteTEA5767()
参数:无
返回:无
功能:向 TEA5767 写入 5 个字节数据
**************************************************/
void WriteTEA5767(void)
{
    uchar i;
    Start();                            //开始信号
    WriteByte(0xc0);                    //TEA5767 写地址
    AckIIC();                           //应答信号
    for(i = 0;i<5;i + + )
    {
        WriteByte(WriteBuff[i]);        //向 TEA5767 写入一个字节
        AckIIC();                       //应答信号
    }
    Stop();                             //停止信号
}
/**************************************************
函数:ReadTEA5767()
参数:无
返回:无
功能:读 TEA5767 状态,并转换成频率
**************************************************/
void ReadTEA5767(void)
{
    uchar i;
    uchar TempL,TempH;
    PLL = 0;                            //PLL 清零
    Start();                            //开始信号
    WriteByte(0xc1);                    //TEA5767 读地址
    AckIIC();                           //应答信号
    for(i = 0;i<5;i + + )
    {
        ReadBuff[i] = ReadByte();       //从 TEA5767 读出一个字节
        if(i ! = 4)                     //前 4 个字节
        {
            AckIIC();                   //应答信号
        }
        else                            //第 5 个字节
        {
```

```
            NoAckMCU();                  //非应答信号
        }
    }
    Stop();                              //停止信号
    TempH = ReadBuff[0];
    TempH &= 0x3f;                       //除去最高两位的搜索标志
    TempL = ReadBuff[1];
    PLL = TempH  * 256 + TempL;          //赋值给 PLL
    GetFreq();                           //得到频率
}
/**************************************************
函数:Search()
参数:mode
返回:无
功能:手动设置频率,mode = 1: + 0.05 MHz; mode = 0: - 0.05 MHz
**************************************************/
void Search(bit mode)
{
    ReadTEA5767();                       //读出 TEA5767 的 5 个字节数据
    if(mode)
    {
        Frequency += 50;                 //频率加 0.05 MHz
        if(Frequency > MaxFreq)          //当前频率大于最大频率
        {
            Frequency = MinFreq;         //把最低频率给当前频率
        }
    }
    else
    {
        Frequency -= 50;                 //频率减 0.05 MHz
        if(Frequency < MinFreq)          //当前频率小于最低频率
        {
            Frequency = MaxFreq;         //把最高频率给当前频率
        }
    }
    GetPll();                            //得到 PLL
    WriteBuff[0] = PLL / 256;
    WriteBuff[1] = PLL % 256;
    WriteBuff[2] = 0x20;
    WriteBuff[3] = 0x17;
    WriteBuff[4] = 0x00;
    WriteTEA5767();                      //向 TEA5767 写入 5 个数字
```

```
}
/******************************************************
函数:SetFreq()
参数:* Temp
返回:无
功能:设置收音机频率
******************************************************/
void SetFreq(uchar * Temp)
{
    Frequency = (float)(( * Temp) * 1000 + ( * (Temp + 1)) * 100 +
                ( * (Temp + 2)) * 10 + ( * (Temp + 3))) * 100;
    if((Frequency < MinFreq) || (Frequency > MaxFreq))  //如果频率不在标准范围内
    {
        * Temp = 0;
        * (Temp + 1) = 0;
        * (Temp + 2) = 0;
        * (Temp + 3) = 0;
        return;
    }
    GetPll();                              //通过频率得到 PLL
    WriteBuff[0] = PLL / 256;              //写入频率
    WriteBuff[1] = PLL % 256;
    WriteBuff[2] = 0x20;
    WriteBuff[3] = 0x17;
    WriteBuff[4] = 0x00;
    WriteTEA5767();                        //写入 5 个数据
}
//主函数
void Main(void)
{
    uchar i = 0;
    Init();                                 //初始化 I2C 通信
    Freq[0] = Channel[i] / 1000;            //第 1 个电台频率
    Freq[1] = Channel[i] / 100 % 10;
    Freq[2] = Channel[i] / 10 % 10;
    Freq[3] = Channel[i] % 10;
    SetFreq(Freq);                                  //设置电台
    while(1)
    {
        if(ChannelUp = = 0)
        {
            if((Channel[i] & 0xffff) ! = 0)         //没有到最高的电台
```

```
            {
                i++;
            }
            P0 = 0x00;                              //数码管关闭显示
            Freq[0] = Channel[i] / 1000;
            Freq[1] = Channel[i] / 100 % 10;
            Freq[2] = Channel[i] / 10 % 10;
            Freq[3] = Channel[i] % 10;
            SetFreq(Freq);
            Delay_1ms(500);                         //延时 0.5 s
        }
        if(ChannelDown == 0)
        {
            if(i != 0)                              //没有到最低电台
            {
                i--;
            }
            P0 = 0x00;                              //数码管关闭显示
            Freq[0] = Channel[i] / 1000;
            Freq[1] = Channel[i] / 100 % 10;
            Freq[2] = Channel[i] / 10 % 10;
            Freq[3] = Channel[i] % 10;
            SetFreq(Freq);
            Delay_1ms(500);                         //延时 0.5 s
        }
        if(FreqUp == 0)
        {
            Search(1);                              //频率向上搜索
            Delay_1ms(100);
        }
        if(FreqDown == 0)
        {
            Search(0);                              //频率向下搜索
            Delay_1ms(100);
        }
        GetFreq();                                  //得到频率
        SegPlay(Frequency);                         //显示频率到数码管
    }
}
```

(3) 实现现象

该实验的实验现象如图 22-9 所示。在数码管上的频率约为 91.2。

图 22-9　FM 收音机实验现象

第23章 彩色液晶屏

23.1 彩色液晶屏简介

彩色液晶屏在电子设备中的应用越来越广泛，生活中随处可见彩色液晶屏，如手机、电视、电脑、MP4 等。图 23-1 为彩色液晶屏的在电子产品应用的实物图。

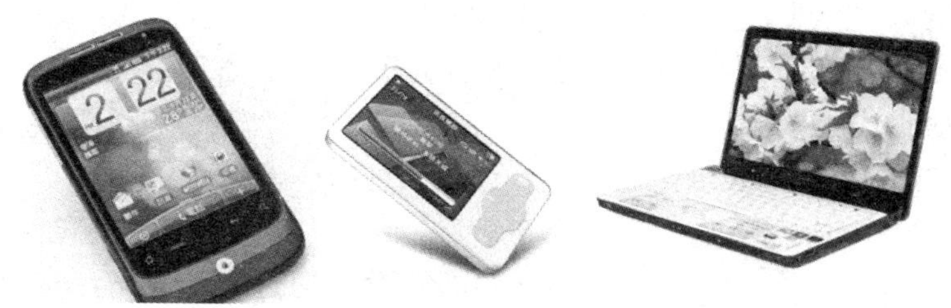

图 23-1 彩色液晶屏的应用实例

首先来了解一下液晶这个物质。以熟知的水为例，它有 3 个状态：固态、液态和气态。但对于不同的物质，可能有其他不同的状态存在。但是对于液晶态而言，它是介于固体和液体之间的一种状态，其实这种状态仅是材料的一种相变化的过程，只要材料具有上述的过程，即在固态及液态之间有此状态存在，物理学家便称之为液态晶体。水和液晶在加热和冷却后的状态如图 23-2 所示。

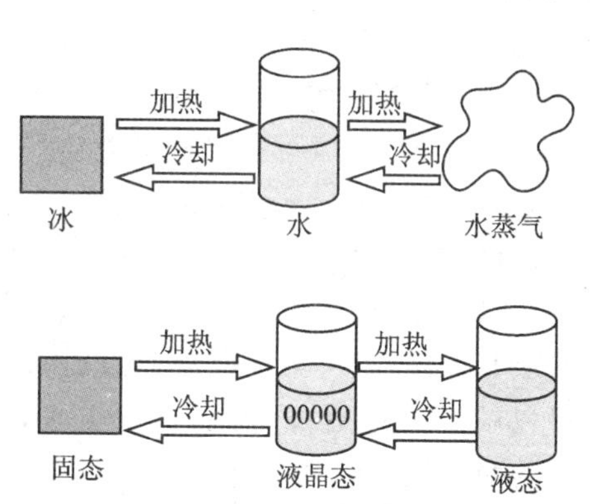

图 23-2 水和液晶不同温度的状态

水在 0 ℃以下为固态(冰)。冰加热后，因为破坏了晶格，当温度超过熔点时便会溶解变成液体(水)。然而固态液晶物质加热后，并不会直接变成液态，会先溶解形成液晶态。当温度再升高，才会溶解成液态。液晶态有固态的晶格，又具有液态的流动性。

这种液态晶体的首次发现，距今已经有一百多年了。1888 年，奥地利的植物学家 Friedrich? Reinitzer 发现了液晶。他在观察从植物中分离精制出的安息香酸胆固醇的融解行为时发现，此化合物加热至 145.5 ℃时，固体会熔化，呈现一种介于固相和液相之间的半熔融流动白浊状液体。这种状况会一直维持温度升高到 178.5 ℃才形成清澈的等方性液态。1889 年，研究相转移及热力学平衡的德国物理学家 O. Lehmann，对此化合物做了更详细的分析。他在偏光显微镜下发现该半流动性白浊液体化合物具有异方性结晶所特有的双折射率的光学性质，即光学异相性。他将这种似晶体的液体命名为液晶。此后，科学家将这新发现的性质，称为物质的第四态：液晶。它在某一特定温度的范围内，会具有同时液体及固体的特性。

23.2 彩色液晶屏的种类

彩色液晶屏的种类非常多，这里只介绍几种常用的液晶屏型号：STN、OLED、TFT 和 LTPS。

(1) STN

STN(Super Twisted Nematic)属于被动矩阵式 LCD 器件，它的好处是功耗低，具有省电的最大优势，价格也比较便宜。缺点是亮度、色彩数、对比度较差，在强光下可能会看不清屏幕，反应速度也较慢，播放动态影像时容易造成拖影。

彩色 STN 的显示原理是在传统单色 STN 液晶显示器上加一个彩色滤光片，并将单色显示矩阵中的每一像素分成三个子像素，分别通过彩色滤光片显示红、绿、蓝三原色就可显示出彩色画面。与 TFT 不同，STN 属于无源被动型液晶显示屏，一般最高能显示 65K 种色彩。现在 STN 主要有 CSTN 和 DSTN。CSTN 即 Color STN，一般采用传送式照明方式，传送式屏幕要使用外加光源照明，称为背光，照明光源要安装在 LCD 的背后。传送式 LCD 在正常光线及暗光线下显示效果都很好，但在户外尤其在日光下很难看清显示内容，背光也要消耗电量。DSTN 即双层 STN，过去主要应用在一些笔记本电脑上，也是一种无源显示技术，使用两个显示层，这种显示技术解决了传统 STN 显示器中的漂移问题，而且由于 DSTN 还采用了双扫描技术，因而显示效果较 CSTN 有大幅度提高。现在由于 TFT 屏幕工艺的完善和成本的降低，STN 屏幕基本已被市场淘汰。

(2) OLED

OLED(Organic Light Emitting Display)即有机发光显示器，被誉为“梦幻显示器”。OLED 显示技术与传统的 LCD 显示方式不同，无需背光灯，采用非常薄的有机材料涂层和玻璃基板，当有电流通过时，这些有机材料就会发光。而且 OLED 显示屏幕可以做得更轻更薄，可视角度更大，并且在暗画面下能够显著节省电能。在 OLED 的两大技术体系中，低分子 OLED 技术为日本掌握，而高分子的 PLED 技术及专利则由英国的科技公司 CDT 掌握，两者相比 PLED 产品的彩色化上仍有困难，而低分子 OLED 则较易彩色化。不过有机发光显示技术还存在使用寿命短、屏幕大型化难等缺陷。OLED 液晶显示效果相对 TFT 液晶还是要略胜一筹。但 OLED 液晶成本比 TFT 液晶高,因此市场占有率较低。

(3) TFT

TFT(Thin Film Transistor)是薄膜晶体管型液晶显示屏。TFT 液晶为每个像素都设有一个半导体开关,每个像素都可以通过点脉冲直接控制,因而每个节点都相对独立,并可以连续控制,不仅提高了显示屏的反应速度,同时可以精确控制显示色阶,所以 TFT 液晶的色彩更真。TFT 液晶显示屏的特点是亮度好、对比度高、层次感强、颜色鲜艳,缺点是比较耗电。TFT 液晶是主动式矩阵 LCD,可让液晶的排列方式具有记忆性,不会在电流消失后马上恢复原状。TFT 液晶还改善了 STN 会闪烁(水波纹)模糊的现象,有效地提高了播放动态画面的能力。TFT 液晶屏幕生产工艺的成熟,让 TFT 液晶的成本降低了不少,现在 TFT 液晶屏幕的应用也越来越广泛。本章介绍的液晶屏种类就是 TFT 液晶屏幕。

(4)LTPS 屏幕

LTPS(Low Temperature Polycrystalline Sillicon)屏幕采用低温多晶硅技术。市面上的 TFT 面板产品大部分采用 a-Si TFT 制造技术,小部分小尺寸产品开始采用低温多晶硅技术。LTPS 是 TFT 衍生的新一代产品,可以不采用昂贵的石英玻璃,只用硅酸铝平板玻璃做基片。它具有超薄、重量轻、耐久性强、反应速度快、低功耗等特点。LTPS TFT 与 a-Si TFT 最大的不同是能够提供更亮、更精细的画面,轻、薄、更省电;但因生产工艺比 a-Si 更为复杂,成本偏高,还没有得到广泛应用。

23.3 彩色液晶屏的参数

(1) 屏幕尺寸

彩色液晶屏的尺寸很多,这里介绍嵌入式设备中常用的 TFT 液晶屏。

常用的 TFT 液晶屏尺寸有 1.44 寸、1.77 寸、2.4 寸、3.5 寸、4.3 寸、7 寸、10.4 寸等。电子工程师需要根据产品的成本和需求,选择相应尺寸的彩色液晶屏。在能满足性能的情况下,使用液晶屏尺寸越小,产品的成本相对较低。

彩色液晶屏越大,能显示的信息量也相对较多,可以显示更大的图片和更多的字或符号等。彩色液晶屏的显示信息量还和液晶本身的分辨率有关。在表 23-1 中,列出了常用尺寸液晶在电子产品中的应用。

表 23-1 不同尺寸的彩屏在电子产品中的应用

液晶尺寸/寸	应用领域
1.44~5.5	手机、MP4
3.5~7.0	GPS、车载 DVD、电子相册、游戏机
8.0 以上	电视、电脑显示器

(2) 分辨率

分辨率就是彩色液晶屏图像的精密度，是指显示器所能显示的像素的多少。由于屏幕上的点、线和图像等都是由像素点组成的，显示器可显示的像素点越多，画面就越精细，屏幕区域内能显示的信息也越多，所以分辨率是重要的性能指标之一。可以把整个彩色液晶屏想象成是一个大型的棋盘，而分辨率的表示方式就是所有经线和纬线交叉点的数目。

我们熟悉的计算机显示器分辨率，常见的设定有 1 024×768、1 366×768 等。当分辨率达到最大时，比如为 1 366×768，那么该彩色液晶屏的行的显像素数为 1 366 个，列的像素点数为 768 个。整个彩色液晶屏由 1 366×768=1 049 088 个彩色像素点构成。

同样尺寸的液晶，分辨率越高，图像越细腻。比如两款 3.5 寸的液晶，分辨率为 480×272 的肯定比分辨率为 320×240 的液晶显示效果要细腻得多。

23.4　TFT 液晶的构成

本节介绍的是当下最常用的 TFT 彩色液晶屏幕，其实物图如图 24－3 所示，该液晶的尺寸为 2.4 寸。该图中的 TFT 液晶屏由 TFT 液晶半成品部分、背光部分和触摸电路部分组成。

(1) TFT 液晶半成品

TFT 液晶半成品部分由 TFT 液晶片、控制 IC、FPC、ACF 和偏光片构成。TFT 半成品部分的实物图如图 24－4 所示。

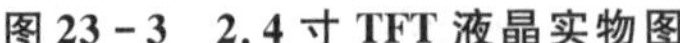

图 23－3　2.4 寸 TFT 液晶实物图

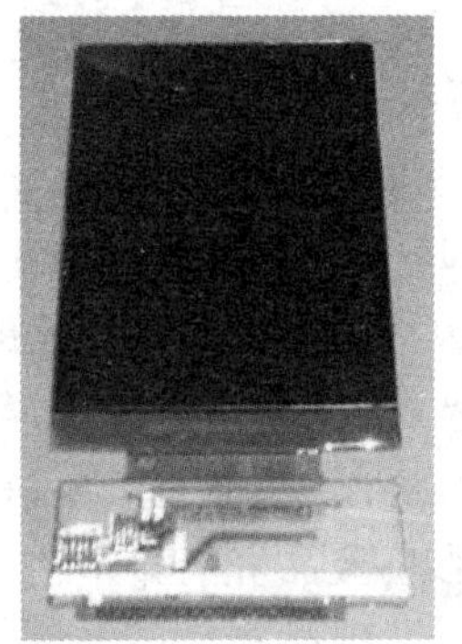

图 23－4　TFT 半成品部分的实物图

TFT 液晶片，一般也可以称为 TFT 白玻，它是整个 TFT 产品的核心。

控制 IC，它是单片机控制 TFT 液晶片的桥梁，主要进行信号处理。通过控制 IC 对 TFT 液晶片的驱动，单片机只需要对控制 IC 进行操作，便能让 TFT 彩色液晶屏显示图像、字符等。控制 IC 的种类非常多，这里介绍的控制芯片型号为 ILI9341，它是现在较常用的一种型号。在编写单片机控制彩屏的代码时,必须需要知道控制 IC 的型号,并写出相应的驱动函数。TFT 彩屏供应商一般都会给一个基本的初始化驱动函数,这样可以减少代码的编写难度,可以更快捷、专心地去开发在彩屏上需要显示的内容。

FPC 是柔性线路板,它起着让设备之间连接的作用,还能在它表面焊接电阻、电容等元件。

TFT 半成品部分通过 ACF 将 IC、FPC 连接到 TFT 玻璃上,然后在玻璃正反面加上偏光片组成。

(2)背光源

小尺寸的 TFT 液晶一般使用发光二极管作为背光源,大尺寸的 TFT 液晶一般使用光条作为背光源。TFT 液晶本身是不发光的,依靠加在液晶背面的光源才能正常显示。背光在彩屏中的作用如图 23-5 所示。TFT 液晶背光发出白色的光,透过 TFT 液晶半成品部分,便可控制 TFT 液晶显示出不同的色彩。

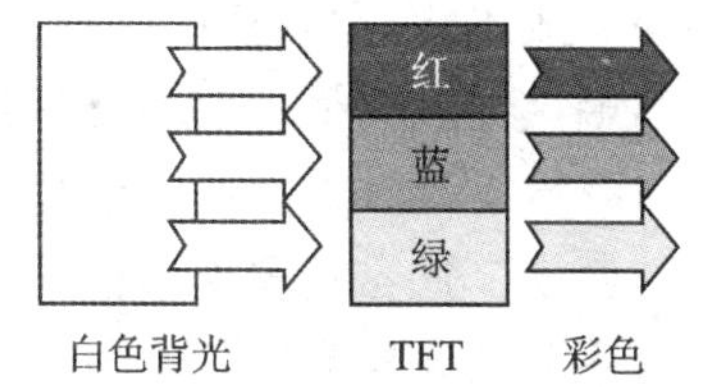

图 23-5 背光在 TFT 液晶中的作用

(3) 触摸屏部分

触摸屏 TP(Touch Panel)应用越来越广泛。现在大部分手机和平板电脑都带触摸屏。在笔记本电脑市场上,触摸屏功能也越来越流行。触摸屏的实物图如图 23-6 所示,它有 4 个引脚,可以接到 TFT 液晶的 FPC 上。常用的触摸屏尺寸为 2.4～14 寸,触摸屏尺寸要和 TFT 液晶的尺寸一样。

常用的触摸屏有电容触摸屏和电阻触摸屏两种。

① 电阻触摸屏。

这种触摸屏利用压力感应控制触摸屏。电阻触摸屏的主要部分是一块与彩色液晶屏表面配合的电阻薄膜屏,这是一种多层的复合薄膜,它以一层玻璃或硬塑料平板作为基层,表面涂有一层透明氧化金属(透明的导电电阻)导电层,上面再盖有一层外表面硬化处理、光滑防擦的塑料层。它的内表面也涂有一层涂层,在它们之间有许多细小的透明隔离点把两层导电层隔开绝缘。当手指触摸屏幕时,两层导电层在触摸点位置就有了接触,电阻发生变化,在 X 和 Y 两个方向上产生信号,然后送触摸屏控制器。控制器侦测到这一接触动作并计算出(X,Y)的位置。

图 23-6 触摸屏实物图

电阻触摸屏经过多年的应用和发展,技术已经相当成熟,价格较低。它使用方便,任何硬物都可以提供触摸信号指示。它触摸位置永不漂移。电阻触摸屏工作在与外界完全隔离的环境中,不怕灰尘、水气和油污。但是由于电阻触摸屏的复合薄膜外层采用塑料，太用力或使用锐器触摸可能划伤触摸屏，而且必须按压操作。

② 电容触摸屏。

电容触摸屏是利用人体的电流感应进行工作的。它是一块四层复合玻璃屏，玻璃屏的内表面和夹层各涂有一层 ITO，最外层是一薄层矽土玻璃保护层，夹层 ITO 涂层作为工作面，四个角上引出四个电极，内层 ITO 为屏蔽层以保证良好的工作环境。当手指触摸在金属层上时，由于人体电场，用户和触摸屏表面形成一个耦合电空。对于高频电流来说，电容是直接导体，于是手指从接触点吸走一个很小的电流。这个电流分从触摸屏的四角上的电极中流出，并且流经这四个电极的电流与手指到四角的距离成正比，控制器通过对这四个电流比例的精确计算，得出触摸点的位置。

电容触摸屏表面采用玻璃，使用寿命比较长。它只需触摸，无需按压操作。而且电容触摸屏可支持多重触摸。但是人体作为线路的一部分，因而漂移现象比较严重。因为它的触摸位置容易发生漂移，所以需经常校准。当外界有电感和磁感的时候，有可能使电容触摸屏失灵。

23.5 TFT 液晶的显示原理

(1) RGB 三基色

大多数的颜色可以通过红(R)、绿(G)、蓝(B)三色按照不同的比例合成产生。同样绝大多数单色也可以分解成红绿蓝三种色光。这是色度学的最基本原理，即三基色原理。三种基色是相互独立的，任何一种基色都不能由其他两种颜色合成。由三基色混合而得到的彩色光的亮度等于参与混合的各基色的亮度之和。三基色的比例决定了混合色的色调和色饱和度。红绿蓝是三基色，这三种颜色合成的颜色范围最为广泛。三基色的颜色合成图如图 24－7 所示。

三基色原理组合的颜色：青＋品红＝蓝；品红＋黄＝红；黄＋青＝绿；青＋黄＋品红＝黑；红＋绿＝黄；绿＋蓝＝青；红＋蓝＝品红；红＋绿＋蓝＝白。

三基色的量就是指亮度，并使用整数来表示。通常情况下，RGB 各有 256 级亮度，用数字表示为从 0～255，共 256 级。按照计算，256 级的 RGB 色彩总共能组合出约 1 678万种色彩，即 256×256×256＝16 777 216，通常也被简称为 1 600 万色或千万色。

(2) TFT 液晶屏显示的最小色彩单元

以配套单片机实验板的 2.4 寸 TFT 液晶为例，它的分辨率为 320×240，那么一共分布着 320×240 个像素点，驱动芯片内置有与这些像素点对应的显示数据 RAM。如果设定每个像素点需要 16 位数据(即 2 字节长度)来标示该点的 RGB 颜色信息，那么模块内部显示数据 RAM 共需要 320×240×2＝153 600 字节的空间。在液晶上 Y 轴方向有 320 个显示点，在 X 轴方向上有 240 个显示点。X 轴和 Y 轴交叉对应着一个内部显示数据 RAM 地址，并对该地址的寄存器进行操作，就可以对

TFT 液晶上对应的像素点进行操作了。X 轴方向的每个像素点有三个显示块。每个显示块分别涂有红、绿、蓝颜色，相邻的三个显示块共同构成一个像素点。如果把 TFT 液晶的显示点放大，便可得到图 23-8。

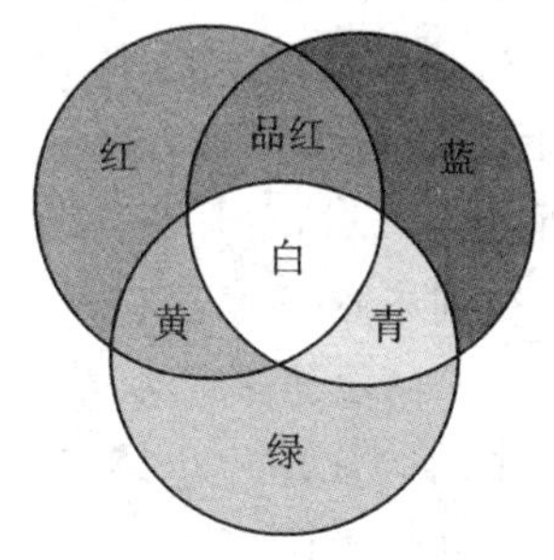

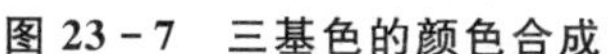

图 23-7　三基色的颜色合成

图 23-8 TFT 液晶显示点放大后的示意图

23.6　ILI9341 驱动芯片

23.6.1　ILI9341 驱动芯片简介

本章介绍的 2.4 寸 TFT 彩屏液晶的驱动控制 IC 为 ILI9341 芯片。ILI9341 芯片最大支持 26 万色显示，可以驱动 240(RGB)×320 像素的 TFT 液晶。该驱动芯片包含 720 个源极驱动和 320 个栅极驱动。它内部有 172.8 KB 的 GRAM，用于存储每个像素点的颜色数据。

ILI9341 芯片支持 8、9、16 和 18 位的并行数据或者 3 线和 4 线的串行接口与 MCU 进行连接。它可以按照 6、16 和 18 位的数据总线控制 RGB 的颜色数据。它还提供了窗口操作功能，可以对液晶的某一个矩形区域进行连续操作。

ILI9341 芯片主要特性：显示分辨率为[240×RGB](H)×320(V)；输出为 720 个源极输出、320 个栅极输出；内部 GRAM 容量为 172.8 KB；系统接口包括 8、9、16 和 18 位方式和 8080-I/8080-II 总线连接，6、16 和 18 位方式的 RGB 数据和图形控制器连接，以及 3 线和 4 线串行接口方式；显示模式为全彩模式(262K 色)和低彩模式(8 色)；操作温度范围为-40～+80 ℃。

该 2.4 寸彩屏液晶的基本参数如表 23-2 所列。

表 23-2　2.4 寸液晶的基本参数

项　目	内　容	项　目	内　容
LCD 尺寸	2.4 寸	数据传输方式	八位并行
显示颜色	262K	操作温度	-20～+70 ℃
动态显示区	36.72 mm×48.96 mm	存储温度	-30～+80 ℃
点阵数	240(RGB)×320	控制 IC	ILI9341
背光	LED(白色)		

23.6.2 ILI9341 驱动芯片引脚

通过查阅控制芯片 ILI9341 的资料可知，它内部一共有 1 278 个引脚，这里不做详细介绍，大家可以去查看 ILI9341 的芯片资料。其中，源极驱动引脚有 240×3＝720 个，栅极驱动引脚有 320 个，这 1 040 个引脚用于控制液晶上某一位置像素点的亮灭。其他引脚包括了电源引脚、控制引脚、数据引脚等。当然，单片机等控制器的 I/O 端口有限，TFT 液晶生产厂家在设计液晶时也考虑到了这一点。在对 TFT 液晶驱动时，实际用到的引脚一般都很少。该液晶生产厂家已经把驱动芯片 ILI9341 的大部分引脚都默认连接好了，留下表 23－3 所列 37 个引脚让用户设置，用户仅需要利用单片机的十几个 I/O 端口便可以很方便地对液晶进行操作。

表 23－3　2.4 寸 TFT 液晶引脚功能描述

编　号	引　脚	功　能	编　号	引　脚	功　能
1	NC/D1	空/数据引脚	19	LED－K3	背光阴极
2	NC/D2	空/数据引脚	20	LED－K4	背光阴极
3	NC/D3	空/数据引脚	21	NC	空
4	NC/D4	空/数据引脚	22	NC/D5	空/数据引脚
5	GND	地	23	D10	数据总线
6	NC	空	24	D11	
7	CSX	片选引脚	25	D12	
8	D/CX	指令/数据输入引脚	26	D13	
9	WRX	写控制引脚	27	D14	
10	RDX	读控制引脚	28	D15	
11	IM0	数据总线选择引脚。IM0＝0：16 位；IM1＝1：8 位（低 8 位必须接地）	29	D16	
			30	D17	
12	XL	触摸屏左侧	31	RESET	复位引脚
13	YU	触摸屏上端	32	VCC	内部逻辑电路电源
14	XR	触摸屏右侧	33	IOVCC	内部逻辑电路电源
15	YD	触摸屏下端	34	GND	地
16	LED－A	背光阳极	35	NC/D6	空/数据引脚
17	LED－K1	背光阴极	36	NC/D7	空/数据引脚
18	LED－K2	背光阴极	37	NC/D8	空/数据引脚

该液晶的供电电压最好控制在 3 V。如果单片机系统是 5 V，那么需要另外给液晶单独一个 3V 电源供电。液晶引脚和单片机 I/O 连接的部分也需要加电压转换电路。

2.4 寸液晶工作于 8 位模式时，需要让 IM0 接到高电平，并让 D1～D8 连接到电源地。

23.6.3 基本操作时序

(1) TFT 彩屏液晶总线和控制引脚

该液晶支持标准的 Intel 的 8080-II 总线，总线的最高速度可达 8 MHz，如果控制 MCU 的速度够快的话，是可以支持视频显示的。

该液晶可以用于 8 位和 16 位的并行通信方式。它们的 IM0～IM3 的配置和使用的引脚功能表如表 24-4 所列。ILI9341 驱动芯片内部有 18 个数据口，当它工作于 16 位 8080-II 总线方式时，GRAM 控制口使用的是 D[1:8]和 D[10:17]，寄存器/内容控制是用的 D[1:8]，D[0]和 D[9]在该方式处于空闲状态；当它工作于 8 位 8080-II 总线方式时，GRAM 控制口使用的是 D[10:17]，寄存器/内容控制是用的 D[10:17]。

表 23-4 IM0～IM3 的配置和 TFT 液晶的通信方式

IM3	IM2	IM1	IM0	工作方式	寄存器/内容控制口	GRAM 控制口
1	0	0	0	16 位 8080-II 总线	D[1:8]	D[1:8]和 D[10:17]
1	0	0	1	8 位 8080-II 总线	D[10:17]	D[10:17]

我们利用 MCS-51 系列单片机去控制 TFT 液晶模块。MCS-51 系列是 8 位的单片机，所以仅介绍 8 位 8080-II 总线的控制方式。其他总线方式可以根据驱动芯片手册自行学习。MCS-51 系列单片机和 TFT 彩屏液晶的电路连接方式如图 23-9所示。

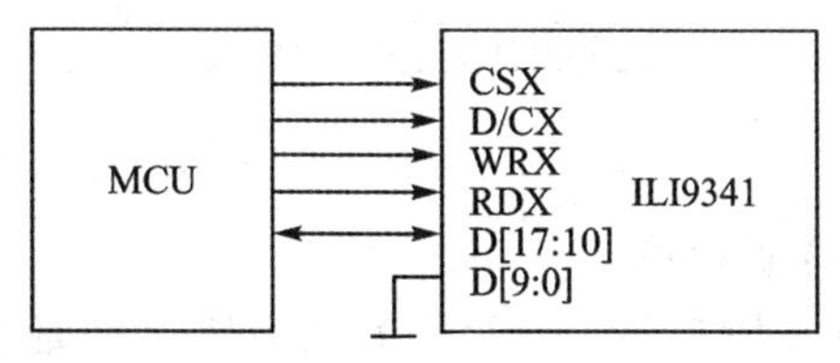

图 23-9 MCS-51 系列单片机和 TFT 彩屏液晶的电路连接方式

图中，CSX：片选引脚。当 CSX 为低电平时，ILI9341 芯片可以工作。D/CX：数据或命令选择引脚。当 D/CX=0 时，数据传输为命令模式；当 D/CX=1 时，数据传输为数据模式。WRX：写信号引脚。当 WRX 为上升沿时，将命令或者数据写入 ILI9341 芯片。RDX：读信号引脚。当 RDX 为上升沿时，从 ILI9341 芯片中读出状态或者数据。

8 位 8080-II 总线的控制引脚电平状态和对应功能如表 23-5 所列。

和前几章讲述的 1602 和 12864 液晶操作类似，只需要通过 CSX、WRX、RDX 和 D/CX 引脚的简单控制，就可以对液晶进行写操作命令、读内部状态、读/写参数或显示数据等操作。

表 23-5 8位 8080-II 总线的控制引脚电平状态和对应功能

控制引脚				功 能
CSX	WRX	RDX	D/CX	
低	上升沿	高	低	写操作命令
低	高	上升沿	高	读内部状态
低	上升沿	高	高	写参数或显示数据
低	高	上升沿	高	读参数或显示数据

(2) 写时序

以 8 位 8080-II 总线方式为例，8 位数据口为 D[10:17]。在写时序过程中，片选引脚 CSX 为低电平，复位引脚和读信号引脚需要为高电平。

写命令：让 D/CX 和 WRX 为低电平，这时处于写时序的写命令状态，再给 D[10:17]赋值命令值，最后再让 WRX 为高电平(上升沿)。

写数据：让 D/CX 处于高电平状态，WRX 为低电平，这时处于写时序的写数据状态，再给 D[10:17]赋值数据值，最后在让 WRX 为高电平(上升沿)。

写时序图如图 23-10 所示。

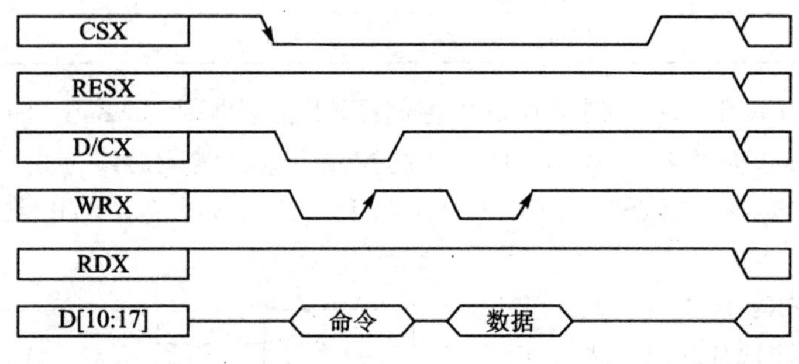

图 23-10 写时序图

(3) 读时序

以 8 位 8080-II 总线方式为例，8 位数据口为 D[10:17]。在读时序过程中，片选引脚 CSX 为低电平，复位引脚为高电平。

首先让 D/CX 和 WRX 为低电平，这时处于写时序的写命令状态，再给 D[10:17]赋值命令值，最后再让 WRX 为高电平(上升沿)。接着便是接收 ILI9341 芯片返回的数据，需要用单片机去读出。读的过程需要读出 2 个字节，第 1 个字节舍弃(无效数据)，第 2 个字节才是读出的有效数据。再让 D/CX 处于高电平状态，WRX 要保持高电平，RDX 连续提供两个上升沿以便从 ILI9341 芯片的 D[10:17]读出两个字节数据。第 2 个字节数据为有效数据。

在整个过程中，首先是发送一个命令，然后从 ILI9341 芯片中读出 2 个字节数据，其中第 2 个字节为有效数据。读时序图如图 23-11 所示。

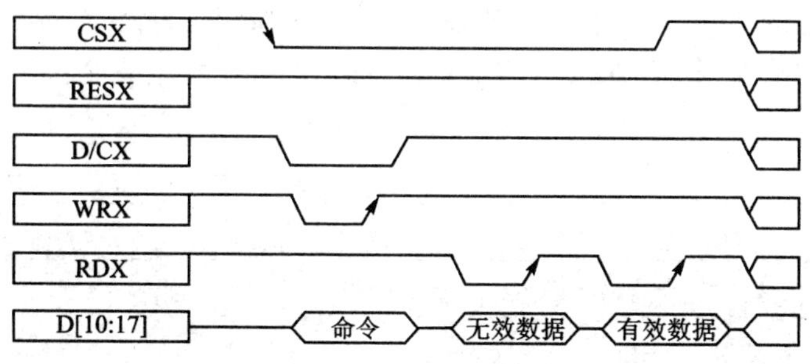

图 23-11 读时序图

(4) 复位信号

ILI9341 驱动芯片的复位条件如图 23-12 所示。t_{RW} 的时间长度最小为 10 μs 才能形成正常的复位信号。图中 RESX 引脚上少于 5 μs 的信号为无效信号，不能让 ILI9341 芯片复位。当 t_{RW} 大于 10μs 时，ILI9341 驱动芯片复位。复位时间 t_{RT} 与 ILI9341 驱动芯片此时处于的状态有关。复位时间 tRT 由这 3 个因素决定：①t_{RT} 包括加载标识字节所需要的时间，操作 VCOM 设置和关于 NV 存储器设置都必要等待 t_{RT} 的 RESX 上升沿后 5 ms 才能完成。②退出睡眠模式后需要等待 t_{RT} 的 RESX 上升沿后 120 ms 才能完成。③复位信号 RESX 释放后，需要等待 5 ms，才能进行其他指令的发送。

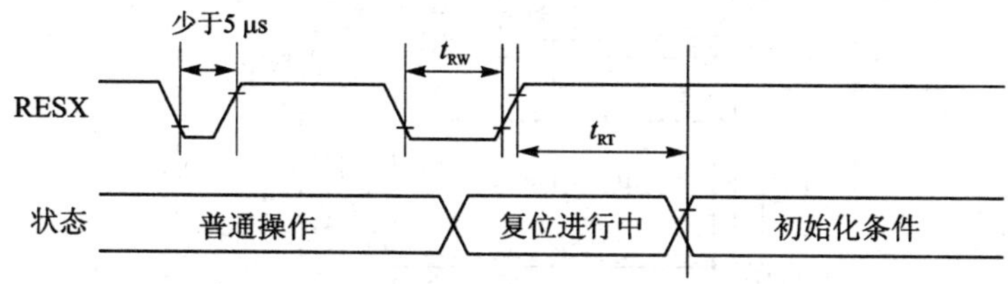

图 23-12 ILI9341 驱动芯片复位条件

23.6.4 显示部分原理

(1) 6.5 万色 16 位 RGB 颜色

ILI9341 驱动芯片可设定彩屏液晶的显示方式为 6.5 万色或 26 万色等。这里介绍 16 位的 6.5 万色的 RGB 颜色。使用 6.5 万色显示，TFT 彩屏液晶上每一个像素点的显示都需要 16 位数据。16 位的 RGB 数据为两个字节，这两个字节的内容如图 23-13 所示。RGB 颜色的比例为 5:6:5。最高 5 位为 R(红)的分量，最低 5 位为 B(蓝)的分量，中间 6 位为 G(绿)分量。

R(5)					G (6)						B (5)				
R4	R3	R2	R1	R0	G5	G4	G3	G2	G1	G0	B4	B3	B2	B1	B0

图 23-13 16 位 RGB 数据格式

配套2.4寸的TFT彩屏液晶上X轴上有240个像素点，每一个像素点由两个字节的RGB数据控制，那么X轴的一行需要由480个字节才能完全控制，如图23-14所示。

Count	0	1	2	3	4	…	477	478	479	480
D/CX	0	1	1	1	1	…	1	1	1	1
D17	C7	0R4	0G2	1R4	1G2	…	238R4	238G2	239R4	239G2
D16	C6	0R3	0G1	1R3	1G1	…	238R3	238G1	239R3	239G1
D15	C5	0R2	0G0	1R2	1G0	…	238R2	238G0	239R2	239G0
D14	C4	0R1	0B4	1R1	IB4	…	238R1	238B4	239R1	239B4
D13	C3	0R0	0B3	1R0	IB3	…	238R0	238B3	239R0	239B3
D12	C2	0G5	0B2	1G5	IB2	…	238G5	238B2	239G5	239B2
D11	C1	0G4	0B1	1G4	IB1	…	238G4	238B1	239G4	239B1
D10	C0	0G3R	0B	1G3	IB0	…	238G3	238B0	239G3	239B0

图 23-14　2.4 寸液晶 X 轴方向的 480 个字节数据

(2) 显示数据 RAM

显示数据RAM用于存储显示像素点，它包含172 800字节。显示数据RAM的基本结构如图23-15所示。与显示数据RAM连接的包括接口端和面板端两部分。接口端与单片机进行连接，通过列计数器和页计数器控制哪一个显示数据RAM被控制。面板端与TFT液晶连接，包括了行指针和行锁存等功能。

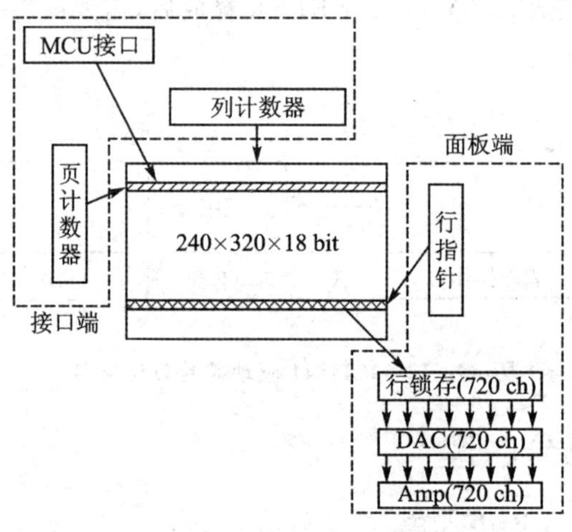

图 23-15　显示数据 RAM 的基本结构

(3) 显示数据 RAM 的读/写方向

数据按照图23-16所示顺序写入。该计数器通过MADCAL的位5、位6和位7决定了在物理内存中的数据如何被写入。如图23-17所示。

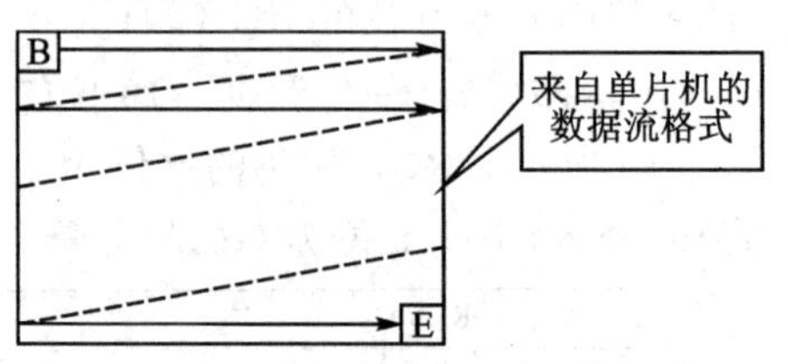

图 23-16　数据写入顺序

MATCAL的位5、位6和位7分别为MV、MX、MY，它们是方向参数，控制内存

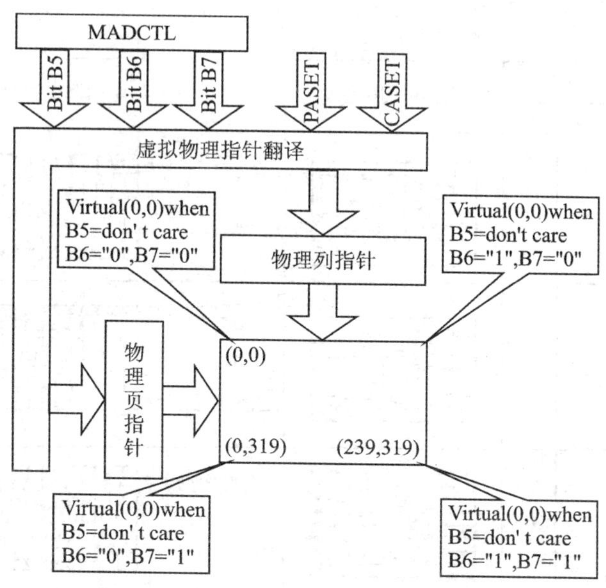

图 23-17 "内存数据通道控制"命令控制读/写顺序

中的图像在驱动器中如何显示。MV、MX 和 MY 各值对应的的图像方向如表 24-6 所列。该表中的图像是按照液晶背面的方向定义的，也就是从正面看液晶时，液晶图像的右上角才是 Memory(0,0)。

表 23-6 方向参数控制液晶图像显示方向

显示数据方向	方向参数			内存中的图像	驱动器中的图像
	MV	MX	MY		
正常	0	0	0		Memory(0.0) Counter(0.0)
Y轴镜像	0	0	1		Memory(0.0) Counter(0.0)
X轴镜像	0	1	0		Memory(0.0) Counter(0.0)
X轴镜像 Y轴镜像	0	1	1		Memory(0.0) Counter(0.0)

续表 23-6

显示数据方向	方向参数			内存中的图像	驱动器中的图像
	MV	MX	MY		
X、Y轴镜像	1	0	0	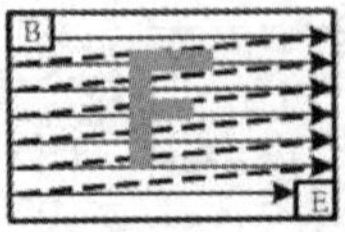 B F E	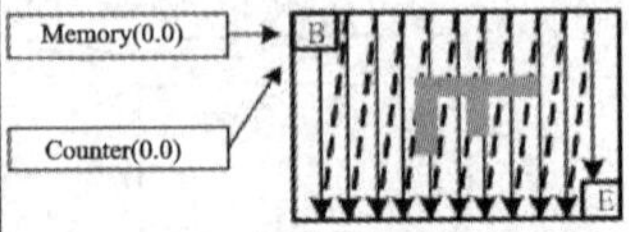 Memory(0.0) Counter(0.0) B E
X、Y轴交换 Y轴镜像	1	0	1	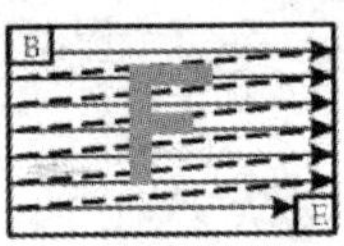 B F E	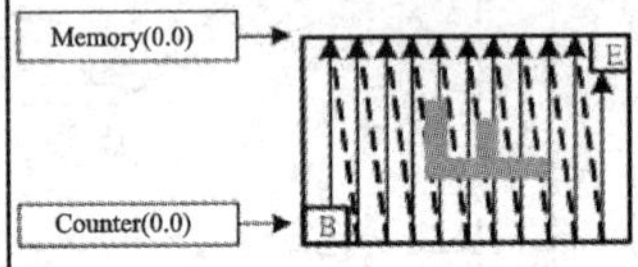 Memory(0.0) Counter(0.0) E B
X、Y轴交换 X轴镜像	1	1	0	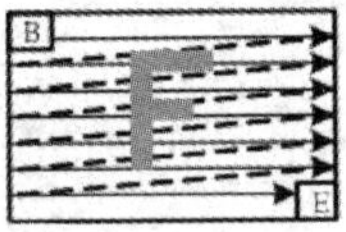 B F E	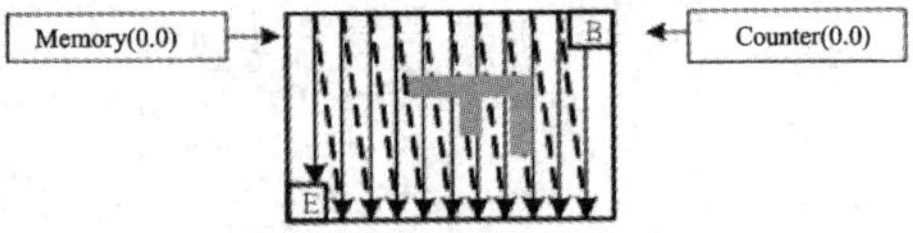 Memory(0.0) B Counter(0.0) E
X、Y轴交换 X、Y轴镜像	1	1	1	 B F E	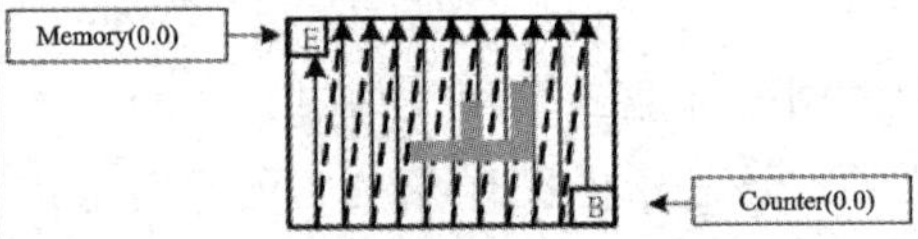 Memory(0.0) E B Counter(0.0)

23.6.5 指令讲解

ILI9341 驱动芯片有近百条指令，要让液晶正常工作，仅需要对以下几条指令进行操作。

其他指令是对液晶的工作状态进行调整等，大家可以去看 ILI9341 的手册。

(1) Enter Sleep Mode——10H(进入睡眠模式)

位	D/CX	RDX	WRX	D17～8	D7	D6	D5	D4	D3	D2	D1	D0	HEX
指 令	0	1	↑	XX	0	0	0	1	0	0	0	0	10h
参 数	无参数												

该指令用于进入睡眠模式。在这种模式下功耗最低，DC/DC 转换器、内部晶振、液晶面包扫描都被停止。

但是单片机接口端和内存部分依然工作并且内存中的内容不变。

该指令一般在液晶显示内容不改变时，为了降低系统功耗时采用。如果要退出睡眠模式，需要用到下面讲到的 Sleep Out 指令。

在该指令后需要延时 5 ms 才能进行其他指令的操作。如果是在 Sleep Out 指令前后执行 Enter Sleep Mode 指令，需要间隔 120 ms。

(2) Sleep Out——11H(退出睡眠)

位	D/CX	RDX	WRX	D17~8	D7	D6	D5	D4	D3	D2	D1	D0	HEX
指　令	0	1	↑	XX	0	0	0	1	0	0	0	1	11h
参　数	无参数												

该指令用于关闭睡眠模式。在这种模式下 DC/DC 转换器被使能,内部晶振开始运行,液晶面板也开始扫描。该指令一般用于液晶初始化函数的开头,紧接于复位过程后面。

在该指令后需要延时 5 ms 才能进行其他指令的操作。如果是在 Enter Sleep Mode 指令前后执行 Sleep Out 指令,需要间隔 120 ms。

(3) Memory Access Control——36H(存储器通道控制)

位	D/CX	RDX	WRX	D17~8	D7	D6	D5	D4	D3	D2	D1	D0	HEX
指　令	0	1	↑	XX	0	0	1	1	0	1	1	0	36h
参数 1	1	1	↑	XX	MY	MX	MV	ML	BGR	MH	0	0	00

该指令用于定义读/写储存器的扫描方向。

MY:行顺序。结合表 23-6 可知,当 MY=0 时,计数器初始位置从第一行开始计数,然后依次向下写入数据;当 MY=1 时,计数器初始位置从最后一行开始计数,然后依次向上写入数据。

MX:列顺序。当 MX=0 时,计数器初始位置从第一列开始计数,然后依次向右写入数据;当 MY=1 时,计数器初始位置从最后一列开始计数,然后依次向左写入数据。

MV:行/列顺序互换。当 MV=0 时,计数器初始位置从液晶的第一行、最左一列开始计数;当 MV=1 时,计数器初始位置从液晶的最后一行、最右一列开始计数。

MY、MX 和 MV 这 3 个方向参数的设置和液晶图片的显示方向在表 23-6 中有详细介绍。

ML:垂直刷新顺序。ML=0,从上往下刷新,ML=1,从下往上刷新。

BGR:RGB 或 BGR 顺序。BGR=0,16 位颜色数据排列顺序为 R-G-B;BGR=1,16 位颜色数据排列顺序为 B-G-R。

MH:水平刷新顺序。MH=0,从左往右刷新;MH=1,从右往左刷新。

一般应用时,习惯把液晶的左上角定义为(0,0)点且定义 BGR 彩色数据显示格式为 B-G-R,那么需要让 MY=0,MX=1,MV=0,BGR=1,其他位设置为 0 即可。

(4) COLMOD:Pixel Format Set——3AH(像素模式设置)

位	D/CX	RDX	WRX	D17～8	D7	D6	D5	D4	D3	D2	D1	D0	HEX
指 令	0	1	↑	XX	0	0	1	1	1	0	1	0	3Ah
参数 1	1	1	↑	XX	0	DP[2:0]			0	DBI[2:0]			66

该命令用于设置 RGB 图像数据的像素格式。DPI [2:0]是像素格式,选择 RGB 接口方式,DBI [2:0]是选择液晶和 MCU 接口方式。如果特定的 RGB 接口或 MCU 接口不使用时,对应的位可以被忽略。本章中,让液晶和单片机 8 位数据口连接。虽然 DBI[2:0]选择 16 位数据格式,但是不使用的端口可以被忽略。

DPI[2:0]和 DBI[2:0]的定义如图 23－18 所示。

DPI [2:0]			RGB Interface Format
0	0	0	Reserved
0	0	1	Reserved
0	1	0	Reserved
0	1	1	Reserved
1	0	0	Reserved
1	0	1	16 bits / pixel
1	1	0	18 bits / pixel
1	1	1	Reserved

DBI [2:0]			MCU Interface Format
0	0	0	Reserved
0	0	1	Reserved
0	1	0	Reserved
0	1	1	Reserved
1	0	0	Reserved
1	0	1	16 bits / pixel
1	1	0	18 bits / pixel
1	1	1	Reserved

图 23－18　DPI[2:0]和 DBI[2:0]的定义

(5) Display On——29H(打开显示)

位	D/CX	RDX	WRX	D17～8	D7	D6	D5	D4	D3	D2	D1	D0	HEX
指 令	0	1	↑	XX	0	0	1	0	1	0	0	1	29h
参数 1	No Parameter												

该指令用于液晶初始化后打开液晶显示功能或让从 Display Off(关闭显示)恢复显示功能,从内存中输出显示图像到液晶。该指令不会改变内存中的数据和液晶的状态。

(6) Column Address Set——2AH(列地址设置)

2Ah	CASET(Column Address Set)												
指 令	D/CX	RDX	WRX	D17～8	D7	D6	D5	D4	D3	D2	D1	D0	HEX
参数 1	0	1	↑	XX	0	0	1	0	1	0	1	0	2Ah
参数 2	1	1	↑	XX	SC15	SC14	SC13	SC12	SC11	SC10	SC9	SC8	Note1
参数 3	1	1	↑	XX	SC7	SC6	SC5	SC4	SC3	SC2	SC1	SC0	
参数 4	1	1	↑	XX	EC15	EC14	EC13	EC12	EC11	EC10	EC9	EC8	Note1
参数 5	1	1	↑	XX	EC7	EC6	EC5	EC4	EC3	EC2	EC1	EC0	

该指令用于定义 MCU 使用的列显示存储区。SC8～SC15 为显示区域列地址开始位置高字节，SC0～SC7 为显示区域列地址开始位置低字节。EC8～EC15 为显示区域列地址结束位置高字节，EC0～EC7 为显示区域列地址结束位置低字节。

SC[15:0]和 EC[15:0]的定义如图 23－19 所示。

(7) Page Address Set——2BH(页地址设置)

2Ah	PASET(PAGE Address Set)											
指　令	D/CX	RDX	WRX	D17～8	D7	D6	D5	D4	D3	D2	D1	D0	HEX
参数 1	0	1	↑	XX	0	0	1	0	1	0	1	1	2Bh
参数 2	1	1	↑	XX	SP15	SP14	SP13	SP12	SP11	SP10	SP9	SP8	Note1
参数 3	1	1	↑	XX	SP7	SP6	SP5	SP4	SP3	SP2	SP1	SP0	
参数 4	1	1	↑	XX	EP15	EP14	EP13	EP12	EP11	EP10	EP9	EP8	Note1
参数 5	1	1	↑	XX	EP7	EP6	EP5	EP4	EP3	EP2	EP1	EP0	

该指令用于定义 MCU 使能的页显示存储区。这里定义的页显示存储区相当于是行显示存储区。SP8～SP15 为显示区域页地址开始位置高字节，SP0～SP7 为显示区域页地址开始位置低字节。EP8～EP15 为显示区域页地址结束位置高字节，EP0～EP7 为显示区域页地址结束位置低字节。

SP[15:0]和 EP[15:0]的定义如图 23－20所示。

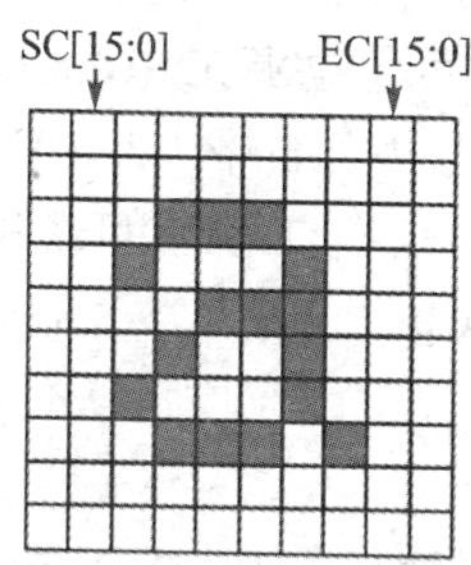

图 23－19　SC[15:0]和 EC[15:0]定义

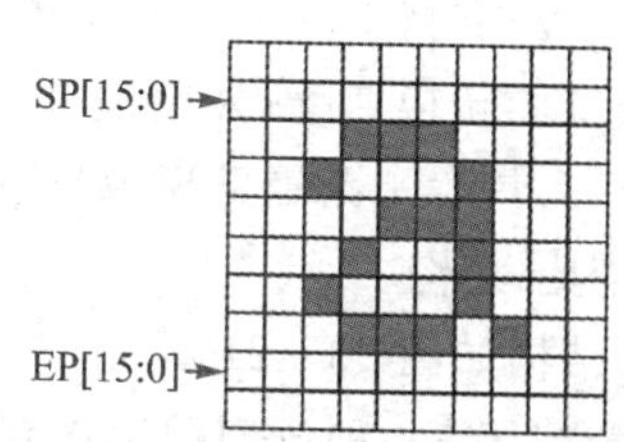

图 23－20　SP[15:0]和 EP[15:0]定义

(8) Memory Write——2CH()

位	D/CX	RDX	WRX	D17～8	D7	D6	D5	D4	D3	D2	D1	D0	HEX
指　令	0	1	↑	XX	0	0	1	0	1	1	0	0	2Ch
参数 1	1	1	↑	D1[17:0]									XX
⋮	1	1	↑	Dx[17:0]									XX
参数 N	1	1	↑	Dn[17:0]									XX

该命令用于将单片机传输数据给存储器。执行该命令时不会影响其他寄存器的状态。执行该命令后，列寄存器和页寄存器复位至起始列/页的位置。把数据

D [17:0]存储在存储器中并且页寄存器和列寄存器自动递增。发送任何其他命令时可以停止存储器的写入。

在前面只介绍了在彩屏编程中必须要用到的几个寄存器的内容。在实际应用时需要对液晶的一些参数进行微调，比如电压参数和彩色参数等，以达到最佳显示效果。液晶厂家一般都会给一个标准的液晶初始化函数，所以在产品开发过程中，开发工程师甚至不需要去了解每个寄存器的内容就可以对彩屏液晶进行操作。

23.7 触摸芯片 XPT2046

XPT2046 是一款 4 线制触摸屏控制器，内含 12 位分辨率 125 kHz 转换速率逐步逼近型 A/D 转换器。XPT2046 支持从 1.5～5.25 V 的低电压 I/O 接口。XPT2046 能通过执行两次 A/D 转换查出被按的屏幕位置，还可以测量出在触摸屏上的压力。内部自带 2.5 V 参考电压可以作为辅助输入、温度测量和电池检测模式之用，电池检测的电压范围 0～6 V。XPT2046 片内集成有一个温度传感器。在 2.7 V的典型工作状态下，关闭参考电压，功耗可小于 0.75 mW。

(1) 主要特性

XPT2046 芯片的主要特性为：具有 4 线制触摸屏接口；具有触摸压力测量功能；能直接测量电源电压(0～6 V)；低功耗(260 μA)；可单电源工作，工作电压范围为 2.2～5.25 V；支持 1.5～5.25 V 电平的数字 I/O 口；内部自带+2.5 V 参考电压；具有 125 kHz 的转换速率；采用 QSPI 和 SPI 三线制通信接口；具有可编程的 8 位或 12 位的分辨率；具有 1 路辅助模拟量输入；能够自动掉电。

(2) 内部结构

内部结构如图 23-21 所示。

XPT2046 是一种典型的逐次逼近型模/数转换器(SAR ADC)，包含了采样/保持、模/数转换、串口数据输出等功能。同时芯片集成有一个 2.5 V 的内部参考电压源、温度检测电路，工作时使用外部时钟。XPT2046 可以单电源供电，电源电压范围为 2.5～5.5 V。参考电压值直接决定 ADC 的输入范围，参考电压可以使用内部参考电压，也可以从外部直接输入 1 V～VCC 范围内的参考电压(要求外部参考电压源输出阻抗低)。

作为触摸屏应用时，应该配置为差分模式，这可以有效消除由于驱动开关的寄生电阻以及外部干扰带来的测量误差，提高转换精度。

(3) XPT2046 封装和引脚

XPT2046 芯片引脚图如图 23-22 所示。

XPT2046 芯片的引脚功能如表 23-7 所列。

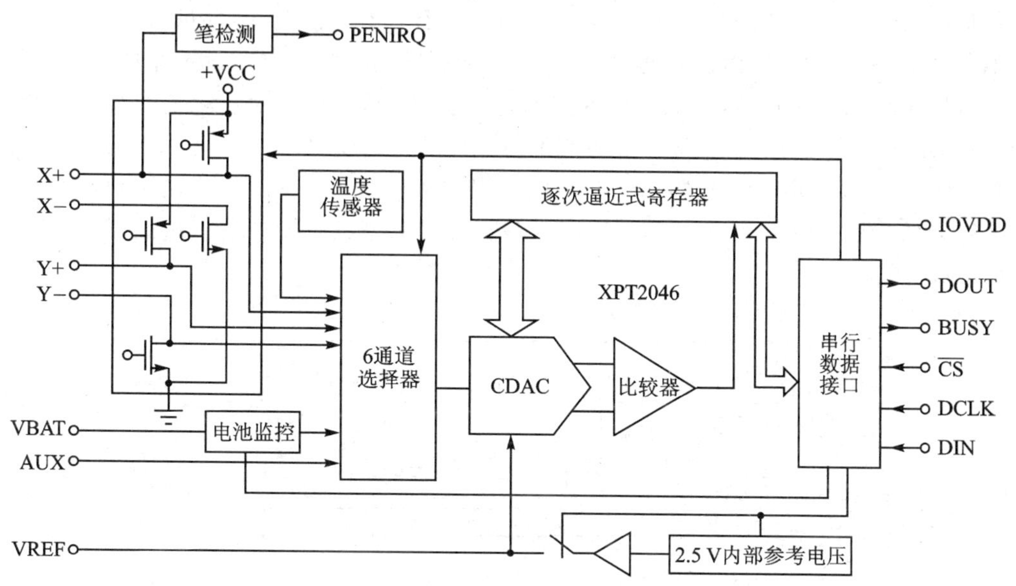

图 23－21　XPT2046 芯片内部结构

表 23－7　XPT2046 芯片的引脚功能表

编　号	引脚符号	功　能	编　号	引脚符号	功　能
1	VCC	电源正极	9	VREF	参考电压输入/输出
2	XP	XP 位置输入端	10	IOVDD	数字电源输入端
3	YP	YP 位置输入端	11	$\overline{\text{PENIRQ}}$	笔接触中断引脚
4	XN	XN 位置输入端	12	DOUT	串行数据输出端
5	YN	YN 位置输入端	13	BUSY	忙时信号线
6	GND	接地	14	DIN	串行数据输入端
7	VBAT	电池监视输入端	15	$\overline{\text{CS}}$	片选信号
8	AUX	ADC 辅助输入通道	16	DCLK	外部时钟信号输入

(4) 读/写时序

XPT2046 数据接口是串行接口，其典型工作时序如图 23－23 所示。处理器和转换器之间的通信需要 8 个时钟周期，可采用 SPI、SSI 和 Microwire 等同步串行接口。一次完整的转换需要 24 个串行同步时钟（DCLK）来完成。

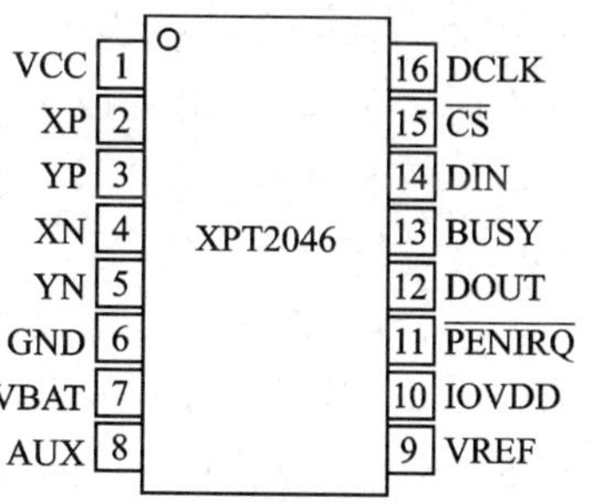

图 23－22　XPT2046 引脚图

前 8 个时钟用来通过 DIN 引脚输入控制字节。当转换器获取有关下一次转换的足够信息后，接着根据获得的信息设置输入多路选择器和参考源输入，并进入采样模式。如果需要，将启动触摸面板驱动器。3 个多时钟周期后，控制字节设置完成，转换器进入转换状态。这时，输入采样－保持器进入保持状态，触摸面板驱动器停止工作(单端工作模式)。接着的 12 个时钟周期将完成真正的模/数转换。如果是度量比率转换方式(SER/$\overline{\text{DFR}}$=0)，驱动器在转换过程中将一直工作，第 13 个时钟将输出转换结果的最后一位。剩下的 3 个多时钟周期将用来完成被转换器忽略的最后字节(DOUT 置低)。

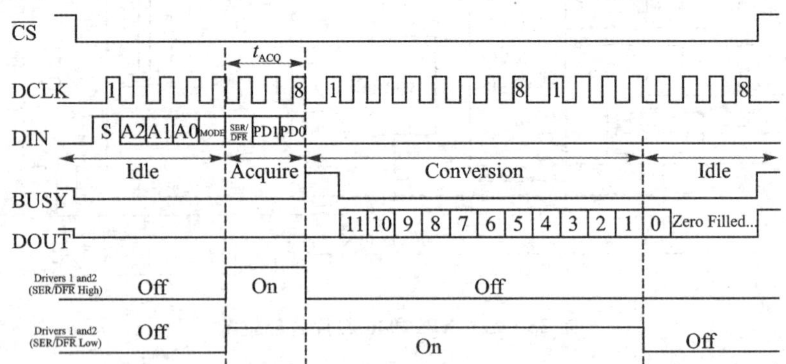

图 23-23　8 位总线接口，无 DCLK 时钟延时，24 时钟周期转换时序

控制字节由 DIN 输入的控制字如表 23-8 所列，它用来启动转换，寻址，设置 ADC 分辨率，配置和对 XPT2046 进行掉电控制。

表 23-8　XPT2046 的控制字

位	位 7	位 6	位 5	位 4	位 3	位 2	位 1	位 0
描　述	S	A2	A1	A0	MODE	SER/$\overline{\text{DRF}}$	PD1	PD0

起始位：第 1 位，即 S 位。控制字的首位必须是 1，即 S=1。在 XPT2046 的 DIN 引脚检测到起始位前，所有的输入将被忽略。

地址：A2、A1 和 A0 选择多路选择器的通道，触摸屏驱动和参考源输入。XPT2046 芯片工作于单端模式和差分模式时，该 3 位的作用是不一样的。当用于触摸屏功能时，XPT2046 芯片应该工作于差分工作模式。A2、A1 和 A0 不同值对应的功能如表 23-9 所列。其中，Z1 和 Z2 用于压力测试功能。当 A2=0，A1=0，A0=1 时，Y-位置进行坐标测量；当 A2=1，A1=0，A0=1 时，X-位置进行坐标测量。

MODE：模式选择位，用于设置 ADC 的分辨率。MODE=0，下一次的转换将是 12 位模式；MODE=1，下一次的转换将是 8 位模式。

SER/$\overline{\text{DRF}}$：位控制参考源模式，选择单端模式(SER/$\overline{\text{DRF}}$=1)或差分模式(SER/$\overline{\text{DRF}}$=0)。在 X 坐标、Y 坐标和触摸压力测量中，为达到最佳性能，首选差分工作模式。参考电压来自开关驱动器的电压。在单端模式下，转换器的参考电压固定为 VREF 相对于 GND 引脚的电压。

表 23-9　差分模式下 A2、A1 和 A0 不同值对应的功能

A2	A1	A0	Y-位置	X-位置	Z1-位置	Z2 位置
0	0	1	测量			
0	1	1			测量	
1	0	0				测量
1	0	1		测量		

PD0 和 PD1:表 23-10 展示了掉电和内部参考电压配置的关系。ADC 的内部参考电压可以单独关闭或者打开。但是,在转换前需要额外的时间让内部参考电压稳定到最终稳定值。如果内部参考源处于掉电状态,还要确保有足够的唤醒时间。ADC 要求是即时使用,无唤醒时间。另外还得注意,当 BUSY 是高电平的时候,内部参考源禁止进入掉电模式。XPT2046 的通道改变后,如果要关闭参考源,则要重新对 XPT2046 写入命令。

表 23-10　掉电和内部参考电压配置的关系

PD1	PD0	$\overline{\text{PENIRQ}}$	功能说明
0	0	使能	在两次 A/D 转换之间掉电,下载转换一开始,芯片立即进入完全上电状态,而无需额外的延时。在这种模式下,YN 开关一直处于 ON 状态
0	1	禁止	参考电压关闭,ADC 打开
1	0	使能	参考电压打开,ADC 关闭
1	1	禁止	芯片处于上电状态,参考电压和 ADC 总是打开

23.8　实例——手把手讲解 2.4 寸 TFT 彩屏液晶

在 2.4 寸 TFT 彩屏液晶上显示如图 23-24 所示图片。

实验要求如图 23-24 所示,首先在 2.4 寸彩屏液晶四周显示一个宽度为 8 像素的边框,然后在彩屏中上显示字符“0123456789”和“ABCDEFGHIJ”,接着显示大小为 32×32 像素的两行汉字“单片机”和“控制彩屏程序”,最后在屏幕中下部显示一个 128×128 像素的图片。显示完图片后,在液晶左下角显示“点此清屏”4 个字,用触摸笔单击“点此清屏”,液晶屏幕清除所有显示内容,并在液晶左下角再显示“点此清屏”,如图 23-25 所示。

可以用触摸笔在彩色液晶触摸屏上画出汉字或图像等,也可以单击“点此清屏”区域对彩色液晶进行清屏,触摸功能试验结果如图 23-26 所示。

图 23-24　在 2.4 寸彩屏液晶显示字符、汉字和图片等

图 23-25　2.4 寸彩屏液晶触摸功能初始状态

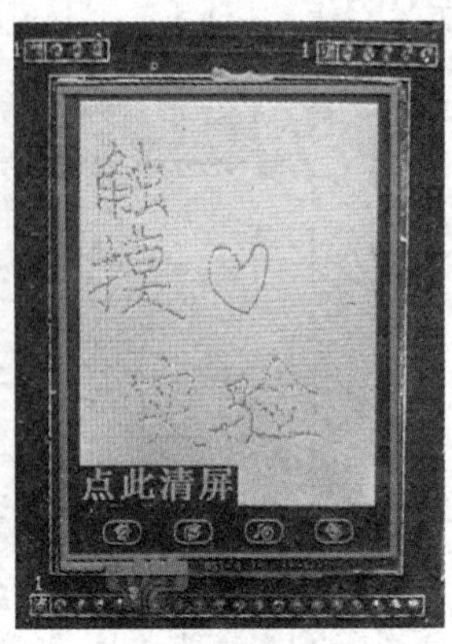

图 23-26　触摸功能试验

1. TFT 彩屏液晶模块电路图

彩屏液晶模块由 TFT 彩屏液晶和 PCB 驱动板构成。PCB 驱动板的作用是让单片机和彩屏液晶接口进行连接。配套单片机实验板是 5 V 电源供电，而彩屏液晶则需要 3 V 供电，所以单片机和彩屏液晶连接需要加电平转换电路。在 PCB 驱动板上加了 74HC245 芯片进行电平转换。我们利用 XPT2046 芯片来处理触摸屏信号。

图 23-27 中，TFT 液晶共有 37 个引脚。在电源部分，VCC、IOVCC 和 LED-A 连接到电源正极（+3V），GND 则连接到电源负极。由于彩屏液晶是 8 位数据口模式和单片机进行接口连接，那么需要把 IM0 连接到+3 V。因为彩屏液晶使用 8 位

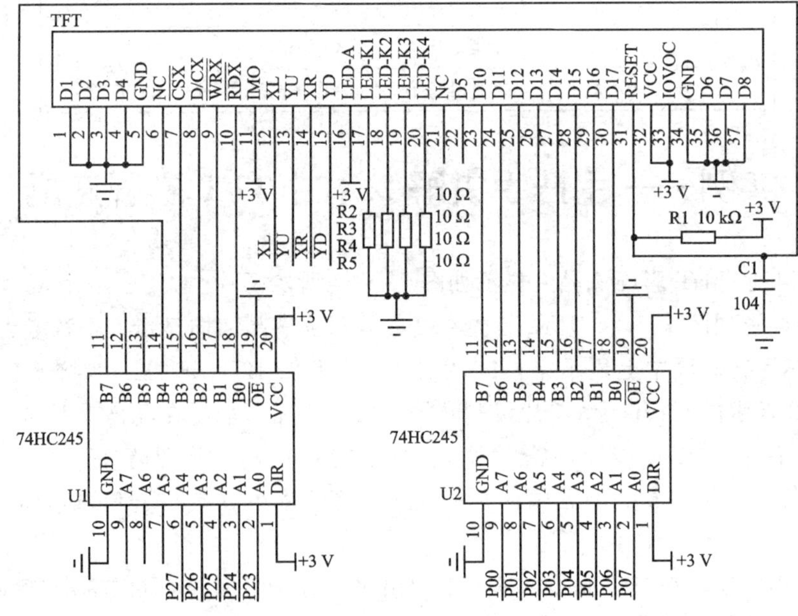

图 23-27　彩屏液晶驱动电路图

数据口模式，根据彩屏液晶手册所示，需要把 D1～D8 连接到 GND。LED－K1～LED－K4 需要连接 4 个 10 Ω 电阻到电源地，可以降低液晶背光灯电流，以降低系统功耗和彩屏液晶的热量。液晶的 CSX、D/CS、WRX、RDX、RESET、D10～D17 共 13 个引脚通过 74HC245 电平转换芯片和单片机的 I/O 端口连接。这样，单片机的 5 V 引脚就可以去控制液晶屏幕的 3 V 引脚了。

触摸屏部分电路图如图 23－28 所列。XPT2046 触摸芯片接上 3 V 电源，让 XP、YP、XN、YN 这 4 个引脚连接到触摸屏的 4 个端口。PENIRQ、DOUT、BUSY、DIN、CS、DCLK 连接到单片机端口就可以了。在彩屏模块上是用 JP2 排针引出该 6 个端口。

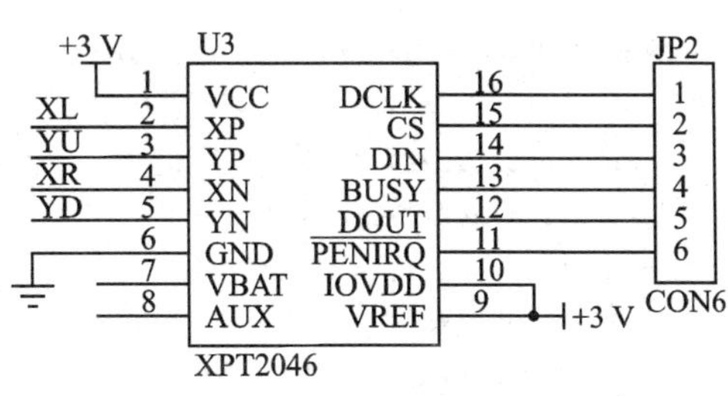

图 23－28　XPT2046 触摸芯片电路图

彩屏液晶模块引出了 20 个端口和配套单片机实验板连接，如图 23－29 所示。JP1 的 20 个端口和标准的并口 12864 液晶模块的端口一致，因此利用配套单片机实验板的 12864 液晶接口就可以和彩屏液晶模块进行连接。在彩屏液晶和触摸芯片的＋3V 电源引脚旁需要加上去耦电容，增强系统稳定性。

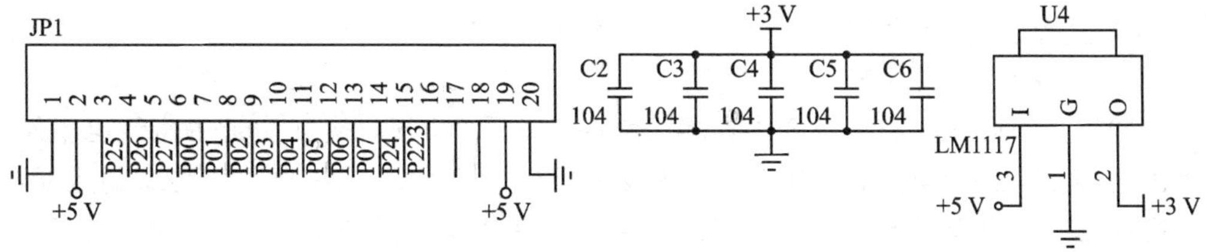

图 23－29　彩屏液晶模块接口和电源部分

2. 软件设计难点

(1) 在彩屏液晶上显示一个点

学会如何去点亮液晶某一位置的像素点是控制彩屏液晶的基础。有了这个基础，才能随心随意地在彩屏液晶做其他操作，比如显示圆、直线、矩形、字符、汉字、图片等。

对彩屏液晶的显示控制，其实都是对彩屏液晶上每一个像素点的操作。比如：要在彩屏液晶上显示一个大小为 128×128 像素的图片，其实是依次对 128×128＝16 384个像素点进行颜色数据的赋值。每个像素点要 2 个字节数据来控制，该图片一共需要占用 32 768 个字节。

要在液晶上显示一个点，函数的编写非常简单。仅需先设定好 X 坐标和 Y 坐标，然后再写入 16 位(2 个字节)颜色数据即可。在彩屏液晶中，定义彩屏模块的左上角坐标为(0,0),右下角坐标为(239,319),如图 23-30 所示。

了解了彩屏液晶的坐标,那么仅需要用把 X 坐标赋值给 Column Address Set(2AH)命令,把 Y 坐标赋值给 Page Address Set(2BH)命令,最后把颜色数据赋值给 Memory Write(2CH)。对应的函数如下:

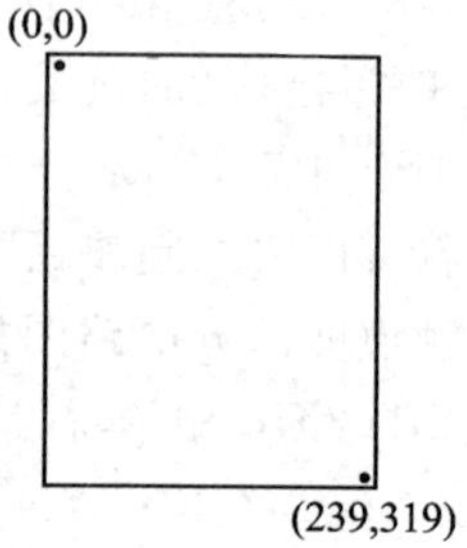

图 23-30 定义的坐标

```
void DispPoint(uint Xs, uint Ys, uint Color)
{
    WriteCom(0x2A);                  //设置 X 坐标区域
    WriteData(Xs>>8);
    WriteData(Xs);
    WriteData(Xs>>8);
    WriteData(Xs);
    WriteCom(0x2B);                  //设置 Y 坐标区域
    WriteData(Ys>>8);
    WriteData(Ys);
    WriteData(Ys>>8);
    WriteData(Ys);
      WriteCom(0x2C);                //显示像素点颜色
    WriteData(Color >> 8);           //传送颜色数据的高 8 位
    WriteData(Color);                //传送颜色数据的低 8 位
}
```

知道了如何在液晶某一个位置画像素点,那么画 X 方向或 Y 方向的直线也就简单了,仅需要让 X 或 Y 坐标其中一个为变量即可。在图 23-20 中,8 个像素的边框,左边框也可以看作是 8 个 Y 方向的直线。仅需要用下面几条语句,然后调用上面的画点函数就可以实现。

```
for(j = 0; j<8; j + + )
{
for(i = 0; i<320; i + + )
{
DispPoint(j, i, BLUE);
}
}
```

(2) 在彩屏液晶上显示字符

在彩屏液晶上显示字符实际是在指定区域显示由一定数量的点构成的字符符号。这里教大家如何在彩屏液晶上显示大小为 8×14 像素点的字符。这里需要借助"取模软件 V2.2"来对字符进行编码,就是在前面 12864 液晶章节所用的那个软件。首先要按照图 23-31 所示来配置取模方式和字节顺序。取模方式选择横向取模,勾选字节倒序,这两个选项和编写代码的方法有关。

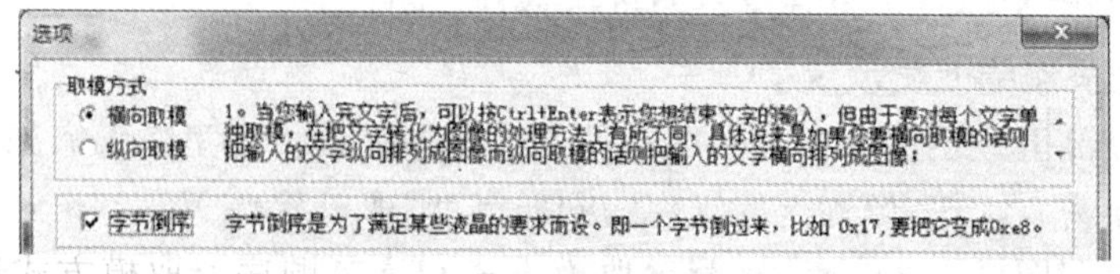

图 23－31　取模方向和字节顺序设置

在软件的“文字输入区”右击，然后在弹出对话框中单击“选择字体”，字体的配置如图 23－32 所示。

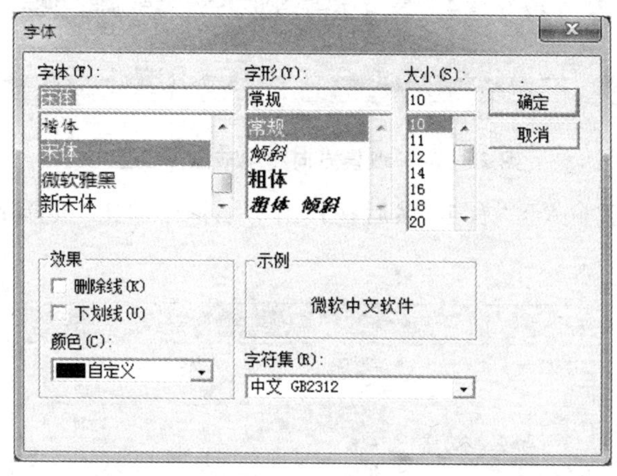

图 23－32　字体选择

在“文字输入区”输入字符，比如“1”，结束文字输入按“Crtl＋Enter”组合键，便可在软件中显示出字符信息。接着单击“取模方式”栏的“C51 格式”就可以取出“1”的编码，如图 23－33 所示。

文字输入区　点阵生成区　简介

```
/*--  文字:  1  --*/
/*--  宋体10;  此字体下对应的点阵为：宽x高=7x13   --*/
/*--  宽度不是8的倍数，现调整为：宽度x高度=8x13  --*/
0x00,0x00,0x08,0x0C,0x08,0x08,0x08,0x08,0x08,0x08,0x1C,0x00,0x00,
```

图 23－33　“点阵生成区”生成的“1”的编码

根据点阵生成区的提示，宽度和高度为“8×13”。在编码的左边添加空的一列，那么在本例中实际得到的编码为：0x00，0x00，0x00，0x08，0x0C，0x08，0x08，0x08，0x08，0x08，0x08，0x1C，0x00，0x00，一共是 14 个字节。

取出了编码，就可以对其进行处理，显示在彩屏液晶上，处理方法大致如下：

① 字符显示宽度和高度：8×14 像素点；

② 设置字符的背景颜色和字体颜色；

③ 设置字符在彩屏液晶显示坐标；

④ 依次判断某一点该显示字符颜色还是背景颜色。

(3) 在彩屏液晶上显示汉字

在彩屏液晶上显示汉字和显示字符的方式基本一致。这里教大家如何在彩屏液晶上显示大小为32×32像素点的汉字。同样借助"取模软件V2.2"来对汉字进行编码。首先要按照图23-34所示来配置取模方式和字节顺序。取模方式选择横向取模,不要勾选字节倒序,这两个选项和编写代码的方法有关。

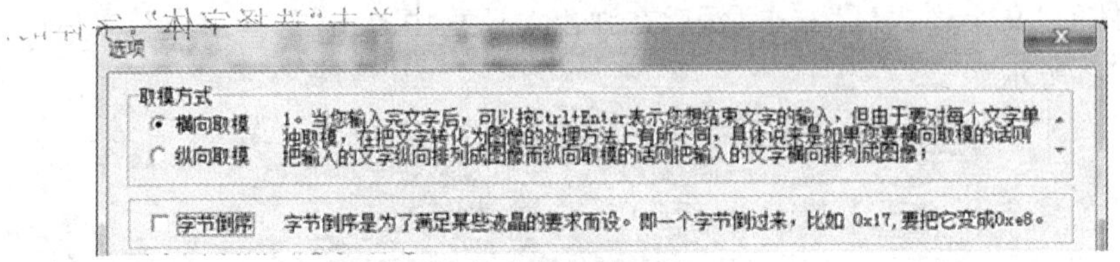

图23-34 取模方向和字节顺序设置

在软件的"文字输入区"右击,然后在弹出对话框中单击"选择字体",字体的配置如图23-35所示。

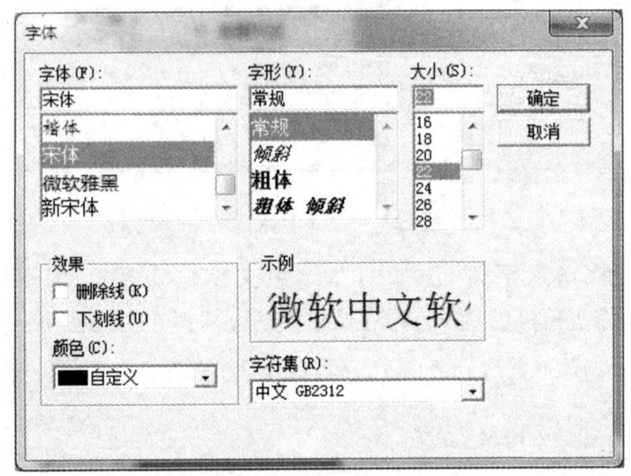

图23-35 字体选择

在"文字输入区"输入字符,比如"单",结束文字输入按"Crtl+Enter"组合键,便可在软件中显示出字符信息。接着单击"取模方式"栏的"C51格式"就可以取出"单"的编码,如图23-36所示。

根据点阵生成区的提示,宽度和高度为"32×29"。每4个字节为一行数据,在编码的最后再补12个字节数据(0x00),高度就可以增加3行,整理后的宽度和高度为"32×32"。

取出了编码,就可以对其进行处理,显示在彩屏液晶上,处理方法大致如下:

① 字符显示宽度和高度:32×32像素点;

② 设置字符的背景颜色和字体颜色;

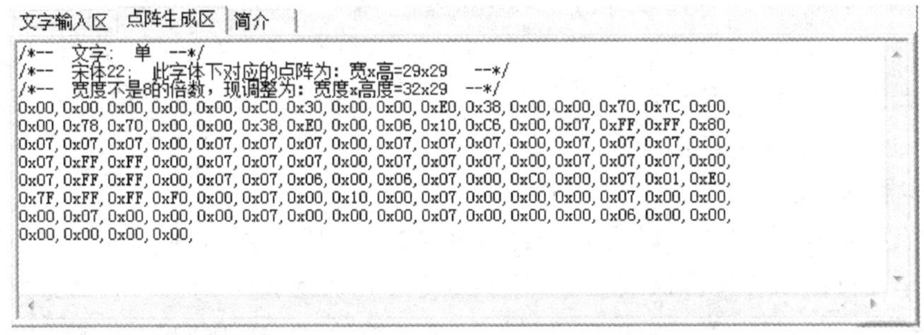

图 23－36 “点阵生成区”生成的“单”的编码

③ 设置字符在彩屏液晶显示坐标；

④ 依次判断某一点该显示汉字颜色还是背景颜色。

(4) 在彩屏液晶上显示图片

在彩屏液晶上显示图片比字符和汉字要简单得多，就是设定好区域，然后把每个像素点依次赋彩色数据值即可。对图片数据取模时要用到 Img2Lcd 这个取模软件。本例要显示的图片大小为 128×128 像素点。因此，需要让图片的宽度和高度为：128×128。一般可以用截图软件或直接选用 128×128 格式的图片。Img2Lcd 软件设置如图 23－37 所示。单击“打开”，选择需要转换数据的 128×128 格式的图片。“输出数据类型”选择“C 语言数组(＊.c)”。“扫描模式”选择“水平扫描”。“输出灰度”选择“16 位真彩色”。“最大宽度”和“最大高度”默认都为 240 即可，因为本例中的图片格式为：128×128。“高位在前(MSB First)”位需要勾选。最后单击“保存”便可以得到 C 语言格式的图片数据数组。

图 23－37 Img2Lcd 软件设置

得到的数组一共有 128×128×2＝32 768 个字节。在写代码时，首先要定义一个图片显示区域，接着写入 Memory Write(2CH)命令后，再写入 32 768 个字节的图片数据信息。在选择单片机时，应该选择 ROM 空间在 60 KB 左右比较适宜，因为只是图片数组数据就 32 KB 了。本例中，选择 STC90C516RD+作为控制彩色屏幕的单片机的，它的 ROM 有 61 kB。

(5) 触摸功能

触摸屏是利用 XPT2046 芯片来进行处理的。XPT2046 芯片支持 SPI 协议，可以利用单片机模拟 SPI 协议去控制 XPT2046 芯片对触摸屏的触摸位置进行读取。读取坐标位置时，建议要对坐标位置进行软件滤波处理。本例中，我们读取了 15 次坐标位置值，舍弃最高的 5 个坐标值和最低的 5 个坐标值。对保留中间的 5 次坐标值求平均值，这样得出的值就非常准确。得到坐标值后，再在彩屏液晶上显示出红色标记，以表示触摸笔所在位置。在彩色液晶屏左下角设置了一个区域，触摸笔单击该区域后，清除屏幕信息。

3. 程序代码(见共享资料中例 23.1 文件夹)

我们把字符编码、汉字编码和图片编码定义到了头文件中。字符编码的头文件 font.h 如下所列，其中内容较多，中间部分省略，请参考共享资料源代码。

```
code unsigned char FontLib_14[] =
{
0x00,0x00,0x00,0x00,0x00,0x00,0x00,0x00,
0x00,0x00,0x00,0x00,0x00,0x00,/*" ",0*/
0x00,0x00,0x08,0x08,0x08,0x08,0x08,0x08,
0x00,0x00,0x0C,0x0C,0x00,0x00,/*"!",1*/
...
0x00,0x06,0x04,0x04,0x04,0x04,0x08,0x04,
0x04,0x04,0x04,0x04,0x06,0x00,/*"}",93*/
0x0C,0x12,0x60,0x00,0x00,0x00,0x00,0x00,
0x00,0x00,0x00,0x00,0x00,0x00,/*"~",94*/
};
```

汉字编码的头文件 chinese.h 如下所列，其中内容较多，中间部分省略，请参考共享资料源代码。

```
struct GB32                              //汉字字模/数据结构
{
    unsigned char Index[2];              //汉字内码索引
    unsigned char Msk[128];              //点阵码数据
};
code struct GB32 ChineseLib_32[] =       //数据表
{
"单",
```

```
0x00,0x00,0x00,0x00,0x00,0xC0,0x30,0x00,0x00,0xE0,0x38,0x00,0x00,0x70,0x7C,0x00,
0x00,0x78,0x70,0x00,0x00,0x38,0xE0,0x00,0x06,0x10,0xC6,0x00,0x07,0xFF,0xFF,0x80,
0x07,0x07,0x07,0x00,0x07,0x07,0x07,0x00,0x07,0x07,0x07,0x00,0x07,0x07,0x07,0x00,
0x07,0xFF,0xFF,0x00,0x07,0x07,0x07,0x00,0x07,0x07,0x07,0x00,0x07,0x07,0x07,0x00,
0x07,0xFF,0xFF,0x00,0x07,0x07,0x06,0x00,0x06,0x07,0x00,0xC0,0x00,0x07,0x01,0xE0,
0x7F,0xFF,0xFF,0xF0,0x00,0x07,0x00,0x10,0x00,0x07,0x00,0x00,0x00,0x07,0x00,0x00,
0x00,0x07,0x00,0x00,0x00,0x07,0x00,0x00,0x00,0x07,0x00,0x00,0x00,0x06,0x00,0x00,
0x00,0x00,0x00,0x00,0x00,0x00,0x00,0x00,0x00,0x00,0x00,0x00,0x00,0x00,0x00,0x00
...
"清",
0x00,0x00,0x00,0x00,0x00,0x00,0xC0,0x00,0x18,0x00,0xF0,0x00,0x0E,0x00,0xE0,0x00,
0x0F,0x00,0xE1,0xC0,0x07,0x7F,0xFF,0xE0,0x07,0x00,0xE0,0x00,0x00,0x00,0xE7,0x00,0x01,
0xBF,0xFF,0x80,0x71,0x80,0xE0,0x00,0x3D,0x80,0xE0,0xE0,0x1D,0x80,0xE1,0xF0,0x1F,0xFF,
0xFF,0xB0,0x03,0x00,0x00,0x00,0x03,0x38,0x03,0x80,0x07,0x3F,0xFF,0xC0,0x06,0x38,
0x03,0x80,0x06,0x38,0x03,0x80,0x0E,0x3F,0xFF,0x80,0x1E,0x38,0x03,0x80,0x7E,0x38,
0x03,0x80,0x1C,0x3F,0xFF,0x80,0x1C,0x38,0x03,0x80,0x1C,0x38,0x03,0x80,0x1C,0x38,
0x03,0x80,0x1C,0x38,0x3F,0x80,0x1C,0x38,0x0F,0x80,0x00,0x38,0x07,0x00,0x00,0x00,
0x00,0x00,0x00,0x00,0x00,0x00,0x00,0x00,0x00,0x00,0x00,0x00,0x00,0x00,};
```

图片编码的头文件 image.h 如下所列，其中内容较多，中间部分省略，请参考共享资料源代码。

```
code unsigned char gImageBuff[32768] =
{
0X64,0XCF,0X23,0X28,0X13,0X69,0X13,0XCA,0X0B,0XCB,0X13,0XCB,0X1B,0X4A,0X3B,0XAB,
0X74,0XF0,0X74,0XEF,0X4B,0XCA,0X33,0X48,0X2A,0XE7,0X4B,0XAA,0X74,0XAF,0X7C,0XF0,0X6C,
0X4D,0X6C,0X4D,0X64,0X0C,0X64,0X2C,0X7D,0X10,0X74,0XEF,0X43,0X69,0X3B,0X69
...
0XAE,0X98,0X75,0X12,0X4C,0X6F,0X23,0XAB,0X24,0X0D,0X24,0X2E,0X1C,0X0D,0X24,0X6E,
0X1C,0X8E,0X14,0X6E,0X14,0X4D,0X14,0X4D,0X14,0X6E,0X14,0X6E,0X14,0X6E,0X14,0X4D,0X14,
0X4E,0X14,0X8E,0X14,0X4D,0X24,0X6D,0X2C,0X4D,0X65,0X92,0XA7,0X18,0X5C,0X4D,};
```

C 语言程序部分代码如下：

```
#include"image.h"
#include"font.h"
#include"chinese.h"
sbit CLK = P1^3;
sbit CS   = P1^4;
sbit DIN = P1^5;
sbit DOUT = P1^6;
sbit IRQ = P1^7;
//定义液晶控制引脚
sbit RESLCD = P2^7;
```

```
sbit CSLCD = P2^6;
sbit RSLCD = P2^5;
sbit WRLCD = P2^4;
sbit RDLCD = P2^3;
#define DataIOLCD  P0
uchar Vx = 136,Vy = 109;  //比例因子,此值除以 10 之后表示多少个 A/D 值代表一个像素点
//定义矩形显示结构体
typedef struct
{
    uint     Xs;
    uint     Ys;
    uint     Width;
    uint     Height;
    uint     Color;
    uint     BackColor;
    uchar      * pData;
}BitBlock;
//定义字符显示结构体
typedef struct
{
    uint     Height;
    uint     Width;
    uint     FontColor;
    uint     BackColor;
}Font;
//定义图片显示结构体
typedef struct
{
    uint     Xs;
    uint     Ys;
    uint     Height;
    uint     Width;
    uchar      * pData;
}Image;
//RGB 颜色颜色分配为:R(5)- G(6)- B(5)
//普通 RGB 表为“8 - 8 - 8”格式,一共 24 位
//需要取普通 RGB 表的 R 和 B 的高 5 位,G 的高 6 位
#define WHITE   0xFFFF        //白色
#define BLACK   0x0000        //黑色
#define RED     0xF800        //红色
#define YELLOW 0xFFE0         //黄色
#define BLUE    0x001F        //蓝色
```

```
#define GREEN   0x07E0      //绿色
#define CYAN    0x07FF      //青色
#define    PURPLE 0xA41E    //紫色
#define GRAY    0xC618      //灰色
#define    GOLDEN 0xFEA0    //金黄色
#define    ORANGE 0xFE00    //橙色
#define    PINK    0xFE19   //粉红色
/**************************************************
函数:WriteCom()
参数:Command
返回:无
功能:写命令函数
**************************************************/
void WriteCom(uchar Command)
{
    RSLCD = 0;              //复位脚清零
    RDLCD = 1;              //读引脚置高
    CSLCD = 0;              //片选清零
    DataIOLCD = Command;    //写入命令
    WRLCD = 0;              //写引脚清零
    WRLCD = 1;              //写引脚置高
    CSLCD = 1;              //片选置高
}
/**************************************************
函数:WriteData()
参数:Data
返回:无
功能:向液晶中写入一个8位数据
/**************************************************
void WriteData(uchar Data)
{
    RSLCD = 1;              //复位引脚置高
    RDLCD = 1;              //读引脚置高
    CSLCD = 0;              //片选引脚清零
    DataIOLCD = Data;       //写入8位数据
    WRLCD = 0;              //写引脚清零
    WRLCD = 1;              //写引脚置高
    CSLCD = 1;              //片选置高
}
/**************************************************
函数:Initial_ILI9341()
参数:无
```

```
返回:无
功能:初始化液晶,该液晶驱动芯片为 ILI9341
****************************************************/
void Initial_ILI9341(void)
{
    RESLCD = 0;                //复位
    Delay_1ms(5);
    RESLCD = 1;
    Delay_1ms(5);
    RESLCD = 0;                //再次复位
    Delay_1ms(5);
    RESLCD = 1;
    Delay_1ms(5);
    WriteCom(0x11);            //退出睡眠模式
    Delay_1ms(120);
    //MX = 1,BGR = 1
    WriteCom(0x36);            //Memory Access Control
    WriteData(0x48);
    //每个像素的 RGB 接口和 MCU 接口都为 16 位
    WriteCom(0x3A);            //COLMOD:Pixel Format Set
    WriteData(0x55);
    WriteCom(0x29);            //打开显示
}
/****************************************************
函数:DispPoint()
参数:Xs, Ys, Color
返回:无
功能:在液晶上位置(Xs,Ys)显示一个颜色为(Color)的点
* * * * * * * * * * * * * * * * * * * * * * * * * * * * * * * */
void DispPoint(uint Xs, uint Ys, uint Color)
{
    WriteCom(0x2A);            //设置 X 坐标区域
    WriteData(Xs>>8);
    WriteData(Xs);
    WriteData(Xs>>8);
    WriteData(Xs);
    WriteCom(0x2B);            //设置 Y 坐标区域
    WriteData(Ys>>8);
    WriteData(Ys);
    WriteData(Ys>>8);
    WriteData(Ys);
      WriteCom(0x2C);          //显示像素点颜色
```

```
    WriteData(Color >> 8);                 //传送颜色数据的高 8 位
    WriteData(Color);                      //传送颜色数据的低 8 位
}
/**************************************************
函数:DispPage()
参数:Color
返回:无
功能:整屏刷屏,颜色为 Color
**************************************************/
void DispPage(uint Color)
{
    uint i,j;
    WriteCom(0x2A);                        //设置 X 坐标区域
    WriteData(0);
    WriteData(0);                          //第 1 列
    WriteData(0);
    WriteData(239);                        //第 240 列
    WriteCom(0x2B);                        //设置 Y 坐标区域
    WriteData(0);
    WriteData(0);                          //第 1 行
    WriteData(319>> 8);                    //得到 319 的高 8 位
    WriteData(319);                        //第 319 行,得到 320 的低 8 位
    WriteCom(0x2C);                        //显示像素点颜色
    for(i = 0; i<320; i + + )              //显示 320 行
    {
        for(j = 0; j<240; j + + )          //显示 240 列
        {
            WriteData(Color >> 8);         //写入颜色数据的高 8 位
            WriteData(Color);              //写入颜色数据的低 8 位
}       }       }
/**************************************************
函数:SetArea()
参数:Xs1, Ys1, Xs2, Ys2
返回:无
功能:在液晶上行位置(Xs1,Xs2)、列位置(Ys1,Ys2)的区域显示颜色为(Color)的矩形图形
**************************************************/
void SetArea(uint Xs1, uint Ys1, uint Xs2, uint Ys2 )
{
    WriteCom(0x2A);                  //设置 X 坐标区域
    WriteData(Xs1>>8);               //X 坐标起始高位
    WriteData(Xs1);                  //X 坐标起始低位
    WriteData(Xs2>>8);               //X 坐标终止高位
```

```
    WriteData(Xs2);              //X 坐标终止低位
    WriteCom(0x2D);              //设置 Y 坐标区域
    WriteData(Ys1>>8);           //Y 坐标起始高位
    WriteData(Ys1);              //Y 坐标起始低位
    WriteData(Ys2>>8);           //Y 坐标终止高位
    WriteData(Ys2 + 0);          //Y 坐标终止低位
    WriteCom(0x2C);              //显示像素点颜色
}
/*************************************************
函数:PrintBitBlock()
参数:BitBlock * pBitBlock
返回:无
功能:显示出一个单元块信息
*************************************************/
void PrintBitBlock(BitBlock * pBitBlock)
{
    uint Row, Column;
    unsigned long BytesAbs;
    uchar RowBytes;
    //设置显示区域
    SetArea( pBitBlock->Xs, pBitBlock->Ys,pBitBlock->Xs + pBitBlock->Width - 1,
             pBitBlock->Ys + pBitBlock->Height - 1 );
    RowBytes = pBitBlock->Width / 8;      //行字节数
    if(pBitBlock->Width & 0x07)           //如果 Width 小于 7,行字节为 1
    {
        RowBytes++;
    }
    for(Row = 0; Row<pBitBlock->Height; Row++)               //行
    {
        for(Column = 0; Column<pBitBlock->Width; Column++) //列
        {
            BytesAbs = Row * RowBytes + (Column/8);             //字节地址
            //判断是否该显示点
            if( *(pBitBlock->pData + BytesAbs) & (1<<(Column & 0x07)))
            {
                WriteData(pBitBlock->Color >> 8);          //字符颜色的高 8 位
                WriteData(pBitBlock->Color);               //字符颜色的低 8 位
            }
            else
            {
                WriteData(pBitBlock->BackColor >> 8);      //背景颜色的高 8 位
                WriteData(pBitBlock->BackColor);           //背景颜色的低 8 位
```

```
}    }    }    }
/*************************************************
函数:DispFont()
参数:Xs, Ys, Font *pFont, Character
返回:无
功能:显示一个字符
*************************************************/
void DispFont(uint Xs, uint Ys, Font *pFont, uchar Character)
{
    BitBlock Block;                             //定义结构体变量
    unsigned long Bytes = 0;                    //定义字节
    uchar DataBuffer[64];
    uint i;
    const uchar *offset;
    Block.Height = pFont->Height;
    Block.Width = pFont->Width;
    Block.Color = pFont->FontColor;
    Block.BackColor = pFont->BackColor;
    Block.Xs = Xs;
    Block.Ys = Ys;
    Bytes = pFont->Width / 8;                   //宽度字节数
    if(pFont->Width & 0x07)                     //如果 Width 小于 7,让 Bytes 为 1
    {
        Bytes++;
    }
    Bytes *= pFont->Height;                     //宽度和高度相乘,得到总字节数
    Bytes *= Character - ' ';
    offset = (const uchar *)&FontLib_14;        //把 FontLib 的初地址给到指针 *offset
    offset += Bytes;
    for(i=0; i<36; i++)
    {
        DataBuffer[i] = *(offset + i);
    }
    Block.pData = DataBuffer;                   //显示数据内容给 Block.pData
    PrintBitBlock(&Block);                      //写字符
}
/*************************************************
函数:DispFontStr()
参数:Xs, Ys, Font* pFont, *Str
返回:无
功能:在液晶的位置(Xs,Ys)显示字符串
*************************************************/
```

```
void DispFontStr(uint Xs, uint Ys, Font * pFont, char * Str)
{
    while( * Str)
    {
        DispFont(Xs, Ys, pFont, * Str);
         Str++;
        Xs += pFont->Width;
    }
}
/****************************************************
函数:DispChinese()
参数:Xs, Ys, Ch[2], FColor, BColor
返回:无
功能:在液晶上位置(Xs, Ys)显示一个汉字
****************************************************/
void DispChinese(uint Xs, uint Ys, uchar Ch[2], uint FColor, uint BColor)
{
    uchar i,j,k,m;
    BitBlock Block;
    Block.Height = 32;
    Block.Width = 32;
    Block.Xs = Xs;
    Block.Ys = Ys;
    PrintBitBlock(&Block);          //确定显示位置和汉字大小
    for(k = 0; k<20; k++)           //标示自建汉字库中的个数,循环查询内码
    {
        if((ChineseLib_32[k].Index[0] == Ch[0]) &&
           (ChineseLib_32[k].Index[1] == Ch[1]))      //判断内码是否相等
        {
            for(i = 0; i<128; i++)                    //写入 128 个字节
            {
            m = ChineseLib_32[k].Msk[i];
                   for(j = 0; j<8; j++)
                   {
                     if((m & 0x80) == 0x80)           //判断该列是否显示
                     {
                         WriteData(FColor/256);       //显示汉字颜色
                         WriteData(FColor);
                     }
                     else
                     {
                         WriteData(BColor/256);       //显示背景颜色
```

```
                WriteData(BColor);
            }
            m <<= 1;          //左移一位
}   }   }   }   }
/***************************************************
函数:DispChineseStr()
参数: Xs, Ys, * Str, FColor, BColor
返回:无
功能:在液晶的位置(Xs,Ys)显示汉字字符串
***************************************************/
void DispChineseStr(uint Xs, uint Ys, uchar * Str, uint FColor, uint BColor)
{
    uchar W = 0;
    while( * Str)
    {
        //调用 DispChinese()函数
        DispChinese(Xs + W * 32, Ys, (uchar * )Str, FColor, BColor);
        Str += 2;       //汉字的内码为两个汉字
        W += 1;         //汉字的宽度,在汉字的结构体中有定义
    }
}
/***************************************************
函数:DispImage()
参数:Image * pImage
返回:无
功能:在液晶上显示结构体 Image 所定义格式的图片
***************************************************/
void DispImage(Image * pImage)
{
    uchar x, y;
    uint Count = 0;
    //设置图片显示区域
    SetArea(pImage->Xs, pImage->Ys, pImage->Xs + pImage->Width - 1,
pImage->Ys + pImage->Height - 1 );
    for(x = 0; x<pImage->Width; x++)        //X 坐标宽度
    {
        for(y = 0; y<pImage->Height; y++) //Y 左边高度
        {
            //一个液晶显示点需要写入两个字节数据
            WriteData( * (pImage->pData + Count++));
            WriteData( * (pImage->pData + Count++));
}   }   }
```

```
/*************************************************
函数:Write2046()
参数:zdata
返回:无
功能:向 XTP2406 写入一个字节数据
*************************************************/
void Write2046(uchar zdata)
{
    uchar i;
    CS = 0;                              //选择 XPT2046 芯片
    DIN = 0;                             //输入口清零
    CLK = 0;                             //时钟信号清零
    for(i = 0;i<8;i + + )
    {
        DIN = (bit)(zdata & 0x80);       //把数据的最高位发送到 XPT2046 输入端
        CLK = 1;                         //发送时钟信号
        CLK = 0;
        zdata = zdata << 1;              //数据左移一位
    }
}
/*************************************************
函数:Read2046_X()
参数:无
返回:无
功能:读取触摸参数 X 坐标值
/*************************************************
uint Read2046_X(void)
{
    uint x = 0;
    uchar i;
    bit dat;               //定义接收 XPT2046 数据位变量
    CS = 0;                //选择 XPT2046 芯片
    Write2046(0xd0);
    DIN = 0;               //输入口清零
    CLK = 1;               //发送时钟信号
    CLK = 0;
    dat = DOUT;
    x = x | dat;
    for(i = 0; i<11; i + + )
    {
        x = x << 1;
        CLK = 1;           //发送时钟信号
```

```
        CLK = 0;
        dat = DOUT;       //得到 XPT2046 输出口数据
        x = x | dat;      //把从 XPT2046 读取的值给 x 变量
    }
    CS = 1;               //片选置高
    return x;             //返回 x 坐标值
}
/*************************************************
函数:Read2046_Y()
参数:无
返回:无
功能:读取触摸参数 Y 坐标值
*************************************************/
uint Read2046_Y(void)
{
    uint y = 0;
    uchar i;
    bit dat;              //定义接收 XPT2046 数据位变量
    CS = 0;               //片选清零
    Write2046(0x90);
    DIN = 0;              //数据口清零
    CLK = 1;              //发送时钟信号
    CLK = 0;
    dat = DOUT;
    y = y | dat;
    for(i = 0;i<11;i++)
    {
        y = y << 1;
        CLK = 1;          //发送时钟信号
        CLK = 0;
        dat = DOUT;       //得到 XPT2046 输出口数据
        y = y | dat;      //把从 XPT2046 读取的值给 y 变量
    }
    CS = 1;               //片选置高
    return y;             //返回 y 坐标值
}
/*************************************************
函数:XPT2046Initial()
参数:无
返回:无
功能:初始化 XPT2046 触摸芯片
*************************************************/
```

```
void XPT2046Initial(void)
{
    CS = 0;                 //选择 XPT2046 芯片
    DIN = 0;                //输入口清零
    CLK = 0;                //清零时钟
    Write2046(0xa0);
    DIN = 0;                //数据口清零
    CLK = 1;                //发送时钟信号
    CLK = 0;
    Write2046(0xe0);
    DIN = 0;
    CLK = 1;
    CLK = 0;
    Write2046(0xf0);
    DIN = 0;
    CLK = 1;
    CLK = 0;
    Write2046(0x80);
    DIN = 0;
    CLK = 1;
    CLK = 0;
    CS = 1;                 //取消选择
}
/*****************************************************
函数:ADS_Read_XY()
参数:XY
返回:无
功能:软件滤波。这里,一共取 15 次值来计算,去除掉最高和最低的值各 5 个,然后对中间的
    5 次值进行取平均值
*****************************************************/
uint ADS_Read_XY(uchar XY)
{
    uint i, j;
    uchar ReadTimes = 15;               //读取次数
    uchar LostTimes = 5;                //丢弃次数
    uint sum = 0;                       //和值变量
    uint temp;
    uint buf[15] = {0};                 //数组元素个数和读取次数一致
    for(i = 0; i<ReadTimes; i + + )     //循环读取次数
    {
        if(XY = = 0)                    //XY = 0 时,读取 X 左边值
        {
```

```
            buf[i] = Read2046_X();   //读出 X 坐标值
        }
        if(XY = = 1)                 //XY = 1 时,读取 X 左边值
        {
            buf[i] = Read2046_Y();   //读出 Y 坐标值
        }
    }
    for(i = 0; i<ReadTimes - 1; i + + ) //排序
    {
        for(j = i + 1; j<ReadTimes; j + + )
        {
            if(buf[i] > buf[j])      //升序排列
            {
                temp = buf[i];
                buf[i] = buf[j];
                buf[j] = temp;
    }     }     }
    for(i = LostTimes; i<ReadTimes - LostTimes; i + + )     //只取了中间的 5 个值
    {
        sum + = buf[i];
    }
    temp = sum / (ReadTimes - 2 * LostTimes);               //给 5 次读出值取平均值
    return temp;                                            //返回滤波后的平均值
}
//主函数
void Main(void)
{
    uint i,j;
    Font Myfont;                                  //定义字符的结构体变量
    Image Myimage;                                //定义图片的结构体变量
    unsigned long XX,YY,temp;                     //触摸屏相关变量
    Myfont.Height = 14;                           //定义字符高度
    Myfont.Width = 7;                             //定义字符宽度
    Myfont.FontColor = BLACK;                     //定义字符颜色
    Myfont.BackColor = WHITE;                     //定义背景颜色
    Myimage.Xs = 55;                              //图片左上角的 X 坐标
    Myimage.Ys = 140;                             //图片左上角的 Y 坐标
    Myimage.Height = 128;                         //定义图片的高度
    Myimage.Width = 128;                          //定义图片的宽度
    Myimage.pData = &gImageBuff[0];               //数据指针指向图片数组的首地址
    XPT2046Initial();                             //初始化触摸屏
    RESLCD = 0;                                   //液晶复位
```

```
Delay_1ms(20);
RESLCD = 1;
Delay_1ms(20);
Initial_ILI9341();                          //初始化液晶
DispPage(WHITE);                            //刷屏
while(1)
{
    //显示左边框
    for(j = 0; j<8; j + + )
    {
            for(i = 0; i<320; i + + )
        {
             DispPoint(j, i, BLUE);
        }
    }
    //显示右边框
    for(j = 232; j<240; j + + )
    {
            for(i = 0; i<320; i + + )
        {
             DispPoint(j, i, BLUE);
        }
    }
    //显示上边框
    for(j = 0; j<240; j + + )
    {
            for(i = 0; i<8; i + + )
        {
             DispPoint(j, i, BLUE);
        }
    }
    //显示下边框
    for(j = 0; j<240; j + + )
    {
            for(i = 312; i<320; i + + )
        {
             DispPoint(j, i, BLUE);
        }
    }
    DispFontStr(80, 20, &Myfont, "0123456789");              //显示字符
    DispFontStr(80, 34, &Myfont, "ABCDEFGHIJ");              //显示字符
    DispChineseStr(76, 64, "单片机", RED, WHITE);             //显示汉字
```

```
        DispChineseStr(22, 96, "控制彩屏程序", GREEN, WHITE);   //显示汉字
        DispImage(&Myimage);                                    //显示图片
        DispChineseStr(8, 280, "点此清屏", PINK, BLACK);        //显示汉字
        while(1)                                                //触摸屏检测
        {
            temp = ADS_Read_XY(0);
            XX = temp * 10/Vx;
            temp = ADS_Read_XY(1);
            YY = temp * 10/Vy;
            if(XX>108 + 20 && YY<40 + 35)        //判断触摸点是否在左下角范围
            {
                DispPage(WHITE);                                    //刷屏,白色
                DispChineseStr(0, 288, "点此清屏", PINK, BLACK);    //显示汉字
            }
            //由于一个显示点太小,在触摸笔点下后,显示 4 个点
            DispPoint(240 - XX + 20,320 - YY + 35,RED);          //触摸位置的点
            DispPoint(240 - XX + 20 + 1,320 - YY + 35,RED);      //触摸位置右边的点
            DispPoint(240 - XX + 20,320 - YY + 35 + 1,RED);      //触摸位置下边的点
            DispPoint(240 - XX + 20 + 1,320 - YY + 35 + 1,RED);  //触摸位置右下角的点
            Delay_1ms(30);                                       //触摸屏检测间隔时间
        }
    }
}
```

参考文献

[1] 胡汉才.单片机原理及其接口技术[M].北京:清华大学出版社,2005.

[2] 张义和.例说 51 单片机(C 语言版)[M].北京:人民邮电出版社 2009.

[3] 郭天祥.新概念 51 单片机 C 语言教程[M].北京:电子工业出版社,2012.

[4] 范红刚. 51 单片机自学笔记[M].北京:北京航空航天大学出版社,2011.

[5] 周坚.单片机 C 语言轻松入门[M].北京:北京航空航天大学出版社,2006.

[6] 周坚.单片机轻松入门[M].北京:北京航空航天大学出版社,2007.

[7] 唐继贤. 51 单片机工程应用实例[M].北京:北京航空航天大学出版社,2009.

[8] 沈任元.常用电子元器件简明手册[M].北京:机械工业出版社,2001.

[9] 谭浩强. C 程序设计[M].4 版.北京:清华大学出版社,2010.